TRAITÉ ANALYTIQUE DES SECTIONS CONIQUES *ET DE LEUR USAGE*

POUR LA RÉSOLUTION DES ÉQUATIONS dans les Problêmes tant déterminés qu'indéterminés.

OUVRAGE POSTHUME

De M. LE MARQUIS DE L'HOSPITAL, *Académicien Honoraire de l'Académie Royale des Sciences.*

A PARIS,

Chez MOUTARD, Libraire de la REINE, de MADAME, & de Madame la COMTESSE D'ARTOIS, Quai des Augustins, près du Pont S. Michel, à S. Ambroise.

M. DCC. LXXVI.

AVEC PRIVILEGE DU ROI.

N B. On trouve chez le même Libraire, *l'Analyse des Infiniment petits*, du même Auteur, avec *les Commentaires du P. Paulian*, 1 vol. in-8°. fig. 6 l.

AVERTISSEMENT
DU LIBRAIRE.

L'ILLUSTRE & sçavant Auteur de cet Ouvrage étoit sur le point de le donner au Public, lorsqu'il mourut âgé seulement de quarante-trois ans : ce fut au commencement de 1704. Le Manuscrit étoit sans Préface, que ce seul Auteur pouvoit bien faire : c'est pour cela qu'il ne s'en trouve point ici. Mais le titre suffira sans doute aux Connoisseurs, pour voir de quelle conséquence en Géométrie est la matiere de ce Livre ; & la grande réputation de M. le Marquis de l'Hôpital en ce genre, répond aussi assez, ce me semble, de l'habileté avec laquelle j'ai appris que cette matiere y est traitée. C'est ce qui m'a déterminé à réimprimer ce Livre tel qu'il étoit, sur la premiere édition de M. Boudot, en 1707, sans autre soin que de faire en sorte qu'il le fût le plus correctement possible, en cherchant quelque habile Géometre, qui voulût bien veiller à l'impression. C'est aussi ce que la considération *des Sçavans pour l'Auteur, & l'estime pour l'Ouvrage, m'ont fait heureusement trouver. J'ose espérer que les Mathématiciens & surtout les jeunes Géometres, qui doivent le regarder comme devant leur faciliter l'entrée à la sublime* Analyse des Infiniment petits *de l'Auteur, me sçauront gré d'avoir réimprimé ce Livre, dont les Exemplaires étoient devenus rares dans le commerce.*

TRAITÉ

TRAITÉ ANALYTIQUE
DES SECTIONS CONIQUES,

Et de leur usage pour la Résolution des Équations dans les Problémes, tant déterminés qu'indéterminés.

LIVRE PREMIER.

De la Parabole.

DÉFINITIONS.

I.

YANT placé sur un plan une Régle *BC*, & une Équerre *GDO*, en sorte que l'un de ses côtés *DG* soit couché le long de cette régle, on prendra un fil *FMO* égal en longueur à l'autre côté *DO* de cette équerre, duquel l'on attachera un bout à l'extrêmité *O* de ce côté *DO*, & l'autre bout en un point quelconque *F* pris sur ce plan du même côté de l'équerre par rapport à la régle. Maintenant FIG. 1.

ſi l'on fait gliſſer le côté *DG* de l'équerre le long de la régle *BC*, & qu'en même tems l'on ſe ſerve d'un ſtyle *M* pour tenir toujours le fil tendu, & ſa partie *MO* toute jointe & comme collée contre le côté *OD* de l'équerre ; la courbe *AMX* que le ſtyle *M* décrit dans ce mouvement, eſt une portion de Parabole.

Si l'on renverſe l'équerre de l'autre côté du point fixe *F*, on décrira en la même façon l'autre portion *AMZ* de la même Parabole ; de ſorte que la ligne *XAZ* ne fera qu'une même courbe qu'on appelle *Parabole*.

2.

La ligne *BC* dans laquelle le bord inférieur de la régle immobile *BC* touche le plan & le côté *DG* de l'équerre *GDO*, eſt appellée *Directrice*.

3.

Le point fixe *F* du plan, eſt nommé le *Foyer* de la Parabole.

4.

Si l'on mene du point fixe *F*, ſur la directrice *BC* une perpendiculaire *FE* qui rencontre la parabole au point *A*; la ligne *AF* indéfiniment prolongée du côté de *F*, eſt appellée *l'Axe* de la parabole.

5.

La ligne *p* quadruple de *AF*, eſt appellée *Parametre* de l'axe.

6.

Toutes les lignes comme *MP* menées des points de la parabole perpendiculairement à l'axe, ſont appellées *Ordonnées* à l'axe.

7.

Toutes les lignes comme *MO* menées des points de la parabole parallélement à l'axe, en ſont les *Diametres*.

8.

Une ligne droite qui ne rencontre la parabole qu'en un point, & qui étant continuée de part & d'autre, n'entre point dedans, mais tombe au dehors, eſt appellée *Tangente* en ce point.

COROLLAIRE I.

1. IL ſuit de la définition de la Parabole, que ſi l'on tire par un de ſes points quelconques M au foyer F une ligne droite MF, & ſur la directrice BC une perpendiculaire MD; les droites MF, MD, ſeront toujours égales entre elles. Car ſi l'on retranche du côté OD de l'équerre & du fil OMF qui * lui eſt égal, la partie commune OM, il eſt viſible que les parties reſtantes MD, MF, ſeront toujours égales entre elles. * *Déf.* 1.

COROLLAIRE II.

2. DE-LA il eſt évident, que ſi l'on mene une ligne droite quelconque KK parallèle à la directrice BC, & que d'un point quelconque M de la parabole, on tire ſur cette ligne la perpendiculaire MK, & au foyer la droite MF; la différence ou la ſomme KD des deux droites MF, MK, ſera toujours la même: ſavoir la différence lorſque le point M tombe au-deſſous de KK, & la ſomme lorſqu'il tombe au-deſſus.

COROLLAIRE III.

3. IL eſt évident que FE eſt diviſée en deux parties égales par la parabole au point A. Car ſuppoſant que le point M tombe au point A, la ligne MF tombe ſur AF, & la ligne MD ſur AE, qui ſeront par conſéquent égales entre elles; puiſque MF eſt toujours * égale à MD, en quelque endroit de la parabole que tombe le point M. * *Art.* 1.

COROLLAIRE IV.

4. DE-LA on voit comment on peut décrire une parabole XAZ, l'axe AP dont le point A eſt l'origine étant donné, avec ſon paramètre p. Car ayant pris ſur l'axe AP de part & d'autre du point A les parties AF, AE égales chacune au quart de ſon paramètre p, & mené par le point E la perpendiculaire indéfinie BC ſur FE; ſi l'on couche le bord inférieur d'une régle ſur cette ligne

BC qui ſert de directrice, & que par le moyen d'une équerre ODG, & d'un fil FMO égal au côté OD, & attaché par l'un de ſes bouts au foyer F, & par l'autre bout à l'extrêmité O de ce même côté, l'on décrive une Parabole XAZ comme l'on a enſeigné dans la définition premiere, il eſt viſible qu'elle ſera celle qu'on demande.

* Déf. 1. Il n'eſt pas moins viſible que plus le côté OD de l'équerre & le fil OMF (qui * lui doit être égal) ſera long, plus auſſi la portion de la parabole qu'on décrira ſera grande; de ſorte qu'on la peut augmenter autant que l'on voudra, en augmentant également le côté OD de l'équerre & le fil OMF.

COROLLAIRE V.

5. Si d'un point quelconque M de la Parabole l'on mene une ordonnée MP à l'axe, & au foyer F la droite MF; il eſt clair que cette ligne $MF = AP + AF$,

* Art. 3. puiſque $MF = MD = AP + AE$, & que * $AF = AE$.

PROPOSITION I.

Théorême.

Fig. 1. 6. *Le quarré d'une ordonnée quelconque* MP *à l'axe* AP, *eſt égal au rectangle du parametre* p, *par la partie* AP *de l'axe priſe entre ſon origine* A *& la rencontre* P *de l'ordonnée.*

Il faut prouver que $\overline{MP}^2 = p \times AP$.

* Art. 5. Ayant nommé la donnée AF, m; & les indéterminées AP, x; PM, y; on aura $MF =$ * $m + x$, & $PF = x - m$ ou $m - x$, ſelon que le point p ſe trouve au-deſſous ou au-deſſus du foyer F. Or le triangle rectangle MPF donne en l'un & l'autre cas $\overline{MF}^2$ $(mm + 2mx + xx) = \overline{MP}^2$ $(yy) + \overline{PF}^2$ $(mm - 2mx + xx)$; d'où l'on tire $4mx = yy$. Donc puiſque ſelon la 5e définition $p = 4m$, on aura auſſi $yy = px$. *Ce qu'il falloit démontrer.*

COROLLAIRE PREMIER ET FONDAMENTAL.

7. IL eſt donc évident que ſi l'on nomme p le parametre de l'axe AP; chacune de ſes parties AP, x; & chacune de ſes ordonnées correſpondantes PM, y; on aura toujours $yy=px$. Or comme cette propriété convient à tous les points de la parabole, & en détermine la poſition par rapport à ſon axe AP; il s'enſuit que l'équation $yy=px$ exprime parfaitement la nature de la parabole par rapport à ſon axe. FIG. 2.

COROLLAIRE II.

8. SI l'on mene deux ordonnées quelconques MP, NQ à l'axe AP, leurs quarrés feront entr'eux comme les parties AP & AQ de l'axe, priſes entre ſon origine A & les rencontres P & Q de ces mêmes ordonnées. Car * $\overline{PM}^2 . \overline{QN}^2 :: p \times AP . p \times AQ :: AP . AQ$. FIG. 2.

* Art. 6, 7.

COROLLAIRE III.

9. SI l'on mene par un point quelconque P de l'axe AP une parallèle MPM à ſes ordonnées; elle rencontrera la parabole en deux points M & M également éloignés de part & d'autre du point P, & non en davantage. Car afin que les points M & M ſoient à la parabole, il faut * que les quarrés de chaque PM (y) priſe de part & d'autre du point P, ſoient égaux chacun au même rectangle px.

* Art. 7.

COROLLAIRE IV.

10. IL ſuit de ce que * $yy=px$, que plus AP (x) eſt grande, plus auſſi l'ordonnée PM (y) priſe de part & d'autre de l'axe AP augmente, & cela à l'infini; & qu'au contraire plus AP (x) diminue, plus auſſi l'ordonnée PM (y) devient petite: de ſorte que AP (x) étant nulle ou zéro, chaque PM (y) priſe de part & d'autre de l'axe AP devient auſſi nulle; c'eſt-à-dire que le point P tombant en A, les deux points de rencontre M & M ſe réu-

* Art. 7.

nissent en ce point. D'où il est clair:

1°. Que si l'on mene par l'origine A de l'axe une ligne LL parallèle à ses ordonnées, elle sera tangente en A.

2°. Que la Parabole s'éloigne de part & d'autre de plus en plus à l'infini de son axe AP à commencer par son origine A; & qu'ainsi toute parallèle comme LM à l'axe AP, ne rencontre la parabole qu'en un seul point M, & passe au-dedans, puisque sa distance de l'axe demeure par-tout la même.

COROLLAIRE V.

11. SI d'un point quelconque M de la parabole l'on tire une parallèle ML à l'axe AP, laquelle rencontre en L la parallèle AL à ses ordonnées; il est clair en menant l'ordonnée MP, que $AL = PM (y)$, & que $ML = AP$ * Art. 7. $(x) = \frac{yy}{p}$, puisque * $px = yy$. D'où il suit que les droites $ML \left(\frac{yy}{p}\right)$, $ML \left(\frac{yy}{p}\right)$ prises de part & d'autre de l'axe AP sont égales entr'elles, lorsque les points L, L sont également éloignés du point A; & partant que si une ligne quelconque MM terminée par la parabole est coupée en deux parties égales par l'axe en P, elle sera parallèle à la ligne LL, c'est-à-dire qu'elle sera ordonnée de part & d'autre à l'axe. Car ayant mené les parallèles ML, ML à l'axe AP, il est évident que LL sera divisée par le milieu en A, puisque MM l'est en P. Les droites ML, ML, seront donc égales entr'elles comme on vient de le prouver; & par conséquent la ligne MM sera parallèle à LL.

COROLLAIRE VI.

12. IL suit de ce que toutes les perpendiculaires MPM à l'axe AP, terminées de part & d'autre par la parabole, sont * coupées par le milieu en P; que l'axe divise * Art. 9. la parabole en deux portions entiérement égales & semblablement posées de part & d'autre. Car si le plan sur lequel elle est tracée, étoit plié le long de l'axe ensorte

que les deux parties se joignissent, il est visible que les deux portions de la parabole tomberoient exactement l'une sur l'autre.

PROPOSITION II.

Théorême.

13. Si *l'on mene par l'origine* A *de l'axe* AP *une ligne droite quelconque* AM *dans l'un ou l'autre des angles* PAL, PAL, *faits par l'axe* AP *& par la ligne* LL *parallèle à ses ordonnees; je dis qu'elle ira rencontrer la parabole* MAM *en un autre point* M. FIG. 5.

Ayant pris sur AL de part ou d'autre du point A la partie AG égale au parametre p de l'axe, & tiré GF parallèle à l'axe AP, & qui rencontre la ligne AM (prolongée s'il est nécessaire) au point F; on prendra sur la ligne AL du même côté où tombe la ligne AM par rapport à l'axe AP, la partie AL égale GF; & ayant tiré LM parallèle à l'axe, je dis que le point M où cette ligne rencontre la droite AM, sera à la parabole MAM.

Car menant MP parallèle à AL, les triangles semblables FGA, APM, donneront FG ou AL ou PM. GA :: AP. PM. Et partant $\overline{PM}^2 = GA\,(p) \times PA$. La ligne PM sera donc * une ordonnée à l'axe AP. *Ce qu'il falloit démontrer.* * Art. 7.

COROLLAIRE I.

14. De-la on voit comment l'axe AP d'une parabole MAM étant donné avec parametre p, & ayant mené par l'origine A de l'axe dans l'un ou l'autre des angles PAL, PAL, faits par l'axe AP & par la ligne LL parallèle à ses ordonnées, une ligne droite quelconque AM; on voit, dis-je, ce qu'il faut faire pour trouver sur cette ligne le point M où elle rencontre la parabole MAM.

COROLLAIRE II.

* *Art.* 10 & 13.

15. IL eſt évident * qu'il n'y a que la ligne *LAL* parallèle aux ordonnées à l'axe *AP*, qui puiſſe être tangente de la parabole *MAM* au point *A* origine de l'axe; puiſqu'il n'y a que cette ſeule ligne qui paſſant par le point *A*, & étant continuée de part & d'autre, ne rencontre la parabole en aucun autre point, & n'entre pas dedans.

DÉFINITIONS.

9.

FIG. 4 & 5. Si l'on mene par un point quelconque *M* de la parabole un diametre *MO*, une ordonnée *MP* à l'axe *AP*, & une ligne droite *MT* qui coupe ſur l'axe *AP* prolongé au-delà de ſon origine *A*, la partie *AT* égale à *AP*; toutes les lignes droites, comme *NO*, menées des points de la parabole parallèlement à *MT*, & terminées par le diametre *MO*, ſont appellées *Ordonnées* à ce diametre.

10.

Si l'on prend la ligne q troiſieme proportionnelle à *AT*, *MT*; cette ligne q ſera nommée le *Parametre* du diametre *MO*.

COROLLAIRE I.

16. SI l'on nomme l'indéterminée *AP* ou *AT*, x; il eſt clair que $\overline{MT}^2 = qx$, puiſque $AT(x). MT :: MT. q$.

COROLLAIRE II.

17. A Cauſe du triangle rectangle *MPT*, le quarré $\overline{MT}^2 (qx) = \overline{PT}^2 (4xx) + \overline{MP}^2$ * (px); d'où, en diviſant par x, l'on tire $q = 4x + p$.

* *Art.* 7.

C'eſt-à-dire que le paramètre q d'un diametre quelconque *MO*, ſurpaſſe le parametre p de l'axe du quadruple de *AP* (x).

COROLLAIRE III.

18. SI l'on tire du point *M* au foyer *F* la droite *MF*, on aura *MF* * $= AP + AF$. Or ſelon la définition 5e. le

* *Art.* 5.

le parametre de l'axe étant $p = 4AF$, le parametre du diametre MO sera * $q = 4AP + 4AF$. Donc le parametre q d'un diametre quelconque MO, vaut quatre fois la ligne MF tirée de son origine M au foyer F. * *Art.* 17.

PROPOSITION III.

Théorême.

FIG. 4 & 5.

19. LE *quarré d'une ordonnée quelconque* ON *au diametre* MO, *est égal au rectangle du parametre* q, *par la partie* MO *de ce diametre, prise entre son origine* M *& la rencontre* O *de l'ordonnée.*

Il faut prouver que $\overline{ON}^2 = q \times MO$.

Ayant mené l'ordonnée NQ à l'axe AP, laquelle rencontre le diametre MO au point R, & tiré OH parallèle à MP, on nommera les données AP ou AT, x; PM ou RQ, y; & les indéterminées OR ou HQ, a; MO ou PH, b; les triangles semblables TPM, ORN, donneront cette proportion TP $(2x)$. PM (y) :: OR (a). $RN = \frac{ay}{2x}$. Cela posé.

Puisque (*fig.* 4.) $NQ = RQ(y) - RN\left(\frac{ay}{2x}\right)$, ou $RN \left(\frac{ay}{2x}\right) - RQ(y)$, & $AQ = AH(x+b) - HQ(a)$, lorsque le point N tombe du côté de l'axe AP par rapport au diametre MO; & qu'au contraire (*fig.* 5.) $NQ = RQ(y) + RN\left(\frac{ay}{2x}\right)$, & $AQ = AH(x+b) + HQ(a)$, lorsqu'il tombe du côté opposé : on aura $\overline{QN}^2 = yy \pm \frac{ayy}{x} + \frac{aayy}{4xx}$, & $AQ = x + b \pm a$, savoir — dans le premier cas, & + dans le second. Or * AP (x). AQ $(x + b \pm a)$ :: $\overline{PM}^2$ (yy). $\overline{QN}^2 = yy + \frac{byy}{x} \pm \frac{ayy}{x}$. On formera donc en comparant ensemble ces * *Art.* 8.

deux valeurs de $\overline{QN}^2$, l'égalité $yy + \frac{byy}{x} \pm \frac{ayy}{x} = yy \pm \frac{ayy}{x} + \frac{aayy}{4xx}$; d'où en effaçant de part & d'autre $yy + \frac{ayy}{x}$, divisant par yy, & multipliant par $4xx$, l'on tirera $\overline{OR}^2$ $(aa) = 4bx$. Mais les triangles semblables MPT, NRO, * Art. 16. donnent $\overline{PT}^2$ $(4xx)$. $\overline{OR}^2$ $(4bx)$ :: $\overline{MT}^2$ * (qx). $\overline{ON}^2$ $= bq = q \times MO$ (b). *Ce qu'il falloit, &c.*

COROLLAIRE GÉNÉRAL.

20. IL est visible que ce qu'on a démontré dans la proposition premiere par rapport à l'axe AP, à ses ordonnées PM, & à son parametre p, s'étend par le moyen de cette derniere proposition à un diametre quelconque MO, à ses ordonnées ON, & à son parametre q. Or comme les articles 7, 8, 9, 10, 11, 12, 13, 14 & 15, se tirent de la premiere proposition, & subsistent également, soit que les angles APM soient droits, ou bien qu'ils ne le soient pas; il s'ensuit que si l'on imagine dans ces articles que la ligne AP, au lieu d'être l'axe, soit un diametre quelconque, qui ait pour ordonnées les droites PM, QN, & pour parametre la ligne p, ils seront encore vrais dans cette supposition; car leur démonstration demeurera la même, il ne faut pour s'en convaincre entiérement, que les relire, en mettant par-tout où se trouve le mot d'*axe*, celui de *diametre*.

COROLLAIRE II.

Fig. 4. & 5. 15. COMME les articles 10 & 15 subsistent avec la même force, lorsque la ligne AP au lieu d'être l'axe, est un diametre quelconque, tel que MO; il s'ensuit que la ligne MT parallèle aux ordonnées ON à ce diametre, est tangente en M, & qu'il n'y a que cette seule ligne qui puisse toucher la parabole en ce point.

D'où l'on voit que d'un point donné sur une parabole, on ne peut mener qu'une seule tangente.

COROLLAIRE III.

22. DE-LA il eſt évident ſelon la définition 9 que ſi l'on mene par un point quelconque *M* d'une parabole, une ordonnée *MP* à l'axe *AP*, & une ligne droite *MT* qui coupe ſur l'axe prolongé du côté de ſon origine *A*, la partie *AT* égale à *AP*; cette ligne *MT* ſera tangente en *M*. Et réciproquement que ſi la ligne *MT* eſt tangente en *M*, & qu'on mene l'ordonnée *MP* à l'axe; les parties *AT*, *AP*, de l'axe ſeront égales entr'elles.

COROLLAIRE IV.

23. SI l'on imagine dans les définitions 9 & 10, & dans la derniere propoſition, que la ligne *AP* au lieu d'être l'axe, ſoit un diametre quelconque, qui ait pour ordonnées les droites *PM*, *QN*; on verra que cette propoſition ſera encore vraie, puiſqu'elle ſe démontrera de la même maniere qu'auparavant, comme il eſt évident par la ſeule inſpection de la fig. 6 où les triangles ſemblables donnent les mêmes proportions que dans le cas de l'axe. FIG. 6.

D'où il ſuit 1°. Que le Corollaire précédent doit encore avoir lieu, lorſque la ligne *AP* au lieu d'être l'axe, eſt un diametre quelconque. 2°. Que le diametre *MO* peut être l'axe dans cette ſuppoſition; & qu'ainſi on peut regarder l'axe comme un diametre qui fait avec ſes ordonnées des angles droits.

PROPOSITION IV.

Théorême.

24. SI *par un point quelconque* M *d'une parabole, l'on mene une ordonnée* MP *à l'axe, & une perpendiculaire* MG *à la tangente* MT *qui paſſe par le point* M; *je dis que la partie* PG *de l'axe ſera toujours égale à la moitié de ſon paramètre* p. FIG. 7.

Il faut prouver que PG $= \frac{1}{2}$ p.

Car à cauſe des angles droits TPM, TMG, on aura TP ($2x$). PM (y) :: PM (y). $PG = \frac{yy}{2x} = \frac{1}{2}p$, en
* Art. 7. mettant à la place de yy ſa valeur * px.

PROPOSITION V.

Théorême.

Fig. 7. 25. *Si par un point quelconque* M *d'une parabole, l'on mene au foyer* F *la droite* MF, *un diametre* MO, *& une tangente* TMS; *les angles* FMT, OMS, *faits par la tangente* TMS *d'un côté avec la droite* MF, *& de l'autre avec le diametre* MO, *ſeront égaux entr'eux.*

Car menant l'axe AP qui rencontre en T la tangente
* Art. 22. TMS, & l'ordonnée MP à l'axe; on aura * $TA + AF$
* Art. 5. ou $TF = AP + AF$ ou * MF. Le triangle TFM ſera donc iſoſcelle ; & par conſéquent l'angle FTM, ou ſon égal OMS, ſera égal à l'angle FMT. *Ce qu'il falloit démontrer.*

COROLLAIRE.

26. De-là il eſt clair que la tangente TMS prolongée indéfiniment de part & d'autre du point touchant M, laiſſe la parabole toute entiere du côté de ſon foyer F. Et comme cela arrive toujours en quelque endroit de la parabole que tombe le point touchant M, il s'enſuit que cette ligne courbe eſt concave dans toute ſon étendue autour de ſon foyer F.

PROPOSITION VI.

Problême.

Fig. 8 & 9. 27. *Un diametre* AP *avec la tangente* LAL *qui paſſe par ſon origine* A, *& ſon parametre étant donnés ; trouver un diametre* BQ *qui faſſe de part ou d'autre avec ſes ordonnées, un angle égal à l'angle donné* K, *ſon origine* B, *& ſon parametre.*

Ayant mené par l'origine A du diametre donné la
ligne AE qui fasse avec ce diametre de part ou d'autre,
l'angle PAE égal à l'angle donné K, & trouvé * sur *Art. 14 &
cette ligne (prolongée de l'autre côté de A lorsqu'elle 20.
ne tombe point dans l'un ou l'autre des angles PAL,
PAL) le point M où elle rencontre la parabole, on
menera par le point du milieu Q de la ligne AM, une
parallèle QD au diametre AP, qui rencontre la tangente AL au point D; & on divisera QD par le milieu
en B. Je dis que la ligne BQ est le diametre qu'on cherche,
qu'il a pour origine le point B, & pour parametre une
troisieme proportionnelle à BQ, & QA.

Car 1°. La ligne AM étant divisée en deux parties égales au point Q par le diametre BQ, elle sera ordonnée * *Art. 11 &
de part & d'autre à ce diametre; & comme les lignes BQ, 20.
AP sont parallèles entr'elles, l'angle BQA que fait le
diametre BQ avec son ordonnée QA sera égal à l'angle
PAM égal à l'angle donné K ou à son complement à
deux droits. 2°. Le point du milieu B de la ligne QD
sera l'origine * de ce diametre, puisque AQ en est une *Art. 22 &
ordonnée. 3°. Le parametre du diametre BQ est * la 23.
troisieme proportionnelle à BQ, QA. *Art. 19.

Lorsque l'angle donné K n'est pas droit, il est clair Fig. 8.
qu'on peut mener de part & d'autre du diametre AP
deux différentes lignes AE qui fassent avec ce diametre
des angles égaux à l'angle donné K; & qu'ainsi on
pourra toujours avoir deux solutions différentes, en
observant que si l'une des deux lignes AE tomboit sur la
tangente AL, le diametre donné AP satisferoit lui-
même à la question. Mais lorsque cet angle K est droit,
comme l'on ne peut mener qu'une seule ligne AE qui Fig. 9.
fasse avec le diametre AP un angle droit, il s'ensuit
qu'on ne peut avoir alors qu'une solution; & qu'ainsi * *Art. 23.
le diametre cherché sera l'axe.

Il est à remarquer que les deux diametres BQ, BQ, Fig. 10.
qui satisfont au Problême lorsque l'angle donné K n'est
pas droit, sont semblablement posés de part & d'autre

de l'axe AP, & que leurs parametres sont égaux : ce qui se voit par la construction même, en supposant que le diametre donné AP soit l'axe, & en menant deux différentes lignes AE, AE de part & d'autre. Car les triangles rectangles ALM, ALM, & ADQ, ADQ étant visiblement égaux & semblables entr'eux, les lignes AD, AD; DQ, DQ leurs moitiés BQ, BQ; & les
* Art. 19. ordonnées QA, QA seront égales entr'elles ; * & par conséquent les parametres le seront aussi.

COROLLAIRE.

28. Il est donc évident, 1°. qu'il n'y a qu'un seul diametre qui fasse avec ses ordonnées des angles droits ; & qu'ainsi il ne peut y avoir qu'un seul axe. 2°. Qu'on peut toujours trouver deux différens diametres, qui fassent avec leurs ordonnées des angles égaux à un angle donné, lorsque cet angle n'est pas droit ; que ces deux diametres seront semblablement posés de part & d'autre de l'axe, & qu'ils auront des parametres égaux.

PROPOSITION VII.

Problême.

29. Un *diametre étant donné avec la tangente qui passe par son origine, & son parametre ; décrire la parabole par un mouvement continu.*

PREMIERE MANIERE.

Si le diametre donné étoit l'axe, on la décriroit selon
Fig. 11. l'article 4ᵉ ; mais lorsqu'il ne l'est pas, soit MO le diamètre donné, & TMS la tangente qui passe par son origine M. Cela posé :

On prendra sur le diametre MO prolongé au-delà de son origine M, la partie MD égale au quart de son parametre ; & on tirera une perpendiculaire indéfinie DE à MD. On menera MF qui fasse avec la tangente TMS un angle FMT égal à l'angle OMS ; & ayant pris MF égale à MD, on décrira selon la définition

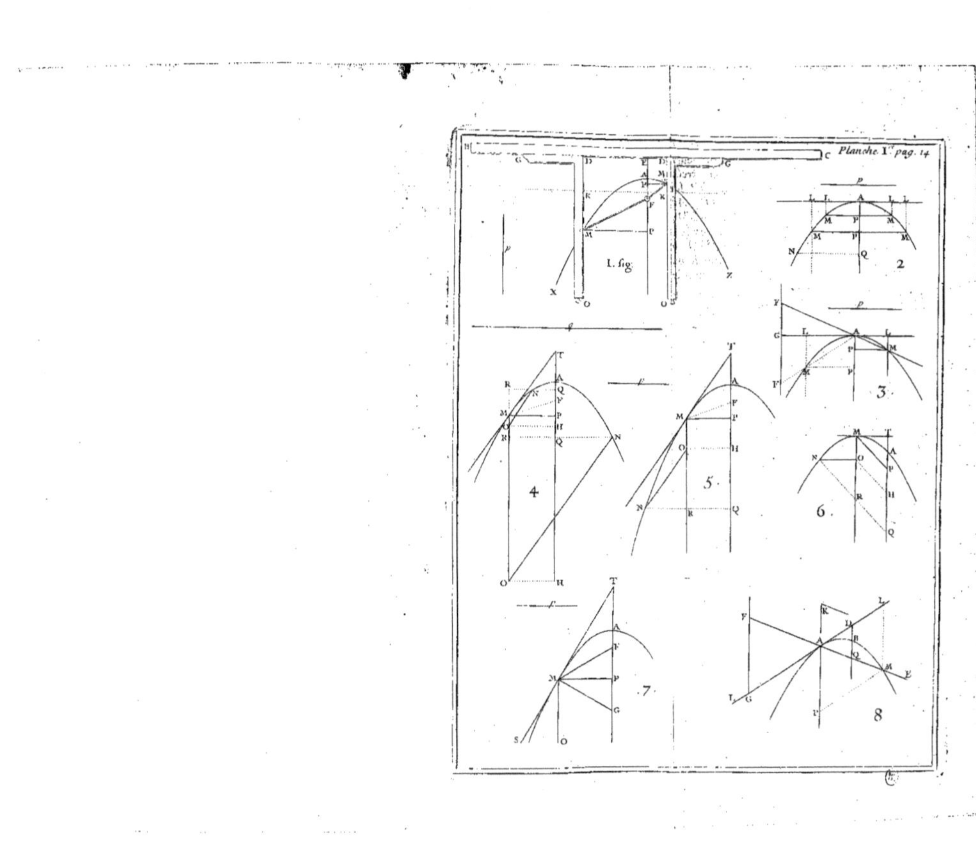
Planche I.re pag. 14
I. fig.
2
3
4
5
6
7
8

premiere, une parabole qui ait pour directrice la ligne *DE*, & pour foyer le point *F*. Je dis qu'elle sera celle qu'on demande.

Car, 1°. La ligne *MO* étant perpendiculaire à la directrice *DE*, sera parallèle à l'axe ; & par conséquent un diametre selon la définition 7ᵉ. 2°. La ligne *TMS* sera * tangente en *M*. 3°. Le parametre du diametre *MO* sera * quadruple de *MF*.

* *Art.* 15.

* *Art.* 18.

SECONDE MANIERE.

Soit *AP* le diametre donné, & *LAL* la tangente qui passe par son origine *A*. Cela posé. FIG. 12.

Ayant pris sur le diametre *AP* prolongé au-delà de son origine *A* la partie *AG* égale à son parametre, & mené une droite indéfinie *DGD* qui fasse avec *AG* l'angle *AGD* égal à l'angle *GAL* pris du même côté ; on fera mouvoir une ligne droite indéfinie *DM* le long de *GD* toujours parallèlement à *AG*, en entraînant par son extrêmité *D* le côté *DA* de l'angle *DAM* égal à l'angle *GAL*, & mobile par son sommet autour du point fixe *A*. Je dis que l'intersection continuelle *M* de la ligne *DM* & du côté *AM*, décrira dans ce mouvement la parabole qu'on demande.

Car menant *MP* parallèle à *AL*, les lignes *MP*, *GD* seront égales entr'elles ; puisque l'angle *APM* ou *GAL* étant égal à l'angle *AGD*, elles seront également inclinées entre les parallèles *GP*, *DM*. Or les triangles *AGD*, *MPA* sont semblables : car l'angle *MPA* ou *GAL* est égal à l'angle *AGD* ; & l'angle *PMA* ou *MAL* égal à l'angle *GAD*, puisque retranchant des angles égaux *GAL*, *DAM*, le même angle *DAL*, les restes doivent être égaux. On aura donc *AG*. *GD* ou *PM* :: *PM*. *AP*, & partant $GA \times AP = \overline{PM}^2$; d'où il est clair que *PM* est * une ordonnée au diametre *AP* qui a pour origine le point *A*, pour tangente la ligne *LAL*, & pour paramètre la ligne *AG*. *Ce qu'il falloit*, &c.

* *Art.* 19 & 21.

Si le diametre *AP* étoit l'axe, alors les lignes *GD*, FIG. 13.

AL, seroient parallèles, & la démonstration deviendroit plus facile ; car l'on voit tout d'un coup que GD est égale à PM, & que les triangles rectangles AGD, MPA sont semblables ; d'où il suit $AG.\ GD$ ou $PM :: PM.\ AP$. Donc $AG \times AP = \overline{PM}^2$, &c.

PROPOSITION VIII.

Problême.

30. Un *diametre* AP *étant donné avec son parametre, & la tangente* AL *qui passe par l'origine* A *de ce diametre ; trouver autant de différens points que l'on voudra de la parabole, ou (ce qui est la même chose) la décrire par plusieurs points.*

PREMIERE MANIERE.

Fig. 14. Ayant pris sur le diametre AP prolongé au-delà de son origine A, la partie AG égale à son parametre, divisé AG en deux parties égales au point D, & mené une ligne droite indéfinie AF perpendiculaire à AG ; on décrira d'un point C pris partout où l'on voudra sur DA prolongée indéfiniment du côté de A, comme centre, & du rayon CG, un arc de cercle PF qui coupera le diametre AP & sa perpendiculaire AF en deux points P, F. On menera par le point P une parallèle MPM à la tangente AL, sur laquelle on prendra de part & d'autre les parties PM, PM, égales chacune à AF. On trouvera de la même maniere autant de couple de points M que l'on voudra ; par lesquels on fera passer une ligne courbe MAM qui sera la parabole qu'on demande.

Car tous les arcs PF passant par le même point G, & ayant leurs centres sur la ligne GA prolongée, s'il est nécessaire du côté de A, auront pour diametres les lignes GP ; & par conséquent la propriété de ces cercles donnera toujours $\overline{AF}^2 = GA \times AP$. Mais chaque PM est * égale à sa correspondante AF, & de plus parallèle à

* *Hyp.*

à la tangente AL qui passe par l'origine A du diametre AP; elle sera donc * ordonnée à ce diametre. C'est pourquoi la Parabole qu'on demande, doit passer par tous les points M, trouvés comme l'on vient d'enseigner. * Art. 19 & 21.

Il est visible qu'on peut se tromper en traçant les parties de la parabole, qui joignent les points trouvés; mais on voit en même temps que l'erreur ne peut être sensible, lorsque ces points sont fort près les uns des autres. Ceux qui ont besoin de décrire souvent des Sections Coniques, préferent ordinairement cette méthode, de les décrire par plusieurs points; parce que les machines dont on se sert pour les décrire par un mouvement continu, étant composées, sont souvent fautives, & peu exactes dans la pratique.

SECONDE MANIERE.

Ayant mené par un point quelconque L de la tangente AL, une parallèle indéfinie LE au diametre AP; on prendra sur cette ligne & sur le diametre AP prolongé au-delà de son origine A, les parties LE, EE, EE, &c. AF, FF, FF, &c. toutes égales entr'elles, & de telle grandeur qu'on voudra. On marquera sur LE, le point M, ensorte que LM soit troisieme proportionnelle au parametre donné du diametre AP, & à la partie AL de la tangente. On tirera enfin des points A, M, les lignes AE, AE, AE, &c. MF, MF, MF, &c; je dis que les points d'intersection N, N, N, &c. de chaque AE, avec la correspondante MF, seront tous à la parabole qu'on demande. FIG. 15.

Car menant par le point marqué M, & par l'un des points trouvés N, les lignes MP, NQ, parallèles à la tangente AL, & nommant AP, x; PM ou AL, y; AQ, u; QN, z; les triangles semblables NQA, ALE, & MPF, NQF, donneront ces deux proportions QN (z). QA (u) :: AL (y). LE ou $AF = \frac{uy}{z}$. & MP

(y). PF ou $PA + AF\left(x + \frac{uy}{z}\right)$ :: NQ (z). QF ou $QA + AF\left(u + \frac{uy}{z}\right)$. D'où en multipliant les Extrêmes & les Moyens, l'on forme l'égalité $uy + \frac{uyy}{z} = xz + uy$; & effaçant de part & d'autre uy, & multipliant par z, il vient $uyy = xzz$, qui se réduit à cette proportion AP (x). AQ (u) :: $\overline{MP}^2$ (yy). $\overline{NQ}^2$ (zz). Or par la construction, le quarré de AL ou de PM, est égal au rectangle de la partie AP du diametre donné, par son parametre. Cette ligne PM sera donc * une ordonnée au diametre AP; & par conséquent QN en sera * une autre. Ainsi le point N sera l'un des points de la parabole qui tombent d'un côté du diametre AP: pour les avoir de l'autre, il n'y a qu'à prendre sur les droites indéfinies LE, AF, les parties égales LE, EE, &c. AF, FF, &c. de l'autre côté des points, L, A.

* Art. 19 & 21.

* Art. 8 & 20.

Si au lieu du parametre du diametre AP que l'on suppose ici donné, l'on avoit un des points M de la parabole; ce qui arrive souvent: il n'y auroit qu'à mener par ce point, une parallèle indéfinie LE, au diametre AP, & achever le reste comme ci-dessus.

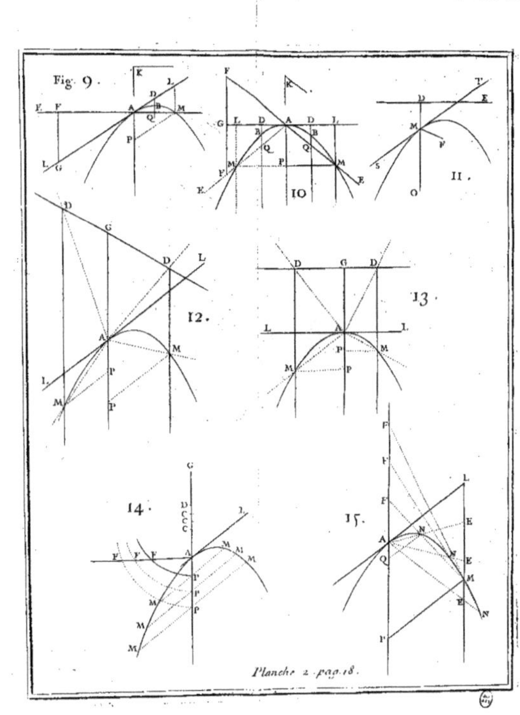

Planche 2. pag. 18.

LIVRE SECOND.

DE L'ELLIPSE.

DÉFINITIONS.

1.

AYANT attaché sur un plan les deux bouts d'un fil FMf, en deux points F, f, dont la distance Ff soit moindre que la longueur du fil, on se servira d'un stile M, pour tenir ce fil toujours tendu ; & conduisant ce stile autour de ces deux points, ensorte qu'il revienne au même point d'où il étoit parti : ce stile décrira dans ce mouvement, une ligne courbe, qui sera nommée *Ellipse*. FIG. 16.

2.

Les deux points fixes F, f, sont nommés les deux *Foyers*.

3.

La ligne Aa, qui passe par les deux Foyers F, f, & qui est terminée de part & d'autre par l'Ellipse, est appellée le *premier* ou le *grand Axe*.

4.

Le point C, qui divise par le milieu le premier Axe Aa, est nommé le *Centre* de l'Ellipse.

5.

La ligne Bb, menée par le Centre C, perpendiculairement au premier Axe Aa, & terminée de part & d'autre par l'Ellipse, est appellée le *second* ou le *petit Axe*.

6.

Les deux Axes Aa, Bb, sont appellés ensemble, *Conjugués* : de sorte que le premier Axe Aa, est dit conjugué au second Bb ; & réciproquement le second Bb, conjugué au premier Aa.

7.

Les lignes MP, MK, menées des points M de l'Ellipse parallèlement à l'un des Axes, & terminées par l'autre, sont appellées *Ordonnées* à cet autre Axe: ainsi *MP* est Ordonnée à l'Axe *Aa*, & *MK* à l'Axe *Bb*.

8.

La troisieme proportionnelle aux deux Axes, est appellée *Parametre* de celui qui est le premier terme de la proportion. Ainsi si l'on fait comme le premier Axe *Aa*, est au second Axe *Bb*, de même le second *Bb*, à une troisieme proportionnelle *p*; cette ligne *p* sera le Parametre du premier Axe.

9.

Toutes les lignes droites qui passent par le centre *C*, & qui sont terminées de part & d'autre par l'Ellipse, sont appellées *Diametres*.

10.

Une ligne droite qui ne rencontre l'Ellipse qu'en un seul point, & qui étant continuée de part & d'autre, n'entre point dedans, mais tombe au dehors, est appellée *Tangente* en ce point.

REMARQUE.

FIG. 17. 31. SI l'on conçoit que les deux foyers *F*, *f*, & le centre *C* se réunissent en un seul point; il est visible que l'Ellipse se changera alors en un Cercle qui aura pour rayon la droite *CM*, égale à la moitié de la corde *CMC*, attachée par ces deux bouts au point *C*, qui en sera le centre. On pourra donc considérer un cercle comme une espèce particuliere d'Ellipse, dans laquelle la distance des foyers est nulle; de sorte que tout ce qu'on démontrera dans la suite de l'Ellipse, telle que puisse être la distance de ces deux foyers, se peut aussi appliquer au cercle, en supposant que cette distance devienne nulle.

COROLLAIRE I.

FIG. 16. 32. IL suit de la définition premiere, que si l'on mene d'un point quelconque *M* de l'Ellipse, aux deux foyers *F*, *f*, les droites *MF*, *Mf*; leur somme sera toujours la même.

COROLLAIRE II.

33. LORSQUE le point M tombe en A, il eſt viſible que MF devient AF, & que Mf devient Af: de même lorſque le point M tombe en a, il eſt encore viſible que MF devient aF, & que Mf devient af. On aura donc $AF+Af$, ou $2AF+Ff=aF+af$, ou $2af+fF$; & partant $AF=af$. D'où il ſuit :

1°. Que la ſomme des deux droites MF, Mf, eſt toujours égale au premier axe Aa, puiſque $Mf+MF=Af+AF=Af+fa$.

2°. Que la diſtance Ff des foyers, eſt diviſée en deux parties égales par le centre C, puiſque $CA-AF$ ou $CF=Ca-af$ ou Cf.

COROLLAIRE III.

34. SI de l'extrêmité B du ſecond axe Bb, l'on mene aux deux foyers F, f, les droites BF, Bf; il eſt clair que les triangles rectangles BCF, BCf, ſeront égaux; & qu'ainſi l'hypothénuſe BF, eſt égale à l'autre hypothénuſe Bf: & par conſéquent BF, ou $Bf=CA$ ou Ca, puiſque * $BF+Bf=Aa$. On trouve de même que Fb ou $bf=CA$ ou Ca. D'où l'on voit : * Art. 33.

1°. Que le ſecond axe Bb, eſt diviſé en deux parties égales par le centre C; car les triangles rectangles FCB, FCb ſeront égaux, puiſqu'ils ont des hypothénuſes égales FB, Fb, & le côté FC commun.

2°. Que le ſecond axe Bb, eſt toujours moindre que le premier Aa; puiſque ſa moitié BC étant l'un des côtés du triangle rectangle BCF, ſera moindre que ſon hypothénuſe BF, qui eſt égale à la moitié CA du premier axe Aa.

3°. Que ſi l'on décrit de l'une des extrêmités B du petit ou ſecond axe Bb comme centre, & du rayon BF égal à CA, moitié du premier ou grand axe Aa, un cercle; il coupera ce grand axe en deux points F, f, qui ſeront les deux foyers de l'Ellipſe.

COROLLAIRE IV.

35. Les mêmes choses étant posées, si l'on nomme CA ou BF, t; CF, m; le triangle rectangle BCF, donnera $\overline{BC}^2 = tt - mm$. Or $AF = t - m$, & $Fa = t + m$, & partant $AF \times Fa = tt - mm$. D'où il est évident que le quarré de la moitié CB du petit axe Bb, est égal au rectangle de AF par Fa parties du grand axe Aa, prises entre l'un des foyers F, & ses deux extrêmités A, a.

COROLLAIRE V.

36. Il sera facile à présent de décrire une Éllipse dont les deux axes Aa, Bb, sont donnés. Car ayant trouvé * sur le premier ou grand axe Aa, les foyers F, f, on attachera dans ces points, les extrêmités d'un fil FMf, dont la longueur égalera celle de cet axe; & ayant décrit par le moyen de ce fil, une Ellipse comme l'on a enseigné dans la définition premiere, il est évident qu'elle sera celle qu'on demande.

* Art. 34.

PROPOSITION I.

Théorême.

FIG. 16. 37. *Si l'on mene l'ordonnée* MP *au premier ou grand axe* Aa, *& qu'on prenne sur cet axe la partie* AD *égale à* MF; *je dis que* CA. CF :: CP. CD.

Ayant nommé, comme auparavant, les données CA, t; CF, m; & de plus les indéterminées CP, x; PM, y; & l'inconnue CD, z; il peut arriver deux différens cas.

Premier cas. Lorsque le point P tombe au-dessus du centre C. Comme PF est toujours moindre que Pf; il s'ensuit que MF ou AD sera moindre que Mf ou aD; c'est pourquoi AD ou $MF = t - z$, aD ou $Mf = t + z$, $FP = m - x$ ou $x - m$ (selon que le point P tombe au-dessous ou au-dessus du foyer F), $Pf = x + m$. Or les triangles rectangles MPF, MPf, donnent $tt -$

$2tz + zz = yy + mm - 2mx + xx$, & $tt + 2tz + zz = yy + mm + 2mx + xx$. Donc si l'on retranche par ordre chaque membre de la premiere égalité de ceux de la seconde, on aura $4tz = 4mx$; d'où l'on tire $CD\,(z) = \frac{mx}{t}$.

Second cas. Lorsque le point P tombe au-dessous du centre C, comme PF est toujours plus grande que Pf, il s'ensuit que MF ou AD, sera plus grande que Mf ou aD: c'est pourquoi AD ou $MF = t + z$, aD ou $Mf = t - z$, $PF = x + m$, $Pf = x - m$ ou $m - x$ (selon que le point P tombe au-dessous ou au-dessus du foyer f). Or les triangles rectangles MPF, MPf donnent $tt + 2tz + zz = yy + mm + 2mx + xx$, & $tt - 2tz + zz = yy + mm - 2mx + xx$. Donc si l'on retranche par ordre chaque membre de la seconde égalité de ceux de la premiere, on aura $4tz = 4mx$; d'où l'on tire encore $CD\,(z) = \frac{mx}{t}$. Par conséquent en l'un & l'aute cas, on aura $CA\,(t).\ CF\,(m) :: CP\,(x).\ CD\,(z)$. *Ce qu'il falloit démontrer.*

COROLLAIRE.

38. Il est donc évident que si l'on nomme les données CA ou Ca, t; CF ou Cf, m; & l'indéterminée CP, x; on aura toujours $MF = t - \frac{mx}{t}$, & $Mf = t + \frac{mx}{t}$, lorsque le point P tombe au-dessus du centre C: & qu'au contraire on aura $MF = t + \frac{mx}{t}$, & $Mf = t - \frac{mx}{t}$, lorsqu'il tombe au-dessous.

PROPOSITION II.

Théorême.

39. *Le quarré d'une ordonnée quelconque* MP *à l'axe* Aa, *est au rectangle de* AP *par* Pa, *parties de cet axe, comme le quarré de son conjugué* Bb, *est au quarré de l'axe* Aa.

Il faut prouver que $\overline{PM}^2 . AP \times Pa :: \overline{Bb}^2 . \overline{Aa}^2$.

Les mêmes choſes étant poſées que dans l'article précédent, ſi l'on met dans l'égalité $tt \pm 2tz + zz = yy$
* *Art.* 37. $+ mm \pm 2mx + xx$ que l'on a trouvée * par le moyen du triangle rectangle MPF, à la place de z ſa valeur $\frac{mx}{t}$, on formera toujours celle-ci $ttyy = t^4 - ttxx - mmtt + mmxx$, laquelle étant réduite à une propor-
* *Art.* 35. tion, donne $\overline{PM}^2 (yy). AP \times Pa (tt - xx) :: \overline{BC}^2$ * $(tt - mm). \overline{CA}^2 (tt) :: \overline{Bb}^2 . \overline{Aa}^2$. *Ce qu'il falloit, &c.*

COROLLAIRE I.

40. SI l'on mene une ordonnée MK à l'autre axe Bb, lequel j'appelle $2c$, il eſt clair que $MK = CP (x)$,
* *Art.* 39. & que $CK = PM (y)$. Or * $\overline{PM}^2 (yy). AP \times Pa (tt - xx) :: \overline{Bb}^2 (4cc). \overline{Aa}^2 (4tt)$. Et partant $4ccxx = 4cctt - 4ttyy$; ce qui donne cette proportion $\overline{MK}^2 (xx). BK \times Kb (cc - yy) :: \overline{Aa}^2 (4tt). \overline{Bb}^2 (4cc)$.

C'eſt-à-dire que le quarré d'une ordonnée quelconque MK à l'axe Bb, eſt au rectangle de BK par Kb parties de cet axe, comme le quarré de ſon conjugué Aa, eſt au quarré de l'axe Bb.

COROLLAIRE FONDAMENTAL.

FIG. 18, 19. 41. SI l'on nomme l'un ou l'autre axe Aa, $2t$; ſon conjugué Bb, $2c$; ſon parametre p; chacune de ſes ordonnées PM, y; chacune de ſes parties CP priſes entre le centre & les rencontres des ordonnées, x; on
* *Art.* 39. aura * toujours $\overline{PM}^2 (yy). AP \times Pa (tt - xx) :: \overline{Bb}^2 (4cc). \overline{Aa}^2 (4tt) :: p. Aa (2t)$. Puiſque ſelon la définition du Parametre, $Aa (2t). Bb (2c) :: Bb (2c)$. $p = \frac{4cc}{2t}$. D'où en multipliant d'abord les extrêmes & les moyens de la proportion $yy. tt - xx :: 4cc. 4tt$, & enſuite

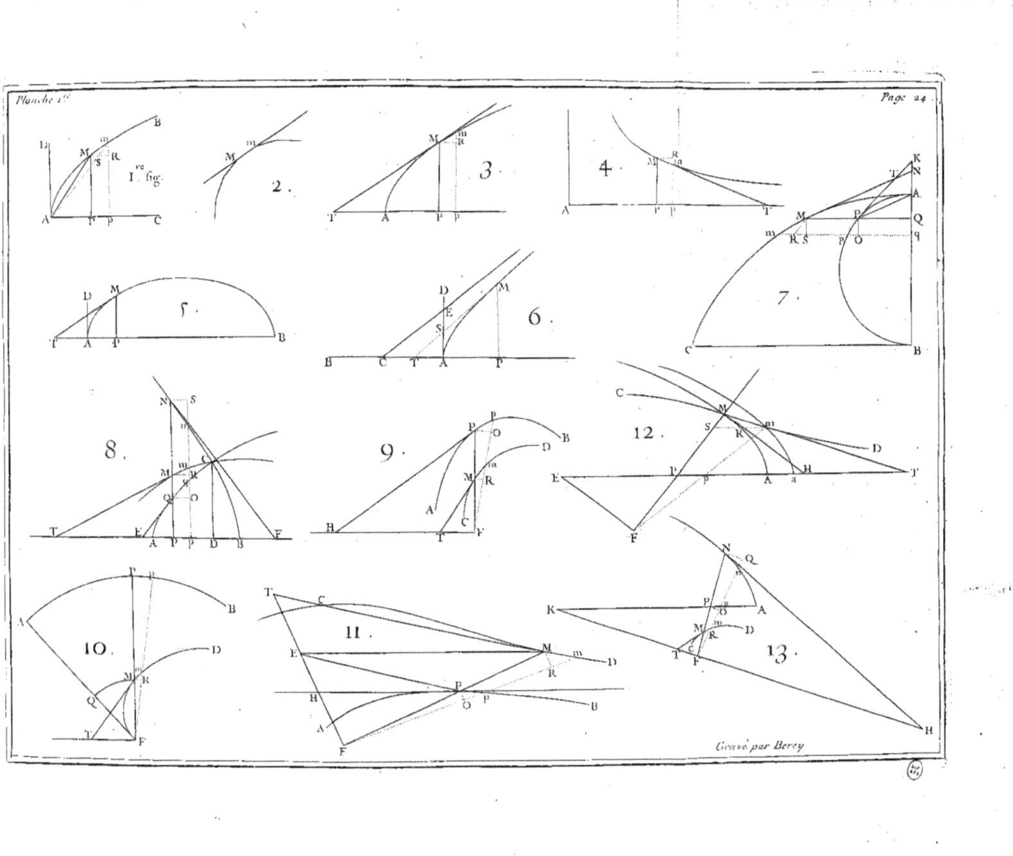
Planche 1re
Page 24
Ire fig.
2.
3.
4.
5.
6.
7.
8.
9.
10.
11.
12.
13.
Gravé par Berey

ensuite de l'autre $yy. tt - xx :: p. 2t$. L'on tire $yy = cc - \frac{ccxx}{tt}$, & $yy = \frac{1}{2}pt - \frac{pxx}{2t}$. Or comme cette propriété convient également à tous les points de l'Ellipse, & qu'elle en détermine la position par rapport aux deux axes conjugués Aa, Bb; il s'ensuit que l'équation $yy = cc - \frac{ccxx}{tt}$, ou $yy = \frac{1}{2}pt - \frac{pxx}{2t}$, exprime parfaitement la nature de l'Ellipse par rapport à ses axes.

COROLLAIRE III.

42. Si l'on mene deux ordonnées quelconques MP, NQ, à l'axe Aa; leurs quarrés seront entr'eux comme les rectangles $AP \times Pa$, $AQ \times Qa$, des parties de cet axe, faites par la rencontre de ces mêmes ordonnées; car * $\overline{Bb}^2 . \overline{Aa}^2 :: \overline{PM}^2 . AP \times Pa :: \overline{QN}^2 . AQ \times Qa$. Et partant $\overline{PM}^2 . \overline{QN}^2 :: AP \times Pa . AQ \times Qa$. * *Art.* 39.

COROLLAIRE IV.

33. Si l'on mene par un point quelconque P de l'un des axes conjugués Aa, une parallèle MM à l'autre axe Bb; elle rencontrera l'Ellipse en deux points M, M, également éloignés de part & d'autre du point P, & non en davantage. Car afin que les points M, M, soient à l'Ellipse, il faut * que les quarrés de PM (y) prise de part & d'autre de l'axe Aa, soient égaux chacun à la même quantité $cc - \frac{ccxx}{tt}$. * *Art.* 41.

COROLLAIRE V.

44. Il suit de ce que * $yy = cc - \frac{ccxx}{tt}$, que plus CP (x) prise de part & d'autre du centre C augmente, plus chaque ordonnée PM (y) prise de part & d'autre de l'un ou de l'autre axe Aa, diminue; de sorte que CP (x) étant égale à CA ou Ca (t), chaque PM (y) devient alors nulle ou zéro : & qu'au contraire plus CP (x) devient petite, plus aussi chaque ordonnée PM (y) prise * *Art.* 41.

de part & d'autre de l'axe Aa augmente ; de forte que CP (x) devenant zéro, chaque PM (y), qui eſt alors CB ou Cb (c), ſera la plus grande des ordonnées. D'où il eſt clair :

1°. Que ſi l'on mene par les extrêmités B, b, de l'un des axes conjugués, des parallèles à l'autre ; elles ſeront tangentes en ces points.

2°. Que l'Ellipſe s'éloigne de part & d'autre de plus en plus de l'un ou de l'autre axe Aa, en commençant par l'extrêmité A, juſqu'à ce qu'elle rencontre ſon conjugué Bb ; après quoi elle va toujours en s'approchant du même axe Aa, juſqu'à ce qu'elle le rencontre en ſon autre extrêmité a.

COROLLAIRE VI.

*Art. 42. 45. Il ſuit encore de ce que * $yy = cc - \frac{ccxx}{tt}$, que ſi l'on prend les points P, P, également éloignés de part & d'autre du centre C ; les ordonnées PM, PM, ſeront égales. D'où il eſt évident que ſi une ligne quelconque MM, terminée par l'Ellipſe, eſt coupée en deux également par l'un des axes conjugués Bb en un point K autre que le centre ; elle ſera parallèle à l'autre Aa. Car menant les parallèles MP, MP, à l'axe Bb, la ligne PP ſera diviſée par le milieu en C, puiſque MM l'eſt en K ; & partant les ordonnées PM, PM, ſeront égales. La droite MM ſera donc parallèle à l'axe Aa.

COROLLAIRE VII.

46. Si l'on conçoit que le plan ſur lequel l'Ellipſe eſt tracée, ſoit plié le long d'un des axes Bb, en ſorte que ſes deux parties ſe joignent ; il eſt clair que les deux demi-Ellipſes BAb, Bab, tomberont exactement l'une ſur l'autre ; ſçavoir, les points A, M, &c. ſur a, M, &c. puiſque * toutes les perpendiculaires Aa, MM, &c. à cet axe,
*Art. 45. ſont coupées par le milieu aux points C, K, &c. D'où il eſt viſible que l'Ellipſe eſt coupée par les deux axes en quatre

portions parfaitement égales & uniformes, qui ne different entr'elles que par leur situation.

PROPOSITION III.

Théorême.

47. SI *l'on mene par l'une des extrémités* A *de l'un des axes* A a, *une ligne droite quelconque* AM *dans l'un des angles* aAL, aAL, *faits par cet axe, & par la ligne* LAL *parallèle a son conjugué* Bb; *je dis qu'elle rencontrera l'Ellipse en un autre point* M. FIG. 20.

Ayant pris sur AL de part ou d'autre du point A, la partie AG égale au parametre p de l'axe Aa, & tiré GF parallèle à cet axe, & qui rencontre la ligne AM (prolongée, s'il est nécessaire) au point F, on prendra sur la ligne AL du même côté où tombe la ligne AM par rapport à l'axe Aa, la partie AL égale à GF, & ayant tiré par l'autre extrêmité a de l'axe Aa la droite aL; je dis que le point M où elle coupe la ligne AM, est à l'Ellipse MAM.

Car menant MP parallèle à AL, & nommant les connues Aa, $2t$; AG, p; GF ou AL, a; & les inconnues CP, x; PM, y; les triangles semblables AGF, MPA, & LAa, MPa, donneront $AG\,(p)\;GF\,(a) :: MP\,(y)$. $AP\,(t \pm x) = \frac{ay}{p}$. Et $AL\,(a)$. $Aa\,(2t) :: PM\,(y)$. $aP\,(t \mp x) = \frac{2ty}{a}$. Et par conséquent on aura toujours $AP \times Pa\,(tt - xx) = \frac{2tyy}{p}$, soit que le point P tombe au-dessus ou au-dessous du centre C; d'où l'on tire $yy = \frac{1}{2}pt - \frac{pxx}{2t}$. La ligne PM sera donc * une ordonnée à l'axe Aa; & partant le point M sera à l'Ellipse MAM. *Ce qu'il falloit démontrer.* * Art. 41.

COROLLAIRE I.

48. DE-LA on voit comment un axe Aa d'une Ellipse MAM étant donné avec son parametre p, &

ayant mené par l'une des extrêmités *A* de cet axe, une ligne droite quelconque *AM* dans l'un ou l'autre des angles *aAL*, *aAL*, faits par cet axe, & par la ligne *LAL* parallèle à ſon conjugué *Bb*; on voit, dis-je, ce qu'il faut faire pour trouver ſur cette ligne le point *M* où elle rencontre l'Ellipſe *MAM*.

COROLLAIRE II.

49. Il eſt évident qu'il n'y a que la ligne *LAL* parallèle à l'axe *Bb*, qui puiſſe être tangente de l'Ellipſe *MAM* au point *A*, l'une des extrêmités de ſon conjugué *Aa*; puiſqu'il n'y a que cette ſeule ligne, qui paſſant par le point *A*, & étant continuée de part & d'autre, ne la rencontre en aucun point, & n'entre pas dedans.

PROPOSITION IV.

Théorême.

Fig. 20. 50. Tous *les diametres comme* MCm, *ſont coupés en deux également par le centre* C, *& ils ne rencontrent l'Ellipſe qu'en deux points* M, m.

Ayant mené l'ordonnée *MP*, & pris *Cp* égale à *CP*, ſi l'on mene la perpendiculaire *pm* terminée en *m* par la droite *MCm*; il eſt évident que les triangles *CPM*, *Cpm* ſont ſemblables & égaux, & qu'ainſi *CM* eſt égale à *Cm*, & *PM* à *pm*. Or comme * les ordonnées qui ſont également éloignées de part & d'autre du centre *C*, ſont égales entr'elles, & que *PM* eſt une ordonnée, il s'enſuit que *pm* ſera auſſi une ordonnée; & par conſéquent que le point *m* eſt à l'Ellipſe.

* Art. 45.

De plus il eſt viſible que ſi l'on imagine une parallèle à l'axe *Bb*, qui ſe meuve de *C* vers *A*; la partie de cette parallèle renfermée dans l'angle *ACM*, ira toujours en augmentant à meſure que *CP* croît, & qu'au contraire la partie de cette parallèle renfermée entre le quart d'Ellipſe *AMB* & l'axe *CA*, c'eſt-à-dire, l'ordonnée PM * ira toujours en diminuant ; d'où il suit que la ligne droite CM, qui passe par le centre, ne rencontre l'Ellipse qu'en un point M du même côté de l'axe ; & il en est de même pour le point m pris de l'autre côté. Donc, &c. * Art. 44.

DÉFINITIONS.

11.

Fig. 21, 22.

Si l'on mene par un point quelconque M de l'Ellipse, un diametre MCm, une ordonnée MP à l'un ou l'autre axe Aa, & une ligne droite MT, en sorte que CT soit troisieme proportionnelle à CP, CA ; le diametre SCs parallèle à MT, est appellée *Diametre conjugué* au diametre Mm ; & réciproquement le diametre Mm est dit conjugué au diametre Ss : de sorte que les deux ensemble sont appellés *Diametres conjugués.*

12.

Toutes les lignes droites menées des points de l'Ellipse parallèlement à l'un de ces deux diametres, & terminées par l'autre, sont appellées *Ordonnées* à cet autre. Ainsi NO parallèle au diametre Ss, est Ordonnée à son conjugué Mm.

13.

La troisieme proportionnelle à deux diametres conjugués, est appellée *Parametre* du premier de la proportion. Ainsi la troisieme proportionnelle à Mm, Ss, est appellée *Parametre* du diametre Mm.

COROLLAIRE.

51. Si l'on nomme la donnée CA, t ; & les indéterminées CP, x ; PT, s ; il est clair, selon la définition 11e que $CT\,(x+s) = \frac{tt}{x}$; & qu'ainsi $sx = tt - xx = AP \times Pa$.

PROPOSITION V.

Théorême.

52. Si *l'on mene par les extrêmités* M, S, *de deux diametres conjugues* Mm, Ss, *deux ordonnées* MP, SK, *à un axe* Aa : *je dis que la partie* CK *de cet axe, prise entre le centre & la rencontre de l'une des ordonnées* SK, *est moyenne proportionnelle entre les deux parties* AP, Pa, *faites par la rencontre de l'autre ordonnée* MP.

Il faut prouver que $\overline{CK}^2 = AP \times Pa$.

Ayant nommé les connues CA, t; CP, x; PT, s; & l'inconnue CK, m; on aura $AP \times Pa = tt - xx =$ * sx, & $AK \times Ka = tt - mm = sx + xx - mm$ en mettant pour tt sa valeur $xx + sx$. Cela posé, la propriété de l'Ellipse* donnera $AP \times Pa (sx) . AK \times Ka (sx + xx - mm) :: \overline{PM}^2 . \overline{KS}^2 :: \overline{TP}^2 . (ss) . \overline{CK}^2 (mm)$. à cause des triangles semblables TPM, CKS. D'où l'on tire en multipliant les extrêmes & les moyens, & en transposant à l'ordinaire, $\overline{CK}^2 (mm) = \frac{sxx + ssx}{x + s} = sx = AP \times Pa$. *Ce qu'il falloit démontrer.*

* Art. 51.

* Art. 42.

Corollaire.

53. Puisque $\overline{CK}^2 = tt - xx$, il s'ensuit que $\overline{CA}^2 - \overline{CK}^2$ ou $AK \times Ka = xx$. Or * $\overline{CA}^2 (tt) . \overline{CB}^2 (cc) :: AK \times Ka (xx) . \overline{SK}^2 = \frac{ccxx}{tt}$. Et $\overline{CA}^2 (tt) . \overline{CB}^2 (cc) :: AP \times Pa (tt - xx) . \overline{PM}^2 = cc - \frac{ccxx}{tt}$. De plus à cause des triangles rectangles CPM, CKS, on aura le quarré $\overline{CM}^2$ ou $\overline{CP}^2 + \overline{PM}^2 = xx + cc - \frac{ccxx}{tt}$, & le quarré $\overline{CS}^2$ ou $\overline{CK}^2 + \overline{KS}^2 = tt - xx + \frac{ccxx}{tt}$. Donc $\overline{CM}^2 + \overline{CS}^2 = tt + cc$.

* Art. 41.

C'est-à-dire que la somme des quarrés de deux diametres conjugués quelconques Mm, Ss, est égale à la somme des quarrés des deux axes Aa, Bb.

PROPOSITION VI.

Théorême.

54. Le *quarré d'une ordonnée quelconque* ON *au diametre* Mm, *est au rectangle de* MO×Om *fait des parties de ce diametre ; comme le quarré de son conjugué* Ss, *est au quarré du même diametre* Mm.

Il faut prouver que $\overline{ON}^2 . MO \times Om :: \overline{Ss}^2 . \overline{Mm}^2$.

Ayant mené les parallèles NQ, OH, à l'axe Bb, & la parallèle OR à son conjugué Aa, qui rencontre au point R l'ordonnée NQ prolongée, s'il est nécessaire ; on nommera les données CP, x ; PM, y ; CA, t ; PT, s ; & les indéterminées HQ ou OR, a ; CH, b ; & on aura à cause des triangles semblables CPM, CHO, & MPT, NRO, ces deux proportions $CP\,(x) . PM\,(y) :: CH\,(b) . HO$ ou $RQ = \frac{by}{x}$. Et $TP\,(s) . PM\,(y) :: OR\,(a) . RN = \frac{ay}{s}$. Cela posé.

Puisque (*fig.* 21.) NQ est toujours la différence de $RQ\,(\frac{by}{x})$, $RN\,(\frac{ay}{s})$, & CQ la somme de $CH\,(b)$, $HQ\,(a)$, lorsque le point N tombe entre les points M, S, ou m, s ; & qu'au contraire (*fig.* 22.) NQ est toujours la somme de RQ, RN, & CQ la différence de CH, HQ, lorsque le point N tombe par-tout ailleurs : on aura $\overline{NQ}^2 = \frac{bbyy}{xx} \mp \frac{2abyy}{sx} + \frac{aayy}{ss}$, & $\overline{CQ}^2 = aa \pm 2ab + bb$; sçavoir $- \frac{2abyy}{sx}$ & $+ 2ab$ dans le premier cas, & au contraire $+ \frac{2abyy}{sx}$ & $- 2ab$ dans le second cas. Or * $AP \times Pa\,(tt - xx) . AQ \times Qa$ ou $\overline{CA}^2 - \overline{CQ}^2\,(tt - aa \mp 2ab - bb) :: \overline{PM}^2\,(yy) . \overline{QN}^2 = \frac{ttyy - aayy \mp 2abyy - bbyy}{tt - xx}$. En comparant ensemble ces deux valeurs du quarré de NQ, on formera l'égalité $\frac{bbyy}{xx} \mp \frac{2abyy}{sx} + \frac{aayy}{ss} = \frac{ttyy - aayy \mp 2abyy - bbyy}{tt - xx}$, dans laquelle effaçant d'une part le

* Art. 42.

terme $\pm \frac{2abyy}{sx}$ & de l'autre le terme $\pm \frac{2abyy}{tt - xx}$ qui lui eſt
* *Art.* 51. égal, puiſque * $sx = tt - xx$; & diviſant par yy, il vient $\frac{bb}{xx} + \frac{aa}{ss} = \frac{tt - aa - bb}{tt - xx}$.

Si l'on multiplie par xx, & qu'on tranſpoſe bb, on trouvera $\frac{aaxx}{ss}$ ou $\frac{aax^4}{ssxx} = \frac{ttxx - aaxx - bbtt}{tt - xx}$; & multipliant le premier membre par $ssxx$, & le ſecond par le quarré de $tt - xx$ valeur de sx (ce qui ſe fait en multipliant ſimplement le numérateur par $tt - xx$) on aura $aax^4 = t^4xx - aattxx - bbt^4 - ttx^4 + aax^4 + bbttxx$; d'où en effaçant de part & d'autre aax^4, tranſpoſant $aattxx$, & diviſant par $ttxx$, l'on tirera $\overline{HQ}^2$ ou $\overline{OR}^2$ $(aa) = tt - xx + bb - \frac{bbtt}{xx}$.

Maintenant ſi l'on nomme le demi-diametre CM ou Cm, z; on aura à cauſe des triangles ſemblables CPM, CHO, cette proportion $CP\ (x) . CM\ (z) :: CH\ (b) . CO = \frac{bz}{x}$. Et partant $MO \times Om = zz - \frac{bbzz}{xx}$. Or les triangles ſemblables ORN, CKS, donnent $\overline{ON}^2 . \overline{CS}^2 :: \overline{OR}^2$
* *Art.* 52. $\left(tt - xx + bb - \frac{bbtt}{xx}\right) . \overline{CK}^2$ * $(tt - xx) :: MO \times Om \left(\frac{xxzz - bbzz}{xx}\right) . \overline{CM}^2\ (zz)$. Puiſqu'en multipliant les extrêmes & les moyens, ou trouve le même produit. Donc $\overline{ON}^2$.
* *Art.* 50. $MO \times Om :: \overline{CS}^2 . \overline{CM}^2$ * $:: \overline{Ss}^2 . \overline{Mm}^2$. *Ce qu'il falloit, &c.*

COROLLAIRE GÉNÉRAL.

55. Il eſt viſible que ce qu'on a démontré dans la Propoſition ſeconde par rapport aux deux axes Aa, Bb, s'étend par le moyen de cette propoſition à deux diametres conjugués quelconques Mm, Ss. Or comme les articles 40, 41, 42, 43, 44, 45, 47, 48 & 49 ſe tirent de la ſeconde Propoſition, & ſubſiſtent également, ſoit que l'angle ACB ſoit droit ou qu'il ne le ſoit pas; il s'enſuit que ſi l'on ſuppoſe dans ces articles, que les lignes Aa, Bb, au lieu d'être les deux axes, ſoient deux diametres

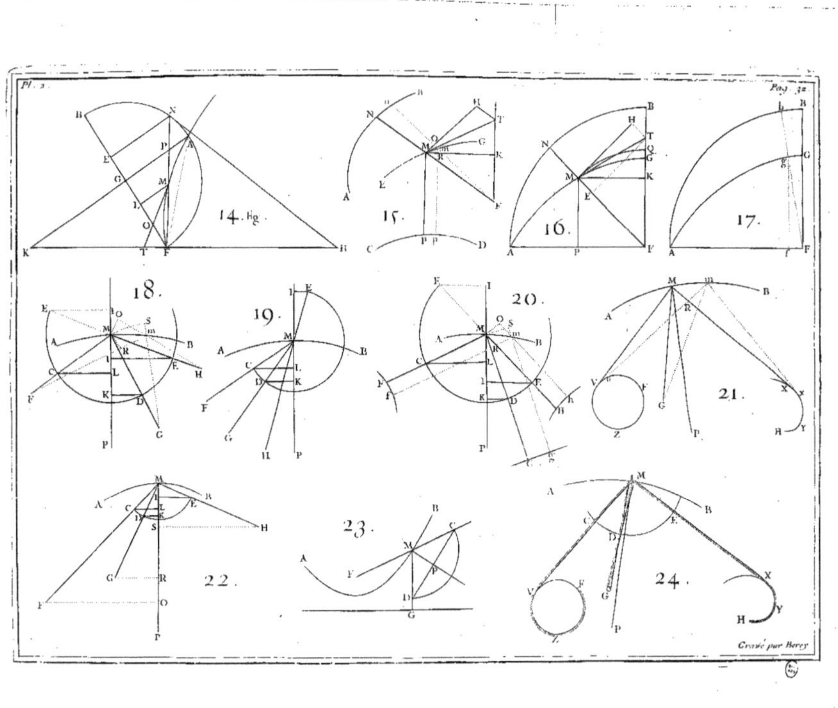
Pl. 2.
Pag. 32.
14. Fig.
15.
16.
17.
18.
19.
20.
21.
22.
23.
24.
Gravé par Berey

diametres conjugués quelconques, ils seront encore vrais dans cette supposition : car leur démonstration demeurera toujours la même ; & il ne faut pour s'en convaincre entiérement, que les relire en mettant par-tout où se trouve le mot d'*Axe*, celui de *Diametre.*

COROLLAIRE II.

56. COMME les articles 44 & 49, subsistent avec la même force, lorsque les lignes *Aa*, *Bb*, au lieu d'être les deux axes, sont deux diametres conjugués quelconques, tels que *Mm*, *Ss*; il s'ensuit que la ligne *MT* menée par le point *M* l'une des extrêmités d'un diametre quelconque *Mm*, parallèlement à son diametre conjugué *Ss*, est tangente en *M*, & qu'il n'y a que cette seule ligne qui puisse toucher l'Ellipse en ce point.

D'où l'on voit que d'un point donné sur une Ellipse, on ne peut mener qu'une seule tangente.

COROLLAIRE III.

57. DE-LA il est évident, selon la définition 11e, que si l'on mene par un point quelconque *M* d'une Ellipse, une ordonnée *MP* à l'un ou l'autre axe *Aa*; & qu'ayant pris *CT* du côté du point *P*, troisieme proportionnelle à *CP*, *CA*, on tire la droite *MT* : cette ligne *MT* sera tangente en *M*. Et réciproquement, que si la ligne *MT* est tangente en *M*, & qu'on mene l'ordonnée *MP* à l'un ou l'autre axe *Aa*, les parties *CP*, *CA*, *CT* de cet axe, seront en proportion géométrique continue.

COROLLAIRE IV.

58. SI l'on imagine dans les définitions 11, 12 & 13, & dans les deux dernieres Propositions, que les lignes *Aa*, *Bb*, au lieu d'être les deux axes, soient deux diametres conjugués quelconques; on verra que ces Propositions seront encore vraies, puisqu'elles se démontreront de la même maniere qu'auparavant : comme il est évident par l'inspection de la figure 23, où les triangles

femblables donnent les mêmes proportions que dans le cas des axes.

D'où il fuit 1°. Que le Corollaire précédent doit encore avoir lieu, lorfque la ligne Aa, au lieu d'être un axe, eft un diametre quelconque. 2°. Que les diametres conjugués Mm, Ss, peuvent être les deux axes dans cette fuppofition ; & qu'ainfi on peut regarder les deux axes comme deux diametres conjugués qui font entr'eux des angles droits.

PROPOSITION VII.

Théorême.

FIG. 24. 59. SI *par un point quelconque d'une Ellipfe qui a pour centre le point* C, *l'on tire une ordonnée* MP *à l'un des axes* Aa, *& une perpendiculaire* MG *à la tangente* MT *qui paffe par le point* M : *je dis que* CP *fera toujours à* PG *en raifon donné de l'axe* Aa *à fon parametre.*

Car nommant le demi-axe CA ou Ca, t; & les indéterminées CP, x; PM, y; on aura * $CT = \frac{tt}{x}$; & partant $PT = \frac{tt - xx}{x}$. Or les triangles rectangles femblables TPM, MPG, donnent $TP \left(\frac{tt-xx}{x}\right) . PM (y) :: PM (y) PG = \frac{xyy}{tt - xx}$. D'où l'on tire cette proportion $CP (x) . PG \left(\frac{xyy}{tt-xx}\right) :: AP \times Pa (tt - xx) . \overline{PM}^2 (yy)$. Puifqu'en multipliant les extrêmes & les moyens, on forme le même produit xyy. Mais le rectangle $AP \times Pa$, eft * au quarré $\overline{PM}^2$, comme l'axe Aa eft à fon parametre. Donc, &c.

* Art. 57.

* Art. 41.

PROPOSITION VIII.

Théorême.

FIG. 25. 60. SI *l'on mene par un point quelconque* M *d'une Ellipfe, une tangente* TMS, *& aux deux foyers* F, f, *les*

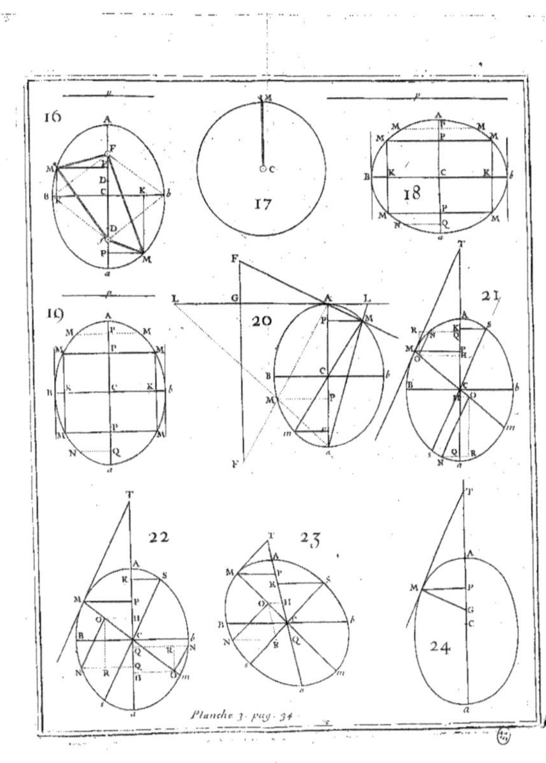

Planche 3. pag. 34

droites MF, Mf; *je dis que les angles* FMT, fMS, *faits par ces lignes de part & d'autre avec la tangente* TMS, *sont égaux entr'eux.*

Car ayant mené les perpendiculaires FD, fd, sur cette tangente; le premier axe Aa qui la rencontre en T, & l'ordonnée MP à cet axe, & nommé les données CA ou Ca, t; CF ou Cf, m; & l'indéterminée CP, x; on aura MF * $\left(t-\frac{mx}{t}\right)$. $Mf\left(t+\frac{mx}{t}\right)$ :: TF, ou CT * $\left(\frac{tt}{x}\right) - CF(m)$. Tf ou $CT\left(\frac{tt}{x}\right) + Cf(m)$. Puisqu'en multipliant les extrêmes & les moyens, on trouve le même produit. Or les triangles semblables TFD, Tfd, donnent TF. Tf :: FD. fd. L'hypothénuse MF du triangle rectangle MDF, sera donc à l'hypothénuse Mf du triangle rectangle Mdf, comme le côté DF est au côté df; & par conséquent ces deux triangles seront semblables. Les angles FMD, fMd, ou FMT, fMS, qui sont opposés aux côtés homologues DF, df, seront donc égaux entr'eux. *Ce qu'il falloit démontrer.*

* *Art.* 38.
* *Art.* 57.

COROLLAIRE.

61. DE-LA il est évident que la tangente TMS étant prolongée indéfiniment de part & d'autre du point touchant M, laisse l'Ellipse toute entiere du côté de ses deux foyers F, f. Or comme cela arrive toujours en quelque endroit de l'Ellipse que tombe le point M, il s'ensuit qu'elle sera concave dans toute son étendue autour de ses deux foyers, & par conséquent aussi autour de son centre.

PROPOSITION IX.

Théorême.

62. SI *l'on mene par l'une des extrémités* A *d'un diametre* Aa *une parallèle* DAE *à son conjugué* Bb, *laquelle rencontre deux autres diametres conjugués quelconques* FIG. 26.

M m, Ss, *aux points* D, E; *je dis que le rectangle de* DA *par* AE, *est égal au quarré de la moitié* CB *du diametre* Bb.

Il faut prouver que $DA \times AE = \overline{CB}^2$.

Ayant mené par les extrêmités M, S, des diamètres conjugués Mm, Ss, les ordonnées MP, SK, au diametre Aa, on nommera les données CA, t; CB, c; & les

* Art. 52. indéterminées CP, x; PM, y; & on aura * $\overline{CK}^2 = AP \times Pa = tt - xx$; & par conséquent $AK \times Ka$ ou $\overline{CA}^2$

* Art. 54. $- \overline{CK}^2 = xx$. Or * $\overline{BC}^2 (cc) . \overline{CA}^2 (tt) :: \overline{MP}^2 (yy) . AP \times Pa$ ou $\overline{CK}^2 = \frac{ttyy}{cc}$. Et $\overline{CA}^2 (tt) . \overline{CB}^2 (cc) :: AK \times Ka (xx) . \overline{KS}^2 = \frac{ccxx}{tt}$. Donc en extrayant les racines quarrées, l'on tire $CK = \frac{ty}{c}$, & $KS = \frac{cx}{t}$. Mais les triangles semblables CPM, CAD, & CKS, CAE, donnent $CP (x) . PM (y) :: CA (t) . AD = \frac{ty}{x}$. Et $CK \left(\frac{ty}{c}\right) . KS \left(\frac{cx}{t}\right) :: CA (t) . AE = \frac{ccx}{ty}$. Donc $DA \times AE = cc = \overline{BC}^2$. *Ce qu'il falloit démontrer.*

PROPOSITION X.

Problême.

FIG. 27. 63. DEUX *diametres conjugués* Aa, Bb, *d'une Ellipse étant donnés, avec une ligne droite* MCm *qui passe par le centre* C; *marquer sur cette ligne les points* M, m, *où elle rencontre l'Ellipse.*

Ayant mené par l'une des extrêmités A du diametre Aa, une parallèle indéfinie AD, à son conjugué Bb, laquelle rencontre la ligne CM donnée de position au point D; on tirera par le point A perpendiculairement sur AD, la ligne AO égale à CB, & par les points O, D, la ligne OD. On décrira du rayon OA un cercle qui coupera la ligne OD en deux points N, n, par où l'on tirera des parallèles NM, nm, à la ligne OC qui joint les centres de l'Ellipfe & du cercle. Je dis que les points M, m, où elles rencontrent la ligne CD, feront à l'Ellipfe, & détermineront par conféquent les extrêmités du diametre MCm donné de pofition.

Car menant les parallèles MP, NQ, à AD, qui rencontrent les lignes CA, OA, aux points P, Q; les triangles femblables CDO, MDN, & CDA, CMP, & ODA, ONQ, donneront $CA. CP :: CD. CM :: OD. ON :: OA. OQ$. c'eft-à-dire, $CA. CP :: OA. OQ$. Et partant fi l'on mene la droite PQ, elle fera parallèle à OC; & par conféquent auffi à MN fuppofée parallèle à OC. Ainfi les parallèles MP, NQ, feront égales entr'elles. Cela pofé, fi l'on nomme les données CA, t; CB ou AO ou ON, c; & les indéterminées CP, x; PM ou NQ, y; on aura $CA (t). CP (x) :: OA (c). OQ = \frac{cx}{t}$. Et à caufe du triangle OQN rectangle en Q, le quarré $\overline{NQ}^2$ ou $\overline{MP}^2 (yy) = \overline{ON}^2 (cc) - \overline{OQ}^2 \left(\frac{ccxx}{tt}\right)$. La ligne MP fera donc * une ordonnée au diametre Aa, & par conféquent le point M appartiendra à l'Ellipfe qui a pour diametres conjugués les droites Aa, Bb. Mais à caufe des parallèles NM, OC, nm, la ligne Mm eft divifée en deux également par le centre C; puifque par la propriété du cercle, Nn l'eft au point O. Donc le point m appartiendra * auffi à la même Ellipfe. * Art. 41 & 55. * Art. 50.

Si les diametres conjugués Aa, Bb, étoient les deux axes, les parallèles CO, PQ, fe confondroient alors avec les lignes CA, AO, qui n'en feroient qu'une feule; ce qui rendroit la conftruction & la démonftration un peu plus faciles.

PROPOSITION XI.

Problême.

64. DEUX *diametres conjugués* Aa, Bb, *d'une Ellipfe étant donnés ; en trouver les deux axes* Mm, Ss: *& démontrer qu'il n'y en peut avoir que deux.* FIG. 27.

Ayant mené par l'une des extrêmités *A* du diametre *Aa*, une parallèle *DE* à son conjugué *Bb*, on tirera *AO* perpendiculaire à *DE* & égale à *CB*. Ayant joint *OC*, on menera par son point de milieu *F* la ligne *FG* qui la coupe à angles droits, & qui rencontre au point *G* la ligne *DE*, sur laquelle on prendra de part & d'autre du point *G* les parties *GD*, *GE*, égales chacune à *GO* ou *GC*. Tirant enfin les droites *CD*, *CE*; je dis que les deux axes *Mm*, *Ss*, sont situés sur ces droites.

* *Art.* 58. Car les deux axes pouvant être regardés * comme deux diametres conjugués, qui font entr'eux un angle droit, ils rencontreront la ligne *DE* en des points *D*, *E*, tels que le cercle décrit de ce diametre passera par les deux points *C*, *O*; puisque le rectangle $DA \times AE$ étant
* *Art.* 62. égal * au quarré de *AO*, l'angle *DOE* sera droit, aussi bien que l'angle *DCE*. Or il est évident que c'est précisément ce que l'on vient de faire par le moyen de cette construction; puisque les lignes *GO*, *GC*, *GE*, *GD*, étant toutes égales entr'elles, sont les rayons d'un même cercle. Mais comme il ne peut y avoir sur la ligne *DE* que deux points *D*, *E*, qui satisfassent en même temps à ces deux conditions; sçavoir, que l'angle *DCE* & l'angle *DOE* soient chacun droit; il s'ensuit que les diametres conjugués *Mm*, *Ss*, qui font entr'eux un angle droit, seront les mêmes que les axes; & qu'il n'y en peut avoir que deux.

Maintenant pour en déterminer la grandeur, il n'y a qu'à tirer les droites *OD*, *OE*; & par les points *N*, *R*, où elles rencontrent le cercle qui a pour rayon *OA*, mener
* *Art.* 63. les parallèles *NM*, *RS*. Car il est évident * que les points *M*, *S*, où elles rencontrent les droites *CD*, *CE*, appartiendront à l'Ellipse qui a pour diametres conjugués les lignes *Aa*, *Bb*; & qu'ainsi ils seront les extrêmités de ses axes.

COROLLAIRE.

65. Si l'on propoſoit de trouver deux diametres conjugués Mm, Ss, qui fiſſent entr'eux un angle MCS égal à un angle donné ; deux autres diametres conjugués Aa, Bb, étant donnés. Il eſt viſible que la queſtion ſe réduiroit à trouver ſur la ligne DE donnée de poſition ; deux points D, E, tels que menant aux deux points O, C, donnés hors cette ligne, les droites DO, OE, CD, CE, l'angle DOE fut droit, & l'angle DCE égal à l'angle donné. Mais comme la ſolution de ce Problême eſt aſſez difficile, on l'a renvoyée dans le 10ᵉ Livre, & on a ſuivi ici une autre voye, qui eſt plus ſimple ; c'eſt de trouver d'abord les deux axes, & de s'en ſervir enſuite pour trouver les deux diametres conjugués qu'on demande, comme l'on va enſeigner dans la Propoſition ſuivante.

PROPOSITION XII.

Problême.

66. *Les deux axes* Aa, Bb, *d'une Ellipſe étant donnés ; trouver deux diametres conjugués* Mm, Ss, *qui fuſſent entr'eux l'angle* MCS *égal à un angle donné.* Fig. 28 & 29.

Je ſuppoſe que les diametres Mm, Ss, ſoient en effet ceux qu'on demande, & qu'ils rencontrent aux points D, E, la ligne droite indéfinie DE menée par l'extrêmité A du petit axe Aa parallèlement au grand Bb. Et ayant tiré du centre C de l'Ellipſe, la ligne CF, qui faſſe avec DE au point F l'angle CFE égal à l'angle donné MCS, je nomme les données CA, t ; CB, c ; AF, a ; & l'inconnue AE, z ; ce qui donne $AD =$ * $\frac{cc}{z}$, CE * Art. 62.
$= \sqrt{tt + zz}$ à cauſe du triangle rectangle CAE. Cela poſé :

Les triangles FEC, CED, ſeront ſemblables ; puiſque l'angle au point E eſt commun, & que l'angle CFE a été fait égal à l'angle MCS : c'est pourquoi $FE\,(z-a)$. $EC\,(\sqrt{tt+zz})::EC\,(\sqrt{tt+zz}).ED\left(z+\frac{cc}{z}\right)$. D'où en multipliant les extrêmes & les moyens, l'on forme l'égalité $zz-az+cc-\frac{acc}{z}=tt+zz$; & effaçant de part & d'autre zz, multipliant ensuite par z, & divisant par a, il vient $zz-\frac{cc}{a}z+\frac{tt}{a}z+cc=o$. Et en faisant (pour faciliter le calcul) $\frac{cc-tt}{a}=2b$, on changera l'égalité précédente en celle-ci $zz-2bz+cc=o$, ou $zz-2bz+bb=bb-cc$; ce qui donne en extrayant de part & d'autre la racine quarrée $z-b$ ou $b-z=\sqrt{bb-cc}$, & par conséquent l'inconnue $AE\,(z)=b\pm\sqrt{bb-cc}$. Voici maintenant la construction que cette derniere égalité fournit.

Ayant prolongé le petit axe Aa jusqu'au point O, en sorte que AO soit égale à la moitié CB du grand ; soit tirée CF, qui fasse avec DE menée par le point A parallèlement à Bb, l'angle CFE égal à l'angle donné. Ayant joint OF, soient tirées les droites OH, CG, perpendiculaires sur OF, CF, qui rencontrent DE aux points H, G (on n'a point marqué dans les figures 28 & 29, les points H, G, sur la ligne DE ; parce que ces figures auroient été trop grandes, & que d'ailleurs il est facile de les y imaginer). Soit décrit du centre O, & du rayon OK, égal à la moitié de GH, partie de AD prolongée, comprise entre G & H, un arc de cercle qui coupe DE aux points K, K ; & ayant pris sur DE les parties KD, KE, égales chacune à KO, soient tirées par le centre C de l'Ellipse, les droites DC, EC. Je dis que les diametres cherchés Mm, Ss, sont situés sur ces lignes.

Car à cause des angles droits FAC, FCG, & FAO, FOH ; on aura $AG=\frac{tt}{a}$, $AH=\frac{cc}{a}$; & partant $GH=\frac{cc-tt}{a}=2b$. Le rayon OK qui est égal à la moitié de HG, sera donc égal à b ; & à cause du triangle rectangle

gle OAK, on aura $AK = \sqrt{bb - cc}$, & AE ou $KE \mp AK = b \mp \sqrt{bb - cc}$ & AD ou $KD + AK = b + \sqrt{bb - cc}$. Or cela posé, si l'on multiplie la valeur de AE par celle de AD, il vient $AE \times AD = cc = \overline{CB}^2$; & partant * les diametres Mm, Ss, sont conjugués. Mais le rectangle de $AE + AD$ ou $DE(2b)$ par $AE - AF$ ou $EF(b \mp \sqrt{bb - cc} - a)$ est $= 2bb \mp 2b\sqrt{bb - cc} - 2ab = 2bb \mp 2b\sqrt{bb - cc} + tt - cc$ en mettant pour $2ab$ sa valeur $cc - tt$; & à cause du triangle rectangle CAE le quarré $\overline{CE}^2 = \overline{AE}^2 + \overline{CA}^2 = 2bb \mp 2b\sqrt{bb - cc} + tt - cc = DE \times EF$: ce qui donne $FE . EC :: EC . ED$. Et partant les triangles FEC, CED, seront semblables ; puisqu'ils ont l'angle au point E commun, & que leurs côtés autour de cet angle sont proportionnels. L'angle MCS sera donc égal à l'angle donné CFE. C'est ce qui restoit à démontrer. * Art. 61.

Maintenant pour avoir la grandeur CM, CS, des deux demi-diametres cherchés ; il n'y a qu'à tirer les lignes OD, OE, & mener par les points N, R, où elles rencontrent le cercle qui a pour rayon OA, les parallèles NM, RS, à OC. Car il est visible * que les points M, S, où elles rencontrent les droites CD, CE, seront à l'Ellipse, & détermineront par conséquent les extrêmités de ces diametres. * Art. 65.

COROLLAIRE I.

67. Il suit de cette construction, 1°. Qu'afin que le Problême soit possible, il faut que $OK\left(\frac{cc - tt}{2a}\right)$ surpasse ou soit égale à AO (c); car autrement le cercle décrit du rayon OK, ne rencontreroit la ligne DE en aucun point, ce qui est néanmoins nécessaire pour la construction.

2°. Que lorsque OK surpasse OA, on trouve toujours par le moyen des deux points K, K, deux différens diametres conjugués Mm, Ss, qui satisfont également : mais qu'alors le diametre Ss de la figure 29 est égal au diametre Mm de la figure 28, & semblablement posé de l'autre côté de l'axe Aa; parce que AE de la figure

29, est égal à AD de la figure 28. Et de même que le diametre Mm de la figure 29 est égal au diametre Ss de la figure 28, & semblablement posé de l'autre côté de l'axe Aa; parce que AD de la figure 29 est égal à AE de la figure 28. C'est-à-dire que les deux différens diametres conjugués Mm, Ss, qui satisfont également au Problême, sont semblablement posés de part & d'autre de l'axe Aa, & que dans ces deux différentes positions leurs grandeurs demeurent la même.

Fig. 30. 3°. Que lorsque $OK = OA$, les deux points d'intersection K, K, se réunissent au point touchant A; & qu'ainsi il n'y a alors qu'à prendre les parties AE, AD, égales chacune à la moitié CB du grand axe : d'où l'on voit qu'il ne peut y avoir alors qu'une solution, & que les deux diametres conjugués Mm, Ss, qui satisfont, sont égaux entr'eux.

COROLLAIRE II.

Fig. 28, 29 & 30. 68. Il est clair aussi que plus AF (a) est grande, plus l'angle obtus donné CFE l'est aussi, & plus au contraire la ligne $OK \left(\frac{cc-tt}{2a}\right)$ diminue : de sorte que AF étant la plus grande qu'il est possible, l'angle obtus CFE, sera aussi le plus grand ; & au contraire la ligne OK, sera la moindre, c'est-à-dire égale à AO. Or si l'on mene alors les droites Ba, ab, les triangles rectangles aCB, CAD, aCb, CAE, seront tous égaux entr'eux ; puisque les lignes, AE, AD, sont égales chacune à la moitié CB ou Cb de l'axe Bb, & que CA est égal à Ca. L'angle ACM, sera donc égal à l'angle CaB, & l'angle ACS à l'angle Cab; & partant l'angle donné MCS ou CFE, sera aussi égal à l'angle Bab. D'où l'on voit :
(Fig. 30.)

Fig. 28, 29 & 30. 1°. Que si l'on mene de l'une des extrêmités a du petit axe Aa aux extrêmités B, b, du grand, les lignes aB, ab; l'angle obtus donné CFE, doit être égal ou moindre que l'angle Bab, afin que * le Problême soit possible.

* Art. 67.

2°. Que lorsqu'il lui est égal, comme dans la figure 30,

il n'y a que deux diametres conjugués Mm, Ss, qui satisfassent, lesquels sont égaux entr'eux.

3°. Que lorsqu'il est moindre, comme dans les fig. 28 & 29, il y a toujours deux différens diametres conjugués qui satisfont également; qu'ils sont semblablement posés de part & d'autre du petit axe, cet angle demeurant le même entr'eux; & que leur grandeur demeure aussi la même dans ces deux différentes positions.

PROPOSITION XIII.

Problême.

69. DEUX *diametres conjugués* Aa, Bb, *d'une Ellipse étant donnés; la décrire par un mouvement continu.*

PREMIERE MANIERE.

On cherchera * les deux axes, & on la décrira ensuite selon l'article 36. * *Art.* 64.

SECONDE MANIERE.

Ayant mené par l'une des extrêmités A de l'un des diametres donnés Aa, une perpendiculaire AH sur l'autre Bb, on prendra sur cette ligne la partie AQ de part ou d'autre du point A égale à CB. Et ayant tiré la ligne CQ, on fera glisser la ligne GF égale à HQ par ses extrêmités le long des lignes Bb, CQ (prolongées de part & d'autre du centre C autant qu'il sera nécessaire) jusqu'à ce qu'après avoir parcouru successivement les quatre angles faits par ces deux lignes, elle revienne dans la même situation d'où elle étoit partie. Je dis que si l'on prend GM égal à AQ, le point M décrira dans ce mouvement l'Ellipse requise. FIG. 31 & 32.

Car menant GP parallèle à QA, qui rencontre en P le diametre Aa, & en O le diametre Bb; les triangles semblables CHQ, COG, & CAQ, CPG, donneront $CQ . CG :: AQ$ ou $GM . GP :: HQ$ ou $GF . GO$. Et par conséquent la ligne PM sera parallèle au diametre Bb. Cela posé:

Si l'on nomme les données CA, t; AQ ou CB ou Cb, c; & les inconnues CP, x; PM, y; on aura $CA(t).CP(x)::AQ(c).GP=\frac{cx}{t}$. Et le triangle rectangle GPM donnera $\overline{PM}^2=\overline{GM}^2-\overline{GP}^2$, c'est-à-dire en termes analytiques $yy=cc-\frac{ccxx}{tt}$. La ligne PM sera

* Art. 41 & 55. donc * une ordonnée au diametre Aa dans l'Ellipse qui a pour diametres conjugués les lignes Aa, Bb. Donc, &c.

FIG. 33. Si les deux diametres conjugués Aa, Bb, étoient les deux axes, il est clair que les lignes AQ, CQ, tomberoient sur le diametre Aa qui seroit l'un des axes, & que le point H tomberoit sur le centre C. D'où l'on voit qu'il faudroit prendre alors GF égale à CQ, somme ou différence des deux demi-axes CA, CB; & la faire glisser par ses extrêmités le long des axes Aa, Bb, prolongés s'il est nécessaire.

Comme les lignes Aa, Bb, s'entrecoupent à angles droits au point C; il est clair qu'en quelque situation que se trouve la droite GF pendant qu'elle glisse le long de ces lignes, le cercle qui auroit cette ligne pour diametre, passeroit toujours par le point C; & qu'ainsi la ligne CD qui passe par le point D milieu de FG, sera toujours égale à DF, puisque les lignes CD, DF, DG, seront toujours des rayons de ce cercle. De-là naît la description suivante.

Soient deux lignes droites CD, DF, égales chacune à la moitié de CQ, somme ou différence des deux demi-axes CB, CA; attachées l'une à l'autre par leur extrêmité commune D, en sorte qu'elles se puissent mouvoir autour de ce point, comme les jambes d'un compas autour de sa tête. Soit attachée l'extrêmité C de la droite CD dans le centre de l'Ellipse; & soit entendue l'extrêmité F de l'autre droite FD, se mouvoir le long de l'axe Bb, en entraînant avec elle la ligne DC mobile autour du point fixe C. Il est clair que si l'on prend sur FD (prolongée, s'il est nécessaire) la partie FM égale à CA, la

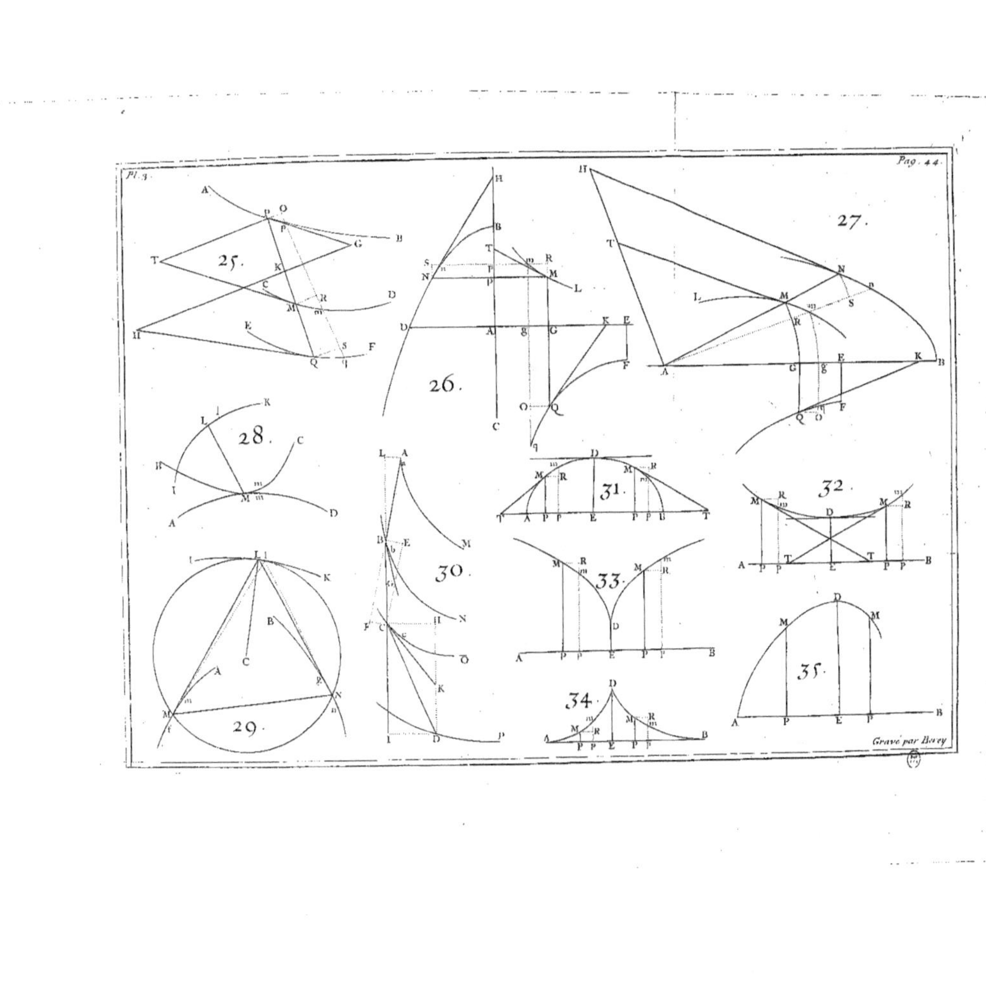
Pl. 3.
Pag. 44.
25.
26.
27.
28.
29.
30.
31.
32.
33.
34.
35.
Gravé par Berey

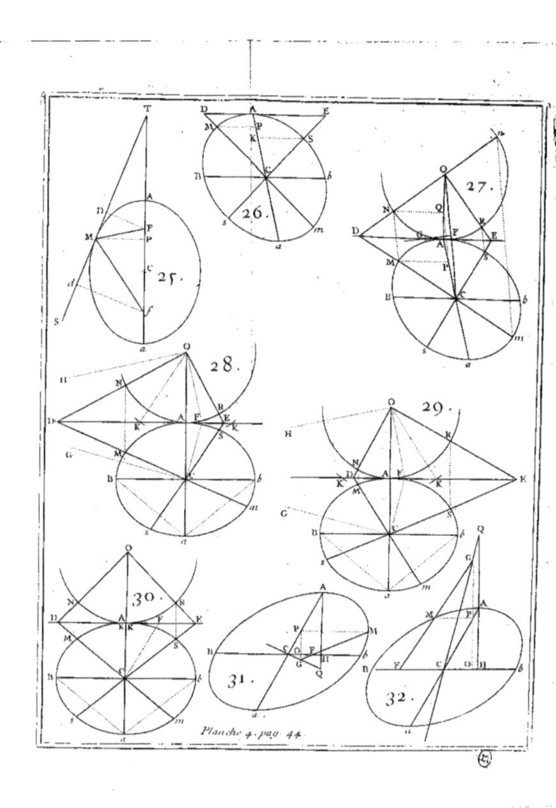

Planche 4. pag. 44.

point M décrira dans ce mouvement l'Ellipse qu'on cherche.

PROPOSITION XIV.

Problême.

70. DEUX *diametres conjugués* Aa, Bb, *d'une Ellipse étant donnés ; la décrire par plusieurs points.*

PREMIERE MANIERE.

Ayant mené par l'une des extrêmités A de l'un des diametres donnés Aa, une parallèle indéfinie DAD à son conjugué Bb, on tirera AO perpendiculaire à AD, & égale à la moitié CB du diametre Bb ; on joindra OC ; & on décrira un cercle du centre O, & du rayon OA. Cela fait on menera librement de part & d'autre de CA, autant de lignes CD, CD, &c. qu'on voudra ; & ayant tiré des points D, D, &c. où elles rencontrent la ligne DAD, au centre O, les lignes DO, DO, &c. qui coupent la circonférence du cercle aux points N, N, &c. on menera des droites NM, NM, &c. parallèles à OC, lesquelles rencontrent aux points M, M, &c. les droites correspondantes CD, CD, &c. sur lesquelles on marquera de l'autre côté du centre C des points m, m, &c. qui en soient également éloignés. Il est évident * que la ligne courbe qui passera par tous les points M, M, &c ; m, m, &c. ainsi trouvés, aura pour diametres conjugués les droites Aa, Bb. FIG. 34. * Art. 63.

SECONDE MANIERE.

Ayant pris sur l'un des demi-diametres CB, de petites parties CE, EE, &c. égales entr'elles, de telle grandeur qu'on voudra, & autant que ce demi-diametre en pourra contenir ; on lui menera les perpendiculaires ED, ED, &c. qui rencontrent la circonférence circulaire décrite du centre C & du rayon CB, aux points D, D, &c. Ayant joint AB, on tirera par celui des points E, qui est le plus proche du centre C, la ligne EP parallèle à AB, FIG. 35.

qui rencontre CA au point P. On prendra ſur le diametre Aa de part & d'autre du centre C, autant de parties PP, PP, &c. égales à CP, qu'il en pourra contenir; & on menera par tous les points P, P, &c. des parallèles MPM, MPM, &c. au diametre Bb, ſur chacune deſquelles on prendra de part & d'autre du point P, des parties PM, PM, égales chacune à ſa correſpondante ED. Je dis que la ligne courbe qui paſſe par tous ces points M, ſera l'Ellipſe qu'on demande.

Car nommant les données CA, t; CB ou CD, c; & les indéterminées CP, x; PM, y; on aura à cauſe des triangles ſemblables CAB, CPE, cette proportion CA $(t) . CB (c) :: CP (x) . CE = \frac{cx}{t}$. Et à cauſe du triangle CED rectangle en E, le quarré $\overline{ED}^2$ ou $\overline{PM}^2 (yy) =$
* Art. 41 & 55. $\overline{CD}^2 (cc) - \overline{CE}^2 \left(\frac{ccxx}{tt}\right)$. La ligne PM ſera donc * une ordonnée au diametre Aa. Et comme cette démonſtration convient à toutes les lignes PM; puiſque chaque CP eſt toujours à ſa correſpondante CE, en raiſon de CA à CB: il s'enſuit que la Courbe qui paſſe par tous les points M trouvés comme ci-deſſus, ſera l'Ellipſe qu'on demande.

LIVRE TROISIEME.

DE L'HYPERBOLE.

DÉFINITIONS.

I.

AYANT attaché ſur un plan en un point f l'une des extrêmités d'une longue regle fMO, en ſorte qu'elle puiſſe tourner librement autour de ce point fixe f, comme centre ; on attachera à ſon autre extrêmité O, le bout d'un fil OMF, dont la longueur doit être moindre que celle de la regle, & duquel l'autre bout ſera attaché en un autre point F, pris auſſi ſur ce plan. Maintenant, ſi l'on fait tourner la regle fMO autour du point fixe f, & qu'en même temps l'on ſe ſerve d'un ſtile M pour tenir le fil OMF, toujours également tendu, & ſa partie MO toute jointe & comme collée contre le bord de la regle : la ligne courbe AX décrite dans ce mouvement, eſt une portion d'*Hyperbole*. Fig. 36.

Si l'on renverſe la regle de l'autre côté du point F, on décrira de la même ſorte l'autre portion AZ de la même Hyperbole.

Mais, ſi ſans changer la longueur de la regle, ni celle du fil, on attache l'extrêmité de la regle en F, & celle du fil en f, on décrira en la même ſorte une autre ligne courbe xaz oppoſée à la premiere XAZ, qui eſt encore appellée *Hyperbole*, & les deux enſemble ſont nommées *Hyperboles oppoſées*.

2.

Les deux points fixes F, f, ſont nommés les *Foyers*.

3.

La ligne Aa, qui paſſe par les deux foyers F, f, & qui eſt terminée de part & d'autre par les Hyperboles oppoſées, eſt appellée le *premier Axe*.

4.

Le point C, qui diviſe par le milieu le premier axe Aa, eſt nommé le *Centre*.

5.

Si l'on mene par le centre C une perpendiculaire indéfinie Bb au premier axe Aa; & que du point A, comme centre, & de l'intervalle CF, on décrive un arc de cercle qui la coupe aux points B, b : la partie Bb de cette perpendiculaire, eſt appellée le *ſecond Axe.*

6.

Les deux Axes Aa, Bb, ſont appellés enſemble *Conjugués*; de ſorte que le premier Axe Aa, eſt dit *Conjugué* au ſecond Bb; & réciproquement le ſecond Bb, *Conjugué* au premier Aa.

7.

Les lignes MP, MK, menées des points M des Hyperboles oppoſées parallèlement à l'un des axes conjugués, & terminées par l'autre, ſont appellées *Ordonnées* à cet autre axe. Ainſi MP eſt *Ordonnée* au premier axe Aa, & MK au ſecond Bb.

8.

La troiſieme proportionnelle aux deux axes, eſt appellée *Parametre* de celui qui eſt le premier terme de la proportion. Ainſi ſi l'on fait comme le premier Axe Aa, eſt au ſecond axe Bb, de même le ſecond axe Bb, à une troiſieme proportionnelle p; cette ligne p ſera le Parametre du premier axe Aa.

9.

Toutes les lignes qui paſſent par le centre C, ſont appellées *Diametres* : ceux qui rencontrent les Hyperboles oppoſées, *premiers Diametres*, & ceux qui ne les rencontrent point, quoique prolongées à l'infini, *ſeconds Diametres.*

10.

Une ligne droite qui ne rencontre une Hyperbole qu'en un ſeul point, & qui étant continuée de part & d'autre, n'entre point dedans, mais tombe au dehors, eſt appellée *Tangente* en ce point.

REMARQUE.

REMARQUE.

71. ON a dit dans la premiere définition que la longueur du fil FMO doit être moindre ou plus grande que celle de la regle fMO; dont la raison est que s'il étoit égal à cette regle, le stile M décriroit dans ce mouvement, une ligne dont tous les points M seroient également distants des deux points F, f; puisque retranchant du fil & de la regle, la partie commune MO, les restes MF, Mf, seroient toujours égaux entr'eux. D'où il est visible que cette ligne ne seroit autre qu'une ligne droite indéfinie Bb, menée perpendiculairement à la droite Ff par son point du milieu C. FIG. 37.

COROLLAIRE I.

72. IL suit de la définition premiere, que si l'on mene d'un point quelconque M, de l'une des Hyperboles opposées, aux deux foyers F, f, les droites MF, Mf; leur différence sera toujours la même. Car elle sera toujours égale à la différence qui se trouve entre la longueur de la regle & celle du fil. FIG. 36.

COROLLAIRE II.

73. LORSQUE le point M tombe en A, il est visible que MF devient AF, & que Mf devient Af; & de même, lorsque le point M tombe en a, en décrivant l'Hyperbole opposée xaz; il est encore visible que MF devient aF; & que Mf devient af. Donc puisque la différence de ces deux droites est par-tout la même, on aura $Af - AF$ ou $Ff - 2AF = aF - af$ ou $Ff - 2af$; & partant $AF = af$. D'où il suit:

1°. Que la distance Ff des foyers, est divisée en deux parties égales par le centre C; puisque $CA + AF$ ou $CF = Ca + af$ ou Cf.

2°. Que la différence des deux droites MF, Mf, est toujours égale au premier axe Aa; puisque dans l'Hyperbole XAZ, on a toujours $Mf - MF = Af - AF$ ou

$Af - af$; & que dans ſon oppoſée xaz, on a auſſi toujours $MF - Mf = aF - af$ ou $aF - AF$.

COROLLAIRE III.

74. Il ſuit de la définition cinquieme :

1°. Que le ſecond axe Bb, eſt diviſé en deux parties égales par le centre C; car les triangles rectangles ACB, ACb, feront égaux, puiſqu'ils ont des hypothénuſes égales AB, Ab, & le côté AC commun.

2° Que ſi l'on prend ſur le ſecond axe Bb, la partie CE égale à la moitié CA du premier, & qu'on tire l'hypothénuſe AE : le ſecond axe Bb ſera plus grand, égal, ou moindre que le premier Aa ; ſelon que la droite CF, eſt plus grande, égale, ou moindre que l'hypothénuſe AE ; parce que l'hypothénuſe Ab, priſe égale à CF, ſe trouvera auſſi pour lors plus grande, égale, ou moindre que l'hypothénuſe AE.

3°. Que ſi l'on prend ſur le premier axe Aa de part & d'autre du centre C, les parties CF, cf, égales chacune à l'hypothénuſe AB du triangle rectangle CAB, formé par les deux demi-axes CA, CB : les points F, f, feront les deux foyers.

COROLLAIRE IV.

75. Les mêmes choſes étant poſées, ſi l'on nomme CF ou AB, m; CA, ou Ca, t; le triangle rectangle ACB, donnera $\overline{BC}^2 = mm - tt$. Or $AF = m - t$, & $Fa = m + t$; & partant $AF \times Fa = mm - tt$. D'où il eſt évident que le quarré de la moitié CB du ſecond axe Bb, eſt égal au rectangle de AF par Fa parties du premier axe Aa, priſes entre l'un des foyers F, & ſes deux extrêmités A, a.

COROLLAIRE V.

76. Il ſera maintenant facile de décrire les Hyperboles oppoſées dont les deux axes Aa, Bb, ſont donnés, & dont l'on ſçait que l'axe Aa doit être le premier. Car

ayant trouvé * sur le premier axe Aa, les foyers F, f, on attachera dans le point F, le bout d'un fil FMO, duquel l'autre bout O, sera lié à l'extrêmité d'une longue regle OMf, mobile sur son autre extrêmité f autour du foyer f, & dont la longueur OMf doit * être moindre ou plus grande que la longueur du fil OMF, de la ligne Aa. Ayant ensuite décrit par le moyen de cette regle & de ce fil, deux Hyperboles opposées XAZ, xaz, comme l'on a enseigné dans la définition premiere, il est évident qu'elles auront pour premier axe, la ligne Aa, & pour second, la ligne Bb. Et c'est ce qu'on demandoit.

* Art. 74.

* Art. 71.

Plus la regle OMf sera longue, & plus les portions des Hyperboles opposées, qu'on décrira par le moyen de cette regle, seront grandes ; de sorte qu'on les peut augmenter autant que l'on voudra, en augmentant également la longueur de la regle & celle du fil.

PROPOSITION I.

Théorême.

77. Si *l'on mene l'ordonnée* MP *au premier axe* Aa, *& qu'on prenne sur cet axe prolongé la partie* AD *égale à* MF, *du côté du foyer* F, *lorsque le point* M *tombe sur l'Hyperbole* XAZ, *& du côté du foyer* f *lorsqu'il tombe sur son opposée* xaz ; *je dis que* CA. CF :: CP. CD.

Ayant nommé comme auparavant les données CA ou Ca, t; CF, ou Cf, m; & de plus les indéterminées CP, x; PM, y; & l'inconnue CD, z; on aura dans le premier cas, AD ou $MF = z - t$, aD ou $Mf = z + t$, $FP = x - m$ ou $m - x$ (selon que le point P tombe au-dessous ou au-dessus du foyer F), $Pf = x + m$: & dans le second cas, AD ou $MF = z + t$, aD ou $Mf = z - t$, $FP = x + m$, $Pf = x - m$ ou $m - x$ selon que le point P tombe au-dessus ou au-dessous du foyer f.

Cela posé, le triangle rectangle MPF donnera $zz \mp 2tz + tt = yy + xx \mp 2mx + mm$; sçavoir, — dans le premier cas, + dans le ſecond ; & l'autre triangle rectangle *MPf* donnera $zz \pm 2tz + tt = yy + xx \pm 2mx + mm$; ſçavoir, + dans le premier, & — dans le ſecond.

Maintenant, ſi l'on retranche par ordre dans le premier cas, chaque membre de la premiere équation de ceux de la ſeconde ; & au contraire dans le ſecond cas, chaque membre de la ſeconde de ceux de la premiere, il vient $4tz = 4mx$; d'où l'on tire $CD\ (z) = \frac{mx}{t}$. Donc $CA\ (t).\ CF\ (m) :: CP\ (x).\ CD\ (z)$. *Ce qu'il falloit, &c.*

COROLLAIRE.

78. Il eſt évident que ſi l'on nomme les données *CA* ou *Ca*, *t*; *CF* ou *Cf*, *m*; & l'indéterminée *CP*, *x*; on aura toujours $MF = \frac{mx}{t} - t$, & $Mf = \frac{mx}{t} + t$, lorſque le point *M* tombe ſur l'Hyperbole *XAZ*, qui a pour foyer le point *F* : & qu'au contraire on aura $MF = \frac{mx}{t} + t$, & $Mf = \frac{mx}{t} - t$, lorſque le point *M* tombe ſur ſon oppoſée *xaz*, qui a pour foyer le point *f*.

PROPOSITION II.

Théorême.

79. Le *quarré d'une ordonnée quelconque* PM, *au premier axe* Aa, *eſt au rectangle de* AP *par* Pa, *parties de cet axe prolongé, comme le quarré de ſon conjugué* Bb, *eſt au quarré du premier axe* Aa.

Il faut prouver que $\overline{PM}^2 .\ AP \times Pa :: \overline{Bb}^2 .\ \overline{Aa}^2$.

Les mêmes choſes étant poſées que dans la Propoſition précédente, ſi l'on met dans l'équation $zz \mp 2tz + tt = yy + xx \mp 2mx + mm$ que l'on a trouvée * par le moyen du triangle rectangle *MPF*, à la place de *z*, ſa valeur $\frac{mx}{t}$, on formera toujours celle-ci $ttyy = mmxx - mmtt - ttxx + t^4$, laquelle étant réduite à une proportion, donne $\overline{PM}^2\ (yy).\ AP \times Pa\ (xx - tt) ::$

* Art. 77.

$\overline{BC}^2$ * $(mm-tt)$. $\overline{CA}^2$ (tt) :: $\overline{Bb}^2$. $\overline{Aa}^2$. *Ce qu'il falloit démontrer.* * Art. [illegible]

COROLLAIRE I.

80. SI l'on mene une ordonnée MK au second axe Bb, lequel j'appelle $2c$; il est clair que $MK = CP$ (x), & que $CK = PM$ (y). Or $\overline{PM}^2$ (yy). $AP \times Pa$ $(xx-tt)$ :: $\overline{Bb}^2$ $(4cc)$. $\overline{Aa}^2$ $(4tt)$. Et partant $4ccxx = 4cctt + 4ttyy$; ce qui donne cette proportion $\overline{MK}^2$ (xx). $\overline{CK}^2 + \overline{CB}^2$. $(yy+cc)$ :: $\overline{Aa}^2$ $(4tt)$. $\overline{Bb}^2$ $(4cc)$.

C'est-à-dire que le quarré d'une ordonnée quelconque MK au second axe Bb, est au quarré de CK, joint au quarré de CB moitié du second axe Bb, comme le quarré de son conjugué Aa, est au quarré de ce second axe Bb.

COROLLAIRE II. FONDAMENTAL.

81. SI l'on nomme le premier ou second axe Aa, $2t$; son conjugué Bb, $2c$; son parametre p; chacune de ses ordonnées PM, y; & chacune de ses parties CP, prises entre le centre & les rencontres des ordonnées, x; on aura toujours * $\overline{PM}^2$ (yy). $\overline{CP}^2 \mp \overline{CA}^2$ $(xx \mp tt)$ :: $\overline{Bb}^2$ $(4cc)$. $\overline{Aa}^2$ $(4tt)$ :: p. Aa $(2t)$. puisque selon la définition du parametre Aa $(2t)$. Bb $(2c)$ :: Bb $(2c)$. $p = \frac{4cc}{2t}$. où l'on doit observer que c'est le signe — lorsque l'axe Aa est le premier, & qu'ainsi on peut substituer alors à la place de $\overline{CP}^2 - \overline{CA}^2$, le rectangle $AP \times Pa$ qui lui est égal; & au contraire que c'est le signe + lorsque l'axe Aa est le second. D'où en multipliant d'abord les Extrêmes & les Moyens de la premiere proportion yy. $xx \mp tt$ :: $4cc$. $4tt$. ensuite de l'autre yy. $xx \mp tt$ :: p. $2t$. l'on tire $yy = \frac{ccxx}{tt} \mp cc$, & $yy = \frac{pxx}{2t} \mp \frac{1}{2}pt$. Or comme cette propriété convient également à tous les points des Hyperboles opposées, & qu'elle en

FIG. 38 & 39.

* Art. 79 & 80.

détermine la position par rapport aux axes ; il s'ensuit que l'équation $yy = \frac{ccxx}{tt} \mp cc$, ou $yy = \frac{pxx}{2t} \mp \frac{1}{2}pt$, en exprime parfaitement la nature par rapport à ses axes.

COROLLAIRE III.

82. Si l'on mene deux ordonnées quelconques MP, NQ à l'axe Aa, il est clair que $\overline{MP}^2 . \overline{QN}^2 :: \overline{CP}^2 \mp \overline{CA}^2 . \overline{CQ}^2 \mp \overline{CA}^2$. Car $\overline{PM}^2 . \overline{CP}^2 \mp \overline{CA}^2 :: \overline{Bb}^2 . \overline{Aa}^2 :: \overline{QN}^2 . \overline{CQ}^2 \mp \overline{CA}^2$. Donc, &c.

Il est bon de remarquer encore qu'on peut substituer à la place de $\overline{CP}^2 - \overline{CA}^2$, & $\overline{CQ}^2 - \overline{CA}^2$, les rectangles $AP \times Pa$, $AQ \times Qa$, qui leur sont égaux ; ce qu'il faut toujours observer dans la suite.

COROLLAIRE IV.

83. Si l'on mene par un point quelconque P de l'un ou de l'autre axe Aa (prolongé lorsque c'est le premier) une parallèle MPM à son conjugué Bb ; elle rencontrera une Hyperbole ou les Hyperboles opposées en deux points M, M, également éloignés de part & d'autre du point P, & non en davantage. Car afin que les points M, M, soient à une Hyperbole ou aux Hyperboles opposées, il faut * que les quarrés de PM (y) prises de part & d'autre de l'axe Aa, soient égaux chacun à la même quantité $\frac{ccxx}{tt} \mp cc$.

* *Art.* 81.

COROLLAIRE V.

FIG. 38 & 39.

84. Il suit de ce que $yy = \frac{ccxx}{tt} \mp cc$, que plus CP (x) prise de part ou d'autre du centre C, devient grande, plus aussi chaque ordonnée PM (y) prise de part & d'autre de l'axe Aa, augmente, & cela à l'infini ; & qu'au contraire plus CP (x) devient petite, plus aussi PM (y) diminue ; de sorte que (*fig.* 38.) CP (x) étant égale à CA ou Ca (t) lorsque l'axe Aa, est le premier,

PM (y) devient alors nulle ou zéro ; & que (*fig.* 39.) CP (x) étant nulle ou zéro, lorſque l'axe Aa eſt le ſecond, chaque PM (y) qui devient alors CB ou Cb (c), eſt la moindre de toutes les ordonnées PM (y) priſes de part & d'autre du centre. D'où il eſt clair :

1°. Que ſi l'on mene (*fig.* 39.) par les extrêmités B, b, du premier axe Bb, des parallèles au ſecond Aa ; elles ſeront tangentes en ces points.

2°. Que les Hyperboles oppoſées s'éloignent de part & d'autre de plus en plus à l'infini de leurs axes conjugués, en commençant par les extrêmités du premier : avec cette différence néanmoins que le premier axe rencontre chacune des Hyperboles oppoſées en un point, & qu'étant prolongé il paſſe au dedans ; au lieu que le ſecond tombe tout entier entre les Hyperboles oppoſées, & ne les rencontre jamais, quoique prolongé à l'infini.

COROLLAIRE VI.

85. Il ſuit encore de ce que $yy = \frac{ccxx}{tt} \mp cc$, que ſi l'on prend les points P, P, également éloignés de part & d'autre du centre C, les ordonnées PM, PM, ſeront égales. D'où il eſt clair que ſi une ligne droite MM, terminée par une Hyperbole ou par des Hyperboles oppoſées, eſt coupée en deux également par un axe Bb en un point K autre que le centre, elle ſera parallèle à ſon conjugué Aa. Car menant des parallèles MP, MP, à l'axe Bb, la ligne PP, ſera coupée par le milieu en C, puiſque MM l'eſt en K, & partant les ordonnées PM, PM, ſeront égales. La droite MM ſera donc parallèle à l'axe Aa.

COROLLAIRE VII.

86. Si l'on conçoit que le plan ſur lequel les Hyperboles oppoſées ſont tracées, ſoit plié le long de l'axe Aa, en ſorte que ſes deux parties ſe joignent, il eſt clair (*fig.* 39.) lorſque l'axe Aa eſt le ſecond, que les

deux Hyperboles opposées tomberont exactement l'une sur l'autre ; sçavoir, les points B, M, &c. sur les points b, M, &c. puisque * toutes les perpendiculaires Bb, MM à cet axe, sont coupées par le milieu aux points C, P, &c.

Par la même raison (*fig.* 38.) lorsque l'axe Aa est le premier, les portions des Hyperboles opposées qui sont de part & d'autre de cet axe, tomberont exactement l'une sur l'autre.

AVERTISSEMENT.

On a suivi jusqu'ici la même méthode que dans l'Ellipse, & on auroit pû la continuer jusqu'à la fin ; mais comme il faut nécessairement parler de certaines lignes particulieres à l'Hyperbole, & qu'on peut par leur moyen prouver les mêmes choses d'une maniere plus aisée, on a pris ce dernier parti.

DÉFINITIONS.

11.

FIG. 40. Si l'on mene du centre C deux droites indéfinies CG, Cg, parallèles aux lignes Ab, AB, menées de l'extrêmité A du premier axe Aa, aux deux extrêmités B, b, du second : ces deux droites seront appellées les *Asymptotes* de l'Hyperbole MAM ; & si on les prolonge indéfiniment de l'autre côté du centre, elles seront nommées les *Asymptotes* de l'Hyperbole opposées MaM.

12.

Le quarré de la partie CG, ou Cg, d'une asymptote, comprise entre le centre C, & la rencontre de la ligne AB, ou Ab, menée de l'extrêmité A du premier axe, à l'extrêmité B, ou b, du second, est appellé la *Puissance* de l'Hyperbole MAM, ou de son opposée MaM.

COROLLAIRE I.

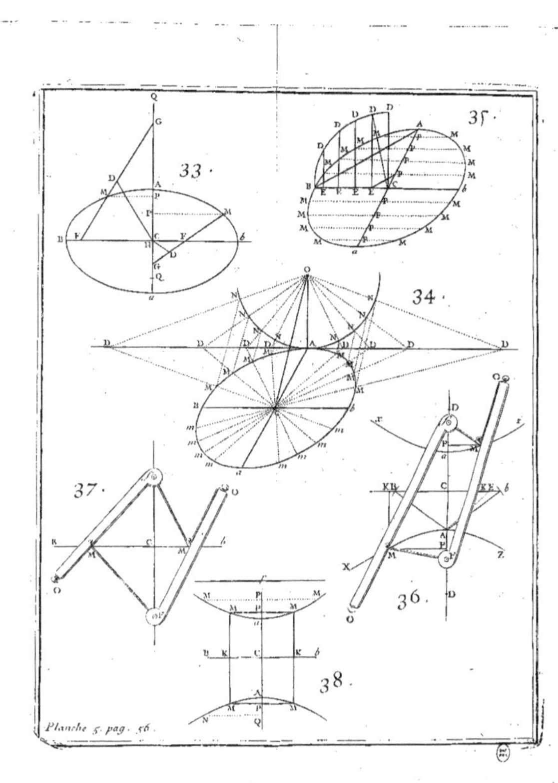

Planche 5. pag. 56.

COROLLAIRE I.

87. IL eſt évident que l'angle GCg, fait par les aſymptotes d'une Hyperbole, ou ſon égal BAb, eſt moindre, égal, ou plus grand qu'un droit; ſelon que le ſecond axe Bb eſt moindre, égal, ou plus grand que le premier Aa. Car lorſque le premier axe Aa ſurpaſſe le ſecond Bb, ſa moitié CA, ſurpaſſe la moitié CB du ſecond; & par conſéquent dans le triangle rectangle CAB, l'angle CAB eſt moindre qu'un demi-droit. Les deux angles égaux CAB, CAb, qui font enſemble l'angle BAb, ſeront donc moindres qu'un droit. Les deux autres cas ſe démontrent de la même maniere.

COROLLAIRE II.

88. A CAUSE des triangles ſemblables BAb, BGC, il eſt clair que la ligne AB eſt diviſée par l'aſymptote CG en deux parties égales au point G, & que CG eſt la moitié de Ab; puiſque BC eſt la moitié de Bb. On prouvera de même que Ab eſt diviſée par l'aſymptote Cg en deux parties égales au point g, & que Cg eſt la moitié de AB. Donc toutes les lignes CG, GA, GB, Cg, gA, gb, ſont égales entr'elles; puiſqu'elles ſont égales chacune à la moitié de l'une ou l'autre des lignes AB, Ab, que l'on ſçait être égales entr'elles, ſuivant la définition 5e.

COROLLAIRE III.

89. LA puiſſance d'une Hyperbole eſt égale à la quatrieme partie de la ſomme des quarrés des deux demi-axes. Car nommant CA, t; CB, c; CG, m; on aura * $BA = 2m$, & à cauſe du triangle rectangle ACB, le quarré $\overline{AB}^2$ $(4mm) = tt + cc$. Et par conſéquent $\overline{CG}^2$ $(mm) = \frac{tt+cc}{4}$.

* Art. 88.

PROPOSITION III.

Théorême.

FIG. 40. 90. SI *l'on mene par un point quelconque* M *de l'une ou de l'autre des Hyperboles opposées, une ligne droite* Rr *perpendiculaire au premier axe* Aa *qu'elle rencontre en* P, *& terminée par les asymptotes en* R *&* r; *je dis que le rectangle de* RM *par* Mr, *est égal au quarré de* BC, *moitié du second axe* Bb.

Il faut prouver que $RM \times Mr = \overline{BC}^2$.

Nommant les connues CA, t; CB, c; & les indéterminées CP, x; PM, y; les triangles semblables ACB, CPr, & ACb, CPR, donnent $CA\,(t) . CB$ ou $Cb\,(c) :: CP\,(x) . Pr$, ou $PR = \frac{cx}{t}$. Donc RM, ou $PR \pm PM = \frac{cx}{t} \pm y$; & Mr, ou $Pr \mp PM = \frac{cx}{t} \mp y$. Et par conséquent $RM \times Mr = \frac{ccxx}{tt} - yy = \overline{BC}^2\,(cc)$ en mettant

* Art. 81. pour yy sa valeur * $\frac{ccxx}{tt} - cc$. *Ce qu'il falloit démontrer.*

COROLLAIRE I.

91. IL est clair que $\overline{PM}^2$ $\left(\frac{ccxx}{tt} - cc\right)$ est toujours moindre que $\overline{PR}^2$ ou $\overline{Pr}^2$ $\left(\frac{ccxx}{tt}\right)$; & par conséquent que tous les points des Hyperboles opposées, tombent dans les angles faits par leurs asymptotes; de sorte qu'il n'en peut tomber aucun dans les angles d'à côté.

COROLLAIRE II.

92. SI l'on mene par deux points quelconques M, N, d'une Hyperbole ou des Hyperboles opposées, deux lignes droites Rr, Kk, perpendiculaires au premier axe, & terminées par les asymptotes: il est évident que les rectangles $RM \times Mr$, $KN \times Nk$, seront toujours égaux entr'eux; puisqu'ils sont égaux chacun au quarré de la

moitié BC du second axe Bb. D'où l'on voit que RM $KN :: Nk . Mr$.

PROPOSITION IV.

Théorême.

93. Si *l'on mene par deux points quelconques* M, N, *d'une Hyperbole ou des Hyperboles opposées, deux droites* Hh, Ll, *parallèles entr'elles, & terminées par les asymptotes ; je dis que les rectangles* HM×Mh, LN×Nl, *seront égaux entr'eux.*

Il faut prouver que HM×Mh=LN×Nl.

Ayant mené les droites Rr, Kk, perpendiculaires au premier axe Aa, il est clair que les triangles MRH, NKL, & Mrh, Nkl, sont semblables ; puisqu'ils sont formés par des parallèles. On aura donc $RM . KN :: HM . LN$. Et $Nk . Mr :: Nl . Mh$. Or * $RM . KN :: Nk . Mr$. Donc $HM . LN :: Nl . Mh$. Et par conséquent $HM \times Mh = LN \times Nl$. *Ce qu'il falloit, &c.* * Art. 92.

COROLLAIRE I.

94. Si l'on suppose que la ligne NL parallèle à MH, passe par le centre C, c'est-à-dire, qu'elle devienne CE : il est clair que les deux points L, l, se réuniront au centre C ; & partant que le rectangle $LN \times Nl$, deviendra le quarré $\overline{EC}^2$. D'où l'on voit que si l'on mene d'un point quelconque E, l'une des Hyperboles opposées au centre C, la droite CE, & par un autre point quelconque M de l'une ou de l'autre de ces Hyperboles, une ligne MHh, parallèle à CE, & qui rencontre les asymptotes en H & h ; le quarré de CE sera égal au rectangle de HM par Mh.

COROLLAIRE II.

95. Si l'on mene par un point quelconque N, de l'une des Hyperboles opposées, une ligne droite Ll, terminées par les asymptotes, & qui rencontre l'une ou

l'autre de ces Hyperboles en un autre point n; les parties LN, ln, de cette droite prises entre les points des Hyperboles & la rencontre des asymptotes, seront égales entr'elles. Car nommant LN, a; Nn, b; nl, c; on aura $LN \times Nl\,(ab \mp ac) = HM \times Mh = Ln \times nl.\,(bc \mp ac)$, d'où l'on tire $LN\,(a) = ln\,(c)$.

COROLLAIRE III.

96. Si l'on suppose dans le Corollaire précédent que la ligne Nn, terminée par les Hyperboles opposées, passe par le centre C, c'est-à-dire, qu'elle devienne le premier diametre ED : il est évident que les deux points L, l, se réuniront au centre C; & qu'ainsi NL deviendra EC, & nl, CD. D'où l'on voit que tout premier diametre DE, est divisé en deux également par le centre C.

COROLLAIRE IV.

97. Si deux lignes droites Mm, Nn, parallèles entr'elles, sont terminées par une Hyperbole ou par les Hyperboles opposées, & rencontrent une asymptote aux points H, L; je dis que les rectangles $MH \times Hm$, $NL \times Ln$, seront égaux entr'eux. Car prolongeant, s'il est nécessaire, ces deux lignes, jusqu'à ce qu'elles rencontrent l'autre asymptote aux points h, l; les parties MH, mh, & NL, nl, seront égales * entr'elles : &
* Art. 95. partant, puisque $HM \times Mh = LN \times Nl$, il s'ensuit que $MH \times Hm = NL \times Ln$.

PROPOSITION V.

Problême.

FIG. 41. 98. Si *l'on mene par deux points quelconques* M, N, *d'une Hyperbole ou des Hyperboles opposées, deux droites* MH, NL, *parallèles entr'elles & terminées par un asymptote; & deux autres droites* Mh, Nl, *aussi parallèles entr'elles, & terminées par l'autre asymptote; je dis que les rectangles* HM × Mh , NL × Nl, *sont égaux entr'eux.*

Cette Proposition se prouve de la même maniere que la précédente, & il n'y a rien à changer dans la démonstration.

COROLLAIRE I.

99. SI les droites MH, Mh, & NL, Nl, sont parallèles aux deux asymptotes ; il est clair que les parallélogrammes $MHCh$, $NLCl$, aussi bien que les triangles CHM, CLN, qui en sont les moitiés, sont égaux entr'eux ; puisque les côtés de ces parallélogrammes autour des angles égaux HMh, LNl, sont réciproquement proportionnels. FIG. 42.

COROLLAIRE II.

100. LES mêmes choses étant posées que dans le Corollaire précédent, il est visible que $CH \times HM = CL \times LN$; puisque dans cette supposition $Mh = CH$, & $Nl = CL$: c'est-à-dire, que si l'on mene par deux points quelconques M, N, de l'une, ou des Hyperboles opposées, deux droites MH, NL, parallèles à l'une des asymptotes, & terminées par l'autre ; les rectangles $CH \times HM$, $CL \times LN$, seront toujours égaux entr'eux ; & qu'ainsi $CH . CL :: LN . MH$.

COROLLAIRE III.

101. PUISQUE l'extrêmité A du premier axe, est un des points de l'Hyperbole, & que la ligne AB, qui coupe en G, l'asymptote CG, est parallèle à l'autre asymptote Cg ; il s'ensuit * que le rectangle $CH \times HM$ sera toujours égal au même rectangle $CG \times GA$, ou * au quarré $\overline{CG}^2$, c'est-à-dire, selon la définition 12e, à la puissance de l'Hyperbole. Si donc l'on nomme la donnée CG, m ; & les indéterminées CH, x ; HM, y ; on aura toujours $CH \times HM\ (xy) = \overline{CG}^2\ (mm)$. Or comme cette propriété convient également à tous les points des Hyperboles opposées, & qu'elle en détermine la position par

* *Art.* 100.
* *Art.* 88.

rapport à ses asymptotes ; il s'ensuit que l'équation $xy = mm$ en exprime parfaitement la nature par rapport à ses asymptotes.

COROLLAIRE IV.

102. Il suit de ce que $HM\,(y) = \frac{mm}{x}$, que plus CH (x) augmente, plus au contraire HM (y) diminue ; de sorte que CH (x) étant infiniment grande, HM (y) sera alors infiniment petite, c'est-à-dire, nulle ou zéro. D'où l'on voit que l'Hyperbole AM, & son asymptote CH (étant prolongées) s'approchent de plus en plus, de sorte qu'enfin leur distance devient moindre qu'aucune donnée ; & que cependant elles ne se peuvent jamais rencontrer, puisqu'elles ne se joignent que dans l'infini où l'on ne peut jamais arriver. Il en est de même pour l'autre asymptote Cg.

COROLLAIRE V.

103. Entre toutes les lignes qui passent par le centre C, 1°. Celles qui, comme Aa, tombent dans les angles faits par les asymptotes du côté des Hyperboles, rencontrent chacune des Hyperboles opposées en un seul point A, ou a ; & étant prolongées, elles passent au dedans de ces Hyperboles. Car à cause des angles GCA, gCA, & de leurs opposés au sommet, il est clair que la ligne Aa, s'éloigne de plus en plus de l'un & de l'autre asymptote ; au lieu que les Hyperboles opposées s'en approchent toujours * de plus en plus. 2°. Celles qui, comme Bb, tombent dans les angles d'à côté, faits aussi par les asymptotes, ne peuvent jamais rencontrer les Hyperboles opposées, quoiqu'on les prolonge à l'infini ; puisqu'aucun des points des Hyperboles * ne peut tomber dans ces angles.

D'où l'on voit * que tous les premiers diametres, tombent dans les angles faits par les asymptotes du côté des Hyperboles, & que les seconds tombent dans les angles d'à côté.

* Art. 102.
* Art. 91.
* Déf. 9.

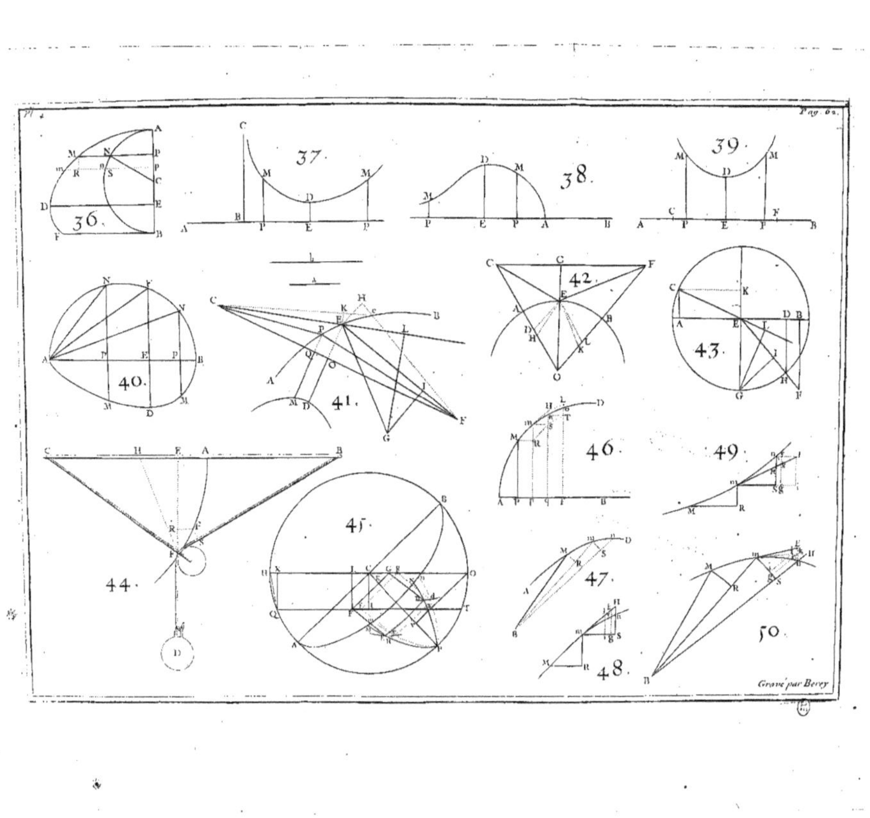
Pl. 4
Pag. 62
36.
37.
38.
39.
40.
41.
42.
43.
44.
45.
46.
47.
48.
49.
50.
Gravé par Berey

COROLLAIRE VI.

104. Si l'on mene par un point quelconque H, de l'une des asymptotes CE, une parallèle HM, à l'autre Ce; elle ne rencontrera l'Hyperbole qu'en un seul point M; & étant continuée, elle passera au dedans. Car sa distance de Ce, demeure par-tout la même, au lieu que l'Hyperbole s'en approche * toujours de plus en plus. Fig. 43.

* Art. 102.

COROLLAIRE VII.

105. De-là il est évident que si par un point quelconque M, d'une Hyperbole, l'on mene deux droites indéfinies MH, Mh, parallèles à ses asymptotes Ce, CE.

1°. Tous les points de l'Hyperbole qui lui est opposée, tomberont dans l'angle HMh; puisqu'ils tombent tous * dans l'angle fait par ses asymptotes, lequel est renfermé dans l'angle HMh.

* Art. 91.

2°. Les deux portions de l'Hyperbole, tomberont dans les deux angles à côté de celui-ci; ainsi aucun de ses points ne tombera dans l'angle opposé au sommet à l'angle HMh.

3°. Toutes les lignes qui, comme MF, tombent dans l'angle HMh, rencontrent (étant prolongées du côté de F) l'Hyperbole opposée en un point N, & passent au dedans; puisqu'elles s'écartent de plus en plus des droites MH, Mh, & par conséquent de ses deux asymptotes qui leur sont parallèles : mais étant prolongées de l'autre côté du point M, elles entrent au dedans de l'Hyperbole qui passe par ce point, & ne la rencontrent jamais ailleurs.

4°. Toutes les lignes qui, comme Ee, tombent dans les angles à côté de l'angle HMh, rencontrent les deux asymptotes de l'Hyperbole qui passe par le point M; ainsi lorsqu'elles passent au dedans de l'une de ses portions, elles la rencontrent nécessairement en quelque point N, puisqu'elles vont rencontrer l'asymptote qui tombe au dehors de cette portion.

COROLLAIRE VIII.

106. 1°. Si l'on mene par un point quelconque M, d'une Hyperbole, une ligne droite Ff, qui rencontre l'une de ses asymptotes au point F, & l'une des asymptotes de l'Hyperbole opposée au point f; & qu'on la prolonge en N, en sorte que fN, soit égale à FM: je dis que le point N, sera à l'Hyperbole opposée. Car la ligne Ff, tombe dans l'angle HMh, & rencontre par conséquent l'Hyperbole opposée en quelque point N, comme l'on vient de démontrer dans le Corollaire précédent. Donc *, &c.

* *Art.* 95.

2°. Si l'on mene par un point quelconque M, d'une Hyperbole, une ligne droite Ee, terminée par ses asymptotes, & qu'on prenne sur cette ligne, la partie eN, égale à EM: je dis que le point N, sera encore l'un des points de cette Hyperbole. Car menant MH, parallèle à l'asymptote Ce, & terminée par l'autre en H, si l'on prend sur cette autre asymptote, la partie CL, égale à HE, & qu'on tire LN, parallèle à HM; on a démontré dans l'article 104 qu'elle rencontrera l'Hyperbole en un point N, & dans l'article 100, que ce point sera tel que CL ou $HE \,.\, HM :: CH$ ou $EL \,.\, LN$; d'où l'on voit que la ligne LN, rencontre l'Hyperbole dans le même point où elle rencontre la droite Ee. Mais à cause des parallèles HM, LN, il est clair que $eN = EM$, puisque $CL = HE$. Donc, &c.

PROPOSITION VI.

Problême.

Fig. 43.

107. D'un *point donné* M, *sur une Hyperbole dont les asymptotes* CE, Ce, *sont données; mener la tangente* DMd; *& démontrer qu'on n'en peut mener qu'une seule.*

Ayant mené du point donné M, une parallèle MH, à l'une des asymptotes Ce, & terminée par l'autre CE, au point H; on prendra sur cette asymptote, la partie HD,

HD égale à HC; on tirera par le point donné M, la droite DM, qui rencontre l'asymptote Ce en un point d. Je dis en premier lieu, que cette ligne DMd, touchera l'Hyperbole au point M.

Car à cause des triangles semblables CDd, HDM; la ligne Dd, terminée par les asymptotes, est divisée en deux parties égales par le point M, de même que CD, l'est en H. Or s'il étoit possible qu'elle rencontrât l'Hyperbole en un autre point O, il est clair que Od, seroit * égale à MD, & par conséquent à Md, c'est-à-dire, la partie au tout; ce qui ne pouvant être, il s'ensuit que la ligne DMd, ne peut rencontrer l'Hyperbole, qu'au seul point M. De plus, si elle passoit au dedans, comme la ligne Ee, il est visible qu'elle rencontreroit la portion de l'Hyperbole, au dedans de laquelle elle passeroit en quelque point N; puisqu'elle iroit rencontrer en un point e, l'asymptote Ce, qui tombe * au dehors de cette portion. Il est donc évident que la ligne Dd, ne rencontre l'Hyperbole, qu'au seul point M, & qu'elle n'entre point au dedans; c'est-à-dire, qu'elle est tangente en ce point.

* Art. 95.

* Art. 91.

Je dis en second lieu, qu'il n'y a que la seule ligne DMd, qui puisse toucher l'Hyperbole au point M; car si l'on prend sur l'asymptote CE, la partie HE, plus grande ou moindre que HD, & qu'on tire par le point donné M, la droite EM, qui rencontre l'autre asymptote Ce, au point e, il est clair à cause des parallèles MH, Ce, que ME sera plus grande ou moindre que Me; puisque HE a été prise plus grande ou moindre que HD ou que HC. Or cela posé, si l'on prend sur la plus grande partie Me, le point N, en sorte que Ne soit égale à ME, il est évident que ce point * sera encore à l'Hyperbole, & qu'ainsi la ligne Ee, ne la touchera point au point M. Ce qui restoit à démontrer.

* Art. 106.

REMARQUE.

108. On a démontré dans l'art. 102, que plus CH devient grande, plus au contraire HM diminue ; de sorte que CH étant infiniment grande, HM devient infiniment petite, c'est-à-dire, nulle ou zéro. Or CH étant infiniment grande, HD (qui lui est égale) la sera aussi ; & par conséquent les lignes MD, HD, qui ne se rencontrent que dans l'infini, pouvant être regardées comme parallèles, tomberont l'une sur l'autre, puisque le point M se confond alors avec le point H : c'est-à-dire, que l'asymptote CE, étant prolongée à l'infini, aussi bien que l'Hyperbole, peut être regardée comme une ligne qui la touche dans son extrêmité. Il en est de même de l'autre asymptote Ce, laquelle peut être regardée comme touchant la même Hyperbole dans son autre extrêmité.

D'où l'on voit que les deux asymptotes peuvent être regardées comme des tangentes infinies, qui touchent les Hyperboles opposées dans leurs extrêmités.

COROLLAIRE I.

109. Comme il n'y a que la seule ligne DMd, laquelle étant terminée par les asymptotes, soit coupée en deux parties égales au point M ; il s'ensuit que si une ligne droite DMd, terminée par les asymptotes d'une Hyperbole, la rencontre en un point M, qui coupe cette ligne droite en deux parties égales ; elle sera tangente de cette Hyperbole en ce point. Et réciproquement que si une ligne droite DMd, terminée par les asymptotes d'une Hyperbole, la touche en un point M ; elle sera coupée en deux parties égales par ce point.

COROLLAIRE II.

FIG. 44. 110. Si par le point touchant M d'une tangente quelconque DMd, terminée par les asymptotes CL,

Cl, d'une Hyperbole, l'on mene un premier diametre MCm; & que par le point m, où il rencontre l'Hyperbole opposée, l'on tire une parallèle Ee, à la tangente Dd, terminée par les asymptotes aux points E, e: je dis que cette ligne sera tangente au point m. Car les triangles CMD, CmE, seront semblables & égaux, puisque * CM est égal à Cm. La ligne mE, sera donc égale à MD. On prouvera de même (à cause des triangles semblables & égaux CMd, Cme) que me est égale à MD. C'est pourquoi la ligne Ee est divisée en deux également au point m; puisque Dd l'est au point M. Et par conséquent * elle sera tangente en m.

* Art. 96.

* Art. 109.

D'où l'on voit que les tangentes Dd, Ee, qui passent par les extrêmités d'un premier diametre quelconque Mm, sont parallèles entr'elles ; & de plus égales, lorsqu'elles sont terminées par les asymptotes.

DÉFINITIONS.

13.

S'il y a deux diametres Mm, Ss, dont l'un Ss, soit parallèle aux tangentes qui passent par les extrêmités de l'autre Mm; & de plus terminé en S, s, par les droites MS, Ms, menées de l'une des extrêmités M du diametre Mm, parallèlement aux asymptotes : ces deux diametres Mm, Ss, seront appellés ensemble *Conjugués*. FIG. 44.

14.

Les lignes droites menées des points des Hyperboles opposées parallèlement à l'un des diametres conjugués, & terminées par l'autre, sont nommées *Ordonnées* à cet autre. Ainsi NO, est une ordonnée au diametre Mm.

15.

Si l'on prend une troisieme proportionnelle à deux diametres conjugués, elle sera le *Parametre* de celui qui est le premier terme de la proportion.

COROLLAIRE I.

111. LA définition 13ᵉ convient aux deux axes; puisque selon l'article 84, le second axe est parallèle aux tangentes qui passent par l'extrêmité du premier; & que de plus, selon la définition 11ᵉ, il est terminé par deux droites menées de l'une des extrêmités du premier axe, parallèlement aux asymptotes. D'où l'on voit que les deux axes peuvent être regardés comme deux diametres conjugués qui font entr'eux des angles droits.

COROLLAIRE II.

112. COMME le diametre SCs, est parallèle à la tangente DMd, qui passe par l'une des extrêmités M du diametre MCm, & que cette tangente rencontre les deux asymptotes CD, Cd, de l'Hyperbole, qui passe par le point M: il s'ensuit qu'il tombe dans les angles à côté de l'angle DCd, fait par les asymptotes de cette Hyperbole; & qu'ainsi c'est un second diametre.

D'où l'on voit qu'entre deux diametres conjugués MCm, SCs; il y en a toujours un premier Mm, & un second Ss.

COROLLAIRE III.

113. LE second diametre SCs, est coupé par le milieu au centre C, & de plus égal à la tangente DMd, qui passant par l'une des extrêmités M du premier diametre Mm, qui lui est conjugué, est terminée par les asymptotes. Car à cause des parallèles MS, Cd, & Ms, CD; il est clair que CS est égale à Md, & Cs à MD. Or DMd, est divisée * en deux parties égales au point touchant M. Donc, &c.

* Art. 109.

COROLLAIRE IV.

114. DEUX diametres conjugués Mm, Ss, étant donnés, & sçachant lequel des deux est un premier diametre; il ne faut pour avoir les asymptotes CD, Cd, que

tirer par le centre C, des parallèles aux deux droites MS, Ms, menées de l'une des extrêmités M, du premier diametre Mm, aux deux extrêmités S, s, du second.

Et réciproquement les deux asymptotes CD, Cd, d'une Hyperbole étant données, avec l'un de ses points M; il ne faut pour avoir deux de ces diametres conjugués MCm, SCs, que tirer MH parallèle à l'une des asymptotes Cd, qui rencontre l'autre asymptote CD en H; & l'ayant prolongée en S, en sorte que HS soit égale à HM, mener les droites CM, CS. Car tirant MD parallèle à CS, il est clair à cause des triangles semblables CHS, MHD, que HD est égale à HC; puisque MH est égale à HS; & qu'ainsi * MD est tangente en M: d'où il suit selon la définition 13e, que les lignes CM, CS, sont deux demi-diametres conjugués. * *Art.* 107.

Il est donc évident que deux diametres conjugués Mm, Ss, étant donnés de position & de grandeur, & sçachant de plus lequel des deux est un premier diametre; on a les deux asymptotes CD, Cd, avec l'un des points M, de l'une des Hyperboles opposées.

Et réciproquement que les asymptotes CD, Cd, d'une Hyperbole étant données, avec un de ses points M; on a deux de ses diametres conjugués Mm, Ss, de position & de grandeur; & l'on sçait lequel des deux est un premier diametre; sçavoir, celui qui passe par le point donné M.

COROLLAIRE V.

115. Un second diametre SCs, étant donné de position, pour en déterminer la grandeur, & trouver le premier diametre Mm, qui lui est conjugué; on lui menera par-tout où l'on voudra au dedans de l'angle fait par les asymptotes, une parallèle Ll, terminée par les asymptotes en L, l; & par son point de milieu O, le premier diametre CO, qui rencontrera l'Hyperbole en

un point M; par lequel ayant tiré les droites MS, Ms, parallèles aux asymptotes; il est clair, selon la définition 13e, que les points S, s, où elles rencontrent le second diametre SCs, donné de position, en déterminent la grandeur, & que le premier diametre MCm lui est conjugué. Car menant par le point M, la ligne Dd, parallèle à Ll, & terminée par les asymptotes, elle sera coupée en deux également au point M; puisque Ll,
* Art. 109. l'est au point O: & partant * elle sera tangente en M.

De-là, il est évident qu'un second diametre SCs, étant donné de position, sa grandeur est déterminée en sorte qu'il ne peut en avoir qu'une seule; comme aussi la grandeur & la position du premier diametre Mm, qui lui est conjugué.

COROLLAIRE VI.

116. Un second diametre SCs, étant donné de position & de grandeur, avec son parametre, & la position de ses ordonnées; il sera facile de trouver de position & de grandeur le premier diametre MCm, qui lui est conjugué, avec son parametre. Car ayant mené par le centre C, une parallèle indéfinie aux ordonnées du diametre Ss, on marquera sur cette ligne deux points M, m, également éloignés de part & d'autre du centre C, en sorte que Mm, soit égale à la moyenne proportionnelle entre le second diametre Ss, & son parametre. Puis ayant trouvé une troisieme proportionnelle aux deux lignes Mm, Ss, il est clair, selon les définitions 14 & 15, que Mm, sera le premier diametre conjugué au diametre Ss, & qu'il aura pour son parametre cette troisieme proportionnelle.

PROPOSITION VII.

Théorême.

Fig. 44. 117. Le *quarré d'une ordonnée quelconque* ON, *au premier diametre* Mm, *est au rectangle de* MO *par* Om, *parties de ce diametre prolongé; comme le quarré de son conjugué* Ss, *est au quarré de ce premier diametre* Mm.

Il faut prouver que $\overline{ON}^2 . MO \times Om :: \overline{Ss}^2 . \overline{Mm}^2$.

Ayant mené par l'une des extrêmités M, du premier diametre Mm, une parallèle Dd au second diametre Ss, terminée par les asymptotes; elle sera tangente en M, selon la définition 13e. Et par conséquent * elle sera coupée en deux également par ce point : c'est pourquoi, si l'on prolonge l'ordonnée ON (qui selon la définition 14, est parallèle au diametre Ss) de part & d'autre du diametre Mm, elle rencontrera les asymptotes en deux points L, l, qui seront également éloignés de part & d'autre du point O. Cela posé, soient nommées les données CM, ou Cm, t; CS, ou Cs, ou * MD, ou Md, c; & les indéterminées CO, x; ON, y; on aura à cause des triangles semblables CMD, COL; cette proportion : $CM(t) . MD(c) :: CO(x) . OL$ ou $Ol = \frac{cx}{t}$. Donc LN ou $LO \pm ON = \frac{cx}{t} \pm y$, & Nl ou $Ol \mp NO = \frac{cx}{t} \mp y$; & partant $LN \times Nl = \frac{ccxx}{tt} - yy =$ * $DM \times Md = cc$. D'où il suit que $\overline{ON}^2 (yy) . MO \times Om (xx - tt) :: \overline{Ss}^2 (4cc) . \overline{Mm}^2 (4tt)$. Puisqu'en multipliant les Extrêmes & les Moyens, on trouve $4ttyy = 4ccxx - 4cctt$, c'est-à-dire (en divisant par $4tt$, & transposant à l'ordinaire) l'équation même précédente $\frac{ccxx}{tt} - yy = cc$. *Ce qu'il falloit démontrer.*

* Art. 109.

* Art. 113.

* Art. 90.

COROLLAIRE GÉNÉRAL.

118. Il est visible que ce qu'on a démontré dans la Proposition seconde *, par rapport aux deux axes Aa, Bb, s'étend par le moyen de cette Proposition à deux diametres conjugués quelconques, Mm, Ss. Or comme les articles 80, 81, 82, 83, 84 & 85, se tirent de la seconde Proposition, & subsistent également, soit que l'angle ACB, soit droit ou qu'il ne le soit pas; il s'en-

* Art. 79.

suit que si l'on suppose dans ces articles que les lignes *Aa*, *Bb*, au lieu d'être les deux axes, soient deux diametres conjugués quelconques, ces articles seront encore vrais dans cette supposition : car leur démonstration demeure toujours la même ; & il ne faut pour s'en convaincre entiérement, que les relire en mettant par-tout où se trouve le mot d'*Axe*, celui de *Diametre*.

PROPOSITION VIII.

Théorême.

FIG. 45. 119. SOIENT *deux tangentes quelconques* DE, FG, *d'une Hyperbole* MA, *terminées par les asymptotes*, & *qui s'entrecoupent en un point* O ; *je dis que les côtés des triangles* CDE, CFG, *autour de l'angle* C, *sont réciproquement proportionnels.*

Il faut prouver que CD . CF :: CG . CE.

Ayant mené par les points touchans *M*, *A*, les parallèles *MH*, *AL*, à l'asymptote *CG* ; il est clair à cause des triangles semblables *CDE*, *HDM*, que *CD* est double de *CH*, & *CE* double de *HM* ; puisque *DE*
* Art. 109. est * double de *DM*. Et à cause des triangles semblables *CFG*, *LFA*, que *CF* est double de *CL*, & *CG*
* Art. 100. double de *LA* ; puisque *FG*, est double de *FA*. Or * *CH*. *CL* :: *LA*. *HM*. Et partant si l'on prend le double de chaque terme, on aura 2 *CH* ou *CD*. 2 *CL* ou *CF* :: 2 *LA* ou *CG*. 2 *HM* ou *CE*. *Ce qu'il falloit, &c.*

COROLLAIRE.

120. IL suit de cette Proposition que les droites *DG*, *FE*, sont parallèles entr'elles. D'où il est évident :

1°. Que les triangles *CDE*, *CFG*, sont égaux ; car les triangles *FDE*, *FGE*, qui ont la même base *FE*, & qui sont entre les mêmes parallèles *DG*, *FE*, sont égaux ; & partant, si l'on ajoute de part & d'autre le même

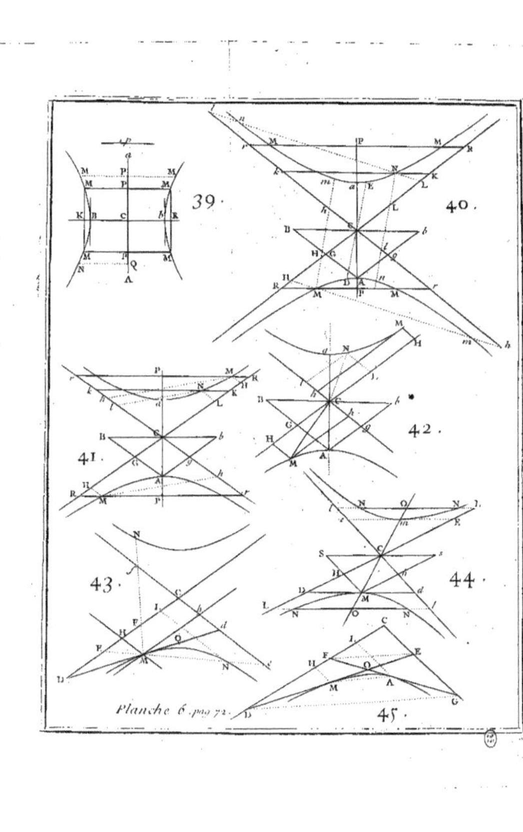

Planche 6. pag. 72.

même triangle *CFE*, on formera les triangles *CDE*, *CFG*, qui seront égaux entr'eux.

2°. Que la ligne *DE*, est coupée en même raison aux points *M*, *O*, que la ligne *FG* l'est aux points *A*, *O*. Car menant par les points touchans la droite *MA*, il est clair qu'elle sera parallèle aux deux droites *DG*, *FE*; puisqu'elle coupe par le milieu les droites *DE*, *FG*, renfermées entre ces parallèles.

PROPOSITION IX.

Théorême.

121. SI *par un point quelconque* M *d'une Hyperbole, l'on mene une ordonnée* MP *à tel de ses diametres* Aa *que l'on voudra, & une tangente* MT *qui le rencontre en* T; *je dis que* CP. CA :: CA. CT. *en observant que les points* P, T, *tombent du même côté du centre* C, *lorsque la ligne* Aa *est un premier diametre; & au contraire qu'ils tombent de part & d'autre du centre, lorsque c'est un second diametre.* FIG. 46 & 47.

Premier cas. Lorsque la ligne *Aa* est un premier diametre. On prolongera la tangente *MT* jusqu'à ce qu'elle rencontre les asymptotes *CD*, *CG*, aux points *D*, *E*; & l'ordonnée *PM*, jusqu'à ce qu'elle rencontre l'asymptote *CD* au point *N*; on menera ensuite par le point *A* la ligne *AK*, parallèle à *DE*, qui rencontre l'asymptote *CG* au point *K*, & la tangente *FG* terminée par les asymptotes, qui sera parallèle * à *PM*, & qui rencontre au point *O* l'autre tangente *DE*. FIG. 46. * *Déf.* 14.

Cela posé, *AP* est à *AC*, ou *FN* à *FC*, en raison composée de *FN* à *FD*, ou de *OM* à *OD*, ou * de *OA* à *OG*, ou de *EK* à *EG*, & de *FD* à *FC*, ou * de *EG* à *EC*. Or *AT* est à *TC*, ou *KE* à *EC*, en raison composée de *EK* à *EG*, & de *EG* à *EC*. Donc *AP*. *AC* :: *AT*. *TC*. puisque les raisons composantes de ces deux raisons sont les mêmes; & par conséquent *AP* + *AC* ou *CP*. *CA* :: *AT* + *TC* ou *CA*. *CT*. *Ce qui étoit proposé en premier lieu.* * *Art.* 120. * *Art.* 120.

FIG. 47. *Second cas.* Lorſque la ligne Aa eſt un ſecond diametre. Ayant mené par le centre C la ligne CK parallèle à l'ordonnée PM, qui rencontre l'Hyperbole au point B, & la tangente MT au point R, & par le point touchant M la ligne MK parallèle à Aa; il eſt clair que CB ſera le premier demi-diametre conjugué au ſecond Aa, & qu'ainſi MK ſera ordonnée à ce diametre.

Cela poſé, ſi l'on nomme les données CA ou Ca, t; CB, c; & les indéterminées CP ou MK, x; PM ou CK, y; on aura ſelon ce qu'on vient de démontrer dans le premier cas, $CR = \frac{cc}{y}$; & partant RK ou $CK - CR = \frac{yy - cc}{y}$. Or les triangles ſemblables KRM, CRT, donnent $KR \left(\frac{yy-cc}{y}\right) . RC \left(\frac{cc}{y}\right) :: MK (x) . CT = \frac{cxx}{yy-cc} = \frac{tt}{x}$. en mettant pour $yy - cc$ ſa valeur $\frac{ccxx}{tt}$ tirée de ce que $yy =$ * $\frac{ccxx}{tt} + cc$. C'eſt-à-dire que $CP . CA :: CA . CT$. *Ce qui reſtoit à démontrer.*

* *Art.* 80 & 118.

PROPOSITION X.

Théorême.

FIG. 48 & 49. 122. SI *par un point quelconque* M *d'une Hyperbole qui a pour centre le point* C, *ou même une ordonnée* MP *à l'un ou à l'autre axe* Aa, & *une perpendiculaire* MG *à la tangente* MT, *laquelle paſſe par* M : *je dis que* CP *ſera toujours à* PG *en la raiſon donnée de l'axe* Aa *à ſon Parametre.*

Car nommant le demi-axe CA ou Ca, t; & les indéterminées CP, x; PM, y; on aura * $CT = \frac{tt}{x}$; & partant $PT = \frac{xx \mp tt}{x}$, ſelon que Aa eſt le premier ou le ſecond axe. Or les triangles rectangles ſemblables TPM, MPG, donnent $TP \left(\frac{xx \mp tt}{x}\right) . PM (y) :: PM$

* *Art.* 121.

(y). $PG = \frac{xyy}{xx \mp tt}$. D'où l'on tire cette proportion CP (x). $PG\left(\frac{xyy}{xx \mp tt}\right) :: \overline{CP}^2 \mp \overline{CA}^2 (xx \mp tt). \overline{PM}^2 (yy)$. puisqu'en multipliant les moyens & les extrêmes, on trouve le même produit xyy. Mais $\overline{CP}^2 \mp \overline{CA}^2$ est à $\overline{PM}^2$, comme * l'axe Aa est à son parametre. Donc CP est aussi à PG en cette même raison. *Ce qu'il falloit démontrer.* * *Art.* 81.

PROPOSITION XI.

Théorême.

123. Si *d'un point quelconque* M *d'une Hyperbole, l'on tire à ses deux foyers* F, f, *les droites* MF, Mf; *je dis que la tangente* MT, *qui passe par ce point* M, *divise en deux également l'angle* FMf. FIG. 50.

Car ayant mené les perpendiculaires FD, fd, sur la tangente MT; le premier axe Aa, qui passe par les foyers F, f, & qui rencontre la tangente en T; & l'ordonnée MP, à cet axe: on nommera les données CA ou Ca, t; CF ou Cf, m; & l'indéterminée CP, x. L'on aura MF * $\left(\frac{mx}{t} - t\right)$. $Mf\left(\frac{mx}{t} + t\right) :: TF$ ou CF * *Art.* 78.
(m) $-$ CT * $\left(\frac{tt}{x}\right)$. Tf ou Cf (m) $+$ $CT\left(\frac{tt}{x}\right)$. puisqu'en * *Art.* 121.
muliplïant les extrêmes & les moyens, on forme le même produit. Or les triangles rectangles semblables TFD, Tfd, donnent $TF. Tf :: FD. fd$. L'hypothénuse MF du triangle rectangle MDF, sera donc à l'hypothénuse Mf du triangle rectangle Mdf, comme le côté DF est au côté df; & par conséquent ces deux triangles seront semblables. Donc les angles FMD, fMd, qui sont opposés aux côtés homologues DF, df, seront égaux entr'eux. *Ce qu'il falloit démontrer.*

COROLLAIRE.

124. DE-LA il eſt évident que la tangente MT, étant prolongée indéfiniment de part & d'autre du point touchant M, laiſſe l'Hyperbole AM, toute entiere du côté de ſon foyer intérieur F. Et comme cela arrive toujours en quelque endroit de cette Hyperbole qu'on prenne le point M, il eſt viſible qu'elle ſera concave dans toute ſon étendue autour de ſon foyer intérieur F.

PROPOSITION XII.

Théorême.

FIG. 51. 125. LA *différence des quarrés de deux diametres conjugués quelconques* Mm, Ss, *eſt égale à la différence des quarrés des deux axes* Aa, Bb.

Il faut prouver que $\overline{CS}^2 - \overline{CM}^2 = \overline{CB}^2 - \overline{CA}^2$, *ou que* $\overline{CM}^2 - \overline{CS}^2 = \overline{CA}^2 - \overline{CB}^2$.

* Déf. 11 & 13. Si l'on mene les droites MS, AB, elles ſeront * paralleles à l'aſymptote Cg, & de plus coupées en deux également par l'autre aſymptote CG, aux points H, G; * Déf. 11. & 13. puiſque les lignes Ms, Ab, ſont paralleles à cette aſymptote, & que les ſeconds diametres Ss, Bb, ſont coupés * en deux également au centre C: * Art. 113. c'eſt pourquoi ſi l'on mene ſur l'aſymptote CG, les perpendiculaires AF, BE, ML, SK, on formera les triangles GAF, GBE, & HML, HSK, qui ſeront ſemblables & égaux. Cela poſé, * Art. 88. ſoient nommées les données CG ou * GA, m; GE ou GF, a; AF ou BE, b; & les indéterminées CH, x; HM, y: ce qui donne $CE = m + a$, $CF = m - a$; $\overline{CE}^2 + \overline{EB}^2$ ou $\overline{CB}^2 = mm + 2am + aa + bb$, $\overline{CF}^2 + \overline{FA}^2$ ou $\overline{CA}^2 = mm - 2am + aa + bb$. Et partant $\overline{CB}^2 - \overline{CA}^2 = 4am$. Or les triangles ſemblables GAF, HML, fourniſſent $GA\,(m) . AF\,(b) :: HM\,(y) . ML$ ou $KS = \frac{by}{m}$. Et $GA\,(m) . GF\,(a) :: HM$

(y). HL ou $HK = \frac{ay}{m}$. Donc $CK = x + \frac{ay}{m}$, $CL = x - \frac{ay}{m}$; $\overline{CK}^2 + \overline{KS}^2$ ou $\overline{CS}^2 = xx + \frac{2axy}{m} + \frac{aayy}{mm} + \frac{bbyy}{mm}$, $\overline{CL}^2 + \overline{LM}^2$ ou $\overline{CM}^2 = xx - \frac{2axy}{m} + \frac{aayy}{mm} + \frac{bbyy}{mm}$. Et partant $\overline{CS}^2 - \overline{CM}^2 = \frac{4axy}{m} = 4am$, en mettant pour xy sa valeur * mm. Donc $\overline{CS}^2 - \overline{CM}^2 = \overline{CB}^2 - \overline{CA}^2$; *Ce qu'il falloit démontrer.* * *Art.* 101.

Si l'angle GCg, fait par les asymptotes, étoit aigu, au lieu que dans cette figure & le raisonnement qui lui est approprié, il est obtus; CF seroit alors plus grande que CE, & on prouveroit de la même maniere que $\overline{CM}^2 - \overline{CS}^2 = \overline{CA}^2 - \overline{CB}^2$. Mais si l'angle GCg fait par les asymptotes étoit droit, il est visible alors que les lignes AB, MS, seroient perpendiculaires sur l'asymptote CG; & qu'ainsi les deux demi-diametres conjugués CM, CS, seroient égaux entr'eux, de même que les deux demi-axes CA, CB. Or comme alors la différence des deux diametres conjugués Mm, Ss, est nulle, aussi bien que celle des deux axes Aa, Bb; il s'ensuit que cette Proposition est vraie dans tous les cas.

COROLLAIRE.

126. DE-LA il est évident qu'un premier diametre quelconque Mm, est moindre, plus grand, ou égal au second diametre Ss, qui lui est conjugué; selon que l'angle GCg, fait par les asymptotes, est obtus, aigu, ou droit.

DÉFINITION.

16.

Les deux Hyperboles opposées sont appellées *Equilateres*, lorsque deux de leurs diametres conjugués quelconques sont égaux entr'eux; ou bien lorsque l'angle fait par leurs asymptotes est droit.

COROLLAIRE.

Fig. 52. 127. Si d'un point quelconque M d'une Hyperbole équilatere, l'on mene une ordonnée MP à tel de ses diametres Aa qu'on voudra, on aura * $\overline{MP}^2 = \overline{CP}^2 \mp \overline{CA}^2$: sçavoir $-$, lorsque Aa est un premier diametre; & $+$, lorsque c'est un second. Car le diametre conjugué au diametre Aa * lui sera toujours égal.

* Art. 81 & 118.

* Art. 126.

PROPOSITION XIII.

Problême.

Fig. 53, 54 & 55. 128. Deux *diametres conjugués quelconques étant donnés, & sçachant lequel des deux est le premier; ou ce qui revient au même, les asymptotes* CD, CF, *d'une Hyperbole étant données, avec un de ses points quelconques* M : *mener deux diametres conjugués* Aa, Bb, *qui fassent entr'eux un angle égal à un angle donné.*

* Art. 114.

Ayant coupé dans un cercle quelconque qui a pour centre le point o, un arc dcf capable de l'angle DCF fait par les asymptotes; on menera par le point de milieu e, de la corde df, la ligne ec qui fasse avec cette corde de part ou d'autre l'angle dec ou fec égal à l'angle donné; & par le point c, où elle rencontre l'arc dcf, les droites cd, cf. Cela fait, on prendra sur les asymptotes les parties CD, CF, égales aux cordes cd, cf; & ayant tiré DF, l'on menera le second diametre Bb parallèle à cette ligne, & le premier diametre Aa qui passe par son milieu E. Je dis que ces deux diametres Aa, Bb, font entr'eux un angle égal à l'angle donné, & qu'ils sont conjugués l'un à l'autre.

Car par la construction l'angle dcf est égal à l'angle DCF fait par les asymptotes; & par conséquent les triangles DCF, dcf, & DCE, dce, sont égaux & semblables. L'angle BCa, que font entr'eux les deux diametres Aa, Bb, sera donc égal à l'angle DEC ou dec

qui a été fait égal à l'angle donné. De plus, si l'on mene par le point A, que je suppose être l'une des extrémités du premier diametre Aa, une parallèle à DF; il est clair qu'elle sera coupée également par ce point, puisque DF l'est au point E; & qu'ainsi * elle sera tangente en A; d'où il suit * que les diametres Aa, Bb, sont conjugués. * *Art.* 109. * *Déf.* 13.

Maintenant pour déterminer la grandeur de ces deux diametres, on tirera par le point donné M, une parallèle MKL au premier diametre Aa, laquelle rencontre l'asymptote CD au point K, & l'autre asymptote CF, prolongée au-delà du centre C, au point L: & ayant pris CA moyenne proportionnelle entre KM, ML; il est clair * que le point A sera l'une des extrémités du premier diametre Aa; & qu'ainsi menant les lignes AB, ab, parallèles aux asymptotes CF, CD, elles * détermineront par leur points de rencontre B, b, la grandeur du second diametre Bb. * *Art.* 94. * *Déf.* 13.

Comme l'on peut mener deux différentes lignes ec, ec, qui fassent avec la corde df, de part & d'autre des angles dec, fec, égaux à l'angle donné, lorsque cet angle n'est pas droit; il s'ensuit qu'on pourra toujours trouver alors deux différens diametres conjugués Aa, Bb, qui satisferont également, comme l'on voit dans les figures 54 & 55. Mais il est à remarquer que les diametres conjugués Aa, Bb, de la fig. 55, ont une position semblable par rapport à l'asymptote CF, à ceux de la figure 54 par rapport à l'autre asymptote CD; & que leur grandeur demeure la même dans ces deux différentes positions. Car,

1°. Menant du centre o au point e, milieu de la corde df, la ligne oe, elle sera perpendiculaire à cette corde, & par conséquent les angles oec, oec, seront égaux; c'est pourquoi tirant les rayons oc, oc, les triangles oec, oec, qui ont le côté oe commun, les angles oec, oec, & les côtés oc, oc, égaux entr'eux, auront aussi leurs troisiemes côtés ec, ec, égaux. Les triangles fec, dec, qui ont les côtés ef, ed, & ec, ec, & les angles fec, dec, égaux, seront donc égaux & semblables ; d'où l'on voit que l'angle ecf, ou ECF, de la figure 55, est égal à l'angle ecd, ou ECD, de la fig. 54 ; & qu'ainsi la position du diametre Aa, de la fig. 55, par rapport à l'asymptote CF, est semblable à celle du diametre Aa, de la figure 54, par rapport à l'autre asymptote CD.

2°. Si l'on mene dans la figure 55, la ligne Ml, qui fasse avec l'asymptote CF, prolongée du côté du centre C, l'angle MlC égal à l'angle MLC ou ECF, de la figure 54 : il est clair que les lignes Ml, Mk, de la figure 55, seront égales aux lignes ML, MK, de la figure 54 ; puisqu'on suppose que la position du point M par rapport aux asymptotes, est la même dans ces deux figures. Or l'angle MlL, complement à deux droits de l'angle MlC, de la figure 55, ou de ECF de la figure 54, est égal à l'angle MKk, complement à deux droits de l'angle ECD de la fig. 55, ou de ECF de la fig. 54 ; & par conséquent dans la fig 55 les deux triangles LMl, kMK, qui ont l'angle en M commun, & les angles aux points l, K, égaux, seront semblables : ce qui donne $LM. Ml :: kM. MK$. Et partant $LM \times MK = lM \times Mk$ ou $LM \times MK$ de la figure 54. D'où l'on voit * que les premiers demi-diametres CA, CA, des figures 54 & 55, sont égaux. Il en est de même du diametre Bb ; puisque sa position & sa grandeur dépendent de celles du premier diametre Aa, auquel il est conjugué.

* Art. 94.

Comme l'on ne peut mener qu'une seule ligne ec, qui fasse avec la corde df de part ou d'autre, un angle égal à l'angle donné, lorsque cet angle est droit ; il s'ensuit qu'il n'y a que deux diametres conjugués Aa, Bb, qui fassent entr'eux un angle droit ; & qu'ainsi * ils seront les deux axes. Mais le triangle dcf ou DCF, étant alors isoscelle, le premier axe Aa divisera par le milieu l'angle DCF fait par les asymptotes ; d'où l'on voit que pour trouver de position les deux axes, il n'y a qu'à tirer deux lignes droites Aa, Bb, perpendiculaires entr'elles, dont l'une d'elles Aa, divise par le milieu l'angle DCF,

FIG. 56 & 57. * Art. 111.

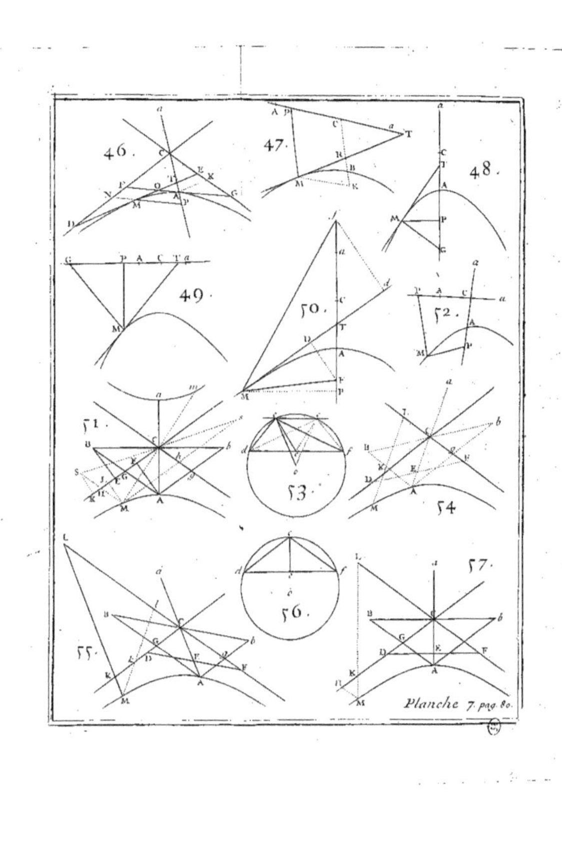
Planche 7. pag. 80.

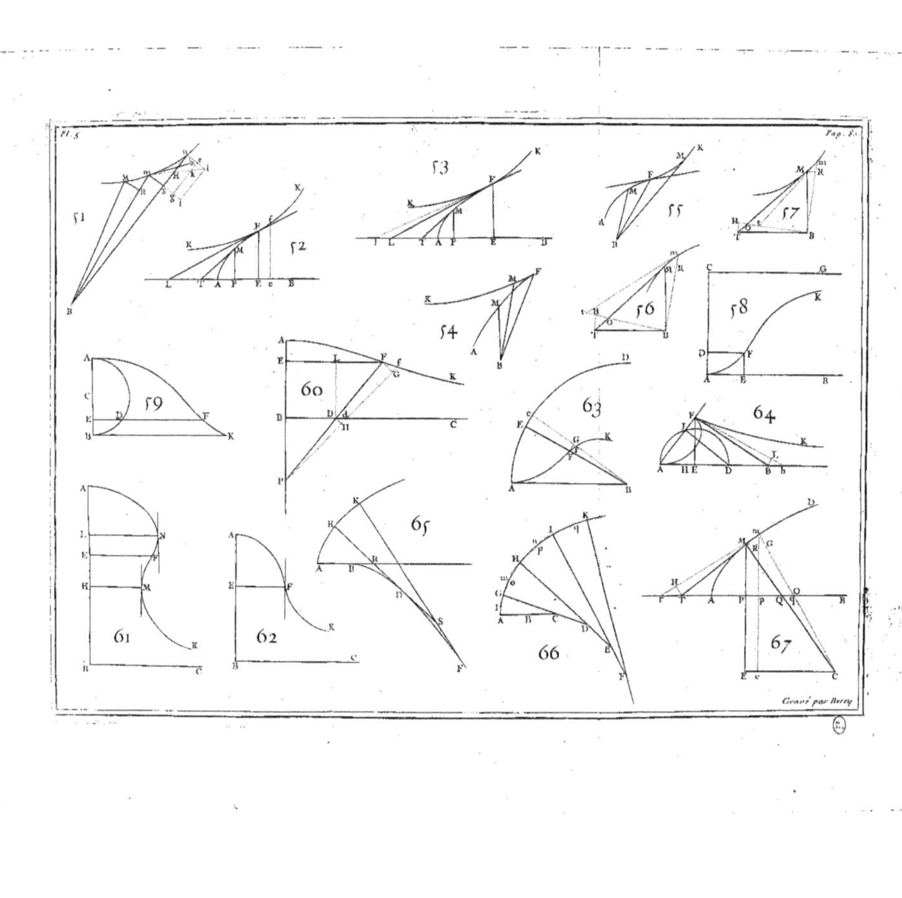
Pl. 5
Pag. 81.
51
52
53
54
55
56
57
58
59
60
61
62
63
64
65
66
67
Gravé par Berey

DCF, fait par les aſymptotes : après quoi l'on en déterminera la grandeur, comme on vient de l'enſeigner pour les diametres conjugués.

On peut encore trouver les deux axes de cette autre maniere. Soit menée par le point donné M une parallèle MH à l'une des aſymptotes CF, & terminée par l'autre CD au point H. Soit priſe ſur l'aſymptote CD, la partie CG égale à la moyenne proportionnelle entre CH, HM : & ſoit tirée par le point G une parallèle AB à CF, telle que chacune de ſes parties GA, GB, ſoit égale à CG. Il eſt évident que les lignes CA, CB, * ſeront les deux demi-axes de poſition & de grandeur. * *Art.* 101 & 88.

COROLLAIRE.

129. IL eſt donc évident, 1°. Qu'il n'y a que deux diametres conjugués qui faſſent entr'eux un angle droit ; & qu'ainſi il ne peut y avoir que deux axes. 2°. Qu'on peut toujours trouver deux différens diametres conjugués qui faſſent entr'eux un angle égal à un angle donné, lorſque cet angle n'eſt pas droit ; que les deux premiers ont une poſition ſemblable par rapport à une aſymptote, à celle des deux autres par rapport à l'autre aſymptote ; d'où il ſuit qu'ils ſont ſemblablement poſés de part & d'autre des deux axes, puiſque les deux axes diviſent par le milieu les angles faits par les aſymptotes ; & qu'enfin leur grandeur demeure la même dans ces deux différentes poſitions.

PROPOSITION XIV.

Problême.

130. DEUX *diametres conjugués quelconques étant donnés, & ſçachant lequel des deux eſt le premier ; ou ce qui eſt la même choſe* * *les aſymptotes de deux Hyperboles oppoſées étant données avec un de leurs points quelconque : décrire ces Hyperboles par un mouvement continu.* * *Art.* 114.

PREMIERE MANIERE.

On cherchera les deux axes, comme l'on vient d'enseigner dans la Proposition précédente ; & l'on décrira ensuite les Hyperboles opposées selon l'article 76.

SECONDE MANIERE.

FIG. 58. Soient Aa, Bb, les diametres conjugués donnés, entre lesquels le diametre Aa est le premier ; ou bien CG, Cg, les asymptotes données, avec le point A, un de ceux des Hyperboles opposées. Ayant mené par le point donné A une parallèle AG, à l'une des asymptotes Cg, & terminée par l'autre en G, on fera glisser le long de l'asymptote CG, indéfiniment prolongée de part & d'autre du centre C, une droite HK égale à CG, qui entraînera par son extrêmité H une parallèle HM à l'asymptote Cg, & par son autre extrêmité K, une droite KA mobile autour du point fixe A. Je dis que l'intersection continuelle M des droites AK, HM, décrira dans ce mouvement les deux Hyperboles opposées qu'on demande.

Car à cause des triangles semblables KHM, KGA, on aura toujours KH ou CG. HM :: KG ou CH. GA. Et partant $CH \times HM = CG \times GA$. Le point M sera donc * un des points de l'Hyperbole qui passe par le point donné A, & qui a pour asymptotes les droites données CG, Cg ; ou de l'Hyperbole opposée.

* *Art.* 101.

PROPOSITION XV.

Problême.

131. **L**ES *mêmes choses étant données que dans la Proposition précédente ; décrire les Hyperboles opposées par plusieurs points.*

PREMIERE MANIERE.

FIG. 59. Soient CD, CE, les asymptotes données, & A le point donné. Ayant mené par ce point A autant de lignes DE, DE, DE, &c. qu'on voudra, terminées par les aſymptotes ; & ayant pris ſur ces lignes droites les parties EM, EM, EM, &c. égales à AD, AD, AD, &c ; ſçavoir chacune à ſa correſpondante : il eſt clair * 1°. Que les points M, M, M, &c. ſeront à l'Hyperbole qui paſſe par le point A, lorſque les points E, E, E, &c. tombent au-deſſous du centre. 2°. Que ces Hyperboles ont pour aſymptotes les droites CD, CE. Faiſant donc paſſer par tous les points M, M, M, &c. qui tombent dans l'angle fait par les aſymptotes, une ligne courbe, & par les autres points M, M, M, &c. qui tombent dans l'angle oppoſé au ſommet à celui-ci, une autre ligne courbe ; ces deux lignes ſeront les deux Hyperboles oppoſées qu'on demande.

* Art. 106.

SECONDE MANIERE.

FIG. 60.

Soient les lignes Aa, Bb, les deux diametres conjugués donnés, entre leſquels Aa eſt le ſecond. Ayant pris ſur le premier demi-diametre CB prolongé indéfiniment du côté de B, de petites parties CE, EE, EE, &c. égales entr'elles, autant & de telle grandeur qu'on voudra ; on menera par celui des points E, qui eſt le plus proche du centre C, la ligne EP parallèle à BA ; & on prendra ſur le ſecond diametre Aa de part & d'autre du centre C, autant de petites parties CP, PP, PP, &c. toutes égales à CP, qu'il y a de petites parties CE, EE, EE, &c. Ayant tiré CD perpendiculaire & égale à CB, on menera par tous les points P, P, P, &c. des parallèles MPM, MPM, MPM, &c. au premier diametre Bb, ſur chacune deſquelles on prendra de part & d'autre du point P, des parties PM, PM, égales chacune à ſa correſpondante ED. Je dis que les deux lignes courbes qui paſſent par tous les points M ainſi trouvés, ſeront les deux Hyperboles oppoſées qu'on demande.

Car nommant les données CA, t ; CB ou CD, c ; &

les indéterminées CP, x; PM, y; les triangles semblables CAB, CPE, donneront cette proportion $CA\ (t).\ CB\ (c) :: CP\ (x).\ CE = \frac{cx}{t}$. Et à cause du triangle ECD rectangle en C, (en imaginant chaque hypothénuse ED qu'on a omise de peur de confusion dans la figure) le quarré $\overline{ED}^2$ ou $\overline{PM}^2\ (yy) = \overline{CE}^2 \left(\frac{ccxx}{tt}\right)$

* Art. 81. & 118. $+ \overline{CD}^2\ (cc)$. La ligne PM sera donc * une ordonnée au second diametre Aa, qui a pour conjugué le premier Bb; & comme cette démonstration convient à toutes les lignes PM, puisque chaque CP est toujours à la correspondante CE, en la raison de CA à CB: il s'ensuit, &c.

FIG. 61. * Déf. 16. Lorsque les diametres conjugués Aa, Bb, sont égaux entr'eux, c'est-à-dire *, lorsque les Hyperboles qu'on demande sont équilateres; la construction devient beaucoup plus aisée. Car ayant mené CD perpendiculaire & égale à CA, & tiré par un point quelconque P du diametre Aa, une parallèle MPM au premier diametre Bb; il n'y aura qu'à prendre sur cette ligne de part & d'autre du point P, les parties PM, PM, égales chacune à PD, pour avoir deux points des Hyperboles opposées. Car à cause du triangle PCD rectangle en C (en imaginant chaque hypothénuse CD) on aura toujours $\overline{PD}^2$ ou $\overline{PM}^2 = \overline{CP}^2 + \overline{CD}^2$ ou $\overline{CA}^2$; & partant la

* Art. 127. ligne PM sera * une ordonnée au second diametre Aa, qui a pour conjugué le premier Bb qui lui est égal.

DÉFINITION.

17.

FIG. 62. Soient deux Hyperboles opposées AM, am, qui ayent pour premier axe la ligne Aa, & pour second axe la ligne Bb; & soient deux autres Hyperboles opposées BS, bs, qui ayent au contraire pour premier axe la ligne Bb, & pour second axe la ligne Aa: ces deux nouvelles Hyperboles BS, bs, sont appellées *Conjuguées*.

aux deux premieres AM, am; & les quatre ensemble sont appellées Hyperboles *conjuguées*.

COROLLAIRE.

132. Il est clair que les lignes Ba, Ab, sont parallèles; puisque les droites Aa, Bb, terminées par ces lignes, s'entrecoupent * en deux également au point C. * *Déf.* 4 & 5.
D'où il suit, selon la définition 11e, que l'Hyperbole BS conjuguée à AM, a pour l'une de ses asymptotes la ligne CG asymptote de l'Hyperbole AM; & pour l'autre, la ligne Cg autre asymptote de l'Hyperbole AM indéfiniment prolongée du côté de C: puisque ces deux lignes passent par le centre C, & sont parallèles aux deux droites Ba, BA, menées de l'extrêmité B du premier axe Bb de l'Hyperbole BS aux deux extrêmités A, a, du second. Il est donc évident que les deux droites CG, Cg, parallèles à Ab, AB, indéfiniment prolongées de part & d'autre du centre C, sont non-seulement les asymptotes des Hyperboles opposées AM, am; mais aussi des deux autres BS, bs, qui leur sont conjuguées.

PROPOSITION XVI.

Théorême.

133. Si *l'on mene par un point quelconque* H *d'une asymptote* CG *commune aux deux Hyperboles* AM, BS, *une parallèle* MS *à l'autre asymptote* Cg; *je dis qu'elle rencontrera ces deux Hyperboles en des points* M, S, *qui seront également éloignés de part & d'autre du point* H.

Car, 1°. la ligne MS rencontrera * chacune des Hyperboles AM, BS, en un point. 2°. A cause de l'Hyperbole AM, le rectangle * $CH \times HM = CG \times GA$; & à cause de l'Hyperbole BS, le rectangle $CH \times HS = CG \times GB$. Donc, puisque * $GB = GA$, il s'ensuit que $CH \times HS = CH \times HM$; & qu'ainsi $HS = HM$. *Ce qu'il falloit démontrer.*

* *Art.* 104. * *Art.* 101. * *Art.* 88.

COROLLAIRE I.

134. Si l'on mene des points M, S, des deux Hyperboles AM, BS, les diametres MCm, SCs, terminés par les deux autres Hyperboles am, bs; il eſt clair * que le diametre Ss ſera le ſecond diametre conjugué au premier Mm des deux Hyperboles oppoſées AM, am; & réciproquement que le diametre Mm ſera le ſecond diametre conjugué au premier Ss des deux Hyperboles oppoſées BS, bs. D'où l'on voit que deux diametres conjugués quelconques Mm, Ss, de deux Hyperboles oppoſées AM am, ſont auſſi deux diametres conjugués des deux autres Hyperboles BS, bs, qui leur ſont conjuguées; avec cette différence que le premier diametre Mm devient le ſecond, & qu'au contraire le ſecond Ss devient le premier.

* Art. 114.

COROLLAIRE II.

135. De-la il eſt manifeſte que les Hyperboles conjuguées BS, bs, aux deux AM, am, paſſent par les extrêmités S, s, de tous les ſeconds diametres SCs de ces Hyperboles : & réciproquement que les Hyperboles AM, am, paſſent par les extrêmités M, m, de tous les ſeconds diametres MCm des deux Hyperboles BS, bs, qui leur ſont conjuguées.

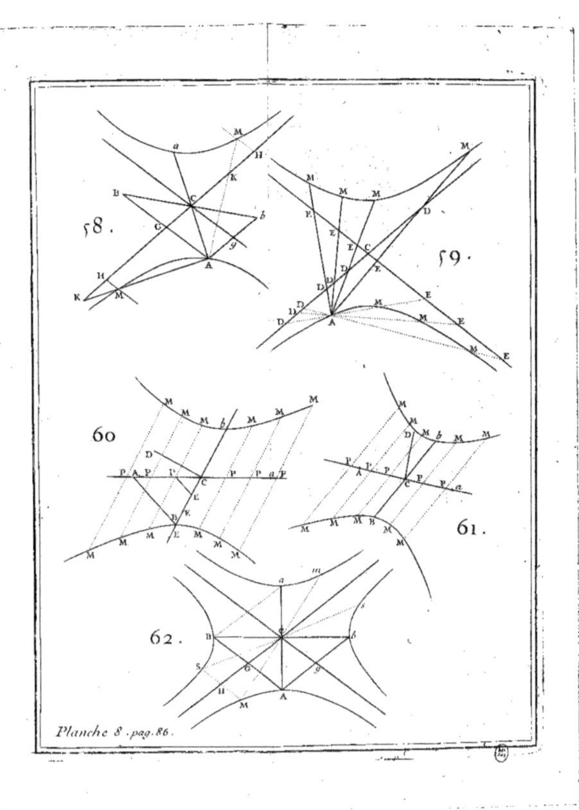
58.
59.
60
61.
62.
Planche 8. pag. 86.

QUATRIEME LIVRE.

DES TROIS SECTIONS CONIQUES.

DÉFINITION.

ON entend par le terme général de *Section Conique*, chacune des trois lignes Courbes dont l'on vient de parler dans les Livres précédens ; sçavoir, la *Parabole*, l'*Ellipse*, l'*Hyperbole* ou les *Hyperboles opposées.*

PROPOSITION I.

Théorême.

136. Si *par l'extrêmité* A *d'un diametre quelconque* Aa *d'une Ellipse, ou d'un premier diametre* Aa *d'une Hyperbole, l'on mene une parallèle* AG *à ses ordonnées* PM, *qui soit égale à son parametre ; & qu'on tire de l'autre extrêmité* a, *la droite* aG, *qui coupe en* O *une ordonnée quelconque* PM *prolongée s'il est nécessaire : je dis que le quarré de l'ordonnée* PM *est égal au rectangle de* AP *par* PO. FIG. 63 & 64.

Il faut prouver que $\overline{PM}^2 = AP \times PO$.

Selon les articles 41 & 55 du second Livre, 81 & 118 du troisieme, on aura $Aa . AG :: AP \times Pa . \overline{PM}^2$. Or à cause des triangles semblables aAG, aPO, il vient $Aa . AG :: Pa . PO :: AP \times Pa . AP \times PO$. Donc $\overline{PM}^2 = AP \times PO$. *Ce qu'il falloit démontrer.*

COROLLAIRE I.

137. DE-LA il est évident que le quarré d'une ordonnée quelconque PM à un diametre Aa, est toujours moindre dans l'Ellipse, & toujours plus grand dans l'Hyperbole, que le rectangle fait du parametre AG

par la partie AP de ce diametre, prise entre son origine ou extrêmité A, & la rencontre P de l'ordonnée; au lieu que dans la Parabole * ils sont égaux. Or c'est à cause de cette propriété, que Apollonius, surnommé le *Grand Géometre*, a imposé aux Sections Coniques les noms que nous avons marques : car il a voulu donner à entendre par celui de *Parabole*, la justesse ou exactitude; par celui d'*Ellipse*, le défaut ou manquement; & par celui d'*Hyperbole*, l'excès qui se trouve dans la comparaison des quarrés des ordonnées PM, avec les rectangles correspondans $AP \times AG$.

* Art. 7 & 20.

FIG. 65.

PROPOSITION II.

Théorême.

FIG. 66 & 67.

138. DANS *une Ellipse tout diametre* A a, *& dans les Hyperboles opposées tout premier diametre* A a *est divisé en deux également par le centre* C, *& ne rencontre la Section qu'en deux points.*

On a démontré cette Proposition dans les articles 50 du second Livre; 96 & 103 du troisieme.

PROPOSITION III.

Théorême.

139. IL *ne peut y avoir qu'une seule tangente* LAL *qui passe par un point donné* A *sur une Section Conique.*

Cette Proposition se trouve démontrée dans les articles 21 du Livre premier; 56 du Livre second; & 107 du troisieme.

PROPOSITION IV.

Théorême.

140. LES *tangentes* LAL, lal, *qui passent par les extrêmités* A, a, *d'un diametre quelconque d'une Ellipse, ou de deux*

deux Hyperboles opposées ; sont parallèles entr'elles.

Ceci a été démontré dans les articles 44 & 55 du Livre second, & 110 du Livre troisieme.

PROPOSITION V.

Théorême.

141. UN *diametre quelconque étant donné dans l'Ellipse ou dans les Hyperboles opposées ; je dis que la position du diametre qui lui est conjugué, est déterminée, de maniere qu'il ne peut y en avoir qu'une seule.*

Car, 1°. si la Section est une Ellipse, ou qu'étant les Hyperboles opposées le diametre donné Aa soit un premier diametre ; il est clair selon l'article 56 du Livre second, & la définition 13e du troisieme Livre, que son conjugué Bb sera parallèle à la tangente LAL, qui passe par l'une de ses extrêmités A. Donc *, &c. * *Art.* 139.

2°. Si la Section étant les deux Hyperboles opposées, le diametre donné Bb est un second diametre ; la chose a été démontrée dans l'article 115 du troisieme Livre.

COROLLAIRE.

142. IL est donc évident qu'une Section Conique étant donnée avec un de ses diametres, la position des ordonnées à ce diametre, sera déterminée de maniere que chacune n'en peut avoir qu'une seule, & qu'elles sont toutes parallèles entr'elles. Car elles doivent être parallèles dans la Parabole * à la tangente qui passe par l'origine du diametre donné, & dans les autres * Sections au diametre conjugué au diametre donné. * *Art.* 21. * *Déf.* 12, II. & 14, III.

PROPOSITION VI.

Théorême.

143. DANS *une Ellipse tout diametre* Aa, *& dans les Hyperboles opposées tout premier diametre* Aa *divise*

la Section en des portions AM, am, *qui étant prises de part & d'autre de ce diametre dans des positions contraires, sont parfaitement semblables & égales entr'elles.*

Car ayant pris sur le diametre *Aa* (prolongé lorsqu'il s'agit des Hyperboles opposées,) de part & d'autre du centre *C* deux parties quelconques *CP*, *Cp*, égales entr'elles; & mené de part & d'autre les ordonnées *PM*, *pm*, il est clair que ces ordonnées sont * égales entr'elles, & que les angles *CPM*, *Cpm*, sont * égaux. Si donc l'on conçoit que le plan *Cpm* séparé de celui qu'on voit ici, soit placé de l'autre côté du diametre *Aa* dans une position contraire, en sorte que la droite *Cp* tombe sur *CP*, & *pm*, sur *PM*; il est visible que le point *a* tombera * sur le point *A*, & le point *m* sur le point *M*. Et comme cela arrivera toujours de quelque grandeur qu'on puisse prendre les parties *CP*, *Cp*; il s'ensuit que tous les points *m* de la portion *am*, tomberont exactement sur tous les points *M* de la portion *AM*; & qu'ainsi ces deux portions se confondront l'une avec l'autre. *Ce qu'il falloit démontrer.*

* *Art.* 45, 55, 85 & 118.
* *Art.* 142.
* *Art.* 138.

PROPOSITION VII.

Théorême.

Fig. 68, 69, 70, 71.

144. Si *l'on mene par un point quelconque* P *d'un diametre* Aa *d'une Section Conique (prolongé lorsque la Section étant une Hyperbole, c'est un premier diametre) une parallèle* MPM *aux ordonnées à ce diametre; je dis qu'elle rencontrera la Section en deux points* M, M, *également éloignés de part & d'autre du point* P, *& non davantage: & réciproquement que si une ligne* MM *terminée par une Section Conique, est coupée en deux également par un diametre* Aa *en un point* P, *autre que le centre, elle sera parallèle aux ordonnées à ce diametre.*

Ceci a été démontré dans les articles 9, 11 & 20 du Livre premier; 43, 45 & 55 du Livre second; 83, 85 & 118 du Livre troisieme.

COROLLAIRE I.

145. DE-LA il eſt manifeſte que ſi une ligne quelconque MM terminée par une Section Conique, eſt coupée en deux également par un diametre Aa en un point P autre que le centre ; toutes les parallèles à cette ligne terminées par la Section, le feront auſſi.

PROPOSITION VIII.

Problême.

146. UNE *Section Conique étant donnée, en trouver un diametre.*

Ayant mené deux droites MM, NN, parallèles entr'elles, & terminées par la Section ; on tire a par leurs points de milieu P, Q, une ligne droite Aa qui ſera un diametre.

Car * le diametre qui paſſe par le point P milieu de MM, doit auſſi paſſer par le point Q milieu de NN. * *Art.* 145.

COROLLAIRE I.

147. SI l'on mene en même ſorte un autre diametre quelconque Dd ; il eſt clair que la Section conique ſera une parabole * lorſque Dd eſt parallèle à Aa ; une Ellipſe * lorſque Dd rencontre Aa au dedans de la Section ; & enfin une Hyperbole * ou les Hyperboles oppoſées lorſque les diametres Dd, Aa, ſe rencontrent en un point C hors de la Section ; & que dans ces deux derniers cas le point de rencontre C eſt le centre. Cela eſt une ſuite des définitions des diametres de ces trois lignes courbes. * *Déf.* 7. I. * *Déf.* 9. II. * *Déf.* 9. III.

Lorſque l'Ellipſe eſt donnée toute entiere, il ſuffit pour avoir le centre de mener un diametre Aa ; car ſa grandeur étant déterminée par la rencontre de l'Ellipſe, il n'y a * qu'à le diviſer par le milieu en C. Il en eſt de même lorſque * les Hyperboles oppoſées ſont données. * *Art.* 50. * *Art.* 96.

COROLLAIRE II.

148. DE-LA il suit qu'une Section Conique étant donnée, avec un point O sur le même plan, on peut toujours mener un diametre Dd qui passe par ce point. Car il ne faut dans la Parabole que mener par le point donné O une parallèle Dd à un diametre quelconque Aa; & dans l'Ellipse, ou dans l'Hyperbole, ou dans les Hyperboles opposées, une ligne droite Dd qui passe par le point donné O, & par le centre C que l'on aura trouvé par le Corollaire précédent.

COROLLAIRE III.

149. DE-LA il est évident qu'une ligne droite MM, ne peut rencontrer une Section Conique qu'en deux points M, M; & jamais en davantage. Car si l'on mene par le point de milieu P de la ligne MM un diametre Aa, il est clair selon l'article 144, qu'elle sera parallèle aux ordonnées à ce diametre; d'où il suit selon le même article qu'elle ne peut rencontrer la Section qu'aux deux points M, M.

Si la ligne droite passoit par le centre C; on auroit recours à l'article 138, où cela a déja été démontré.

COROLLAIRE IV.

150. UNE Ellipse ou une Hyperbole (*fig.* 69, 70.) étant donnée; trouver deux de ses diametres conjugués Aa, Bb; & de plus mener les asymptotes CG, Cg, lorsque c'est une Hyperbole.

Ayant trouvé un diametre Aa par le moyen des deux parallèles MM, NN, & mené par le centre C une paral-
* Déf. 12. II. lèle Bb, à ces deux lignes: il est clair * que les diame-
& 14. III. tres Aa, Bb, seront conjugués; puisque les lignes MM, NN, étant coupées en deux également par le diametre
* Art. 144. Aa aux points P, Q, seront * ordonnées de part & d'autre à ce diametre.

Maintenant pour mener (*fig.* 70.) les asymptotes CG, Cg; on fera $AP \times Pa. \overline{PM}^2 :: \overline{CA}^2. \overline{CB}^2$ ou $\overline{Cb}^2$. ou (ce qui est la même chose) comme la moyenne proportionnelle entre AP, Pa, est à PM, de même CA est à CB ou Cb. Et ayant tiré les droites AB, Ab, on leur menera par le centre C les parallèles indéfinies Cg, CG, qui seront les asymptotes cherchées. Car il est clair que Bb sera * la grandeur du second diametre conjugué au premier Aa; & le reste est évident selon les définitions 13 & 14 du troisieme Livre. * *Art.* 81 & 118.

PROPOSITION IX.

Problême.

151. UNE *Section Conique étant donnée, avec un de ses diametres* A a; *trouver la position des ordonnées* PM *à ce diametre.*

Ayant mené deux parallèles au diametre donné Aa qui en soient également éloignées de part & d'autre, & qui rencontrent la Section en des points M, M; je dis que la ligne MM qui coupe le diametre donné au point P, est ordonnée de part & d'autre à ce diametre, pourvu que le point P ne tombe point sur le centre. FIG. 68, 69, 70 & 71.

Car par la construction la ligne MM sera coupée en deux également par le diametre Aa au point P; & par conséquent elle sera * ordonnée de part & d'autre à ce diametre. * *Art.* 144.

On peut toujours par cette maniere trouver la position d'une ordonnée PM à un diametre donné Aa. Car, 1°. dans la Parabole & l'Hyperbole (*fig.* 68 & 70.) lorsque le diametre donné Aa est un premier diametre; il est clair qu'à quelque distance qu'on mene de part & d'autre les deux parallèles au diametre Aa, elles rencontreront chacune la Section en un point M; puisque * la Section s'éloigne toujours de plus en plus à l'infini du diametre Aa. 2°. Dans l'Ellipse (*fig.* 69.), & dans les Hyperboles opposées (*fig.* 71.) lorsque le diametre donné * *Art.* 10, 20, 84 & 118.

Aa eſt un ſecond diametre : il eſt clair qu'on peut toujours mener deux parallèles de part & d'autre du diametre *Aa*, qui coupent la Section chacune en un point *M*, en ſorte que la ligne *MM* rencontre le diametre donné *Aa* en un point *P* autre que le centre ; puiſque dans l'Ellipſe * les ordonnées du diametre *Aa* vont toujours en diminuant depuis le centre *C* juſqu'en *A*, & qu'au contraire dans les Hyperboles oppoſées * elles vont toujours en augmentant à meſure qu'elles s'éloignent du centre *C*.

* *Art.* 44 & 55.

* *Art.* 84 & 118.

COROLLAIRE I.

152. DE-LA on tire (*fig.* 68, 69, 70.) une nouvelle maniere de mener une tangente par un point donné *A* ſur une Section Conique donnée. Car * ayant mené par ce point un diametre *Aa*, & trouvé une double ordonnée *MPM* à ce diametre ; il eſt clair * que ſi l'on mene par le point *A* une parallèle à *MM*, elle ſera tangente en *A*.

* *Art.* 148.

* *Art.* 10, 20, 44, 55, 84, 118. & *Déf.* 9, I. 12, II. 7, III.

COROLLAIRE II.

153. DE-LA on voit encore comment une Ellipſe ou les Hyperboles oppoſées (*fig.* 69, 70, 71.) étant données avec un de leurs diametres quelconques *Aa* ; on peut trouver le diametre *Bb* qui lui eſt conjugué. Car il n'y a qu'à mener par le centre *C* une parallèle *Bb* aux ordonnées à ce diametre.

Ou bien ; ſoit *Bb* le diametre donné, & qu'il faille trouver ſon conjugué *Aa*. Ayant tiré *MM* parallèle à *Bb* & terminée par la Section, on menera par ſon point de milieu *P*, & le milieu *C* de *Bb*, le diametre cherché *Aa*.

COROLLAIRE III.

154. UNE Hyperbole *MAM* (*fig.* 70.) étant donnée, avec un de ſes ſeconds diametres *Bb* de poſition ; en terminer la grandeur, & trouver en même tems la poſition de ſes ordonnées.

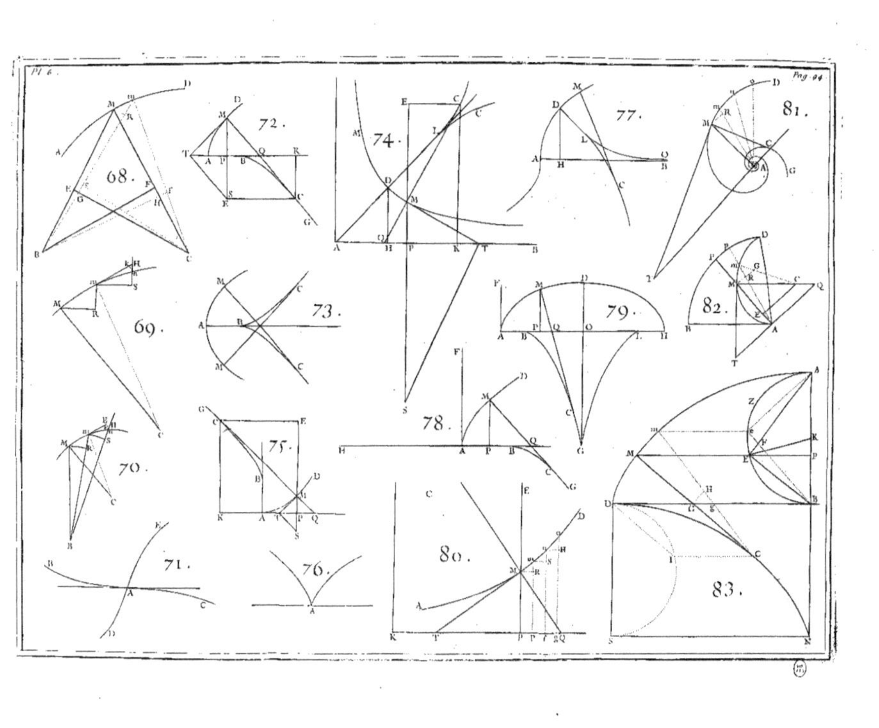

On cherchera le premier diametre Aa conjugué au second Bb, par le moyen de la seconde maniere du Corollaire précédent ; & ayant fait $AP \times Pa . \overline{PM}^2 :: \overline{CA}^2 . \overline{CB}^2$ ou $\overline{Cb}^2$. Il est clair * que Bb sera la grandeur du second diametre Bb, & que ses ordonnées seront parallèles au diametre Aa. * *Art.* 81 & 118.

PROPOSITION X.

Problême.

155. D'UN *point donné* T *hors une Section Conique donnée, mener deux tangentes* TM, TM, *à cette Section.* FIG. 72, 73 & 74.

POUR LA PARABOLE.

Ayant mené (*fig.* 72.) par le point donné T * un diametre qui rencontre la Parabole au point A, & pris sa partie AP égale à AT ; on tirera par le point P * une parallèle aux ordonnées qui rencontrera * la Parabole en deux points M, M ; par lesquels & par le point donné T on tirera les droites TM, TM, qui seront * les tangentes cherchées. * *Art.* 148. * *Art.* 151. * *Art.* 144. * *Art.* 22 & 23.

POUR L'ELLIPSE.

Ayant mené (*fig.* 73.) par le point donné T * le diametre Aa, & pris CP troisieme proportionnelle à CT, CA ; on menera par le point P, une parallèle aux ordonnées qui rencontrera * l'Ellipse en deux points M, M ; par lesquels & par le point donné T on tirera les droites TM, TM, qui seront * les tangentes cherchées. * *Art.* 148. * *Art.* 144. * *Art.* 57 & 58.

POUR L'HYPERBOLE & LES HYPERBOLES OPPOSÉES.

Ayant mené (*fig.* 74.) par le point donné T, * le diametre Aa, dont on déterminera la grandeur * s'il est un second diametre ; on prendra CP troisieme proportion- * *Art.* 148. * *Art.* 154.

nelle à CT, CA (du même côté du point donné T, par rapport au centre, lorſque ce point tombe dans l'un des angles faits par les aſymptotes; & du côté oppoſé, lorſqu'il tombe dans l'un des angles à côté): & l'on menera par le point P une parallèle aux ordonnées qui ren-
* *Art.* 144. contrera * l'Hyperbole ou les Hyperboles oppoſées en deux points M, M; par leſquels & par le point donné
* *Art.* 121. T, on tirera les droites TM, TM, qui ſeront * les tangentes cherchées.

Si le point donné tomboit ſur le centre C, les deux
* *Art.* 108. tangentes ſeroient alors * les aſymptotes CG, Cg; & on les tireroit comme l'on a enſeigné dans l'article 150. Et enfin ſi le point donné tomboit ſur une aſymptote comme en S, on tireroit par le point H milieu de CS, une parallèle HM à l'autre aſymptote CG, laquelle rencon-
* *Art.* 104. treroit * l'Hyperbole en un point M, par où & par le
* *Art.* 107. point donné S, on tireroit une droite SM qui ſeroit * une des tangentes cherchées; & l'autre ſeroit l'aſymptote même Cg ſur laquelle ſe trouve le point donné S.

COROLLAIRE I.

156. COMME la ligne MPM parallèle aux ordon-
* *Art.* 144. nées rencontre toujours * la Section en deux points M, M, également éloignés de part & d'autre du point P, & non en davantage; il s'enſuit qu'on ne peut mener d'un point donné T hors une Section Conique que les deux tangentes TM, TM. D'où il eſt évident que le diametre qui paſſe par le point de rencontre T de deux tangentes, coupe par le milieu en P la ligne MM qui joint les points touchans; & réciproquement que le diametre qui coupe par le milieu en P une ligne droite MM qui joint les points touchans de deux tangentes MT, MT, paſſe par leur point de rencontre T.

COROLLAIRE II.

157. TOUTES les tangentes de la Parabole (*fig.* 72.) ſe rencontrent deux à deux, étant prolongées autant qu'il eſt néceſſaire. Car ſi l'on joint deux points touchans quelconques M, M, par une ligne droite, & qu'après l'avoir coupée par le milieu en P, on prenne ſur le diametre qui paſſe par ce point, & qui rencontre la Parabole en A, la partie AT égale à AP; il eſt clair que les deux tangentes MT, MT, qui paſſent par les points M, M, ſe rencontreront en ce point T.

COROLLAIRE III.

158. IL eſt encore évident (*fig.* 74.) que toutes les tangentes d'une Hyperbole ſe rencontrent deux à deux, étant prolongées autant qu'il eſt néceſſaire; & toujours au dedans de l'angle fait par les aſymptotes. Car ſi l'on joint deux points touchans quelconques M, M, par une ligne droite, & qu'après l'avoir coupée par le milieu en P, on prenne ſur le diametre qui paſſe par ce point & qui rencontre l'Hyperbole en A, la partie CT troiſieme proportionnelle à CP, CA; il eſt clair que les deux tangentes MT, MT, ſe rencontreront en ce point T, lequel ſera toujours * au dedans de l'angle fait par les aſymptotes, puiſque le demi-diametre CA tombe au dedans de cet angle. * *Art.* 103.

COROLLAIRE IV.

159. TOUTES les tangentes d'une Ellipſe ou des Hyperboles oppoſées (*fig.* 73, 74.) ſe rencontrent deux à deux, lorſque la ligne qui joint les deux points touchans ne paſſe point par le centre : ſçavoir, celles de l'Ellipſe du même côté du centre par rapport à cette ligne, & celles des Hyperboles oppoſées de l'autre côté. Cela ſe prouve par le moyen de la Propoſition ci-deſſus,

N

comme l'on vient de faire voir dans les deux Corollaires précédens.

PROPOSITION XI.

Problême.

160. UNE *Section Conique étant donnée, en trouver un diametre qui fasse de part ou d'autre avec ses ordonnées des angles égaux à un angle donné.*

POUR LA PARABOLE.

* *Art.* 146. FIG. 75 & 76. Ayant trouvé * un de ses diametres *AP*, on menera par son origine *A*, la ligne *AN*, qui fasse avec *AP* de part ou d'autre l'angle *PAN* égal à l'angle donné, & qui rencontre la Parabole au point *N*. Ayant divisé *AN* par le milieu en *O*, & tiré *OM* parallèle à *AP*; je dis que la ligne *MO* est le diametre qu'on cherche.

Car, 1°. Tous les diametres d'une Parabole devant être parallèles entr'eux, selon la définition septieme du premier Livre, il s'ensuit que *MO* sera un diametre; puisque *AP* en est un.

2°. La ligne *AN* terminée par la Parabole étant coupée en deux parties égales par le diametre *MO*, elle lui
* *Art.* 144. sera * ordonnée de part & d'autre.

3°. A cause des parallèles *MO*, *AP*, l'angle *MOA* que fait le diametre *MO* avec son ordonnée *OA*, sera égal à l'angle *PAN* qui a été fait égal à l'angle donné. Donc, &c.

Si l'angle donné est droit, il est manifeste que le dia-
* *Art.* 23. metre *MO* qu'on trouvera par cette méthode sera * l'axe de Parabole.

POUR LES AUTRES SECTIONS.

* *Art.* 146. FIG. 77, 78, 79, 80. Ayant trouvé * un de leurs diametres *Aa*, & décrit sur ce diametre de part ou d'autre un arc de cercle *ANa* capable de l'angle donné ou de son complement à deux droits; on menera du point *N* où il rencontre la Sec-

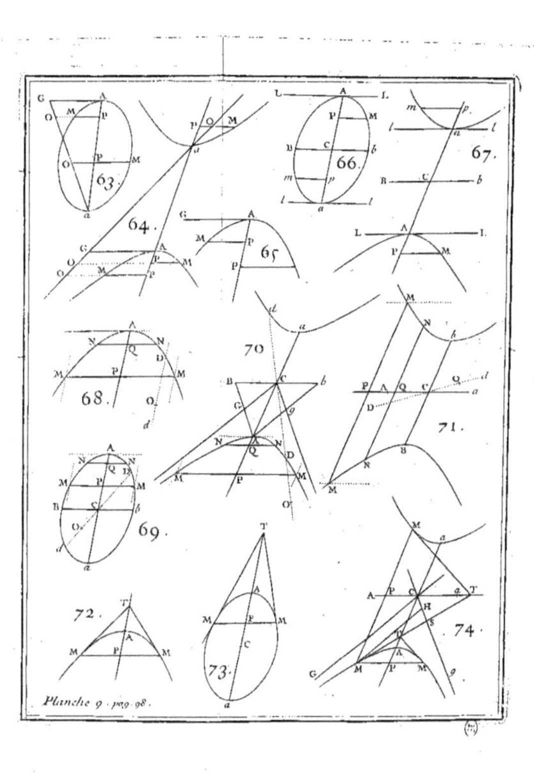

Planche 9. pag. 98.

tion, aux deux extrêmités A, a, du diametre Aa, les lignes NA, Na; par les milieux desquelles O, Q, & par le centre C, on tirera deux diametres Mm, Ss. Je dis que chacun de ses diametres fera de part ou d'autre avec ses ordonnées des angles égaux à l'angle donné.

Car la ligne AN terminée par la Section, étant coupée en deux également au point O par le diametre Mm, elle sera * ordonnée de part & d'autre à ce diametre. Or le diametre Mm est parallèle à la ligne Na, puisqu'il divise par le milieu aux points C, O, les lignes Aa, AN; & partant l'angle mOA que fait le diametre Mm avec son ordonnée AO, sera égal à l'angle aNA, qui par la construction est égal à l'angle donné, ou à son complement à deux droits. On prouvera de même que le diametre Ss fait avec son ordonnée QN un angle égal à l'angle donné, ou à son complement à deux droits. Donc, &c. * *Art.* 144.

Il est visible 1°. Que le diametre Ss est * conjugué au diametre Mm; puisqu'il est parallèle à son ordonnée ON. 2°. Que les diametres conjugués Mm, Ss, deviennent * les deux axes, lorsque l'angle donné est droit. * *Déf.* 12, II. & 14, III. * *Art.* 58 & 128.

PROPOSITION XII.

Problême.

161. UN *diametre d'une Section Conique étant donné, avec son parametre, & la position de ses ordonnées, & sçachant de plus si c'est un premier ou second diametre lorsqu'il s'agit de l'Hyperbole; décrire la Section par une méthode uniforme pour toutes les trois.*

PREMIERE MANIERE.

Pour la Parabole. Ayant trouvé * l'axe AP, son origine A, & son parametre AG que l'on prendra sur l'axe prolongé du côté de son origine; on menera par le point G une ligne droite indéfinie DD perpendiculaire à PG. * *Art.* 27. FIG. 81.

On fera mouvoir ensuite une ligne droite indéfinie DM le long de GD toujours parallèlement à AG, en entraînant par son extrémité D le côté DA de l'angle droit DAM, mobile sur son sommet A autour de l'origine A de l'axe AP. Je dis que l'intersection continuelle M de la ligne DM & du côté AM, décrira dans ce mouvement la Parabole qu'on demande.

Car menant MP perpendiculaire à l'axe, les triangles rectangles AGD, MPA, seront semblables; puisque chacun des angles GAD, PMA, étant joint à l'angle PAM, vaut un droit. On aura donc AG. GD ou $PM :: PM$. AP. D'où il suit que $\overline{PM}^2 =$

* Art. 7. $GA \times AP$; & qu'ainsi PM est une * ordonnée à l'axe AP.

On a déjà donné cette construction dans le Livre premier, article 29, d'une maniere qui convient à tous les diametres : on ne la répete ici, & on ne la restraint à l'axe, que pour en faire voir la liaison & le rapport qu'elle a avec celle qu'on va donner pour les autres Sections.

Pour les autres Sections. Ayant trouvé entre le diametre donné & son parametre une moyenne proportionnelle, & l'ayant placée en sorte qu'elle soit parallèle aux ordonnées, & coupée en deux également par le centre;

* Déf. 15, II. & 15, III. il est clair * qu'on aura deux diametres conjugués; par le moyen desquels on cherchera * les deux axes, & en-

* Art. 64. & 128. suite le parametre de celui des deux qu'on voudra dans l'Ellipse, & du premier dans l'Hyperbole. Cela fait.

Fig. 82 & 83. On prolongera dans l'Ellipse, & on coupera dans l'Hyperbole l'axe Aa en G; en sorte que aG soit à GA, comme l'axe Aa est à son parametre. Ayant tiré par le point G une perpendiculaire indéfinie DD à l'axe Aa, on fera mouvoir le point D le long de cette ligne, en entraînant avec lui la ligne droite Da mobile autour de l'extrémité a de l'axe Aa, & le côté DA de l'angle droit DAM mobile sur son sommet A autour de l'autre extrémité A de l'axe Aa. Je dis que l'intersection continuelle M des lignes AM, aD, décrira dans ce mouvement la Section requise.

Car menant MP perpendiculaire sur l'axe Aa, les triangles semblables aPM, aGD, donnent $aP.PM :: aG.GD$. Or les triangles rectangles AGD, MPA, sont semblables; puisque chacun des angles GAD, PMA; étant joint à l'angle PAM, vaut un droit; & partant $AP.PM :: GD.GA$. Si donc l'on multiplie les Antecédens & les Conséquens des deux premieres raisons, par ceux de ces deux dernieres; on aura $aP \times PA . \overline{PM}^2 :: aG \times GD . GD \times GA :: aG . GA$, c'est-à-dire, comme l'axe Aa est à son parametre. Donc, * &c. * *Art.* 41 & 81.

Il est à remarquer que plus le point D s'éloigne du point G sur la ligne DD; plus l'angle PaM augmente, & plus au contraire l'angle PAM diminue; de sorte que les lignes aM, AM, deviennent parallèles dans l'Hyperbole, & se coupent ensuite de l'autre côté de la ligne DD, où elles décrivent par leur intersection continuelle l'Hyperbole opposée.

Si l'on conçoit dans l'Ellipse & dans l'Hyperbole, que le point a s'éloigne à l'infini du point A, ou (ce qui est la même chose) que l'axe Aa devienne infiniment grand; les lignes GA, Da, qui ne se rencontrent que dans l'infini, peuvent être regardées comme parallèles : ainsi cette derniere construction retombe dans le cas de la précédente. C'est pourquoi l'Ellipse ou l'Hyperbole deviendroit alors une Parabole qui auroit pour parametre la ligne AG; & par conséquent on peut regarder une Parabole, comme une Ellipse ou une Hyperbole dont l'axe est infini : sçavoir, le premier dans l'Hyperbole, & celui des deux qu'on voudra dans l'Ellipse.

SECONDE MANIERE.

Pour la Parabole. Soit un triangle isoscelle HAL, dont l'un des côtés AH soit situé sur le diametre donné AP prolongé indéfiniment de part & d'autre de son FIG. 84.

origine A, & l'autre côté AL ſur la tangente indéfinie LAL qui paſſe par le point A. Soit conçue ſa baſe HL ſe mouvoir toujours parallèlement à elle-même en entraînant par l'une de ſes extrêmités L la ligne indéfinie LM parallèle à AP, & par l'autre extrêmité H la ligne HF parallèle à AL & égale au parametre donné du diametre AP, laquelle entraîne auſſi par ſon extrêmité F la droite FA mobile autour du point fixe A. Je dis que l'interſection continuelle M des deux droites FA, LM, décrit pendant que la ligne HL ſe meut dans l'angle HAL & ſon oppoſé ou ſommet, la Parabole MAM qu'on demande.

Car menant l'ordonnée MP au diametre AP, les triangles ſemblables AHF, APM, donnent AH ou AL ou PM. HF :: AP. PM, & partant $\overline{PM}^2 =$
* Art. 7 & 20. $AP \times HF$. Donc, * &c.

On doit obſerver que le point H doit tomber au-delà de l'origine A du diametre AP; lorſque les points F, L, tombent de part & d'autre de ce diametre.

Fig. 85, 86. *Pour les autres Sections.* La conſtruction eſt la même que pour la Parabole, à l'exception que la ligne LM doit tourner autour de l'autre extrêmité a du diametre donné Aa; au lieu que dans la Parabole elle lui eſt parallèle. On ſuppoſe dans l'Hyperbole que le diametre donné eſt un premier diametre; car ſi c'étoit un ſecond, on trouveroit ſelon l'article 115 du Livre troiſieme, le premier qui lui eſt conjugué & ſon parametre.

Car menant MP ordonnée au diametre Aa, les triangles ſemblables aPM, aAL, & APM, AHF, donnent aP. PM :: aA. AL ou AH. Et AP. PM :: AH. HF. Et partant, ſi l'on multiplie les Antecédens & les Conſéquens des deux premieres raiſons par ceux des deux ſecondes, on aura $aP \times PA$. $\overline{PM}^2$ :: $aA \times AH$.
*Art. 41, 55, 81 & 118. $AH \times HF$ :: aA. HF. Donc, * &c.

Il faut obſerver que les points H, a, doivent tomber de part & d'autre du point A dans l'Ellipſe, & du même côté dans l'Hyperbole, lorſque les points F, L, tombent de part & d'autre du diametre Aa.

COROLLAIRE I.

162. De-là on voit comment un diametre Aa étant donné avec une de ſes ordonnées PM; on peut trouver ſon parametre HF. Car 1°. Dans la Parabole on prendra ſur le diametre AP la partie AH égale à PM; & ayant tiré la ligne HF parallèle à PM, & terminée en F par la ligne AM tirée de l'origine A du diametre par l'extrêmité M de l'ordonnée, il eſt clair que cette ligne HF ſera le parametre du diametre AP. Fig. 84.

2°. Dans les autres Sections, on menera par l'une des extrêmités a du diametre donné Aa la ligne aM qui rencontre la tangente AL, qui paſſe par l'autre extrêmité A, au point L; & ayant pris ſur le diametre Aa la partie AH égale à AL, on tirera HF parallèle à PM, laquelle rencontrant en F la ligne AM, ſera le parametre du diametre Aa. Fig. 85 & 86.

COROLLAIRE II.

163. On tire de la ſeconde maniere qu'on vient d'expliquer, une méthode uniforme & très-exacte dans la pratique de décrire une Section Conique par pluſieurs points. La voici dans l'Ellipſe : & elle ſervira de Regle pour les autres Sections.

Ayant pris ſur la tangente AL, qui paſſe par l'une des extrêmités A du diametre donné Aa, la partie AG égale à ſon parametre, & mené une parallèle indéfinie GF à Aa; on tirera librement par le point A autant de lignes droites AF, AF, &c. qu'on voudra. Ayant pris ſur la tangente indéfinie AL, les parties AL, AL, &c. égales aux correſpondantes GF, GF, &c. & mené les droites aL, aL, &c; je dis que les interſections M, M, &c. des droites correſpondantes FA, La, FA, La, &c. feront des points de l'Ellipſe qui a pour diametre la ligne Aa, pour tangente la ligne AL, & pour parametre du Fig. 87.

diametre Aa la ligne AG. Cela eſt viſible en menant FH parallèle à AG, & tirant la ligne HL par le point L correſpondant au point F. Car le triangle HAL ſera
* Hyp. iſoſcelle ; puiſque * AL eſt égale à GF ou AH, & HF ſera égale au parametre du diametre Aa : c'eſt pourquoi cette conſtruction retombe dans celle de la ſeconde des deux manieres précédentes.

Comme les lignes GF, AL, deviennent fort grandes, lorſqu'il s'agit de trouver des points M qui ſoient proches du point a ; on pourra ſe ſervir, pour trouver ces points, de la tangente al qui paſſe par l'autre extrêmité a du diametre Aa, & de la ligne gf parallèle à Aa, comme l'on voit dans cette figure.

Si l'on mene les ordonnées MP, MP, &c. parallèles à la tangente AL, & qu'on les prolonge de l'autre côté du diametre Aa en M, M, &c. enſorte qu'elles ſoient coupées chacune en deux également par ce diametre ; il
* Art. 43. eſt clair * que ces nouveaux points M, M, &c. ſeront encore à la même Ellipſe.

On pourroit ſe ſervir d'une même ouverture de compas GF ou AL pour marquer ſur les lignes GF, AL, autant de points F, F, &c. L, L, &c. qu'on voudra ; car par ce moyen toutes ces petites parties étant égales entr'elles, chaque GF ſeroit égale à la correſpondante AL ; ce qui eſt le fondement de la démonſtration.

PROPOSITION XIII.

Théorême.

Fig. 88, 89, 90, 91. 164. S'IL *y a deux droites* MN, AR, *terminées par une Section Conique, leſquelles ſe rencontrent en un point* P, *& qui ſoient parallèles à deux droites données de poſition ; je dis que le rectangle* MP × PN *ſera toujours au rectangle* AP × PR *en raiſon donnée, en quelque endroit de la Section que puiſſent tomber les droites* MN, AR.

POUR

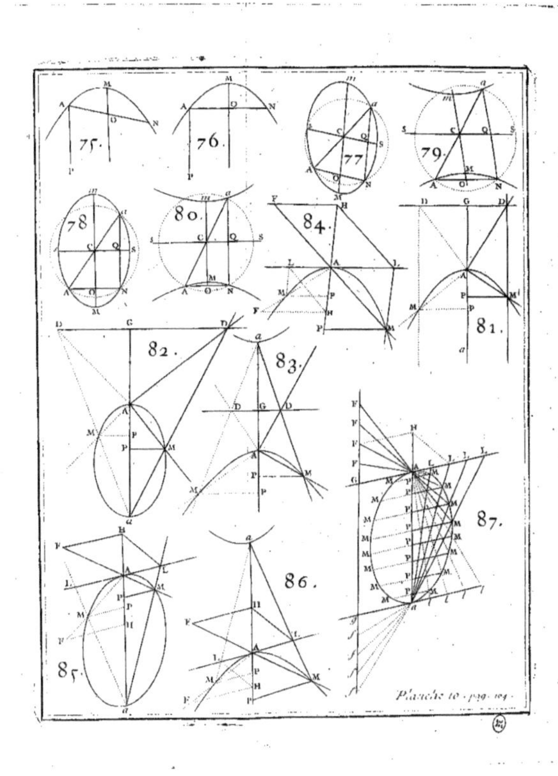

Planche 10 · pag. 104 ·

POUR LA PARABOLE.

Soient (*fig.* 88.) les tangentes CB, EB, qui se rencontrent au point B, parallèles aux droites MN, AR: je dis que $MP \times PN . AP \times PR :: \overline{CB}^2 . \overline{EB}^2$.

Car ayant mené * par le point G milieu de MN le diametre CG, & tiré par son origine C la parallèle CB à MN; il est clair * qu'elle sera tangente en C. On menera de la même sorte la tangente EB parallèle à AR, que l'on prolongera jusqu'à ce qu'elle rencontre le diametre CG au point K; & tirant par le point touchant E l'ordonnée EL, on aura * $KC = CL$; & par conséquent $KB = BE$. On tirera ensuite AD ordonnée, & AF parallèle au diametre CG, & on nommera les données KB ou BE, m; BC, n; CK, e; le parametre CH du diametre CG, p; & les indéterminées AP, x; PM, y; AD, r; CD, s.

* Art. 148.

* Art. 10 & 21.

* Art. 22 & 23.

Cela posé, les triangles semblables KBC, APF, donneront $PF = \frac{nx}{m}$, AF ou $DG = \frac{ex}{m}$: & par conséquent $CG = \frac{ex}{m} + s$, GM ou $GN = y + \frac{nx}{m} + r$, PN ou $GN + GP = y + \frac{2nx}{m} + 2r$; $MP \times PN = yy + \frac{2nx}{m}y + 2ry$, $\overline{GM}^2 = yy + \frac{2nx}{m}y + 2ry + \frac{nn}{mm}xx + \frac{2nr}{m}x + rr$. Or * $CD (s). CG \left(\frac{ex}{m} + s\right) :: \overline{AD}^2 (rr). \overline{GM}^2 = rr + \frac{err}{ms}x = rr + \frac{ep}{m}x$, puisque $\overline{AD}^2 (rr) = CD \times CH (ps)$. Et comparant ensemble ces deux valeurs de $\overline{GM}^2$, on formera l'équation $yy + \frac{2nx}{m}y + 2ry + \frac{nn}{mm}xx + \frac{2nr}{m}x - \frac{ep}{m}x = o$, qui convient également à tous les points de la Parabole, lorsque la ligne AR tombe au-dessus du diametre CG, & que le point d'intersection P tombe entre les points A, R.

* Art. 8 & 20.

Maintenant si l'on fait dans cette équation $y = o$, on aura (en effaçant tous les termes où y se rencontre)

$\frac{nn}{mm}xx + \frac{2nr}{m}x - \frac{ep}{m}x = 0$. D'où l'on tire $x = \frac{emp}{nn} - \frac{2mr}{n} = AR$; puisque PM (y) devenant nulle ou zéro, il est clair que AP (x) devient AR. Donc $AP \times PR = \frac{emp}{nn}x - \frac{2mr}{n}x - xx$; & par conséquent $MP \times PN$ $(yy + \frac{2nx}{m}y + 2ry)$. $AP \times PR$ $\left(\frac{emp}{nn}x - \frac{2mr}{n}x - xx\right)$ :: $\overline{CB}^2$ (nn). $\overline{EB}^2$ (mm). puisqu'en multipliant les extrêmes & les moyens, on retrouve l'équation précédente. Or comme les tangentes CB, BE, demeurent toujours les mêmes, en quelque endroit de la Parabole que tombent leurs parallèles MN, AR; il s'ensuit, &c.

Il peut arriver différens cas, selon les différentes positions des droites MN, AR; mais comme la démonstration demeure toujours la même, & qu'il ne peut y avoir de changement que dans quelques lignes, ou dans quelques termes qui s'évanouissent, je ne m'arrêterai point à les expliquer en détail. On doit observer la même chose dans les deux autres Sections.

POUR LES AUTRES SECTIONS.

Ayant mené (*fig.* 89, 90, 91.) les deux demi-diametres CO, CB, parallèles aux droites MN, AR; je dis que $MP \times PN$. $AP \times PR$ :: $\overline{CO}^2$. $\overline{CB}^2$.

Soit mené le diametre CG qui ait pour double ordonnée MN, sur lequel soient abaissées les droites BE, AD, parallèles à MN; & ayant tiré AF parallèle à CG, soient nommées les données CB, m; BE, n; CE, e; & le demi-diametre CK, t; son demi-conjugué CO, c; & les interminées AP, x; PM, y; AD, r; CD, s.

Cela posé, les triangles semblables CBE, APF, donneront $PF = \frac{nx}{m}$, AF ou $DG = \frac{ex}{m}$. Par conséquent dans l'Hyperbole ou les Hyperboles opposées (*fig.* 90 & 91.) on aura $CG = \frac{ex}{m} \pm s$, GM ou $GN = y + \frac{nx}{m} - r$, PN ou $GN + GP = y + \frac{2nx}{m} - 2r$; $MP \times PN$

$= yy + \frac{2nx}{m} y - 2ry$, $\overline{GM}^2 = yy + \frac{2nx}{m} y - 2ry + \frac{nn}{mm} xx - \frac{2nr}{m} x + rr$. Or * $\overline{CD}^2 \mp \overline{CK}^2$ $(ss \mp tt)$. $\overline{CG}^2 \mp \overline{CK}^2$ $\left(\frac{eexx}{mm} \pm \frac{2esx}{m} + ss \mp tt\right)$ :: $\overline{AD}^2$ (rr). $\overline{GM}^2 = rr + \frac{eerrxx \pm 2emrrsx}{mmss \mp mmtt} = rr + \frac{eeccxx \pm 2eccmsx}{mmtt}$, en mettant pour $\frac{rr}{ss \mp tt}$ sa * valeur $\frac{cc}{tt}$. Et comparant ensemble ces deux valeurs de $\overline{GM}^2$, on formera l'équation $yy + \frac{x}{m} y - 2ry + \frac{nntt - ccee}{mmtt} xx - \frac{2nrtt \mp 2cces}{mtt} x = o$, dans laquelle mettant à la place de $nntt - ccee$ sa valeur $cctt$ (il faut imaginer l'Hyperbole conjuguée qui passe * par l'extrêmité B, lorsque CB est la moitié d'un second diametre) tirée de ce que * $\overline{CE}^2 + \overline{CK}^2$ $(ee + tt)$. $\overline{EB}^2$ (nn) :: $\overline{CK}^2$ (tt). $\overline{CO}^2$ (cc). on aura celle-ci $yy + \frac{2nx}{m} y - 2ry + \frac{cc}{mm} xx - \frac{2nrtt \mp 2cces}{mtt} x = o$, qui convient à tous les points de la Section, lorsque les points A, R, tombent de part & d'autre du diametre CG, & que le point d'intersection P tombe entre les points A, R.

* Art. 82 & 118.

* Art. 82 & 118.

* Art. 134.

* Art. 81 & 118.

Maintenant si l'on fait dans cette équation $y = o$, on aura (en effaçant tous les termes où y se rencontre) $\frac{cc}{mm} xx - \frac{2nrtt \mp 2cces}{mtt} x = o$, d'où l'on tire $x = \frac{2mnrtt \pm 2ccems}{cctt} = AR$; puisque PM (y) devenant nulle ou zéro, il est clair que AP (x) devient AR. Donc $AP \times PR$ $\left(\frac{2mnrtt \pm 2mcces}{cctt} x - xx\right)$. $MP \times PN$ $\left(yy + \frac{2nx}{m} y - 2ry\right)$ :: $\overline{CB}^2$ (mm). $\overline{CO}^2$ (cc). Car multipliant les extrêmes & les moyens de cette proportion, on retrouve l'équation précédente. Or comme les demi-diametres CO, CB, demeurent toujours les mêmes en quelque endroit de la Section que tombent leurs parallèles MN, AR; il s'ensuit, &c.

Je ne mets point ici en particulier le calcul pour l'Ellipse, parce qu'il ne differe de celui de l'Hyperbole qu'en quelques lignes.

COROLLAIRE I.

FIG. 92. 165. S'IL y a deux lignes droites MN, AR, terminées par une Section Conique, lesquelles se rencontrent en un point P; & qu'on mene par-tout où l'on voudra deux autres droites FG, BD, paralleles aux deux premieres, & terminées aussi par la Section, lesquelles se rencontrent en un point Q: il est clair que $MP \times PN$. $AP \times PR :: FQ \times QG$. $BQ \times QD$. Car les deux droites AR, BD, étant paralleles entr'elles, seront paralleles à la même droite CZ donnée de position; comme aussi les deux droites MN, FG, à la même droite CY donnée pareillement de position.

COROLLAIRE II.

166. S'IL y a deux paralleles AR, BD, terminées par une Section Conique, lesquelles rencontrent aux points E, Q, une ligne droite FG terminée par la même Section; je dis que $FE \times EG$. $AE \times ER :: FQ \times QG$. $BQ \times QD$. Car concevant dans le premier Corollaire que MN tombe sur FG, il est clair que les rectangles $MP \times PN$, $AP \times PR$, deviennent $FE \times EG$, $AE \times ER$.

COROLLAIRE III. POUR LE CERCLE.

FIG. 93. 167. ON peut tirer de ce Théorême la propriété du cercle, qui est si connue de tous les Géometres; sçavoir que si par un point quelconque P pris au dedans ou au dehors d'un cercle, on mene autant de lignes qu'on voudra AR, MN, HL, &c. terminées par la circonférence, les rectangles $AP \times PR$, $MP \times PN$, $HP \times PL$, &c. seront tous égaux entr'eux. Car menant les demi-diametres CB, CO, CD, &c. paralleles à ces lignes, il est clair par le Théorême, que tous ces rectangles seront entr'eux, comme les quarrés de ces demi-diametres ou rayons, lesquels par la propriété essentielle du cercle sont tous égaux entr'eux.

COROLLAIRE IV. POUR LA PARABOLE.

168. S'IL y a une ligne droite MN terminée par une Parabole, & qu'on mene par un des points quelconques A de la Parabole un diametre AF qui rencontre cette ligne au point F: je dis que le rectangle $MF \times FN$ est égal au rectangle de AF par le parametre CH du diametre CG, qui passe par le milieu de MN. FIG. 94.

Car concevant dans le Théorême que AP tombe sur AF, il est clair que la ligne PF $\left(\frac{n}{m}x\right)$ devient nulle ou zéro, & qu'ainsi $\frac{n}{m}=o$. C'est pourquoi effaçant dans l'équation à la Parabole $yy+\frac{2nx}{m}y+2ry+\frac{nn}{mm}xx$ $+\frac{2nr}{m}x-\frac{ep}{m}x=o$, tous les termes où $\frac{n}{m}$ se rencontre, on en formera celle-ci $yy+2ry-\frac{ep}{m}x=o$. Or AF $=\frac{ex}{m}$, $CH=p$, & $MF \times FN=yy+2ry$. Donc, &c.

Ce n'est que pour faire voir la généralité du Théorême, que j'en déduis cette propriété ; car on la peut démontrer plus aisément sans y avoir recours, en cette sorte. $\overline{GM}^2=GC \times CH$, $\overline{AD}^2$ ou $\overline{GF}^2=DC \times CH$, & partant $\overline{GM}^2-\overline{GF}^2$ ou $MF \times FN=\overline{GC-DC} \times CH$ $=AF \times CH$.

COROLLAIRE V. POUR LA PARABOLE.

169. DE-LA il est évident,

1°. Que s'il y a deux droites MN, EL, terminées par une Parabole, & paralleles entr'elles ; & qu'on mene par deux points quelconques A, B, de cette Parabole, deux diametres AF, BP, qui rencontrent ces lignes aux points F, P : il est évident, dis-je, que $MF \times FN$. $EP \times PL$: : AF. BP. Car le diametre CG qui passe par le milieu de MN, passe aussi par le milieu de EL; & par conféquent le rectangle $EP \times PL = BP \times CH$, de même que $MF \times FN = AF \times CH$.

2°. Que s'il y a une ligne droite MN terminée par une Parabole, & qui rencontre deux de fes diametres AF, BK, aux points F, K; on aura $MF \times FN. MK \times KN :: AF. BK$.

3°. Que s'il y a deux lignes droites MN, EL, terminées par une Parabole, & paralleles entr'elles, qui rencontrent un de fes diametres quelconques BP aux points K, P; on aura $MK \times KN. EP \times PL :: BK. BP$.

COROLLAIRE VI. POUR LA PARABOLE.

170. De-là on voit comment on peut décrire une Parabole qui paffe par trois points donnés A, M, N, & dont les diametres AF, CG, foient paralleles à une ligne droite donnée de pofition; & démontrer qu'il ne peut y en avoir qu'une feule.

Car ayant mené une ligne MN qui joigne deux des points donnés M, N; on tirera par le troifieme A un diametre AF parallele à la ligne donnée de pofition, & qui rencontre la ligne MN au point F, & par le point de milieu G de MN une parallele GC à AF. On fera enfuite $MF \times FN. MG \times GN.$ ou $\overline{GM}^2 :: AF. GC$. Et ayant pris CH troifieme proportionnelle à CG, GM, on décrira * du parametre CH, & du diametre CG dont l'origine eft en C, une Parabole dont les ordonnées foient paralleles à MN; elle fatisfera à la queftion.

* Art. 29 & 30.

Car 1°. Elle paffera * par les points M, N; puifque par la conftruction $CH \times CG = \overline{GM}^2$ ou $\overline{GN}^2$. 2°. Elle paffera par le point A; puifque $MG \times GN. MF \times FN :: CG. FA$. 3°. Les diametres AF, CG, feront paralleles à la droite donnée de pofition.

* Art. 17 & 20.

Comme la Parabole qui fatisfait au Problême, a néceffairement pour diametre la ligne CG, qui a pour origine le point C, & pour parametre la ligne déterminée CH; il s'enfuit qu'il ne peut y en avoir qu'une feule.

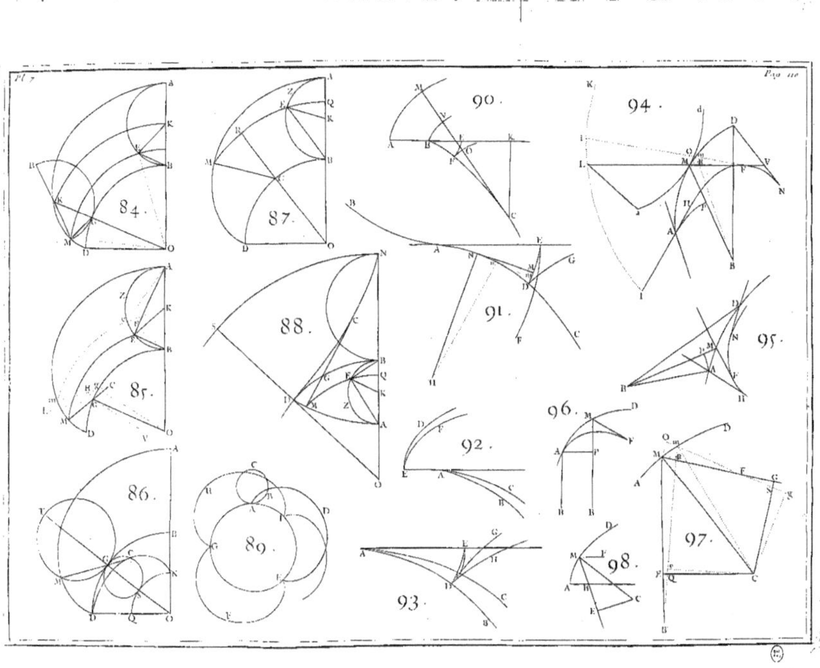

COROLLAIRE VII. POUR LA PARABOLE.

171. S'IL y a deux droites AR, MN, terminées par une Parabole, lesquelles se rencontrent en un point P; & qu'ayant fait $AP \times PR . MP \times PN :: \overline{AP}^2 . \overline{PF}^2$. on tire la ligne AF: je dis que cette ligne sera un diametre. Car ayant mené les tangentes CB, EB, paralleles aux droites MN, AR, & par le point touchant C le diametre CG qui rencontre EB prolongée en K; on aura $\overline{EB}^2$ ou $\overline{KB}^2 . \overline{BC}^2 :: AP \times PR . MP \times PN :: \overline{AP}^2 . \overline{PF}^2$, & par conséquent $KB . CB :: AP . PF$. Les triangles KBC, APF, seront donc semblables, & leurs côtés AF, KC, paralleles entr'eux : d'où il suit que la ligne AF qui se trouve ainsi parallele au diametre CG, sera un diametre; puisque dans la Parabole * tous les diametres sont paralleles entr'eux. FIG. 88. * Déf. 7. I.

COROLLAIRE VIII. POUR LA PARABOLE.

172. ON tire du Corollaire précédent une maniere de décrire une Parabole qui passe par quatre points donnés A, M, R, N.

Car ayant joint ces quatre points par deux droites AR, MN, qui s'entrecoupent en un point P, & fait $AP \times PR . MP \times PN :: \overline{AP}^2 . \overline{PF}^2$; on tirera la ligne AF, & on décrira * une Parabole qui passe par les trois points A, M, N, & dont les diametres soient paralleles à la ligne AF. Elle sera celle qu'on demande; car selon le Théorême la ligne AP doit rencontrer cette Parabole en un point R, tel que $AP \times PR . MP \times PN :: \overline{EB}^2$ ou $\overline{KB}^2 . \overline{BC}^2 :: \overline{AP}^2 . \overline{PF}^2$. * Art. 170.

Si l'on eut pris le point F de l'autre côté du point P, on auroit décrit une autre Parabole qui auroit encore passé par les quatre points donnés. Mais l'on doit remarquer que lorsqu'un de ces points F tombe sur l'un des FIG. 95.

points donnés M ou N, il ne peut y avoir qu'une Parabole qui satisfasse ; & que lorsque tous les deux tombent sur les points M, N, il n'y en peut avoir aucune : puisqu'alors le diametre AF de la Parabole passeroit par
* Art. 10. deux de ses points, ce que l'on a démontré * être impossible.

COROLLAIRE IX.

POUR L'HYPERBOLE OU LES HYPERBOLES OPPOSÉES.

Fig. 96, 97. 173. S'IL y a une ligne droite MN terminée par une Hyperbole ou par des Hyperboles opposées, laquelle rencontre une asymptote CB au point Q, & qui soit parallele à une ligne donnée de position ; & qu'on tire par un point quelconque A de la Section une droite AP parallele à cette asymptote, & qui rencontre au point P la ligne MN : je dis que le rectangle $MP \times PN$ sera toujours au rectangle $2\,AP \times PQ$ en raison donnée, en quelque endroit de la Section que tombent les droites MN, AP.

Car concevant dans le Théorême (*fig.* 90, 91.) que le demi-diametre CB devienne une asymptote, il est
* Art. 102. clair * qu'alors les trois côtés du triangle CBE deviennent chacun infini. C'est pourquoi menant (*fig.* 96, 97.) par l'extrêmité K du diametre LK qui passe par le milieu de MN, une parallele KS à MN, qui rencontre l'asymptote CB en S, on formera un triangle CKS dont tous les côtés seront finis, & qui sera semblable au trian-
* Art. 113. gle CBE ; & partant on aura $CK\,(t) . KS$ ou * $CO\,(c) :: CE\,(e) . EB\,(n)$. Ce qui donne $ce = nt$. Si l'on met à la place de ce sa valeur nt dans l'équation à l'Hyperbole $yy + \frac{2nx}{m}y - 2ry + \frac{nntt - ccee}{mmtt}xx - \frac{2nrtt \mp 2eccs}{mtt}x = 0$ que l'on a trouvée dans le Théorême, on en formera celle-ci $yy + \frac{2nx}{m}y - 2ry - \frac{2nrt \mp 2ncs}{mt}x = 0$ ou $yy + \frac{2nx}{m}y - 2ry = \frac{2nrt \pm 2ncs}{mt}x$. Or en prolongeant AD, s'il est né-

cessaire,

cessaire, jusqu'à ce qu'elle rencontre l'asymptote CB en H, les triangles semblables CKS, CDH, donneront $CK (t)$. $KS (c)$ :: $CD (s)$. $DH = \frac{cs}{t}$. Et partant AH ou $PQ = \frac{rt + cs}{t}$. On aura donc $MP \times PN$ $(yy + \frac{2nx}{m}y - 2ry)$. $2AP \times PQ$ $\left(\frac{2rt + 2cs}{t}x\right)$ :: $EB (n)$. $CB (m)$ :: KS. CS. Puisqu'en multipliant les extrêmes & les moyens on retrouve l'équation précédente. Or les lignes KS, CS, demeurent toujours les mêmes en quelque endroit de la Section que tombent les droites MN, AP; parce que le diametre LK qui passe par le milieu de MN, passe aussi * par le milieu de toutes les parallèles à MN terminées par la Section, en quelque endroit qu'elles se rencontrent. Donc, &c. * *Art.* 145.

On peut démontrer ce Corollaire immédiatement, & sans avoir recours au Théorême, en cette sorte. Soient les données $CK = t$, KS ou $CO = c$, $CS = m$, & les indéterminées $CD = s$, AD ou $DI = r$, $AP = x$, $PM = y$. Les triangles semblables CSK, APF, donnent $PF = \frac{cx}{m}$, AF ou $DG = \frac{tx}{m}$; & partant GM ou $GN = y + \frac{cx}{m} - r$, $CG = \frac{tx}{m} + s$. Or à cause des triangles semblables CKS, CDH, CGQ, on aura $CK (t)$. $KS (c)$ :: $CD (s)$. $DH = \frac{cs}{t}$ :: $CG \left(\frac{tx}{m} + s\right)$. $GQ = \frac{cx}{m} + \frac{cs}{t}$. Et partant $MQ \times QN$ ou $\overline{GQ}^2 - \overline{GM}^2 = \frac{2ccsx}{mt} + \frac{ccss}{tt} - yy - \frac{2cxy}{m} + 2ry + \frac{2crx}{m} - rr =$ * $AH \times HI$ ou $\overline{DH}^2 - \overline{DI}^2 = \frac{ccss}{tt} - rr$; d'où l'on tire (en effaçant de part & d'autre $\frac{ccss}{tt} - rr$, & transposant d'une part tous les termes où y se rencontre) cette équation $yy + \frac{2cxy}{m} - 2ry = \frac{2ccsx}{mt} + \frac{2crx}{m}$, laquelle étant réduite en proportion, donne $MP \times PN (yy + \frac{2cxy}{m} - 2ry)$. $2AP \times PQ$ FIG. 96. * *Art.* 97.

$\left(\frac{2csx}{t} + 2rx\right) :: KS (c) . CS (m)$. *Ce qu'il falloit démontrer.*

La démonſtration eſt la même pour les Hyperboles oppoſées à quelques ſignes près.

COROLLAIRE X.

POUR L'HYPERBOLE OU LES HYPERBOLES OPPOSÉES.

FIG. 98. 174. IL ſuit du Corollaire précédent,

1°. Que s'il y a deux droites parallèles entr'elles MN, HG, terminées par une Hyperbole ou par des Hyperboles oppoſées, & qui rencontrent une aſymptote CS aux points Q, I; & qu'on mene par deux points quelconques A, B, de la Section deux parallèles AP, BD, à l'aſymptote CS qui rencontrent ces lignes aux points P, D: les rectangles $MP \times PN$, $2AP \times PQ$ ſeront entr'eux, comme les rectangles $HD \times DG$, $2BD \times DI$; & partant on aura $MP \times PN . HD \times DG :: AP \times PQ . BD \times DI$.

2°. Que s'il y a deux droites parallèles entr'elles MN, HG, terminées par une Hyperbole ou par des Hyperboles oppoſées, & qui rencontrent une aſymptote CS aux points Q, I; & qu'on mene par un point quelconque A de la Section, une parallèle AO à CS, qui rencontre ces lignes aux points P, O: on aura (en concevant dans le cas précédent que BD tombe ſur AP) cette proportion, $MP \times PN . HO \times OG :: AP \times PQ . AO \times OI :: AP . AO$, puiſque $PQ = OI$.

3°. Que s'il y a une ligne droite HG terminée par une Hyperbole ou par des Hyperboles oppoſées, & qui rencontre une aſymptote CS en I; & qu'on mene par deux points quelconques de la Section A, B, deux parallèles AO, BD, à CS, qui rencontrent cette ligne aux points O, D: on aura $HO \times OG . HD \times DG :: AO \times OI . BD \times DI$. Cela eſt encore une ſuite du premier cas, en concevant que la ligne MN tombe ſur HG.

COROLLAIRE XI.

175. Si l'on conçoit qu'une ligne droite BD qui rencontre une Section Conique en deux points B, D, se meuve parallèlement à elle-même jusqu'à ce qu'elle rase la Section, c'est-à-dire, jusqu'à ce qu'elle devienne la tangente LS : il est clair que les deux points d'intersection B, D, se réunissent alors au point touchant L ; & qu'ainsi on peut considérer un point touchant comme deux points d'intersection qui tombent l'un sur l'autre. Or cela posé, on voit naître des Corollaires 1, 2, 5, 10, plusieurs cas, dont voici les principaux. Fig. 91.

1°. S'il y a deux tangentes KS, LS, qui se rencontrent en un point S, & deux autres droites MN, AR, parallèles à ces tangentes & terminées par la Section, lesquelles se rencontrent en un point P ; je dis que $MP \times PN . AP \times PR :: \overline{KS}^2 . \overline{LS}^2$. Ceci a été démontré dans le Théorême à l'égard de la Parabole : mais pour les autres Sections, concevant dans le premier Corollaire que FG tombe sur la tangente KS, & BD sur LS ; il est clair que les deux points d'intersection F, G, se réunissent au point touchant K, comme aussi les deux B, D, au point touchant L ; & qu'ainsi les rectangles $FQ \times QG$, $BQ \times QD$, deviennent les quarrés $\overline{KS}^2 . \overline{LS}^2$.

2°. Si dans une Ellipse ou dans des Hyperboles opposées, l'on mene une tangente TX parallèle à KS, & qui rencontre SL au point X, on prouvera comme dans le nombre précédent, que $MP \times PN . AP \times PR :: \overline{TX}^2 . \overline{LX}^2$. D'où il suit que $\overline{KS}^2 . \overline{LS}^2 :: \overline{TX}^2 . \overline{LX}^2$. Et $KS . SL :: TX . LX$. C'est-à-dire, que si deux tangentes parallèles KS, TX, rencontrent une troisieme tangente LS aux points S, X, on aura $KS . LS :: TX . LX$. ou $KS . TX :: LS . LX$.

3°. Si dans une Ellipse, dans une Hyperbole ou dans des Hyperboles opposées, il y a deux tangentes KS, LS, qui se rencontrent en un point S, & qu'on mene deux demi-diametres CY, CZ, parallèles à ces tangentes ; je dis qu'elles seront entr'elles comme ces deux demi-diametres. Car selon le Théorême $\overline{CY}^2 . \overline{CZ}^2 :: MP \times PN . AP \times PR :: \overline{KS}^2 . \overline{LS}^2$, selon le nombre premier. Et par conséquent $CY . CZ :: KS . LS$.

4°. S'il y a deux droites AR, FG, terminées par une Section Conique, lesquelles rencontrent deux tangentes KI, LO, qui leur soient parallèles aux points I, O; je dis que $FO \times OG . \overline{LO}^2 :: \overline{KI}^2 . AI \times IR$. Ce qui est évident en concevant dans le premier Corollaire que BD devient la tangente LO; & MN, la tangente KI.

5°. S'il y a deux parallèles AR, BD, terminées par une Section Conique, lesquelles rencontrent une tangente KH aux points I, H; je dis que $\overline{KI}^2 . AI \times IR :: \overline{KH}^2 . BH \times HD$, ou $\overline{KI}^2 . \overline{KH}^2 :: AI \times IR . BH \times HD$. Ce qui est une suite du second Corollaire, en concevant que la ligne FG tombe sur la tangente KH.

6°. Si l'on suppose dans le nombre précédent que la Section Conique soit une Hyperbole, & que la tangente HK en soit une asymptote; les rectangles $BH \times HD$, $AI \times IR$ deviendront égaux entr'eux. Car le point touchant K sera * alors infiniment éloigné des points H, I; & par conséquent les droites infinies HK, IK, qui ne different entr'elles que d'une grandeur finie HI, doivent être regardées comme égales. Ceci a déjà été démontré dans l'article 97, & on ne le répete ici que pour servir de preuve à ce que l'on vient de dire, & pour faire voir qu'on arrive souvent aux mêmes vérités par des routes bien différentes.

* Art. 108.

7°. S'il y a deux tangentes KS, LS, qui se rencontrent en un point S, avec une ligne droite AR terminée par la Section, parallèle à l'une d'elles LS, & qui rencontre l'autre KS en un point I; je dis que $\overline{KI}^2 . AI \times IR :: \overline{KS}^2 . \overline{LS}^2$. Cela est visible en concevant dans le second Corollaire que les lignes FG, BD, tombent sur les tangentes KS, LS.

8°. S'il y a dans une Ellipse ou dans les Hyperboles opposées deux tangentes parallèles KI, TV, qui rencontrent aux points I, V, une ligne AR terminée par la Section aux points R, A; je dis que $\overline{KI}^2 . AI \times IR :: \overline{TV}^2 . RV \times VA$. Cela suit encore du second Corollaire en imaginant que les parallèles MN, FG, tombent sur les tangentes TV, KI.

9°. S'il y a dans une Parabole deux parallèles MN, CH, dont l'une soit tangente en C, & l'autre soit terminée par la Parabole; & qu'on mene par deux points quelconques A, B, de la Section, deux diametres AF, BO qui rencontrent ces lignes aux points F, O: il est clair en concevant dans les deux premiers nombres du Corollaire sixieme que EL tombe sur la tangente CH; 1°. Que $MF \times FN . \overline{CO}^2 :: AF . BO$. 2°. Que si l'on prolonge FA jusqu'à ce qu'elle rencontre la tangente CH en Q, on aura $MF \times FN . \overline{CQ}^2 :: AF . AQ$. FIG. 94.

10°. S'il y a deux parallèles MN, KT, dont l'une KT touche une Hyperbole en K & rencontre une de ses asymptotes en S, & l'autre MN est terminée par l'une ou par l'autre des Hyperboles opposées, & rencontre la même asymptote en Q; & qu'on mene par deux points quelconques A, B, de la Section, deux parallèles AP, BT, à l'asymptote CS, lesquelles rencontrent ces lignes aux points P, T; on aura (en concevant dans les trois nombres du Corollaire dixieme, que la sécante GH tombe sur la tangente RT) 1°. Le rectangle $MP \times PN . \overline{KT}^2 :: AP \times PQ . BT \times TS$. 2°. En prolongeant PA jusqu'à ce qu'elle rencontre KT en R, le rectangle $MP \times PN . \overline{KR}^2 :: AP . AR$. 3°. Le quarré $\overline{KT}^2 . \overline{KR}^2 :: BT \times TS . AR \times RS$. FIG. 98.

11°. S'il y a dans les Hyperboles opposées deux tangentes parallèles KR, LF, qui rencontrent une asymptote CS aux points S, V; & qu'on mene par deux points quelconques A, B, de la Section, deux parallèles AR, BF à l'asymptote CS lesquelles rencontrent ces tangentes aux points R, F : on aura (en concevant dans les deux premiers nombres du Corollaire dixieme, que les deux Sécantes MN, GH, tombent sur les deux tangentes KR, LF) 1°. Le quarré $\overline{KR}^2 . \overline{LF}^2 :: AR \times RS . BF \times FV$. 2°. Le quarré $\overline{KR}^2 . \overline{LE}^2 :: AR . AE$.

PROPOSITION XIV.

Problême.

FIG. 99, 100 & 101. 176. DÉCRIRE *une Ellipse ou deux Hyperboles opposées autour d'un parallélogramme donné* FGHK, *& dont l'un de ses diametres* AB *parallèle aux deux côtés* FK, GH, *soit à son conjugué* DE, *en la raison donnée de* m *à* n.

* Art. 146. Ayant mené les lignes AB, DE, qui coupent par le milieu les côtés opposés du parallélogramme donné $FGHK$, il est clair * qu'elles seront sur deux diametres conjugués de la Section qu'on demande; & qu'ainsi leur point d'intersection en sera le centre; puisque selon l'une des conditions du Problême, les parallèles FG, KH, doivent être terminées par la Section, aussi bien que les deux autres parallèles FK, GH. Or cela posé, si l'on prend AB, DE, pour ces deux diametres conjugués, & qu'on nomme (les points L, O, coupent en deux parties égales les lignes FG, KH,) les données CL ou CO, a; LF ou OK, b; & l'inconnue CA ou CB, t; on aura.

* Art. 41 & 55. 1°. Lorsque * la Section est une Ellipse, $BL \times LA$ $(tt - aa)$. $\overline{LF}^2$ $(bb) :: \overline{AB}^2 . \overline{DE}^2 :: mm . nn$. Et partant $tt = aa + \frac{mmbb}{nn}$.

* Art. 81 & 118. 2°. Lorsque * la Section doit être deux Hyperboles opposées, $\overline{CL}^2 \mp \overline{CA}^2$ $(aa \mp tt)$. $\overline{LF}^2$ $(bb) :: \overline{AB}^2 . \overline{DE}^2 :: mm . nn$, ce qui donne $tt = aa - \frac{mmbb}{nn}$ ou $tt = \frac{mmbb}{nn} - aa$; sçavoir $tt = aa - \frac{mmbb}{nn}$ lorsque la ligne AB est un premier diametre, & $tt = \frac{mmbb}{nn} - aa$ lors-

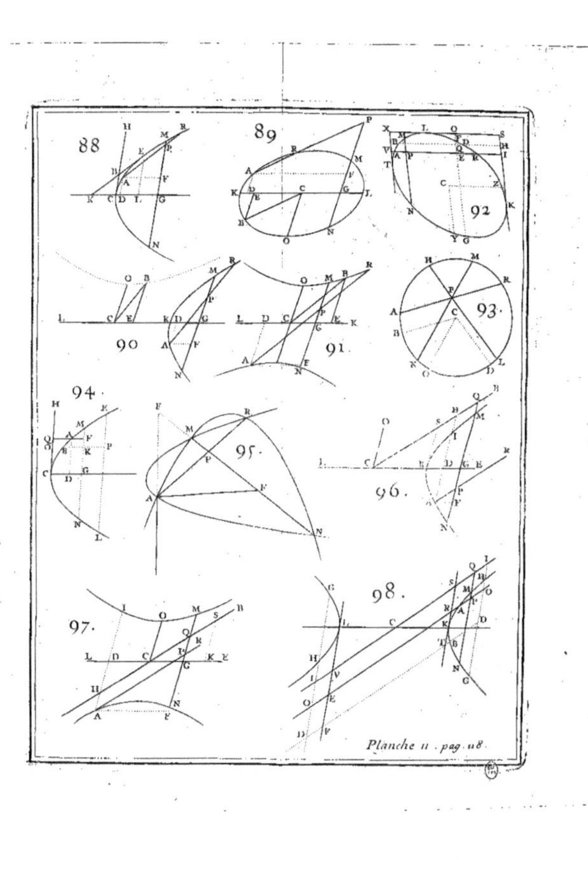

Planche 11 . pag. 118.

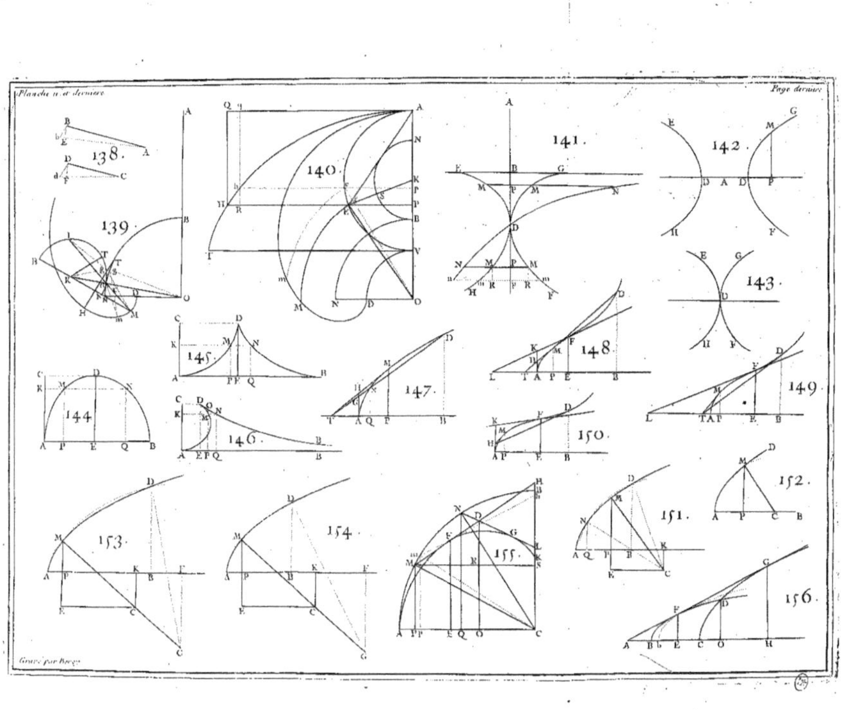
Planche 11 et derniere
Page derniere
138.
139.
140.
141.
142.
143.
144
145.
146.
147.
148.
149.
150.
151.
152.
153.
154.
155.
156.
Gravé par Berey

que c'eſt un ſecond. D'où l'on tire la conſtruction ſuivante, que je diſtingue en trois différens cas.

Premier cas. Lorſque la Section eſt une Ellipſe ; ſoit fait un triangle rectangle VST, dont l'un des côtés $ST = CL$, & l'autre $SV = \frac{m}{n} LF$; & ſoit décrit du demi-diametre $CA = TV$, qui ſoit à ſon demi-conjugué CD, comme m eſt à n une Ellipſe : je dis qu'elle ſatisfera au Problême. Car 1°. Le diametre AB parallèle aux côtés FK, GH, eſt à ſon conjugué DE, en la raiſon donnée de m à n. 2°. A cauſe du triangle TSV rectangle en S, le quarré $\overline{TV}^2$ ou $\overline{CA}^2$ $(tt) = \overline{TS}^2$. $(aa) + \overline{SV}^2$ $\left(\frac{mmbb}{nn}\right)$; & partant $BL \times LA$ $(tt - aa)$ $= \frac{mmbb}{nn}$: c'eſt pourquoi l'on aura $BL \times LA$ $\left(\frac{mmbb}{nn}\right)$. $\overline{LF}^2$ (bb) :: mm. nn :: $\overline{AB}^2$. $\overline{DE}^2$. D'où l'on voit que LF eſt une ordonnée au diametre AB ; & qu'ainſi la Section paſſe par le point F. On prouvera de même que la Section paſſera par les points G, H, K ; puiſque $GL = LF = OK = OH$, & que $CO = CL$.

Second cas. Lorſque la Section doit être deux Hyperboles oppoſées, & que CL eſt plus grande que $\frac{m}{n} LF$: ſoit formé un triangle TSV rectangle en S, dont l'un des côtés $SV = \frac{m}{n} LF$, & l'hypothénuſe $VT = CL$; & ſoient décrites du premier demi-diametre $CA = TS$, qui ſoit à ſon demi-conjugué CD, comme m eſt à n, deux Hyperboles oppoſées.

Troiſieme cas. Lorſque la Section doit être deux Hyperboles oppoſées, & que CL eſt plus petite que $\frac{m}{n} LF$: on formera un triangle TSV rectangle en T dont l'un des côtés $TS = CL$, & l'hypothénuſe $SV = \frac{m}{n} LF$. On décrira enſuite du ſecond demi-diametre $CA = TV$, qui ſoit à ſon demi-conjugué CD, comme m eſt à n, deux Hyperboles oppoſées.

La démonſtration de ces deux derniers cas eſt ſemblable à celle du premier ; mais il faut remarquer que lorſque $CL = \frac{m}{n} LF$, le Problême eſt impoſſible.

COROLLAIRE I.

177. COMME la poſition des deux diametres conjugués AB, DE, eſt déterminée, auſſi bien que leur grandeur ; puiſque ſelon les conditions du Problême ils doivent couper par le milieu les côtés oppoſés du parallélogramme, & qu'on ne trouve pour le demi-diametre CA ou CB qu'une ſeule valeur : il s'enſuit qu'il ne peut y avoir qu'une ſeule Section qui ſatisfaſſe.

COROLLAIRE II.

178. DE-LA on voit comment on peut décrire une Section Conique autour d'un parallélogramme donné $FGHK$, & qui paſſe par un point donné M.

Car ayant mené les deux diametres conjugués AB, DE, qui coupent par le milieu les côtés oppoſés du parallélogramme, & du point donné M l'ordonnée MP au diametre AB, laquelle rencontre les côtés oppoſés FK, GH, aux points R, Q, & la Section (que je ſuppoſe décrite) au point N ; il eſt clair que $PN = PM$, & qu'ainſi $RN = QM$, puiſque $PR = PQ$. Le rectangle $RM \times MQ$ ſera donc égal au rectangle $RM \times RN$.

* Art. 164. Or * $FR \times RK . MR \times RN$ ou $RM \times MQ :: \overline{AB}^2 . \overline{DE}^2$. Et par conſéquent la raiſon du diametre AB parallèle aux côtés FK, GH, à ſon conjugué DE, eſt donnée, puiſque les rectangles $FR \times RK$, $RM \times MQ$, ſont donnés. De plus la Section ſera une Ellipſe, lorſqu'entre les deux ordonnées MP, KO, au diametre AB, qui tombent du même côté du centre C, celle qui eſt la plus proche du centre eſt plus grande que la plus éloignée ; & au contraire deux Hyperboles oppoſées, lorſqu'elle eſt plus petite. D'où l'on voit que cette queſtion ſe réduit au Problême précédent.

Si

Si le point donné M tomboit sur l'un des côtés du parallélogramme, prolongé à discrétion ; il est clair que ce Problême seroit alors impossible, puisque ce côté rencontreroit la Section en trois différens points ; ce qui ne peut * être. * *Art.* 149.

COROLLAIRE III.

179. DE-LA on tire encore la maniere de décrire une Section Conique, qui ait pour diametre une ligne AB donnée de position, pour centre le point donné C, & pour deux ordonnées à ce diametre les droites MP, KO.

Car ayant pris sur le diametre AB la partie CL égale à CO, & mené LF parallèle & égale à OK ; il est clair qu'elle sera * une ordonnée au diametre AB, & qu'ainsi prolongeant KO en H, & FL en G, ensorte que $OH = OK$, & $LG = LF$, les droites égales & parallèles KH, FG, seront * deux doubles ordonnées au diametre AB. D'où l'on voit que la Section doit être décrite autour du parallélogramme $FGHK$, & passer par le point donné M ; ce qui se fera par le moyen du Corollaire précédent. * *Art.* 45, 55, 85 & 118. * *Art.* 144.

Comme cette question se réduit à celle du Corollaire précédent, qui se réduit au Problême ; & que selon le Corollaire premier, on ne peut trouver qu'une seule Section qui y satisfasse : il s'ensuit de même qu'on ne peut décrire qu'une seule Section qui remplisse les conditions de ce dernier Corollaire.

PROPOSITION XV.

Problême.

180. DÉCRIRE *une Section Conique qui passe par cinq points donnés* F, M, K, G, N ; *& demontrer qu'il n'y en peut avoir qu'une seule.* FIG. 102, 103.

Ayant joint quatre des points donnés par deux lignes droites FG, MN, qui se rencontrent au point R, on menera par le cinquieme point donné K deux droites KD, KH, parallèles aux droites FG, MN, & qui les rencontrent aux points E, Q. On prendra sur ces deux lignes prolongées, s'il est nécessaire, les points D, H, tels que $MR \times RN. GR \times RF :: ME \times EN. KE \times ED$. Et $FR \times RG. MR \times RN :: FQ \times QG. HQ \times QK$. en observant que les points K, D, ou K, H, doivent tomber de part & d'autre du point de rencontre E, ou Q, lorsque les points M, N, ou F, G, tombent aussi de part & d'autre de ce même point; & au contraire. On menera ensuite par les points de milieu des parallèles DK, FG, & MN, KH, les droites LI, AB, qui s'entre-
* Art. 179. coupent au point C. On décrira enfin * la Section Conique qui a pour diametre la ligne AB donnée de position, pour centre le point donné C, & pour ordonnées les deux droites MP, KO. Je dis qu'elle satisfera au Problême, & qu'il ne peut y avoir que celle-là.

* Art. 166. Car les deux points D, H, feront * à la Section qui passe par les cinq points donnés F, M, K, G, N; &
* Art. 146 & 147. ainsi les lignes LI, AB, en feront * deux diametres, qui en détermineront par conséquent le centre par leur point d'intersection C. Il est donc évident que la Section Conique qui passe par les cinq points donnés, doit avoir nécessairement pour diametre la ligne AB donnée de position, pour centre le point C, & pour ordonnées au diametre AB les droites MP, KO. Or comme il n'y a qu'une seule Section Conique qui puisse remplir ces conditions, il s'ensuit que ce sera celle qu'on demande, & qu'il ne peut y avoir que celle-là.

S'il arrive que les diametres AB, LI, soient paral-
* Art. 147. lèles entr'eux; la Section sera alors * une Parabole qu'on décrira par l'article 170.

LIVRE CINQUIEME.

De la comparaiſon des Sections Coniques entr'elles, & de leurs Segmens.

LEMME I.

181. SI *la différence de deux quantités diminue continuellement, enſorte qu'elle devienne enfin moindre qu'aucune grandeur donnée; je dis que dans cet état, ces deux quantités ſeront égales.*

Car ſi elles ne l'étoient pas, on pourroit aſſigner entr'elles quelque différence; ce qui eſt contre l'hypothèſe.

LEMME II.

182. SI *la raiſon de deux quantités eſt telle que l'antécédent demeurant toujours le même, ſa différence avec ſon conſéquent diminue continuellement, enſorte qu'elle devienne enfin moindre qu'aucune grandeur donnée; je dis que dans cet état, ces deux quantités ſeront égales.*

Car par le Lemme * précédent, l'antécédent ſera égal à ſon conſéquent; & ainſi les quantités dont ils expriment le rapport, ſeront égales. * *Art.* 181.

LEMME III.

183. SI *l'on ſuppoſe ſur une ligne courbe quelconque* ABG *un arc* MN *infiniment petit, c'eſt-à-dire, moindre qu'aucune grandeur donnée; & qu'on imagine par les extrémités de cet arc les ordonnées* MP, NQ, *à l'axe ou diametre* AC, *avec les parallèles* MR, NS, *à ce diametre: je dis que les parallélogrammes* PQRM, PQNS, *peuvent être pris chacun pour l'eſpace* PQNM *renfermé entre les ordonnées* PM, QN, *la petite droite* PQ, *& le petit arc de la courbe* MN. FIG. 104.

Tous les points d'une ligne courbe ou s'éloignent continuellement de plus en plus de ſon diametre, ou bien s'en approchent continuellement de plus en plus; ou enfin cette ligne courbe eſt compoſée de pluſieurs portions, dont les unes s'éloignent de plus en plus, & les autres s'approchent de plus en plus de ſon diametre. Car il eſt évident qu'il ne peut y avoir aucune portion dans une ligne courbe, dont tous les points ſoient également éloignés de ſon diametre; puiſqu'alors cette portion ne ſeroit plus courbe, mais une ligne droite parallèle à ce diametre.

Suppoſons 1°. Que l'arc MN ſoit ſur une courbe AMB dont tous les points s'éloignent de plus en plus de ſon diametre AC. Si l'on prend du côté du point N l'arc MO d'une grandeur finie, & qu'ayant mené l'ordonnée OF parallèle à MP, on tire les droites OD, ME, parallèles au diametre AC; il eſt clair que l'eſpace curviligne $PFOM$ ſera plus grand que le parallélogramme inſcrit $PFEM$, & moindre que le parallélogramme circonſcrit $PFOD$. Or ſi l'on imagine que le point O ſe meuve ſuivant la courbe vers le point M il eſt viſible que le parallélogramme $MEOD$ qui eſt la différence des parallélogrammes inſcrits & circonſcrits à l'arc OM, diminuera continuellement juſqu'à ce qu'enfin il devienne nul ou zéro dans l'inſtant que le point O parvient en M. D'où il ſuit que lorſque le point O eſt arrivé en N, c'eſt-à-dire, infiniment près de M, le parallélogramme $MEOD$, qui devient $MRNS$, ſera moindre qu'aucune grandeur donnée. Il eſt donc évident
* Art. 181. ſelon le Lemme * premier, que les parallélogrammes $PQRM$, $PQNS$, deviennent alors égaux entr'eux; & par conſéquent auſſi égaux chacun à l'eſpace curviligne $PQNM$. Donc, &c.

Suppoſons 2°. Que le petit arc MN ſoit ſur une courbe BMG dont tous les points approchent de plus en plus de ceux de ſon diametre CG. Il eſt viſible que la démonſtration demeure la même que pour le premier cas, en observant simplement que le parallélogramme circonscrit $PQNS$ devient inscrit dans ce cas-ci.

Supposons 3°. Qu'une ligne courbe telle que ABG, soit composée de plusieurs portions dont les unes, comme AB, s'éloignent de plus en plus du diametre AG; & les autres au contraire, comme BG, s'en approchent de plus en plus. Je dis que les points, comme B, qui séparent ces portions, ne peuvent tomber sur les arcs MN: car si cela étoit le point B seroit plus près du point M que n'est le point N; ce qui est contre la supposition. Il est donc évident que ce dernier cas est nécessairement renfermé dans l'un ou dans l'autre des deux premiers.

Corollaire I.

184. De-là il suit que si l'on mene par-tout où l'on voudra une ordonnée CB parallèle à PM, & qu'on imagine que la portion de courbe AB soit divisée en une multitude infinie d'arcs infiniment petits, tels que MN; l'espace ACB renfermé par les droites AC, CB, & par la portion de courbe AB, sera égal à la somme de tous les parallélogrammes tels que $PQRM$ ou $PQNS$. Il s'ensuit de même que l'espace $MPCB$ renfermé par les droites MP, PC, CB, & par la portion de courbe MB, sera égal à la somme de tout ce qu'il y aura de ces parallélogrammes dans cet espace; & de même dans toute l'étendue de la courbe ABG.

Corollaire II.

185. S'il y a une figure quelconque $CMDOC$ renfermée entre deux parallèles CE, DF, & qu'on imagine par-tout où l'on voudra entre ces parallèles deux droites MO, NL, infiniment proches l'une de l'autre, & qui leur soient aussi parallèles; je dis que l'espace $OMNL$ qu'elles couperont dans la figure $CMDOC$, sera égal au rectangle d'une d'elles, comme de MO, par leur distance MR ou OS. Car menant la perpendicu- Fig. 105.

laire AB ſur les parallèles CE, DF, laquelle rencontre les parallèles MO, NL, aux points P, Q; il eſt clair par le Lemme * que l'eſpace $PMNQ$ eſt égal au rectangle $PMRQ$, & l'eſpace $POLQ$ au rectangle $POSQ$; & par conſéquent que l'eſpace $OMNL$ eſt égal au rectangle $OMRS$ ou $OM \times PQ$.

* Art. 183.

COROLLAIRE III.

186. Il ſuit du Corollaire précédent, que s'il y a deux figures quelconques $CMDOC$, $EGFHE$ renfermées entre deux parallèles CE, DF, & qui ſoient telles qu'ayant mené entre ces parallèles par-tout où l'on voudra une ligne MH parallèles aux droites CE, DF; les parties MO, GH, de cette ligne compriſes dans les figures $CMDOC$, $EGFHE$, ſoient toujours entr'elles en raiſon donnée : il ſuit, dis-je, que ces deux figures (j'entends les eſpaces qu'elles comprennent) ſont auſſi entr'elles en raiſon donnée. Car imaginant une autre parallèle NK infiniment proche de MH, & tirant une perpendiculaire AB ſur les parallèles CE, DF, laquelle rencontre les parallèles MH, NK, aux points P, Q; il eſt clair par le Corollaire * précédent que l'eſpace $OMNL$ eſt égal au rectangle $OM \times PQ$, & de même que l'eſpace $GHKI$ eſt égal au rectangle $GH \times PQ$. Ces deux eſpaces ſeront donc entr'eux comme MO eſt à GH; & comme cela arrive toujours en quelque endroit qu'on mene la droite MH, il s'enſuit que la ſomme de tous les petits eſpaces $MNLO$, c'eſt-à-dire, l'eſpace $CMDOC$ ſera à la ſomme de tous les petits eſpaces $GHKI$, c'eſt-à-dire, à l'eſpace $EGFHE$, en la raiſon donnée.

* Art. 185.

On prouvera de même que la partie MDO de la figure $CMDOC$, eſt encore à la partie correſpondante GFH de l'autre figure $EGFHE$, en la raiſon donnée ; comme auſſi les parties reſtantes CMO, EGH.

Il eſt viſible que ſi la raiſon donnée eſt celle d'égalité,

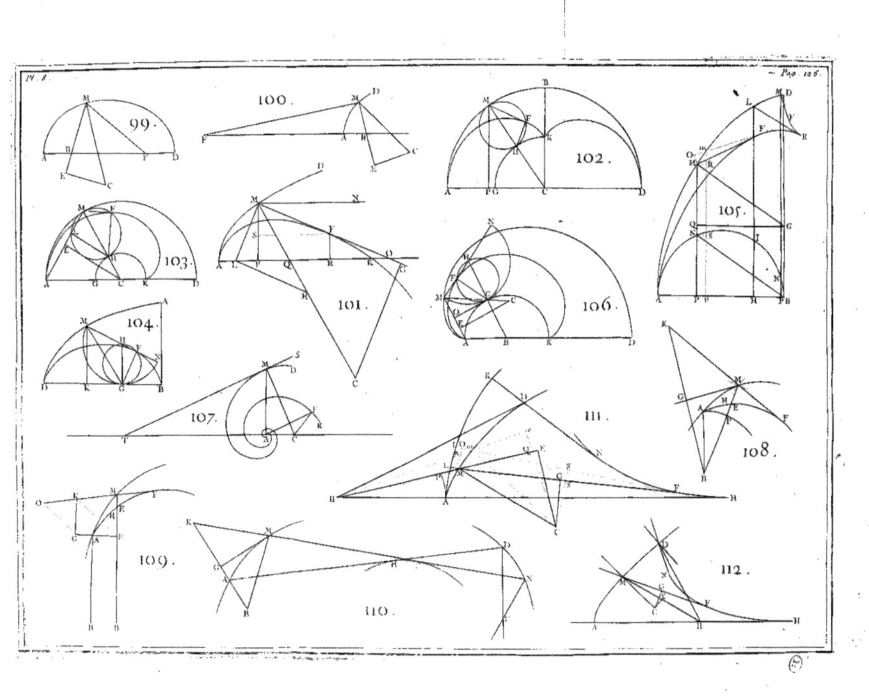
Pl. 8.
Pag. 126.
99.
100.
101.
102.
103.
104.
105.
106.
107.
108.
109.
110.
111.
112.

c'eſt-à-dire, que ſi les parties MO, GH, de la droite MH, ſont toujours égales entr'elles; les eſpaces $CMDOC$, $EGFHE$, & leurs parties correſpondantes MDO, GFH, & CMO, EGH, ſeront égales entr'elles.

Lemme IV.

187. Si *l'on ſuppoſe ſur une ligne courbe quelconque un arc infiniment petit* MN; *& qu'on imagine les tangentes* MT, NT, *qui ſe rencontrent au point* T, *la ſoutendante* MN, *& la droite* NS *perpendiculaire ſur* MT *prolongée : je dis qu'on peut prendre pour l'arc* MN *ſa ſoutendante* MN, *ou la ſomme des deux tangentes* MT, NT, *ou enfin la droite* MS. Fig. 106.

Toute ligne courbe eſt néceſſairement ou toujours concave vers un certain endroit, ou compoſée de pluſieurs portions dont les unes étant concaves vers une certaine part, les autres le ſont vers le côté oppoſé. Or les points qui ſéparent ces portions * ne peuvent point ſe trouver ſur les arcs infiniment petits MN: puiſqu'ils ſeroient plus près du point M que n'eſt le point N; ce qui eſt contre la ſuppoſition. On peut donc toujours ſuppoſer que l'arc MN fait partie d'une courbe ou portion de courbe qui eſt toujours concave vers un certain côté. * *Art.* 183. *n.* 3.

Maintenant ſi l'on prend ſur la courbe du côté du point N, l'arc MO d'une grandeur finie, & qu'on tire la ſoutendante OM, la tangente OG, & la parallèle OD à NS: il eſt clair 1°. A cauſe du triangle MDO rectangle en D, que la tangente MD eſt moindre que la ſoutendante MO, & à plus forte raiſon moindre que l'arc MNO; de ſorte que l'arc MNO & ſa ſoutendante MO ſont plus grands chacun que MD, & chacun moindre que la ſomme des deux tangentes MG, OG. 2°. A cauſe de la concavité de l'arc MNO vers le même côté, ſi l'on mene par un point quelconque N de l'arc MO une tangente TR, les points T, R, où elle rencontre les tangentes MG, OG, ſeront ſitués entre les points M, G, & O, G; ainſi l'angle OGD, qui eſt externe au triangle TGR, eſt plus grand que l'angle RTG ou NTS.

Ceci ſuppoſé, ſi l'on mene les droites ME, MF, parallèles aux tangentes OG, NT, & qui rencontrent la droite DO aux points E, F; & qu'on imagine que le point O ſe meuve ſuivant la courbe vers le point M: il eſt viſible que l'angle OGD, ou ſon égal EMD, diminuera continuellement juſqu'à ce qu'il s'évanouiſſe dans l'inſtant que le point O parvient en M; puiſqu'alors la tangente OG ſe confond avec la tangente MD: d'où il ſuit que la ligne ME diminue continuellement, juſqu'à ce qu'enfin elle devienne égale à MD dans cet inſtant. Donc lorſque le point O eſt arrivé en N, c'eſt-à-dire, infiniment près du point M, la ligne ME, alors en MF, ne ſera pour lors différente de la tangente MD, que d'une grandeur moindre qu'aucune donnée; & par conſéquent * les lignes TN, TS, dont elles expriment le rapport, ſeront égales entr'elles. Les deux tangentes MT, TN, priſes enſemble, ſeront donc égales à la droite MS, comme auſſi à l'arc MN, & à la ſoûtendante MN. *Ce qu'il falloit démontrer.*

* Art. 182.

COROLLAIRE I.

188. PUISQUE l'angle FMD, ou ſon égal NTS, eſt infiniment petit dans la ſuppoſition que le point N ſoit infiniment près du point M, il s'enſuit que dans le triangle MTN, l'angle interne NMT, qui eſt moindre que l'extérieur NTS, ſera auſſi infiniment petit, c'eſt-à-dire, moindre qu'aucun angle donné; & qu'ainſi on ne pourra mener par le point M aucune ligne droite qui tombe dans l'angle TMN. D'où l'on voit que ces deux lignes MT, NM, ſe confondent entr'elles, & qu'ainſi on peut regarder une tangente comme une ligne droite qui paſſe par deux points d'une ligne courbe infiniment proches l'un de l'autre.

COROLLAIRE II.

COROLLAIRE II.

189. Si l'on imagine qu'une ligne courbe quelconque soit divisée en une multitude infinie d'arcs infiniment petits tels que *MN*; il est clair qu'en prenant au lieu de ces arcs leurs soutendantes, on verra naître un Polygone d'une infinité de côtés, chacun infiniment petit, que l'on pourra prendre pour la ligne courbe : puisqu'elle * n'en différera en aucune maniere. De plus, les petits côtés de ce Polygone étant prolongés de part & d'autre, seront les tangentes de cette courbe ; puisqu'ils passent chacun par deux de ses points infiniment proches l'un de l'autre. * Art. 187.

REMARQUE.

190. On doit faire ici attention que l'idée ou notion qu'on a donnée des tangentes des Sections Coniques, ne convient qu'aux lignes courbes qui sont toujours concaves dans toute leur étendue vers le même côté, comme sont * ces Sections : au lieu que cette derniere notion est générale pour toutes sortes de lignes courbes. Aussi est-ce elle qui sert de fondement à la méthode des tangentes que j'ai expliquées, dans mon Livre des *Infiniment petits*, & que j'ose assurer être la plus simple & la plus générale qu'on puisse souhaiter. On en verra un foible échantillon à la fin de ce Livre. * Art. 26, 61, 124.

DÉFINITIONS.

1.

Deux segmens de lignes courbes quelconques *BAD*, *bad*, sont appellés *Semblables* ; lorsqu'ayant inscrit dans l'un d'eux une figure rectiligne quelconque *BMNOD*, on peut toujours inscrire dans l'autre une figure rectiligne semblable *bmnod*. FIG. 107, 108, 109.

2.

Deux Sections Coniques sont appellées *Semblables* ; lorsqu'ayant pris dans l'une d'elles un segment quelconque *BAD*, on peut toujours assigner dans l'autre un segment semblable *bad*.

3.

On appelle diametres *Semblables* AP, ap, dans différentes Sections Coniques, ceux qui font avec leurs ordonnées PM, pm, les mêmes angles APM, apm.

COROLLAIRE.

191. PLUS chacun des côtés BM, MN, &c. bm, mn, &c. devient petit; plus leur nombre augmente, & plus aussi les figures rectilignes semblables $BMNOD$, $bmnod$, approchent des segmens BAD, bad, auxquels elles sont inscrites; de sorte qu'elles leur deviennent
* Art. 189. enfin égales * lorsque chacun des côtés est infiniment petit, & que leur nombre par conséquent est infini. D'où il suit que les segmens semblables BAD, bad, sont entr'eux comme les quarrés de leurs soutendantes BD, bd, qui sont des côtés homologues; & les portions des courbes BAD, bad; comme ces soutendantes.

PROPOSITION I.

Théorême.

FIG. 107. 192. SOIENT *deux Paraboles* AM, am, *qui ayent deux diametres semblables* AL, aL, *situés sur la même droite, ensorte que leurs ordonnées* PM, pm, *soient parallèles entr'elles; & soit marqué sur cette droite au dedans des Paraboles un point fixe* L, *tel que* LA *soit à* La, *comme le parametre* AG *du diametre* AL *de la Parabole* AM, *est au parametre* ag *du diametre* aL *de la Parabole* am. *Je dis que si l'on mene du point fixe* L *à un point quelconque* M *de la Parabole* AM, *une ligne droite* LM; *elle rencontrera l'autre Parabole* am *en un point* m *tel que* LM. Lm :: LA. La.

Ayant mené l'ordonnée MP, & nommé les données LA, a; La, b; AG, p; & les indéterminées AP, x;

PM, y; on aura $LA\,(a) . La, (b) :: AG\,(p) . ag = \frac{bp}{a}$. Or si l'on prend sur le diametre aL de la Parabole am, la partie $ap = \frac{bx}{a}$, & qu'on mene l'ordonnée pm; il est clair * que $\overline{pm}^2 = pa \times ag \left(\frac{bbpx}{aa}\right) = \frac{bbyy}{aa}$ en mettant pour px * sa valeur yy; & qu'ainsi $pm = \frac{by}{a}$. Donc PM $(y) . pm \left(\frac{by}{a}\right) :: LP\,(a - x) . Lp \left(b - \frac{bx}{a}\right)$. Et par conséquent la ligne LM passera par le point m extrêmité de l'ordonnée pm, c'est-à-dire, qu'elle coupera la Parabole am en ce point. Donc à cause des triangles semblables LPM, Lpm, on aura $LM . Lm :: PM\,(y) . pm \left(\frac{by}{a}\right) :: LA\,(a) . La\,(b)$. *Ce qu'il falloit démontrer.*

* Art. 6 & 20.

* Ibid.

COROLLAIRE I.

193. SI l'on prend dans la Parabole AM un segment quelconque BAD; & qu'ayant mené les droites LB, LD, qui rencontrent l'autre Parabole am aux points b, d, on tire la soutendante bd: je dis que le segment bad de la Parabole am, est semblable au segment BAD de la Parabole AM. Car ayant inscrit dans le segment BAD une figure rectiligne quelconque $BMNOD$, il est clair que si l'on mene les droites LM, LN, LO, qui rencontrent l'autre Parabole aux points m, n, o; les triangles LBM, Lbm; LMN, Lmn; LNO, Lno; LOD, Lod; LBD, Lbd, seront semblables; & qu'ainsi les côtés BM, bm; MN, mn; NO, no; OD, od; BD, bd; seront parallèles, & toujours en même raison chacun à son correspondant; puisque toutes les droites LB, LM, LN, LO, LD, sont coupées en même raison aux points b, m, n, o, d. D'où l'on voit que les figures rectilignes $BMNOD$, $bmnod$, sont semblables. Or comme il est évident que cette démonstration subsiste toujours, telle que puisse être la figure rectiligne inscrite dans le segment BAD;

* *Déf.* 1. il s'ensuit que les segmens BAD, bad, * sont semblables ; & par conséquent * que les Paraboles AM, am, le
* *Déf.* 2.
sont aussi.

COROLLAIRE II.

194. De-là il est évident que si l'on mene par le point L une double ordonnée EF dans la Parabole AM, laquelle rencontre l'autre Parabole am aux points e, f; les segmens EAF, eaf, des deux Paraboles AM, am, seront semblables entr'eux.

COROLLAIRE III.

195. Toutes les Paraboles sont semblables entr'elles ; car si l'on prend sur deux diametres semblables de deux différentes Paraboles, les parties AL, aL, qui soient entr'elles comme les parametres AG, ag; & si l'on conçoit que le diametre La soit situé sur le diametre LA, ensorte que les points L, L, tombent l'un sur l'autre, & que leurs ordonnées PM, pm, soient paralléles entr'elles : il est clair qu'ayant mené du point fixe L à un point quelconque M de la Parabole AM, une ligne droite LM; elle rencontrera toujours l'autre Parabole am en un point m tel que $LM . Lm :: LA . La$.
* *Art.* 193. Donc, * &c.

COROLLAIRE IV.

196. De-là il suit que si l'on prend sur deux diametres semblables de deux différentes Paraboles, les parties AL, aL, qui soient entr'elles comme les parametres de ces diametres, & qu'on tire par les points L, L, les doubles ordonnées EF, ef : les segmens EAF, eaf, des deux Paraboles AM, am, seront semblables entr'eux.

COROLLAIRE V.

197. Si deux segmens BAD, bad, sont semblables entr'eux ; & que l'un d'eux BAD, soit le segment d'une

Parabole ; je dis que l'autre bad sera le segment d'une autre Parabole, & qu'ainsi il n'y a entre toutes les courbes imaginables que des Paraboles qui puissent être semblables à une Parabole donnée. Car si l'on place le petit segment bad au dedans du grand BAD, ensorte que les soutendantes bd, BD, soient parallèles ; & qu'on inscrive dans l'un & l'autre deux figures rectilignes quelconques semblables $BMNOD$, $bmnod$: il est clair que les côtés homologues BM, bm ; MN, mn ; &c. de ces deux figures seront parallèles : puisque les angles DBM, dbm ; BMN, bmn ; &c. sont égaux entr'eux. Or menant LM, LN, LO, par le point de concours L des deux droites Bb, Dd, qui joignent les extrêmités des soutendantes parallèles BD, bd, qui sont les deux côtés homologues donnés ; ces droites LM, LN, LO, passeront par les points correspondans m, n, o, où elles seront divisées en même raison que LB l'est en b, ou LD en d ; puisque $BD.\,bd :: LB.\,Lb :: BM.\,bm :: LM.\,Lm :: MN.\,Mn :: LN.\,Ln :: NO.\,no :: LO.\,Lo :: OD.\,od$.

Maintenant si l'on mene par le point L le diametre LA de la Parabole AM ; qu'on le divise en a, en la même raison que LB l'est en b, ou LD en d ; & qu'on décrive * du diametre aL, & du parametre ag qui soit au parametre AG du diametre AL de la Parabole AM, comme La est à LA, une Parabole am dont les ordonnées pm soient parallèles aux ordonnées PM de l'autre Parabole : il est évident * qu'elle passera par tous les points b, m, n, o, d, qui divisent dans la raison donnée de BD à bd toutes les droites LB, LM, LN, LO, LD. Or comme ce raisonnement subsiste toujours tel que puisse être le nombre des côtés des figures rectilignes semblables $BMNOD$, $bmnod$, & de telle grandeur qu'ils puissent être ; il s'ensuit que la Parabole am passe par-tout par où le segment bad passe, & qu'ainsi ce segment en est une portion. *Ce qu'il falloit démontrer.*

* Art. 161.

* Art. 192.

PROPOSITION II.

Théorême.

Fig. 108, 109. 198. Soit *une Ellipse ou Hyperbole* AM *qui ait pour un de ses premiers diametres la ligne* AH, *& pour parametre de ce diametre la ligne* AG; *& ayant pris sur ce diametre (prolongé dans l'Hyperbole) un point fixe* L, *& divisé en même raison aux points* a, h, *ses parties* LA, LH. *Soit une autre Ellipse ou Hyperbole* am *qui ait pour premier diametre la ligne* ah, *pour parametre de ce diametre la ligne* ag *qui soit à* AG *comme* ah *est à* AH, *& dont les ordonnées* pm *soient parallèles aux ordonnées* PM *de l'autre Section* AM. *Je dis que si l'on mene du point fixe* L *à un point quelconque* M *de la Section* AM, *une ligne droite quelconque* LM; *elle rencontrera l'autre Section* am, *en un point* m *tel que* LM. Lm :: LA. La: *c'est-à-dire que toutes les droites tirées du point fixe* L *aux points de la Section* AM, *sont divisées en même raison par la Section* am.

Il faut prouver que LM . Lm :: LA . La.

Ayant mené l'ordonnée MP, & nommé les données LA, a; La, b; $AH, 2t$; & les indéterminées AP, x; PM, y; on aura $LA\ (a).\ La\ (b) :: LH.\ Lh :: LH \pm LA$ ou $AH\ (2t).\ Lh \pm La$ ou $ah = \frac{2bt}{a}$. Or si l'on prend sur le diametre ah de la Section am la partie $ap = \frac{bx}{a}$, & qu'on mene l'ordonnée pm; il est clair * que $AP \times PH\ (2tx \mp xx).\ \overline{PM}^2\ (yy) :: AH.\ AG :: ah.\ ag :: ap \times ph\ \left(\frac{2bbtx \mp bbxx}{aa}\right).\ \overline{pm}^2 = \frac{bbyy}{aa}$, & qu'ainsi $pm = \frac{by}{a}$. Donc $PM(y).\ pm\left(\frac{by}{a}\right) :: LP\ (a - x).\ Lp\ \left(b - \frac{bx}{a}\right)$. Et par conséquent la ligne LM passera par le point m extrêmité de l'ordonnée pm, c'est-à-dire qu'elle coupera la Section am en ce point. Donc à cause des triangles semblables LPM, Lpm, on aura

*Art. 42, 55, 81 & 118.

$LM. Lm :: PM (y). pm \left(\frac{by}{a}\right) :: LA (a). La (b)$. *Ce qu'il falloit démontrer.*

COROLLAIRE I.

199. SI l'on prend dans la Section AM un ſegment quelconque BAD, & qu'ayant mené les droites LB, LD, qui rencontrent l'autre Section am aux points b, d, on tire la ſoutendante bd : je dis que le ſegment bad de la Section am eſt ſemblable au ſegment BAD de la Section AM; & partant que ſi l'on mene par le point L une double ordonnée EF dans la Section AM, laquelle rencontre l'autre Section aux points e, f; les ſegmens EAF, eaf, des deux Ellipſes ou des deux Hyperboles AM, am, ſeront ſemblables entr'eux. Cela ſe prouve de même que pour la Parabole dans les articles 193 & 194.

COROLLAIRE II.

200. TOUTES les Ellipſes ou Hyperboles AM, am, qui ont deux diametres ſemblables AH, ah, en même raiſon avec leurs parametres AG, ag, ſont ſemblables entr'elles. Car ſi l'on prend les parties AL, aL, qui ſoient entr'elles comme les diametres AH, ah; & que l'on conçoive que le diametre ah ſoit ſitué ſur le diametre AH, enſorte que les points L, L, tombent l'un ſur l'autre, & que les ordonnées pm, PM, ſoient paralleles entr'elles : il eſt clair qu'ayant mené du point fixe L à un point quelconque M de la Section AM une ligne droite LM, elle rencontrera toujours l'autre Section am, en un point m tel que $LM. Lm :: LA. La$. Donc, * &c.

* Art. 199.

COROLLAIRE III.

201. DE-LA il eſt évident que s'il y a deux Ellipſes ou deux Hyperboles AM, am, dont deux diametres ſemblables AH, ah, ſoient en même raiſon avec leurs parametres AG, ag; & qu'ayant pris les parties AL, aL,

qui ſoient entr'elles comme les diametres AH, ah, on tire par les points L, L, les doubles ordonnées EF, ef: il eſt évident, dis-je, que les ſegmens EAF, eaf, des deux Sections AM, am, ſont ſemblables entr'eux.

COROLLAIRE IV.

202. SI deux ſegmens BAD, bad, ſont ſemblables entr'eux; & que l'un d'eux ſoit le ſegment d'une Ellipſe ou d'une Hyperbole AM, qui ait pour un de ſes diametres quelconques la ligne AH dont le parametre eſt AG; je dis que l'autre bad ſera le ſegment d'une autre Ellipſe ou d'une autre Hyperbole am, qui aura pour l'un de ſes diametres ſemblables à AH, la ligne ah qui ſera en même raiſon avec ſon parametre ag, que AH avec le ſien AG. Car ayant placé le ſegment bad, au dedans du ſegment BAD, enſorte que la ſoutendante bd ſoit parallèle à la ſoutendante BD, & que les lignes Bb, Dd, concourent en un point L du diametre AH (ce qui eſt toujours poſſible), & inſcrit dans l'un & l'autre deux figures rectilignes quelconques ſemblables; on prouvera comme dans la Parabole article 197, que les droites LM, LN, LO, paſſeront par les points correſpondans m, n, o, où elles ſeront diviſées en même raiſon que LB l'eſt en b, ou LD en d.

Maintenant ſi l'on diviſe les parties LA, LH, du diametre AH aux points a, h, en même raiſon que LB l'eſt en b; & qu'on décrive * du diametre ah & du parametre ag qui ſoit au parametre AG du diametre AH, comme La eſt à LA, ou ah à AH, une Ellipſe ou une Hyperbole am, dont les ordonnées pm ſoient parallèles aux ordonnées PM de l'autre Ellipſe ou Hyperbole AM: il eſt évident * qu'elle paſſera par tous les points b, m, n, o, d, qui diviſent dans la raiſon donnée de bd à BD toutes les droites LB, LM, LN, LO, LD. Or comme ce raiſonnement ſubſiſte toujours tel que puiſſe être le nombre des côtés des figures rectilignes ſemblables

* Art. 161.

* Art. 198.

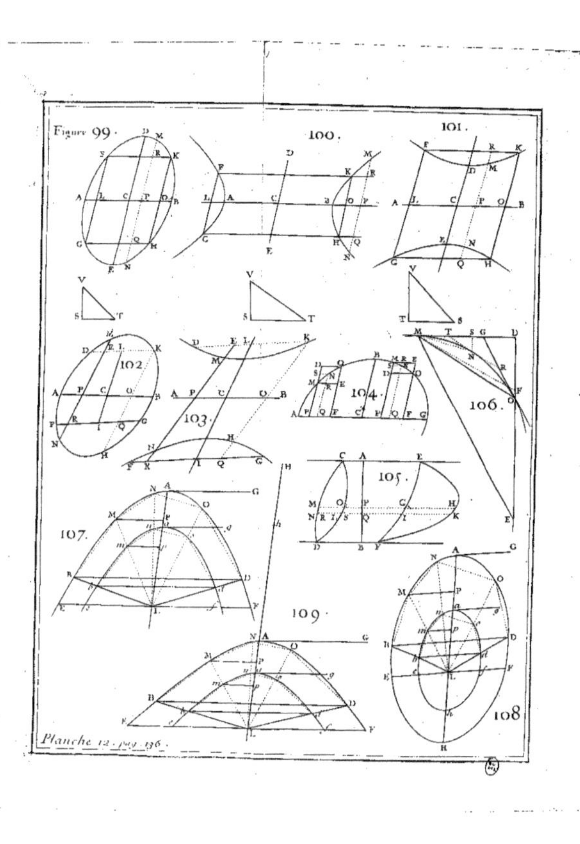
Figure 99.
100.
101.
102
103.
104.
105.
106.
107.
108
109.
Planche 12. pag. 136.

semblables *BMNOD*, *bmnod*, & de telle grandeur qu'ils puissent être ; il s'ensuit que l'Ellipse ou l'Hyperbole *am* passe par tous les mêmes points par lesquels passe le segment *bd*, & qu'ainsi ce segment en est une portion. *Ce qu'il falloit démontrer.*

COROLLAIRE V.

203. IL est donc évident que si deux Ellipses ou deux Hyperboles *AM*, *am*, sont semblables, & qu'on prenne dans la Section *AM* un de ses diametres quelconques *AH* ; il y aura toujours dans l'autre Section *am* un diametre *ah* semblable à *AH*, qui aura avec son parametre *ag* la même raison que *AH* avec le sien *AG* : & qu'ainsi les diametres semblables *AH*, *ah*, seront en même raison avec leurs diametres conjugués. Or comme dans une Ellipse ou Hyperbole il ne peut y avoir * que deux différens diametres conjugués qui fassent entr'eux les mêmes angles, & que ces diametres ne different que par leur position, leur grandeur demeurant la même ; il s'ensuit que dans les Ellipses ou les Hyperboles semblables tous les diametres conjugués qui feront les mêmes angles, seront entr'eux en même raison ; en observant de prendre pour les antécédens de ces deux raisons les plus grands de ces deux diametres conjugués, & pour conséquens les moindres.

* *Art.* 66 & 128.

PROPOSITION III.

Théorême.

204. SI *l'on mene dans une Section Conique deux parallèles quelconques* BD, EF, *terminées par la Section ; & qu'on joigne leurs extrêmités par deux droites* BE, DF : *je dis que les segmens* BMEB, DMFD, *compris par des portions de la Section, & par les droites qui joignent les extrêmités des parallèles, seront égaux entr'eux.*

FIG. 110, 111.

Car ayant prolongé les foutendantes *BE*, *DF*, jufqu'à ce qu'elles fe rencontrent en un point *G*, & ayant mené par ce point & par le point de milieu *H* de la ligne *BD*, la droite *GH*; il eft clair qu'elle divifera par le milieu en *K* la parallèle *EF* à *BD*, comme auffi par le milieu en *P* un autre parallèle quelconque *OO* à la
* *Art.* 146. même ligne *BD*. Donc la ligne *HK* fera un diametre * qui aura pour ordonnées de part & d'autres les parallèles *BD*, *EF*; & partant fi l'on mene par un de fes points quelconques *P* une parallèle à ces lignes, elle
* *Art.* 144. rencontrera * la Section en deux points *M*, *M*, également éloignés du point *P*; d'où l'on voit que les parties *MO*, *OM*, de la même parallèle *MM* à *BD*, comprifes dans les fegmens *BMEB*, *DMFD*, font toujours égales entr'elles, en quelque endroit que puiffe tomber cette parallèle entre les lignes *BD*, *EF*. Il eft donc
* *Art.* 186. évident * que ces deux fegmens feront égaux entr'eux.

Si les foutendantes *BE*, *DF*, étoient parallèles entr'elles, il faudroit mener par le point de mileu *H* de la ligne *BD* une droite *HK* parallèle à ces foutendantes, & la démonftration demeureroit toujours la même.

COROLLAIRE I.

FIG. 110. 205. PUISQUE *PM* eft toujours égale à *PM*; il s'enfuit 1°. Que les Trapéfes Coniques *KHBE*, *KHDF*, font égaux entr'eux. 2°. (Lorfque la ligne *BD* au lieu de rencontrer la Section en deux points, la touche en un point *A*) que les Trilignes Coniques *AKE*, *AKF*, font égaux; & qu'ainfi les fegmens *AEMA*, *AFMA*, le font auffi; puifque le triangle *AEF* eft divifé en deux parties égales par le diametre *AK* qui paffe par le milieu de *EF*.

COROLLAIRE II.

FIG. 110. 206. SI la Section étant une Parabole, une Ellipfe, ou une Hyperbole, l'on mene par les extrêmités des parallèles

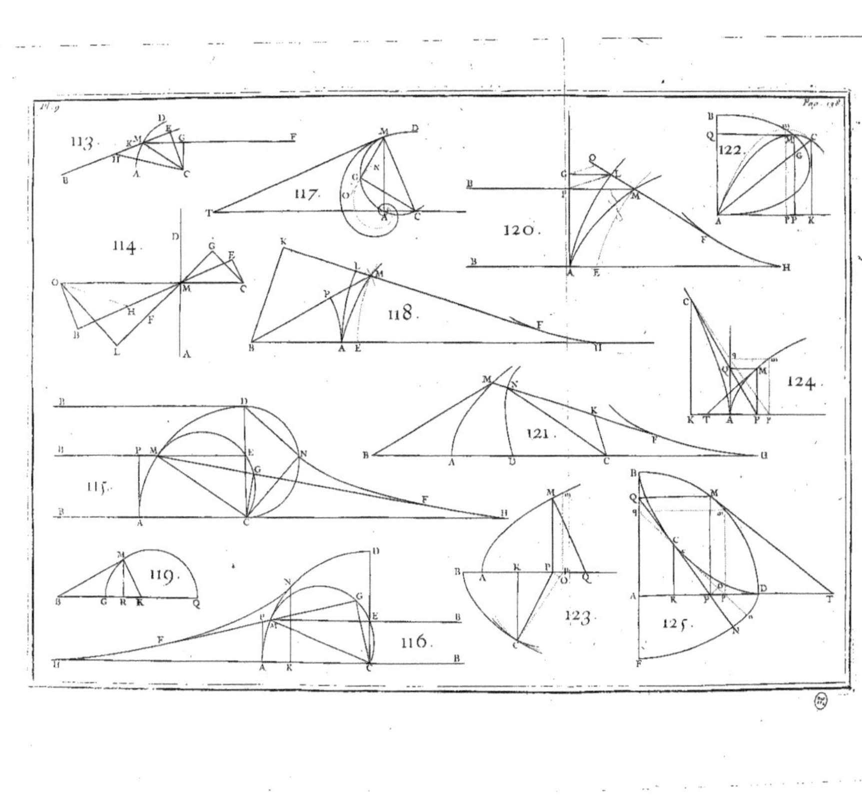

BD, *EF*, les droites *BF*, *DE*, qui s'entrecoupent entre ces parallèles ; les ſegmens *BFDAB*, *DEBAD*, ſeront égaux entr'eux. Car les triangles *BFD*, *BED*, qui ſont entre les mêmes parallèles *BD*, *EF*, & qui ont la même baſe *BD*, ſont égaux entr'eux ; & partant ſi l'on ajoute d'une part le ſegment *DMFD* plus le ſegment *BADB*, & de l'autre *BMEB* égal au ſegment *DMFD*, plus auſſi le même ſegment *BADB* ; les touts *BFDAB*, *DEBAD*, ſeront égaux entr'eux.

COROLLAIRE III.

207. DE-LA on voit comment on peut couper par un point donné *D* ſur une Section Conique, deux ſegmens *DGED*, *DFBD*, égaux chacun à un ſegment donné *BEDB*. Car ayant tiré les droites *BD*, *DE*, & mené *BG* parallèle à *DE*, & *EF* parallèle à *BD*, leſquelles rencontrent la Section aux points *G*, *F* ; il eſt clair * en joignant la droite *DF*, que le ſegment *DFBD* eſt égal au ſegment *BEDB*, à cauſe des parallèles *DB*, *EF* ; & de même en joignant *DG*, que le ſegment *DGED* eſt égal au ſegment *BEDB*, à cauſe des parallèles *BG*, *DE*. FIG. 112.

* Art. 206.

Si le point donné tomboit ſur l'une des extrêmités du ſegment donné que je ſuppoſe être à préſent *DGED*, il faudroit mener par l'autre extrêmité *G*, une parallèle *GF* à la tangente qui paſſe par le point *D* ; & tirant par le point *F* où cette parallèle rencontre la Section, & par le point donné *D*, la ſoutendante *DF*, il eſt clair que le ſegment *DFBD* ſera égal au ſegment donné *DGED*.

Il eſt viſible qu'il ne peut y avoir dans ce dernier cas que le ſeul ſegment *DFBD* qui ſoit égal au ſegment donné *DGED* ; puiſque tout autre ſegment qui aura pour l'une de ſes extrêmités le point donné *D*, ſera plus grand ou moindre que le ſegment *DFBD*, ſelon que ſon autre extrêmité ſera plus proche ou plus éloignée du point *D* que n'eſt le point *F*. D'où il ſuit que ſi deux ſegmens *DGED*, *DFBD*, qui ont une extrêmité commune *D*, ſont égaux entr'eux ; & que si l'on mene par le point *D* une parallèle à la droite *GF* qui joint leurs autres extrêmités, elle sera tangente en *D*.

COROLLAIRE IV.

208. On tire du Corollaire précédent une maniere toute nouvelle & fort aisée de mener une Tangente par un point donné *D* sur une Section Conique donnée.

Car ayant tiré par ce point deux droites quelconques *DB*, *BE*, qui rencontrent la Section aux points *B*, *E*, on menera par le point *B* une parallèle *BG* à *DE*, & par le point *E* une parallèle *EF* à *BD*, lesquelles rencontrent la Section aux points *G*, *F*, que l'on joindra par une ligne droite *GF*, à laquelle on tirera par le point *D* une parallèle qui sera la tangente cherchée ; puisque les segmens *DGED*, *DFBD*, étant égaux chacun au même segment *BEDB*, le seront entr'eux.

PROPOSITION IV.

Théorême.

Fig. 113, 114, 115. 209. *S'il y a dans une Ellipse, dans une Hyperbole, ou dans les Hyperboles opposées deux lignes droites* BD, EF, *parallèles entr'elles & terminées par la Section ; & qu'on tire du centre* C *les demi-diametres* CB, CE, CD, CF ; *les Secteurs Elliptiques ou Hyperboliques* CBE, CDF, *seront égaux entr'eux.*

Car menant par les points de milieu *H*, *K*, des droites *BD*, *EF*, le diametre *CK*, les triangles *CHB*, *CHD*, & *CKE*, *CKF*, seront égaux entr'eux ; puisqu'ils ont le même sommet *C*, & que leurs bases *HB*, *HD*, & *KE*, *KF*, sont égales. Par conséquent (*fig.* 114.) $KHBE + CBE = CKE - CHB = CKF - CHD = KHDF + CDF$; & (*fig.* 113, 115.) $KHBE - CBE = \pm CHB \mp CKE = \pm CHD \mp CKF = KHDF - CDF$. Donc puisque les Trapeses Coniques *KHBE*,

KHDF, sont * égaux, il s'ensuit que les Secteurs Elliptiques ou Hyperboliques *CBE*, *CDF*, le seront aussi. * *Art.* 205.

COROLLAIRE I.

210. Si la Section est une Ellipse ou une Hyperbole; & que la ligne *BD* parallèle à *EF*, devienne tangente en *A*; il est clair que les Secteurs *CAE*, *CAF*, seront égaux entr'eux. Car prolongeant le demi-diametre *CA* jusqu'à ce qu'il rencontre la ligne *EF* au point *K*, cette ligne sera coupée en deux également en ce point; & par conséquent les triangles *CKE*, *CKF*, seront égaux. Or les trilignes Coniques *AKE*, *AKF*, le sont * aussi. Donc, &c. FIG. 113, 114. * *Art.* 205.

COROLLAIRE II.

211. De-là on voit que pour diviser en deux parties égales un Secteur Elliptique ou Hyperbolique quelconque *CEF*; il n'y a qu'à mener le demi-diametre *CA* qui divise par le milieu en *K* la soutendante *EF* de ce Secteur. Ce qui donne encore les Secteurs *CBE*, *CDF*, égaux entr'eux, en supposant *BD* parallèle à *EF*. Car ayant de cette maniere les Secteurs *CAE*, *CAF*, & *CAB*, *CAD*, égaux entr'eux, les Secteurs *CBE*, *CDF*, qui en sont les différences, doivent aussi être égaux entr'eux.

PROPOSITION V.

Théorême.

212. Soit *un demi-cercle* ADH, *qui ait pour diametre le premier ou grand axe* AH *d'une demie-Ellipse* ABH; *soit menée par un point quelconque* P *de l'axe* AH, *une perpendiculaire à cet axe, qui rencontre l'Ellipse au point* M, *& le cercle au point* N; *par où & par le centre* C *soient tirées les droites* CM, CN. *Je dis que* FIG. 116.

le Secteur Elliptique CAM *est au Secteur circulaire* CAN, *comme la moitié* CB *du petit axe de l'Ellipse, est à la moitié* CA *ou* CD *du grand.*

* Art. 42 & 55. Car par la propriété * de l'Ellipse $\overline{PM}^2 . \overline{CB}^2 :: AP \times PH . AC \times CH$ ou $\overline{CA}^2$, & par la propriété du cercle $\overline{PN}^2 . \overline{CD}^2 :: AP \times PH . AC \times CH$ ou $\overline{CA}^2$. Donc $\overline{PM}^2 . \overline{CB}^2 :: \overline{PN}^2 . \overline{CD}^2$. ou $\overline{PM}^2 . \overline{PN}^2 :: \overline{CB}^2 . \overline{CD}^2$. Et en tirant les racines quarrées, $PM. PN :: CB. CD$ ou CA. Or comme cela arrive toujours en quelque endroit que tombe la perpendiculaire PMN, il s'ensuit * que l'espace Elliptique entier $ABHA$ est au demi-cercle $ADHA$, & la portion APM de cet espace à la portion APN du demi-cercle, comme CB est à CD ou à CA. Mais le triangle rectangle CPM est au triangle rectangle CPN qui a la même hauteur, comme la base PM est à la base PN, c'est-à-dire, comme CB est à CD ou à CA; & par conséquent l'espace Elliptique APM plus ou moins le triangle CPM (plus lorsque AP est moindre que AC, & moins lorsqu'elle est plus grande) c'est-à-dire, le Secteur Elliptique CAM sera à l'espace circulaire APN plus ou moins le triangle CPN, c'est-à-dire, au Secteur circulaire CAN, comme CB est à CD ou à CA. *Ce qu'il falloit démontrer.*

* Art. 186.

COROLLAIRE I.

213. COMME le Secteur de cercle CAN est égal au rectangle de l'arc AN par la moitié du rayon CA ou CD; il s'ensuit que le Secteur Elliptique CAM est aussi égal au rectangle de ce même arc AN par la moitié de CB.

COROLLAIRE II.

214. SI l'on mene par un point quelconque G du grand axe AH autre que le point P, une perpendiculaire à cet axe, qui rencontre l'Ellipse au point E, & le

cercle au point F ; je dis que les Secteurs Elliptiques ACE, ACM, sont entr'eux comme les Secteurs circulaires ACF, ACN. Car $ACM . ACN :: CB . CD$. Et de même $ACE . ACF :: CB . CD$. Et partant $ACM . ACN :: ACE . ACF$. Et $ACM . ACE :: ACN . ACF$. D'où l'on voit que pour trouver un Secteur Elliptique ACM, qui soit au Secteur Elliptique ACE en raison donnée ; il n'est question que de trouver un Secteur circulaire ACN qui soit en raison donnée au Secteur ACF, ou ce qui est la même chose, de diviser en raison donnée l'arc ANF ou l'angle ACF.

PROPOSITION VI.

Théorême.

215. S'IL *y a deux demi-Hyperboles* AM, AN, *ou* BM, DN, *qui ayent pour centres le même point* C, *pour un de leurs demi-diametres la même droite* CA, *& pour les deux demi-diametres conjugués au demi-diametre* CA, *deux droites quelconques* CB, CD, *situées sur la même ligne ; & qu'on mene par un point quelconque* P *du demi-diametre* CA *(prolongé s'il est nécessaire) une droite parallèle à* CD, *laquelle rencontre les Hyperboles aux points* M, N ; *par lesquels & par le centre* C, *soient tirées les droites* CM, CN : *je dis que les Secteurs Hyperboliques* CAM, CAN, *ou* CBM, CDN, *seront entr'eux, comme les demi-diametres conjugués* CB. CD. FIG. 117, 118.

On aura par la propriété * des deux Hyperboles AM, AN, ou BM, DN, ces deux proportions $\overline{PM}^2 . \overline{CB}^2 :: \overline{CP}^2 \mp \overline{CA}^2 . \overline{CA}^2 :: \overline{PN}^2 . \overline{CD}^2$. Et par conséquent $\overline{PM}^2 . \overline{PN}^2 :: \overline{CB}^2 . \overline{CD}^2$. Et en prenant les racines quarrées, $PM . PN :: CB . CD$. Or comme cela arrive toujours en quelque endroit que tombe la parallèle PMN, il s'ensuit * que les espaces Hyperboliques APM, APN, ou $CPMB$, $CPND$, sont entr'eux comme CB est à CD. Mais les triangles CPM, CPN, sont en-

* Art. 81 & 118.

* Art. 186.

tr'eux, comme leurs bases *P M*, *P N*, (puisqu'ils sont situés entre les mêmes parallèles *CD*, *P N*), ou comme les demi-diametres conjugués *C B*, *C D*. Et par conséquent (*fig.* 117.) *CB*. *CD* :: *CPM* — *APM*. *CPN* — *APN* :: *CAM*. *CAN*. Ou bien (*fig.* 118.) *CB*. *CD* :: *CPMB* — *CPM*. *CPND* — *CPN* :: *CBM*. *CDN*. *Ce qu'il falloit démontrer.*

COROLLAIRE.

216. Si les deux demi-diametres conjugués *CA*, *CD*, sont égaux entr'eux, l'Hyperbole *A N* ou *D N* sera équilatere. Et si l'on avoit trouvé le moyen de quarrer les Secteurs Hyperboliques *C A N*, ou *C D N*, on auroit aussi la quadrature des Secteurs *CAM*, ou *CBM*, qui ont pour bases des portions *AM*, ou *B M* d'une autre Hyperbole, dont le demi-diametre conjugué *CB* peut être pris de telle grandeur qu'on veut; puisque le rapport des Secteurs Hyperboliques *CAM* *CAN*, ou *CDN*, *CBM*, étant exprimé par les droites *CD*, *CB*, est donné. D'où l'on voit que si l'on avoit la quadrature de l'Hyperbole équilatere, on auroit aussi celle de toutes les autres Hyperboles : de même qu'ayant * la quadrature du Cercle, on auroit celle de toutes les Ellipses.

* *Art.* 212.

PROPOSITION VII.

Théorême.

Fig. 119. 217. Si *l'on prend sur une asymptote* CN *d'une Hyperbole* EBDF, *deux parties* CK, CL, *qui soient entr'elles en même raison que deux autres parties quelconques* CG, CH, *de la même asymptote ; & qu'ayant mené les parallèles* GF, HD, KB, LE, *à l'autre asymptote* CP, *lesquelles rencontrent l'Hyperbole aux points* F, D, B, E, *on tire les demi-diametres* CF, CD, CB, CE : *je dis que les deux Secteurs*

Secteurs Hyperboliques CBE, CDF, *seront égaux entr'eux.*

Ayant mené les deux droites BD, EF, qui rencontrent les asymptotes aux points M, O, N, P; les parallèles KB, HD, donneront cette proportion, MB. MK :: DO. CH. Les parallèles LE, GF, donneront aussi cette autre proportion, NE. NL :: FP. CG. Et partant puisque * $MB = DO$, & $NE = FP$, il s'ensuit que $MK = CH$, & $NL = CG$. Or par la supposition CG ou LN. CH ou KM :: CK. CL :: * LE. KB. Et partant LN. LE :: KM. KB. Donc les lignes NE, MB, c'est-à-dire, les deux droites EF, BD, dont elles sont parties, seront parallèles entr'elles. Donc * les Secteurs Hyperboliques CBE, CDF, sont égaux entr'eux. *Ce qu'il falloit, &c.*

* *Art.* 95.

* *Art.* 100.

* *Art.* 209.

COROLLAIRE I.

218. Si les parties CK, CL, de l'asymptote CN, sont en même raison que deux parties quelconques CS, CT de l'autre asymptote CP; & qu'on mene les parallèles KB, LE, à l'asymptote CP, & les parallèles SD, TF, à l'autre asymptote CN; il est clair que les Secteurs Hyperboliques CDF, CBE, seront aussi égaux entr'eux. Car ayant mené les parallèles FG, DH, à l'asymptote CP, on aura * CG. CH :: HD ou CS. GF ou CT * :: CK. CL. Donc, &c.

* *Art.* 100.

* *Hyp.*

COROLLAIRE II.

219. Si l'on prend sur la même asymptote la partie CK troisieme proportionnelle à deux parties quelconques CG, CH; on prouvera par un raisonnement semblable à celui du Théorême que la ligne BF est parallèle à la tangente qui passe par le point D; & qu'ainsi * les Secteurs Hyperboliques CFD, CDB, sont égaux entr'eux. D'où il suit que si l'on prend sur une asymptote autant de parties qu'on voudra CG, CH, CK, CL, &c. en progression géométrique continue, d'où

* *Art.* 210.

partent les parallèles GF, HD, KB, LE, &c. à l'autre asymptote, les Secteurs Hyperboliques CFD, CDB, CBE, &c. seront tous égaux entr'eux.

COROLLAIRE III.

220. De-là on voit que si CH est la premiere de deux moyennes géométriquement proportionnelles entre les extrêmes CG, CL; & qu'on tire les droites GF, HD, LE, parallèles à l'autre asymptote; le Secteur CDF, sera au Secteur CFE, comme 1 est à 3. De même, si CH est la premiere de trois moyennes proportionnelles entre CG, CL; le Secteur CDF sera au Secteur CFE, comme 1 est à 4. Et en général, si la lettre m marque un nombre entier quelconque, & que CH soit la premiere d'autant de moyennes proportionnelles entre les extrêmes CG, CL, que le nombre $m-1$ contient d'unités; le Secteur CDF, sera au Secteur CFE, comme 1 est au nombre m.

REMARQUE.

221. On peut ici donner une idée fort exacte de ce qu'on appelle *Logarithmes* dans l'Arithmétique, & de l'extrême facilité qu'ils apportent au calcul, lorsqu'il s'agit d'opérer sur de forts grands nombres. Voici comment :

Si l'on suppose que CG, exprime l'unité, & que CL étant decuple de CG, c'est-à-dire, 10, le Secteur Hyperbolique CFE, soit divisé en 10000000000 parties égales. Et si l'on compose une table divisée en deux colonnes, dont la premiere renferme de suite tous les nombres naturels 1, 2, 3, 4, 5, 6, &c. & l'autre des nombres artificiels, placés vis-à-vis, & qui soient tels que CH, exprimant un nombre quelconque naturel, le nombre artificiel placé vis-à-vis, exprime le nombre des parties que le Secteur Hyperbolique CDF contient par rapport au nombre des parties que contient le Secteur

CFE ; les nombres artificiels feront appellés les *Logarithmes* des nombres naturels auxquels ils répondent. Cela pofé,

1°. Si l'on propofe de multiplier deux nombres naturels quelconques *CH*, *CK*, l'un par l'autre, il n'y aura qu'à prendre dans la table leurs Logarithmes qui expriment les Secteurs *CFD*, *CFB*, & ajoutant enfemble ces deux Logarithmes, on aura le Logarithme qui exprime le Secteur *CFE*, vis-à-vis duquel fera placé le nombre naturel *CL* produit de la multiplication des deux nombres *CH*, *CK*.

2°. Si l'on propofe de divifer le nombre *CL* par le nombre *CK*, il n'y aura qu'à retrancher le Logarithme *CFB* du Divifeur *CK*, du Logarithme *CFE* du nombre à divifer *CL*, pour avoir le Logarithme *CBE* ou *CFD* du quotient *CH*.

3°. Si l'on propofe d'extraire une racine quelconque du nombre *CL*, par exemple la cubique, il n'y aura qu'à divifer fon Logarithme *CFE* en trois parties égales, pour avoir le Logarithme *CFD*, vis-à-vis duquel eft placé le nombre *CH*, qui eft la racine cubique cherchée.

Tout cela eft une fuite de ce que les Secteurs Hyperboliques *CFD*, *CBE*, font égaux entr'eux, lorfque *CG*. *CH* :: *CK*. *CL*. Et que les Secteurs *CFD*, *CDB*, *CBE*, &c. font auffi égaux entr'eux, lorfque *CG*. *CH* :: *CH*. *CK* :: *CK*. *CL* :: &c. Il eft donc évident que par le moyen de cette table on pourra abréger extrêmement les opérations de l'Arithmétique, lorfqu'il s'agit d'opérer fur de grands nombres, comme dans les calculs Aftronomiques.

Comme l'on n'a pu jufqu'à préfent trouver en nombres exacts, le rapport des Secteurs Hyperboliques *CFD*, *CFB*, &c. au Secteur *CFE*, on s'eft contenté d'exprimer ce rapport en nombres fort approchans ; & par le moyen de ces nombres qu'on appelle *Artificiels*, & des nombres naturels qu'on a placés vis-à-vis, on a composé la Table des Logarithmes qui a les propriétés qu'on vient d'expliquer. Or dans la supposition que le Secteur *CFE* Logarithme de *CL* (10) contient 10000000000 parties égales, on trouvera que le parallélogramme *CGFT* contient plus de 4342944818 de ces parties, & moins de 4342944819. D'où l'on voit qu'un Secteur Hyperbolique quelconque *CBF*, est au parallélogramme *CGFT* à-peu-près comme le Logarithme du nombre *CK* trouvé dans la Table, est au nombre 4342944819, & cela en prenant les Logarithmes de dix caracteres outre la caractéristique.

PROPOSITION VIII.

Théorême.

FIG. 120. 222. S'IL *y a sur chaque asymptote deux parties* CG, CL, & CR, CS, *qui soient telles que* $\sqrt[m]{CG}.\sqrt[m]{CL} :: \sqrt[n]{CR}.\sqrt[n]{CS}$; *& qu'on tire les droites* GF, LE, RT, SV, *paralleles aux asymptotes : je dis que le Secteur* CFE, *sera au Secteur* CTV, *comme* m *est à* n. *Les lettres* m *&* n *marquent des nombres entiers quelconques.*

Car si l'on fait $\sqrt[m]{CG}.\sqrt[m]{CL} :: CG.CH$. Et $\sqrt[n]{CR}.\sqrt[n]{CS} :: CR.CQ$. Et qu'on tire les droites *HD*, *QN*, paralleles aux asymptotes; il est clair que les Secteurs Hyperboliques *CFD*, *CTN*, seront égaux * entr'eux, puisque * *CG*. *CH* :: *CR*. *CQ*. Or selon la nature des Progressions géométriques, la ligne *CH* sera la premiere d'autant de moyennes proportionnelles entre *CG* & *CL* que le nombre $m - 1$ contient d'unités, & de même la ligne *CQ* sera la premiere d'autant de moyennes proportionnelles entre *CR* & *CS* que le nombre $n - 1$ contient d'unités. Donc * *CFE*. *CFD* :: $m.1$. Et *CTN* ou *CFD*. *CTV* :: $1.n$. Et par conséquent le Secteur *CFE* est au Secteur *CTV* en raison composée de m à 1, & de 1 à n, c'est-à-dire, comme le nombre m est au nombre n. *Ce qu'il falloit démontrer.*

* *Art.* 218.
* *Hyp.*
* *Art.* 220.

COROLLAIRE.

223. De-là on voit qu'un Secteur Hyperbolique CFE étant donné avec un point quelconque T de l'Hyperbole, il ne faut pour trouver un autre point V de la même Hyperbole, tel que le Secteur CFE soit au Secteur CTV, comme m est à n, que prendre CS en sorte que $\sqrt[m]{CG} . \sqrt[m]{CL} :: \sqrt[n]{CR} . \sqrt[n]{CS}$, ou (ce qui revient au même) $\sqrt[n]{CG^n} . \sqrt[m]{CL^n} :: CR . CS$. C'est-à-dire, qu'il faut prendre $CS = CR \times \sqrt[n]{\frac{CL^n}{CG^n}}$.

PROPOSITION IX.

Théorême.

224. *Si l'on mene par les extrémités* B, F, *d'un Secteur Hyperbolique quelconque* CBF, *les droites* BK, FG, *paralleles à une asymptote* CS, *& terminées par l'autre* CL; *je dis que le Secteur Hyperbolique* CBF *est égal à l'espace Hyperbolique* BKGF *compris entre les paralleles* BK, FG, *à une asymptote* CS, *la partie* GK *de l'autre asymptote* CL, *& la portion* BF *de l'Hyperbole.* Fig. 121.

Car si l'on retranche des triangles égaux * CKB, CGF, le même triangle CGA (le point A est le point d'intersection des deux droites FG, CB) & qu'on ajoute aux deux restes $BKGA$, CAF, le même espace hyperbolique BAF, on formera d'une part l'espace $BKGF$, & de l'autre le Secteur CBF qui seront égaux entr'eux. *Ce qu'il falloit démontrer.* * *Art.* 99.

COROLLAIRE I.

225. Si l'on eut mené les lignes BQ, FO, paralleles à l'asymptote CL, & terminées par l'asymptote CS, on auroit prouvé de même que le Secteur Hyperbolique

CBF est égal à l'espace hyperbolique *BQOF*; d'où l'on voit que les espaces ou Trapeses hyperboliques *BKGF*, *BQOF*, sont égaux entr'eux.

COROLLAIRE II.

226. DE-LA il est évident que tout ce qu'on vient de démontrer dans les articles 217, 218, 219, 220, 221, 222, & 223, des Secteurs Hyperboliques, se doit aussi entendre de ces sortes de Trapéses; puisqu'ils leur sont égaux.

PROPOSITION X.

Théorême.

Fig. 122. 227. SOIENT *deux différentes Hyperboles* BMF, HND, *qui ayent les mêmes asymptotes* CL, CS, & *soient menées par deux points quelconques* G, K, *d'une asymptote deux parallèles* GDF, KHB, *à l'autre. Je dis que l'espace hyperbolique* HKGD *est à l'espace hyperbolique* BKGF, *comme la puissance de l'Hyperbole* HND, *est à la puissance de l'Hyperbole* BMF.

Car ayant mené par un point quelconque *P* de la partie *GK*, une parallèle aux deux droites *GD*, *KH*, laquelle rencontre l'Hyperbole *BMF* au point *M*, & l'Hyperbole *HND* au point *N*; & nommé la puissance de l'Hyperbole *HND*, *aa*; celle de l'Hyperbole *BMF*, *bb*; & l'indéterminée *CP*, *x*; on aura * $PN = \frac{aa}{x}$, & $PM = \frac{bb}{x}$; & partant $PN . PM :: aa . bb$. (* Art. 101.) Or comme cela arrive toujours en quelque endroit de la partie *GK* que tombe le point *P*; il s'ensuit * que l'espace hyperbolique $HKGD . BKGF :: aa . bb$. *Ce qu'il falloit démontrer.* (* Art. 186.)

COROLLAIRE.

228. LORSQUE les puissances des Hyperboles *HND*, *BMF*, sont entr'elles, comme le nombre *m* est au nom-

bre n ; on pourra toujours trouver dans l'Hyperbole HND un Trapéſe hyperbolique $RSVT$ égal à un Trapéſe hyperbolique $GKBF$ de l'autre BMF, les droites CG, CK, CR, étant données. Car il eſt clair * que le Trapéſe $GKHD$ eſt au Trapéſe $GKBF$, comme m eſt à n ; & qu'ainſi toute la difficulté ſe réduit à trouver dans la même Hyperbole HND, le Trapéſe $RSVT$, qui ſoit au Trapéſe $GKHD$, comme le nombre n eſt au nombre m : & c'eſt ce qui ſe fera * en prenant CS, telle que $\sqrt[n]{\overline{CG}^{n}} . \sqrt[m]{\overline{CK}} :: CR . CS$.

* Art. 222 & 225.

* Art. 223 & 226.

Définitions.

4.

Soit une ligne droite indéfinie AC, qui ait pour origine le point fixe A ; & ſoit une ligne courbe AMB telle qu'ayant mené d'un de ſes points quelconques M une droite MP qui faſſe avec AC un angle donné APM & ayant nommé les indéterminées AP, x ; PM, y ; on ait toujours $ax = yy$ (la lettre a marque une ligne donnée) : il eſt clair * dans cette ſuppoſition que la ligne courbe AMB eſt une Parabole qui a pour diametre la ligne AC, pour une ordonnée à ce diametre la droite PM, & pour parametre de ce diametre la donnée a. Mais ſi l'on ſuppoſe à préſent que la nature de la courbe AMB ſoit exprimée par l'équation $y^3 = aax$, ou par cette autre $y^3 = axx$; cette ligne courbe ſera nommée *Parabole cubique* ou *du troiſieme degré* ; parce que celle des deux indéterminées x ou y, dont la puiſſance eſt la plus élevée, monte au troiſieme degré. De même ſi l'équation eſt $y^4 = a^3 x$, ou $y^4 = ax^3$; la ligne courbe AMB eſt appellée *Parabole du quatrieme degré* ; parce que l'indéterminée y dont la puiſſance eſt la plus haute, monte au quatrieme degré. Il en eſt ainſi de toutes les autres à l'infini.

Fig. 123.

* Art. 19[illegible].

5.

Soit comme dans la définition précédente une ligne droite AC qui ait pour origine le point fixe A ; & ſoit

Fig. 124.

une ligne courbe BM, telle qu'ayant mené d'un de ses points quelconques M la droite MP qui fasse avec AC un angle donné APM, & ayant nommé AP, x; PM, y; on ait toujours $xy = aa$ (la lettre a marque une ligne donnée) : il est clair * que cette ligne courbe sera une Hyperbole, qui aura pour l'une de ses asymptotes la ligne AC, & pour l'autre, la ligne AD parallèle à PM, & dont la puissance sera le quarré aa. Mais si l'équation qui exprime la nature de la courbe BM est $xxy = a^3$; cette ligne courbe sera nommée *Hyperbole cubique* ou *du troisieme degré*, parce que le produit xxy des deux indéterminées x & y, a trois dimensions. De même, si l'équation étoit $x^3y = a^4$; la ligne courbe BM seroit une *Hyperbole du quatrieme degré*; parce que le produit x^3y a quatre dimensions. Il en est ainsi de toutes les autres à l'infini.

* Art. 101.

COROLLAIRE.

FIG. 123, 124.

229. Si l'on suppose que la lettre m marque un nombre entier quelconque qui soit l'exposant de la puissance de l'indéterminée AP (x); & de même que la lettre n marque l'exposant de la puissance de l'autre indéterminée PM (y): il est clair que l'équation $y^n = x^m \times a^{n-m}$ (ou simplement $y^n = x^m$, en faisant pour abréger la donnée $a = 1$) exprimera la nature des Paraboles de tous les degrés à l'infini. On voit de même que l'équation $x^m y^n = a^{m+n}$ (ou simplement $x^m y^n = 1$, en faisant $a = 1$) exprime en général la nature des Hyperboles de tous les degrés à l'infini.

COROLLAIRE II.

230. Si l'on mene par l'origine fixe A de la ligne AC une ligne droite indéfinie AD parallèle à PM; & qu'ayant tiré MK parallèle à AC, qui rencontre AD au point K, on nomme les indéterminées AK, x; KM, y; il

il eſt clair que l'indéterminée x qui exprimoit auparavant la ligne AP ou MK, devient à préſent y; & qu'au contraire y qui exprimoit PM ou AK, devient à préſent x. D'où il ſuit:

1°. Que ſi la courbe AMB eſt une Parabole ordinaire, elle aura pour équation $yy=ax$ ou $xx=ay$, ſelon qu'on rapportera ſes points à ceux de la ligne AC ou AD; & de même que la Parabole cubique qui a pour équation $y^3=aax$ lorſqu'on rapporte ſes points à ceux de la ligne AC, aura pour équation $x^3=aay$ lorſqu'on les rapporte à ceux de la ligne AD; & en général que ſi la ligne courbe AMB a pour équation $y^n=x^m a^{n-m}$ étant rapportée à la ligne droite AC, cette même courbe aura pour équation $x^n=y^m a^{n-m}$ (l'on ſuppoſe que n ſurpaſſe m) étant rapportée à la ligne AD. FIG. 123.

2°. Que l'Hyperbole ordinaire a toujours la même équation $xy=aa$, ſoit qu'on la rapporte à la ligne AC ou à la ligne AD; que l'Hyperbole cubique qui a pour équation $xxy=a^3$ étant rapportée à AC, aura pour équation $xyy=a^3$ étant rapportée à l'autre ligne AD; & en général que l'Hyperbole qui a pour équation $x^m y^n=a^{m+n}$ lorſqu'on rapporte ſes points à ceux de la ligne AC, aura pour équation $x^n y^m=a^{m+n}$ lorſqu'on les rapporte à ceux de la ligne AD. FIG. 124.

COROLLAIRE III.

231. DE-LA il eſt évident qu'il y a deux Paraboles cubiques dont l'une a pour équation $y^3=aax$ ou $x^3=aay$, & l'autre $y^3=axx$ ou $x^3=ayy$; au lieu qu'il n'y a qu'une ſeule Hyperbole cubique $xxy=a^3$ ou $xyy=a^3$. Car les indéterminées x & y ne peuvent être combinées que des quatre premieres manieres pour exprimer les Paraboles cubiques ou du troiſieme degré; & des deux ſecondes pour exprimer les Hyperboles cubiques. Or comme les quatre premieres égalités appartiennent à deux différentes courbes, & les deux ſecondes à la même; il s'enſuit, &c. On peut trouver par la même

voie le nombre des Paraboles ou des Hyperboles du quatrieme, cinquieme degré, &c.

COROLLAIRE IV.

FIG. 124. 232. NON-SEULEMENT l'Hyperbole ordinaire a pour asymptotes les lignes droites indéfinies AC, AD; mais encore celle de tous les degrés à l'infini. Car soit l'équation générale $x^m y^n = a^{m+n}$ ou $y^n = \frac{a^{m+n}}{x^m}$ ($AP = x$, $PM = y$) qui exprime la nature de telle Hyperbole qu'on voudra, lorsqu'on rapporte ses points à ceux de la ligne AC; il est manifeste que plus AP (x) augmente, plus au contraire y^n, & par conséquent PM (y) diminue; de sorte que x étant infiniment grande, PM (y) devient nulle ou zéro: c'est-à-dire que l'Hyperbole BM & la ligne AC, étant prolongées l'une & l'autre à l'infini, s'approchent toujours de plus en plus jusqu'à ce qu'enfin elles se joignent dans l'infini même; ce qui constitue l'essence d'une asymptote. Maintenant si l'on rapporte les points de la même Hyperbole à ceux de la ligne AD, on aura $x^n y^m = a^{m+n}$ ou $y^m = \frac{a^{m+n}}{x^n}$ ($AK = x$, $KM = y$); d'où il suit que plus AK (x) devient grande, plus au contraire KM (y) devient petite, & cela à l'infini; & qu'ainsi la ligne AD est encore une asymptote de la même Hyperbole.

PROPOSITION XI.

Problême.

FIG. 123. 233. SOIT *proposé de mener d'un point donné* M *sur la seconde Parabole cubique* AMB, *dont la nature est exprimée par l'équation* $y^3 = axx$, *la tangente* MT.

Ayant supposé l'arc MN infiniment petit, & mené NQ parallèle à PM, & MR parallèle à AC: le petit triangle MRN sera semblable au grand TPM; puisque le petit arc MN peut être regardé * comme la prolongation de la tangente TM. Cela posé, on nommera la soutangente cherchée TP, s; & la petite droite PQ ou MR, e; ce qui donnera $RN = \frac{ey}{s}$, à cause des triangles semblables TPM, MRN. Or si l'on met le cube de QN $\left(y + \frac{ey}{s}\right)$ à la place de y^3 dans l'équation $y^3 = axx$ qui exprime la nature de la courbe AMB; & à la place de xx, le quarré de AQ $(x + e)$: il est évident qu'on formera une équation $y^3 + \frac{3ey^3}{s} + \frac{3eey^3}{ss} + \frac{e^3y^3}{s^3} = axx + 2eax + eea$ qui exprimera le rapport de AQ à QN. Et si l'on retranche par ordre des deux membres de cette dernière équation ceux de la premiere, & qu'on divise ensuite par e, on trouvera $\frac{3y^3}{s} + \frac{3ey^3}{ss} + \frac{eey^3}{s^3} = 2ax + ea$; dans laquelle effaçant tous les termes où e se rencontre, parce que PQ (e) étant infiniment petite ou nulle, ces termes sont nuls par rapport aux autres; il vient enfin $\frac{3y^3}{s} = 2ax$; & partant PT $(s) = \frac{3y^3}{2ax} = \frac{3}{2}x$ en mettant pour y^3 sa valeur axx. *Ce qu'il falloit trouver.*

* Art. 189.

REMARQUE.

234. Si l'on fait attention sur le calcul précédent, on verra avec évidence qu'en substituant à la place de la puissance de y, une pareille puissance de $y + \frac{ey}{s}$, on n'a besoin que des deux premiers termes de cette puissance. Car tous les autres étant multipliés par les puissances de e, ils renferment chacun e, ou des puissances de e, dans la derniere équation que l'on trouve à la fin de l'opération; & doivent par conséquent être effacés. Il en est de même lorsqu'on substitue à la place de la puissance de x, une pareille puissance de $x + e$. Mais si l'on forme de suite

toutes les puissances du binome $x+e$, on aura pour les deux premiers termes de la seconde puissance x^2+2ex; de la troisieme x^3+3exx; de la quatrieme x^4+4ex^3; de la cinquieme x^5+5ex^4; & ainsi de suite à l'infini. De sorte que les deux premiers termes d'une puissance quelconque m de $x+e$, seront x^m+mex^{m-1}. On trouvera de même que les deux premiers termes d'une puissance quelconque n du binome $y+\frac{ey}{s}$, seront $y^n+\frac{ney^n}{s}$.

COROLLAIRE.

235. DE-LA on voit que pour trouver une expression générale de la soutangente $PT(s)$ des Paraboles de tous les degrés à l'infini; il n'y aura qu'à se servir de l'équation générale $y^n=x^m a^{n-m}$, ou (prenant a pour l'unité) $y^n=x^m$ qui exprime la nature de toutes ces Paraboles. Voici comment.

On mettra dans l'équation générale $y^n=x^m$ à la place de y^n, les deux premiers termes de la puissance n de $y+\frac{ey}{s}$, c'est-à-dire, $y^n+\frac{ney^n}{s}$; & de même à la place de x^m, les deux premiers termes de la puissance m de $x+e$, c'est-à-dire, x^m+mex^{m-1}: ce qui donnera $y^n+\frac{ney^n}{s}=x^m+mex^{m-1}$. Et retranchant par ordre les membres de la premiere équation de ceux de celle-ci, & divisant ensuite par e, l'on aura $\frac{ny^n}{s}=mx^{m-1}$; & partant $s=\frac{ny^n}{mx^{m-1}}=\frac{n}{m}x$ en mettant pour y^n sa valeur x^m.

PROPOSITION XII.

Problême.

FIG. 124. 236. MENER *les tangentes des Hyperboles de tous les degrés à l'infini.*

La même préparation étant faite que dans la propoſition précédente, on mettra dans l'équation générale $x^m y^n = a^{m+n}$ qui exprime le rapport de $AP\ (x)$ à $PM\ (y)$, à la place de x^m les deux premiers termes de la puiſſance m de $AQ\ (x+e)$ c'eſt-à-dire, $x^m + mex^{m-1}$; & de même à la place de y^n les deux premiers termes de la puiſſance n de $QN\ \left(y - \frac{ey}{s}\right)$ c'eſt-à-dire $y^n - \frac{ney^n}{s}$: ce qui par la multiplication donne cette autre équation $x^m y^n + mey^n x^{m-1} - \frac{ney^n x^m}{s} - \frac{mneeey^n x^{m-1}}{s} = a^{m+n}$ qui exprimera le rapport de AQ à QN. Et retranchant par ordre des deux membres de cette derniere équation, ceux de la premiere; & diviſant enſuite par ey^n; il vient $mx^{m-1} - \frac{nx^m}{s} - \frac{mnex^{m-1}}{s} = o$; dans laquelle équation effaçant le terme $-\frac{mnex^{m-1}}{s}$ qui eſt nul par rapport aux deux autres, parce qu'il renferme dans ſon expreſſion la ligne infiniment petite ou nulle $PQ\ (e)$, on trouve en tranſpoſant à l'ordinaire $PT\ (s) = \frac{nx^m}{mx^{m-1}} = \frac{n}{m}x$.

COROLLAIRE.

237. IL eſt donc évident que pour mener la Tangente MT d'un point donné M ſur une Parabole ou une Hyperbole de tel degré qu'on voudra; dont l'équation eſt pour la Parabole $y^n = x^m a^{n-m}$, & pour l'Hyperbole $x^m y^n = a^{m+n}$: il ne faut que prendre la ſoutangente $PT = \frac{n}{m} AP$ du même côté du point A par rapport au point P, lorſque c'eſt une Parabole; & du côté oppoſé, lorſque c'eſt une Hyperbole. FIG. 123. 124.

PROPOSITION XIII.

Théorême.

FIG. 115. 238. SOIT *comme dans la définition quatrieme, une Parabole* AMB *de tel degré qu'on voudra, dont la nature est exprimée par l'équation* $y^n = x^m a^{n-m}$: *soit menée d'un de ses points quelconques* B *la droite* BC *qui fasse avec* AC *l'angle donné* ACB, *& soit achevé le parallélogramme* ACBD. *Je dis que le parallélogramme circonscrit* ACBD *est à l'espace Parabolique* ACBMA *compris par les droites* AC, CB, *& par la portion de Parabole* AMB; *comme* m + n *est à* n.

Il faut prouver que ACBD . ACBMA :: m + n . n.

Ayant supposé sur la portion de la Parabole *AMB* l'arc *MN* infiniment petit, ou si l'on aime mieux, indéfiniment petit, c'est-à-dire, moindre qu'aucune portion donnée de la Parabole, si petite qu'elle puisse être; & mené les droites *MP*, *NQ*, paralleles à *BC*; & *MK*, *NL*, paralleles à *AC*; lesquelles forment par leurs rencontres le petit parallélogramme *MRNS*: on tirera la tangente *MT* qui rencontre le diametre *AC* au point *T*, par où l'on menera une parallele à *CB*, qui rencontre les lignes *MK*, *NL*, aux points *F*, *G*. Cela fait,
* Art. 189. on regardera * le petit arc *MN* comme l'un des petits côtés du Polygone qui compose la portion de Parabole *AMB*, & la tangente *MT* comme le prolongement de ce petit côté; de sorte que l'on a deux triangles rectilignes *NRM*, *MPT*, qui sont semblables: c'est pourquoi *NR* ou *MS*. *RM* :: *MP*. *PT* ou *MF*. Et partant le parallélogramme *PMRQ* est égal au parallélogramme *FMSG*; puisque les angles *PMR*, *FMS*, sont égaux, & que les côtés autour de ces angles sont réciproquement proportionnels.
* Art. 137. Or * *MF* ou $PT = \frac{n}{m} AP$ ou $\frac{n}{m} MK$. Donc aussi le parallélogramme *FMSG* ou son égal $PMRQ = \frac{n}{m} KMSL$. Et comme cela arrive toujours en quel-

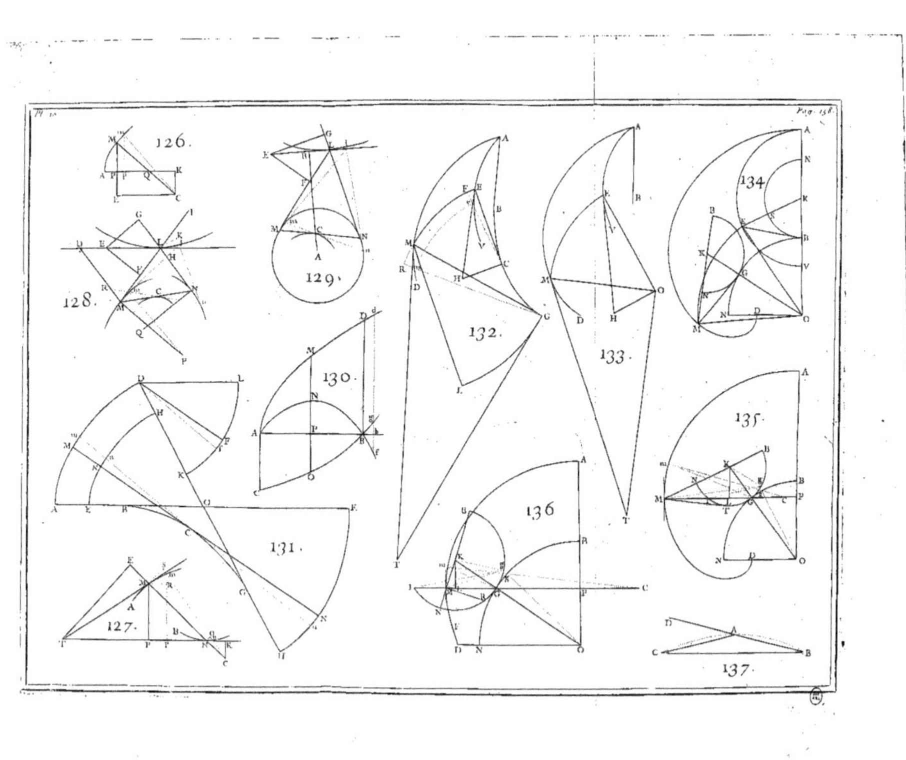
126.
127.
128.
129.
130.
131.
132.
133.
134.
135.
136.
137.

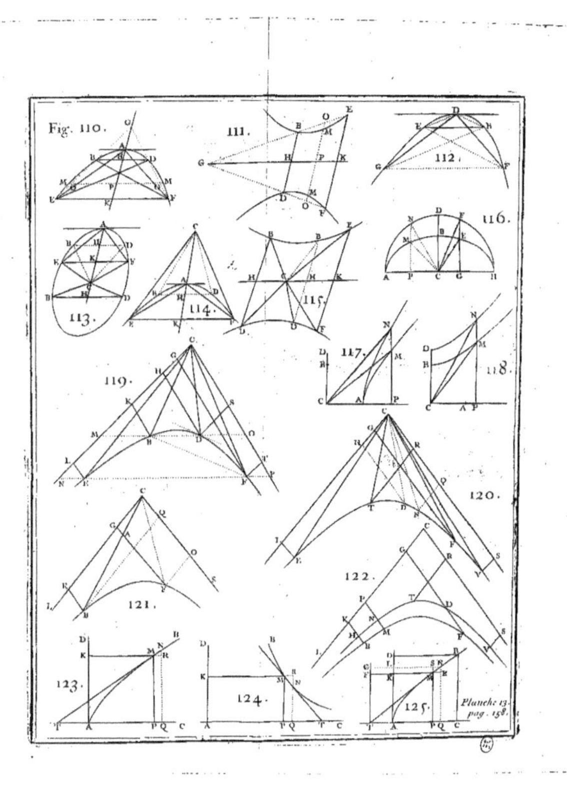
Fig. 110.
111.
112.
113.
114.
115.
116.
117.
118.
119.
120.
121.
122.
123.
124.
125.
Planche 13.
pag. 158.

que endroit de la portion de Parabole AMB que tombe le petit arc MN ; il s'enſuit que la ſomme de tous les petits parallélogrammes $PMRQ$, c'eſt-à-dire, * le Triligne parabolique $ACBMA = \frac{n}{m} ADBMA$ ſomme de tous les petits parallélogramme $\frac{n}{m} KMSL$. On aura donc $ADBMA . ACBMA :: m . n$. Et par conſéquent $ADBMA + ACBMA$ ou $ACBD . ACBMA :: m + n . n$. *Ce qu'il falloit démontrer.* * Art. 184.

COROLLAIRE.

239. DE-LA il eſt évident que le Triligne parabolique APM eſt au parallélogramme circonſcrit $APMK$, comme n eſt à $m + n$: & qu'ainſi le Trapeſe parabolique $MPCB = \frac{n}{m+n} ABCD - \frac{n}{m+n} APMK$; puiſque $ACBMA = \frac{n}{m+n} ACBD$, & $APM = \frac{n}{m+n} APMK$.

PROPOSITION XIV.

Théorême.

240. SOIT *comme l'on a expliqué dans la définition cinquieme, une Hyperbole* BMO *de tel degré qu'on voudra, dont la nature eſt exprimée par l'équation* $x^m y^n = a^{m+n}$: *ſoit menée d'un de ſes points quelconques* B *la ligne* BC *parallèle à l'une des aſymptotes* AD, *& terminée par l'autre en* C ; *& ſoit achevé le parallélogramme* ACBD. *Je dis que ce parallélogramme* ACBD *eſt à l'eſpace hyperbolique* ECBMO *renfermé par la droite déterminée* BC, *par la ligne* CE *prolongée à linfini du côté de* E, *& par la portion d'Hyperbole* BMO, *prolongée auſſi à l'infini du côté de* O ; *comme* m — n *eſt à* n. FIG. 116.

Il faut prouver que ACBD . ECBMO :: m — n . n.

La même préparation étant faite que dans la propoſition précédente, on prouvera de la même maniere que le petit parallélogramme $PMRQ = \frac{n}{m} KMSL$.

Or comme cela arrive toujours en quelque endroit de la portion d'Hyperbole BMO que tombe le petit arc MN; il s'ensuit que la somme de tous les petits parallélogrammes $PMRQ$, c'est-à-dire, * l'espace $ECBMO$ $= \frac{n}{m} EADBMO$ somme de tous les petits parallélogrammes $\frac{n}{m} KMSL$. On aura donc $EADBMO$. $ECBMO :: m. n$; & partant $EADBMO - ECBMO$, ou $ACBD . ECBMO :: m - n . n$. *Ce qu'il falloit démontrer.*

* Art. 184.

COROLLAIRE I.

241. DE-LA il est évident que le Trapése hyperbolique $CPMB = \frac{n}{m-n} ACBD - \frac{n}{m-n} APMK$; puisque $ECBMO = \frac{n}{m-n} ACBD$, & que par la même raison l'espace $EPMO = \frac{n}{m-n} APMK$.

COROLLAIRE II.

242. DE-LA il suit :

1°. Que lorsque m surpasse n; le rapport du parallélogramme inscrit $ACBD$ à l'espace $ECBMO$ indéfiniment étendu du côté de E, sera toujours exprimé par des nombres positifs; & qu'ainsi on aura toujours dans ce cas la quadrature absolue de cet espace.

2°. Que lorsque $m = n$, ce qui arrive dans l'Hyperbole ordinaire; on trouve que le parallélogramme $ACBD$ est à l'espace hyperbolique $ECBMO$, comme zéro est à l'unité : c'est-à-dire que cet espace est infini par rapport au parallélogramme inscrit $ACBD$.

3°. Que lorsque m est moindre que n; le parallélogramme inscrit $ACBD$ sera à l'espace hyperbolique $ECBMO$ comme un nombre négatif à un nombre positif : ce qui fait voir alors que la raison de cet espace au parallélogramme $ACBD$, est pour ainsi dire plus qu'infinie. Mais on doit remarquer dans ce dernier cas, que

que l'eſpace hyperbolique renfermé par la droite DB, par l'aſymptote AD prolongé à l'infini du côté de D, & par l'Hyperbole OMB auſſi prolongée à l'infini du côté de B, ſera au parallélogramme inſcrit $ACBD$, comme m eſt à $n-m$, c'eſt-à-dire, que cet eſpace ſera quarrable; car prenant les indéterminées (x) ſur l'aſymptote AD, au lieu qu'on les avoit priſes ſur l'aſymptote AC, l'équation à l'Hyperbole deviendra * $x^n y^m = a^{m+n}$. * *Art.* 230.

PROPOSITION XV.

Théorême.

243. SOIT *dans l'angle droit* CAD *une ligne courbe quelconque* AMB, *dont l'on ſçache mener les tangentes* MT; *& ſoit dans l'angle* DAH *qui eſt à côté de celui-ci, une autre ligne courbe* HFE, *telle qu'ayant mené d'un de ſes points quelconques* F *la ligne* FM *parallèle à* AC, *qui rencontre en* K *la ligne* AD, *& en* M *la premiere courbe* AMB, *& ayant tiré la tangente* MT *qui rencontre* AC *au point* T: *on ait toujours comme* AK *eſt à* MT, *ainſi une ligne conſtante* a *qui demeure toujours la même en quelque endroit que tombe le point* F, *eſt à* KF. *Je dis que ſi par un point quelconque* D *de la ligne* AD *l'on mene une ligne droite* EB *parallèle à* AC *& terminée par les deux courbes; l'eſpace* ADEFH *ſera égal au rectangle de la courbe* AMB *par la conſtante* a. FIG. 127.

Il faut prouver que ADEFH = AMB × a.

Ayant ſuppoſé par-tout où l'on voudra ſur la courbe AMB l'arc MN infiniment petit, & mené les droites MF, NG, parallèles à AC, & qui rencontrent la droite AD aux points K, L, & la courbe HFE aux points F, G, on tirera les droites FS, MR, parallèles à AD, & on prolongera RM juſqu'à ce qu'elle rencontre AC en P. Cela poſé, les deux triangles rectangles ſemblables MPT, MRN, donnent $MR.\ MN :: MP$ ou $AK.\ MT :: a.\ KF$. Et partant $KF \times MR$, c'eſt-à-dire, le petit rectangle $FKLS = MN \times a$. Or comme cela arrive toujours en quelqu'endroit de la Courbe AMB qu'on prenne le petit arc MN, il s'ensuit que la somme de tous les petits rectangles $KLSF$, c'est-à-dire, * l'espace $ADEFH$ sera égal à la somme de tous les petits rectangles $MN \times a$, c'est-à-dire, au rectangle de la courbe AMB par la constante a. *Ce qu'il falloit démontrer.*

* *Art.* 184.

COROLLAIRE I.

244. DE-LA il est évident que le rectangle de la portion AM par la constante a, est égal à l'espace $AKFH$; & de même que le rectangle de la portion MB par la même ligne a, est égal à l'espace $KDEF$.

COROLLAIRE II.

245. SI l'on suppose que la Courbe AMB soit la seconde Parabole cubique, qui ait pour équation $y^3 = axx$ ($AP = x$, $PM = y$); on aura * $PT = \frac{3}{2}x$; & à cause du triangle rectangle MPT, l'hypothénuse $MT = \sqrt{yy + \frac{9}{4}xx}$. Mais par la propriété de la Courbe HFE, il faut que MP (y). MT ($\sqrt{yy + \frac{9}{4}xx}$) :: a. KF. Ce qui donne $\overline{KF}^2 = aa + \frac{9aaxx}{4yy} = aa + \frac{9}{4}ay$, en mettant pour axx sa valeur y^3. D'où l'on voit que la Courbe HFE est dans ce cas une Parabole, qui a pour axe la ligne AD, dont l'origine est au point O, pris de l'autre côté du point D par rapport au point A, en sorte que $AO = \frac{4}{9}a$, & dont le parametre $= \frac{9}{4}a$: car par la propriété de cette Parabole * le quarré de l'ordonnée KF sera égal au rectangle de KO par le parametre $\frac{9}{4}a$, c'est-à-dire en termes analytiques, $\overline{KF}^2 = aa + \frac{9}{4}ay$. Or comme les Trapeses paraboliques $ADEH$, $AKFH$, sont * quarrables, il s'ensuit qu'on a la rectification tant de la Courbe AMB, que d'une de ses portions quelconques AM.

* *Art.* 233.
* *Art.* 19.
* *Art.* 239.

Si l'on veut exprimer au juſte la valeur de la portion AM, on remarquera que AH eſt $= a$; puiſque $\overline{AH}^2 = AO \times \frac{9}{4} a = aa$. Ainſi ayant nommé la tangente MT, t; la ligne AK ou MP, y; on aura $KF = \frac{at}{y}$, & le Trapeſe parabolique $FKAH$ ou * $\frac{2}{3} FK \times KO - \frac{2}{3} HA \times AO$ $= \frac{2}{3} at + \frac{8aat}{27y} - \frac{8}{27} aa = AM \times a$. C'eſt-à-dire en diviſant par a, que la portion cherchée $AM = \frac{2}{3} t + \frac{8at}{27y} - \frac{8}{27} a$. Ce qui donne cette conſtruction. * Art. 239.

Ayant mené du point donné M ſur la ſeconde Parabole cubique AMB, la tangente MT qui rencontre en Q la ligne AK menée par l'origine A de l'axe AC perpendiculairement à cet axe, on prendra ſur cette ligne la partie $AV = \frac{8}{27} a$; & ayant tiré VC parallèle à MT qui rencontre l'axe en C, on décrira du centre V & du rayon VA un arc de cercle qui coupe VC en X. Je dis que la portion AM de la ſeconde Parabole cubique AMB ſera égale à la ſomme des deux droites MQ, CX.

Car à cauſe des triangles ſemblables TPM, TAQ; il eſt clair que $MQ = \frac{2}{3} MT(t)$, puiſque $AP = \frac{2}{3} PT$; & à cauſe des triangles ſemblables MPT, VAC, il vient $MP(y). MT(t) :: AV\left(\frac{8}{27}a\right). VC = \frac{8at}{27y}$, & partant $CX = \frac{8at}{27y} - \frac{8}{27} a$. Donc, &c.

PROPOSITION XVI.

Théorême.

246. Soit *une Hyperbole équilatere* EAF, *qui ait pour centre le point* C, *& pour la moitié de ſon premier* FIG. 128.

axe la droite CA; *avec une Parabole* NCS *qui ait pour axe la ligne* AC *prolongée du côté de* C *qui en sera l'origine, & pour parametre de l'axe une ligne double de* CA. *Si l'on mene par un point quelconque* N *de la Parabole* NCS, *une parallèle* NE *à* CA, *qui rencontre l'Hyperbole* EAF *au point* E, *& son second axe* CL *au point* L; *je dis que l'espace hyperbolique* CLEA *renfermé entre les droites* AC, CL, LE, *& la portion* EA *de l'Hyperbole, est égal au rectangle de la portion* CN *de la Parabole par la droite* AC.

Ayant mené par un point quelconque M de la portion CN de la Parabole, une perpendiculaire MG à la tangente MT qui passe par ce point, terminées l'une & l'autre par l'axe aux points G, T; & une parallèle MB à CA, qui rencontre l'Hyperbole en B, & son second axe CL en H: les lignes MG, HB, seront égales entr'elles. Car menant l'ordonnée MP à l'axe on
* Art. 24. aura * $PG = CA$; & à cause du triangle rectangle MPG, le quarré $\overline{MG}^2 = \overline{PM}^2 + \overline{PG}^2 = \overline{CH}^2 + \overline{CA}^2$
* Art. 127. $=$ * $\overline{HB}^2$, à cause de l'Hyperbole équilatere EAF; & partant $MG = HB$. Or les triangles rectangles semblables TPM, MPG, donnent MP ou CH. MT ::
* Art. 143. PG ou CA. MG ou HB. Donc *, &c.

COROLLAIRE I.

247. DE-LA il est évident que le Trapese hyperbolique $HLEB$ est égal au rectangle de la portion de Parabole MN par la moitié CA du parametre de son axe.

COROLLAIRE II.

248. SI l'on mene dans l'Hyperbole équilatere EAF deux parallèles quelconques BD, EF; & qu'on tire par leurs extrêmités des lignes droites BM, EN, DR, FS, parallèles à AC, lesquelles rencontrent le second axe de l'Hyperbole aux points H, L, K, O;

la différence des rectangles $AC\times MN$, $AC\times RS$, sera égale (en tirant les droites BE, DF,) à la différence des Trapeses rectilignes $HLEB$, $KOFD$.

Car le rectangle $AC\times MN$ est égal * au Trapese hyperbolique $HLEB$; & par conséquent le rectangle $AC\times MN$ plus le segment hyperbolique BE sera égal au Trapese rectiligne $HLEB$: de même le rectangle $AC\times RS$ plus le segment hyperbolique DF sera égal au Trapese rectiligne $KOFD$. Donc puisque les deux segmens hyperboliques EB, DF, sont * égaux entr'eux, la différence des rectangles $AC\times MN$, $AC\times RS$, sera égale à la différence des Trapeses rectilignes $HLEB$, $KOFD$. *Ce qu'il falloit démontrer.*

* Art. 247.

* Art. 204.

COROLLAIRE III.

249. LES mêmes choses étant posées que dans le Corollaire précédent ; si l'on fait $2AC . LH :: BH+LE . m$. il est clair que le rectangle $AC\times m = \frac{1}{2}LH \times \overline{BH+LE}$, c'est-à-dire, égal au Trapese rectiligne $HLEB$. De même si l'on fait $2AC . KO :: KD+FO . n$. il est clair que $AC\times n$ est égal au Trapese rectiligne $KOFD$. Par conséquent * la différence des rectangles $AC\times MN$, $AC\times RS$, sera égale à la différence des rectangles $AC\times m$, $AC\times n$, c'est-à-dire, en divisant par AC, que la différence des arcs paraboliques MN, RS, sera égale à la différence des droites m, n. D'où l'on voit qu'on peut trouver des lignes droites égales à la différence d'une infinité d'arcs Paraboliques tels que MN, RS.

* Art. 248.

LIVRE SIXIEME.

Des Sections Coniques considérées dans le Solide.

CHAPITRE PREMIER.

Des trois Sections Coniques en général.

DÉFINITIONS.

1.

Fig. 119. SI par un point fixe S élevé au-dessus du plan d'un cercle VXY, on fait mouvoir une ligne droite SZ indéfiniment prolongée de part & d'autre du point S, autour de la circonférence du cercle, en sorte qu'elle fasse un tour entier; les deux surfaces convexes produites par la ligne droite indéfinie SZ dans ce mouvement, sont appellées chacune séparément *Surface Conique*, & toutes deux ensemble *Surfaces Coniques opposées.*

2.

Le point fixe S qui est commun à l'une & à l'autre Surface Conique, est nommé *Sommet.*

3.

Le Cercle VXY, *Base.*

4.

Le Solide compris par la base VXY, & par la portion de la Surface Conique que cette base coupe depuis le Sommet S, est appellé *Cone.*

5.

La ligne SX menée du Sommet S à un point quelconque X de sa base, en est un des *Côtés.*

6.

La ligne SO menée du Sommet S du Cone par le centre O de la base, en est *l'Axe.*

7.

On dit qu'un Cone est *droit*, lorsque son axe est perpendiculaire ſur le plan de ſa baſe ; & au contraire qu'il eſt *ſcalene*, lorſque ſon axe eſt oblique ſur ce plan.

8.

Si l'on coupe une Surface Conique par un plan *FAG* qui ne paſſe point par le Sommet *S*, & qui ne ſoit point parallèle au plan de la baſe *VXY*; la ligne courbe *FAG* formée par la rencontre de ce plan avec la Surface Conique, eſt appellée *Section Conique*. FIG. 130, 131, 132.

9.

Si l'on mene par le Sommet *S* d'un Cone, un plan *SDE* parallèle au plan d'une Section Conique ; la droite indéfinie *DE* formée par la rencontre de ce plan avec celui de la baſe du Cone, s'appellera *Directrice*.

10.

Une Section Conique *FAG* eſt appellée *Parabole*, lorſque la Directrice *DE* touche le cercle qui eſt la baſe du Cone : *Ellipſe*, lorſqu'elle tombe toute entiere au dehors : & *Hyperbole*, lorſqu'elle le traverſe.

Mais dans ce dernier cas, ſi l'on prolonge le plan de la Section, il eſt viſible qu'il rencontrera la Surface Conique oppoſée ; & la ligne courbe *KMH* formée par cette rencontre, ſera nommée *Hyperbole oppoſée* à la premiere *FAG*; & les deux enſemble, *Hyperboles ou Sections oppoſées*. FIG. 132.

11.

Si dans le plan d'une Section Conique il y a une ligne droite qui ne la rencontre qu'en un ſeul point, & qui étant prolongée indéfiniment de part & d'autre n'entre point dedans, mais tombe toute entiere au dehors ; cette ligne ſera nommée *Tangente*, & le point où elle rencontre la Section, point *d'Attouchement*. FIG. 130, 131, 132.

COROLLAIRE I.

250. DANS la Parabole tous les côtés du Cone étant prolongés indéfiniment, rencontreront néceſſairement ſon plan, excepté le ſeul côté *SD* tiré du Sommet *S* FIG. 130.

par le point D où la Directrice DE touche la base; puisqu'il n'y a que ce côté qui soit dans le plan SDE parallèle à celui de la Section, & que tous les autres le coupent dans le point S. D'où il est clair que la Parabole s'étend à l'infini, & ne rentre point en elle-même.

COROLLAIRE II.

FIG. 131. 251. DANS l'Ellipse tous les côtés du Cone étant prolongés, s'il est nécessaire, rencontrent son plan; puisque le plan SDE qui lui est parallèle, est rencontré par tous dans le point S. D'où l'on voit qu'elle renferme un espace en rentrant en elle-même.

COROLLAIRE III.

FIG. 132. 252. DANS les Hyperboles opposées tous les côtés du Cone excepté les deux SD, SE, tirés du Sommet S aux points D, E, où la Directrice coupe la base, étant prolongés indéfiniment de part & d'autre du Sommet S, rencontrent néceſſairement leur plan; puisqu'il n'y a que ces deux côtés qui tombent dans le plan SDE parallèle au plan de ces deux Hyperboles, & que tous les autres le coupent dans le point S. Les côtés de la portion $SDVE$ forment les points de l'Hyperbole FAG, & ceux de la portion $SDYE$ étant prolongés de l'autre côté du Sommet S, forment les points de son opposée KMH. D'où l'on voit que les Hyperboles opposées s'étendent chacun à l'infini, & ne rentrent point en elles-mêmes, non plus que la Parabole.

PROPOSITION I.

Théorême.

FIG. 132. 253. *SI l'on coupe deux surfaces Coniques opposées, par un plan* Sam *qui, passant par leur Sommet* S, *entre au dedans;*

dedans ; je dis qu'il formera par sa rencontre avec ces deux Surfaces, deux lignes droites Sa, Sm, *indéfiniment prolongées de part & d'autre du point* S.

Car soit *am* la commune Section du plan coupant, & du plan de la base: il est clair qu'elle rencontrera cette base en deux points *a*, *m* ; puisque par la supposition le plan *Sam* entre au dedans de la surface Conique. Or si l'on mene les côtés *Sa*, *Sm*, indéfiniment prolongés de part & d'autre du Sommet *S* ; il est évident par la génération des Surfaces Coniques opposées que ces côtés seront les deux communes Sections de ces deux Surfaces, avec le plan coupant *Sam*. *C'est ce qu'il falloit démontrer.*

COROLLAIRE I.

254. COMME la partie de la ligne *am* qui joint les deux points *a*, *m*, de la circonférence, tombe au dedans de la base, & que tout le reste de cette ligne tombe au dehors ; il s'ensuit que si l'on conçoit que le plan *Sam* soit indéfiniment étendu tout autour du Sommet *S*, la partie de ce plan qui sera renfermée dans l'angle *aSm*, & dans son opposé au Sommet, tombera au dedans des deux Surfaces Coniques opposées, & que tout le reste de ce plan tombera entre ou (ce qui est la même chose) au dehors de ces deux Surfaces.

COROLLAIRE II.

255. DE-LA il suit que si l'on joint deux points quelconques *A*, *M*, d'une Section Conique par une ligne droite, elle sera renfermée au dedans de la Section ; & qu'étant prolongée indéfiniment de part & d'autre, elle tombera toute entiere au dehors. Car menant du Sommet *S* par les points *A*, *M*, les côtés *Sa*, *Sm*, & faisant passer un plan par ces côtés ; il est clair que la ligne *AM* tombe dans la partie de ce plan qui est renfermée dans l'angle *aSm*, & que tout le reste FIG. 130.

de cette ligne se trouve dans la partie de ce plan qui tombe dans les angles à côté.

COROLLAIRE III.

256. Si l'on mene par le Sommet S du cone une ligne parallèle à une ligne AM terminée par une Section Conique ; il est clair par le Corollaire précédent que cette ligne SH, tombera dans l'un des angles à côté de l'angle aSm, c'est-à-dire au dehors de la Surface Conique ; & qu'ainsi elle ira rencontrer le plan de la base en quelque point hors la circonférence du cercle, ou bien qu'elle lui sera parallèle.

COROLLAIRE IV.

FIG. 132. 257. Il suit encore du Corollaire premier que si l'on joint deux points quelconques A, M, de deux Hyperboles opposées par une ligne droite, elle sera renfermée entre ces Hyperboles ; & qu'étant indéfiniment prolongée de part & d'autre, elle entrera au dedans. Car menant par le Sommet S les côtés Sa, Sm, qui passent par les points A, M, & faisant passer par ces côtés un plan indéfiniment étendu tout autour du point S ; il est clair que la partie de ce plan qui est renfermée dans l'angle ASM où tombe la ligne AM, est comprise entre ces deux Surfaces, & que la partie du même plan qui est renfermée entre les deux angles à côté où se trouvent les prolongemens de la ligne AM, tombent au dedans de ces deux Surfaces. Or comme la ligne AM est la commune Section du plan Sam avec celui des deux Hyperboles opposées, il s'ensuit, &c.

COROLLAIRE V.

258. Il suit aussi des Corollaires deuxieme & quatrieme, qu'une ligne droite ne peut rencontrer une

Section Conique, ou les deux Hyperboles opposées, au plus qu'en deux points.

PROPOSITION II.

Théorême.

259. Si *l'on coupe l'une ou l'autre des deux Surfaces Coniques opposées, par un plan* ovxy *parallèle à la base* OVXY : *je dis que la Section qu'il forme par sa rencontre avec la Surface Conique, est un cercle qui a pour centre le point* o, *où ce plan rencontre l'axe* SO, *prolongé de l'autre côté du Sommet* S, *lorsqu'il est nécessaire.* FIG. 129.

Car si l'on mene par un point quelconque X de la base au centre O le rayon XO, & au Sommet S le côté XS qui rencontre le plan $ovxy$ au point x : les lignes OX, ox, seront parallèles entr'elles ; puisqu'elles sont les communes Sections de deux plans parallèles $OVXY$, $ovxy$, par le même plan SOX prolongé, s'il est nécessaire de l'autre côté du Sommet S. Les triangles OSX, oSx, seront donc semblables ; & par conséquent on aura toujours $SO. OX :: So. ox$. Or les premiers termes de cette proportion étant par-tout les mêmes, le quatrieme ox ne changera point de grandeur en quelque endroit que tombe le point x. D'où l'on voit que la ligne courbe vxy est la circonférence d'un cercle qui a pour centre le point o.

COROLLAIRE.

260. Il suit de-là qu'on peut placer la base d'un cone en tel endroit qu'on veut, selon qu'il est plus commode. C'est pourquoi lorsque la Section est une Parabole ou une Hyperbole, on la place ordinairement en sorte qu'elle coupe la Section ; mais lorsque c'est une Ellipse, on la place tantôt de maniere qu'elle la coupe, & tantôt de maniere qu'elle tombe au-dessous.

PROPOSITION III.

Théorême.

Fig. 130. 261. Si *dans le plan d'une Parabole* FAG, *l'on tire par un de ses points quelconques* A *vers le dedans du cone, une ligne droite indéfinie* AB *parallèle au côté* SD *qui passe par le point* D *où la Directrice* DE *touche la base ; je dis que cette ligne* AB *tombe toute entiere au dedans de la Section ; & qu'elle ne le rencontrera jamais quoique prolongée à l'infini du côté de* B.

Car ayant mené par le Sommet *S* du cone, & par la ligne *AB* un plan *SAB*, il formera par sa rencontre avec la Surface Conique deux côtés, dont l'un sera toujours la ligne *SD*, puisque *AB* lui est parallèle ; & l'autre la ligne *Sa* qui passe par le point *A*. Or le plan *DSa* renfermé entre les côtés *SD*, *Sa*, prolongés à
* Art. 254. l'infini du côté de *D* & *a*, tombe * au dedans de la Surface Conique. Par conséquent la ligne *AB* qui est toujours dans ce plan, étant parallèle au côté *SD*, tombera toute entiere au dedans de la Parabole, & ne la rencontrera jamais quoique prolongée à l'infini vers *B*.

PROPOSITION IV.

Théorême.

Fig. 130. 262. Si *dans le plan d'une Parabole* FAG, *l'on tire par un de ses points quelconques* A *vers le dedans du cone, une ligne droite* AM *qui ne soit point parallèle au côté* SD, *qui passe par le point* D *où la Directrice* DE *touche la base : je dis que cette ligne étant prolongée autant qu'il sera nécessaire, rencontrera la Parabole en quelque autre point* M.

Car si l'on fait passer par le Sommet *S* du cone & par cette ligne un plan *SAM*, il est clair qu'il entre au dedans de la Surface Conique, & qu'il ne passe point par le côté SD; d'où il ſuit que ce plan forme ſur la Surface Conique * deux côtés Sa, Sm, dont l'un Sa paſſe par le point A; & l'autre Sm n'eſt point parallèle au plan de la Section, puiſqu'il n'y a (*hyp.*) que le ſeul côté SD qui lui ſoit parallèle. Par conſéquent le côté Sm étant prolongé (s'il eſt néceſſaire) rencontrera le plan de la Parabole en un point M, par où paſſe la ligne AM qui eſt formée par la rencontre du plan aSm avec celui de la Parabole. Or il eſt viſible que ce point M eſt un des points de la Parabole FAG; puiſqu'il ſe trouve en même tems dans le plan de la Section, & ſur la Surface Conique. Donc, &c. * *Art.* 253.

PROPOSITION V.

Problême.

263. **M**ENER *d'un point donné* A *ſur une Section Conique, une Tangente* AF. FIG. 133, 134, 135.

Ayant mené par le point A & par le Sommet S du cone, une ligne droite SA qui rencontre le plan de la baſe au point a, on tirera à cette baſe par le point a, la Tangente Eaf; & la ligne AF formée par la rencontre du plan $SEaf$ (prolongé, s'il eſt néceſſaire au delà du Sommet S) avec le plan de la Section, ſera la Tangente qu'on cherche.

Car puiſque la Tangente Eaf tombe toute entiere au dehors de la baſe excepté le ſeul point a, il s'enſuit que le plan $SEaf$ prolongé indéfiniment de part & d'autre du Sommet S ne rencontre les Surfaces Coniques oppoſees que dans la ligne Sa auſſi prolongée indéfiniment de part & d'autre du Sommet S, & que tout le reſte de ce plan tombe au dehors de ces Surfaces. Par conſéquent la ligne AF formée par la rencontre de ce plan avec celui de la Section, ne peut avoir de commun avec l'un ou l'autre de ces deux Surfaces que le ſeul point A où la ligne Sa rencontre le plan de la

Section, & tombe toute entiere au dehors excepté ce point. Donc, &c.

COROLLAIRE I.

264. COMME l'on ne peut faire passer par le point *a* de la base du cone, qu'une seule Tangente *Eaf*; il s'ensuit aussi que d'un point donné *A* sur une Section Conique, on ne peut mener qu'une seule Tangente *AF*.

COROLLAIRE II.

265. DE-LA on tire la maniere de mener une Tangente *AF* parallèle à une ligne droite *MN* donnée de position sur le plan d'une Section Conique ou de deux Sections opposées. Car ayant mené par le Sommet *S* du cone, une parallèle *SE* à *MN*, elle rencontrera la Directrice *DE* en un point *E*, ou bien elle lui sera parallèle; puisque cette ligne *SE* sera parallèle au plan de la Section, & tombera par conséquent dans le plan *SDE*. Si elle la rencontre en un point *E* qui tombe au dehors du cercle qui est la base du cone : ayant mené du point *E* à ce cercle, la Tangente *Eaf*, il est clair que le plan *SEaf* formera par sa rencontre avec le plan de la Section, une Tangente *AF* qui sera parallèle à la ligne *MN*; puisque les deux Sections *AF*, *SE*, des
* Hyp. plans * parallèles *MAN SED*, coupés par le plan touchant *SEaf*, sont parallèles entr'elles aussi-bien * *SE*, *MN*.

COROLLAIRE III.

266. LES mêmes choses étant posées que dans le Corollaire précédent.

FIG. 133. 1°. Dans la Parabole le Problême est impossible, lorsque la ligne *MN* donnée de position, devient parallèle au côté *SD* qui passe par le point *D* où la Directrice *DE* touche la base; car alors le point *E* tombant en *D*, on ne pourra mener par ce point d'autre

Tangente que la Directrice DE : & comme le plan qui passe par le Sommet & par la Directrice DE est * parallèle au plan de la Parabole, il ne pourra former par sa rencontre avec ce plan aucune Tangente. Mais lorsque la ligne donnée de position, n'est point parallèle au côté SD, on pourra toujours mener une Tangente AF parallèle à cette ligne, & jamais davantage; car alors le point E tombant au dehors du cercle qui est la base du cone, on en pourra toujours mener Eaf, EDL à cette base; dont l'une EDL se confondant avec la Directrice, ne peut servir à trouver aucune Tangente dans le plan de la Section; & l'autre Eaf étant différente de la Directrice, servira toujours à trouver par la rencontre du plan $SEaf$ avec le plan de la Parabole, une Tangente AF qui satisfera. Il en est de même lorsque la ligne SE est parallèle à la Directrice, car la Tangente Eaf deviendra alors parallèle à la Directrice; & comme on n'en peut mener qu'une seule qui lui soit parallèle, puisque la Directrice touche elle-même la base en un point D, il s'ensuit, &c.

* Déf. 9.

2°. Dans l'Ellipse, on pourra toujours mener deux Tangentes AF, BG, parallèles à la ligne MN donnée de position; & par conséquent entr'elles. Car tous les points de la Directrice DE tombant au dehors de la base, on pourra toujours mener du point E deux Tangentes Eaf, Ebg, à cette base qui ne se confondront point avec la Directrice, & qui serviront à former par la rencontre des plans $SEaf$, $SEbg$, avec le plan de la Section, deux Tangentes AF, BG, qui satisferont. Il en est de même lorsque la ligne SE est parallèle à la Directrice; car au lieu des Tangentes Eaf, Ebg, qui partent d'un point E de cette Directrice, il n'y auroit qu'à lui mener deux Tangentes parallèles; ce qui est toujours possible. FIG. 134.

3°. Dans les Hyperboles opposées le Problême est impossible, lorsque le point E tombe au dedans du cercle qui est la base du cone; puisqu'on ne peut mener FIG. 135.

alors aucune Tangente de ce point à la baſe. Mais lorſqu'il tombe au dehors, on pourra toujours trouver deux Tangentes AF, BG, parallèle à la ligne MN donnée de poſition ; car la Directrice DE traverſant la baſe, on pourra toujours mener du point E deux Tangentes Eaf, Ebg, à cette baſe, leſquelles tombent de part & d'autre de la Directrice, & qui ſerviront à former par la rencontre des plans $SEaf$, $SEbg$, avec le plan de la Section deux Tangentes AF, BG, qui ſatisferont. Il en eſt de même lorſque la ligne SE eſt parallèle à la Directrice DE ; car au lieu des deux Tangentes Eaf, Ebg, il n'y aura qu'à mener deux Tangentes parallèles à la Directrice ; ce qui eſt toujours poſſible.

Il eſt à remarquer dans ce dernier cas, que les Tangentes parallèles AF, BG, appartiennent toujours aux Hyperboles oppoſées, & jamais à la même ; ce qui eſt évident, puiſque les deux Tangentes Eaf, Ebg, de la baſe, tombent néceſſairement de part & d'autre de la Directrice DE.

COROLLAIRE IV.

267. Il ſuit du Corollaire précédent :

1°. Que dans une Parabole ou Hyperbole, il ne peut y avoir deux Tangentes qui ſoient parallèles entr'elles ; & qu'au contraire dans l'Ellipſe & dans les Hyperboles oppoſées, une Tangente AF, étant donnée de poſition, on en peut toujours mener une autre BG qui lui ſoit parallèle.

2°. Que ſi la ligne MN donnée de poſition, eſt terminée par une Section Conique, on pourra toujours mener dans la Parabole, une Tangente AF qui lui ſoit parallèle, & dans l'Ellipſe ou les Hyperboles oppoſées deux Tangentes AF, BG ; puiſque la ligne SE menée par le Sommet S parallélement à MN rencontrera * le plan de la baſe en un point E hors la circonférence, ou bien lui ſera parallèle.

* Art. 256.

DÉFINITIONS.

DÉFINITIONS.

12.

Dans une Parabole, si l'on mene par un de ses points quelconques *A* vers le dedans une ligne *AB* parallèle au côté *SD* qui passe par le point *D* où la Directrice *DE* touche la base : cette ligne *AB* sera nommée *Diametre*, & le point *A* en sera *l'origine*. FIG. 133.

13.

Dans l'Ellipse ou les Hyperboles opposées, toute ligne droite *AB*, qui joint les points d'attouchement de deux tangentes parallèles *AF*, *BG*, est appellée *Diametre*; & les points *A*, *B*, en sont les extrêmités. FIG. 134, 135.

14.

Si par un point quelconque *P* de tel Diametre *AB* qu'on voudra d'une Section Conique, l'on tire une ligne droite *MN* qui rencontre la Section aux points *M*, *N*, & qui soit parallèle à la tangente *AF* qui passe par l'origine *A* de ce Diametre dans la Parabole, & par l'une ou l'autre de ses extrêmités dans les autres Sections : on dira que cette ligne *MN* est *Ordonnée* de part & d'autre au Diametre *AB*, & que chacune de ses parties *PM*, ou *PN*, est *Ordonnée* à ce Diametre. FIG. 133, 134, 135.

15.

Lorsqu'un Diametre fait avec ses Ordonnées des angles droits, on l'appelle *Axe*.

COROLLAIRE.

268. IL suit de la Définition douzieme :

1°. Que tous les Diametres d'une Parabole sont parallèles entr'eux, puisqu'ils sont tous parallèles au même côté du cone *SD* qui passe par le point *D* où la Directrice *DE* touche la base.

2°. Que par un point donné sur le plan d'une Parabole, on ne peut mener qu'un seul Diametre, puisqu'on ne peut mener par ce point qu'une seule parallèle au côté *SD*.

PROPOSITION VI.

Problême.

FIG. 136, 137, 138. 269. UN *diametre* AB *d'une Section Conique étant donné, avec une de ses ordonnées* PM, *décrire la Section.*

Ayant fait passer par l'ordonnée *PM* un plan quelconque autre que le plan *APM*, on menera dans ce plan par le point *P* une perpendiculaire indéfinie *Pa* à *PM*; & on décrira d'un point quelconque *C* de cette ligne, & du rayon *CM* un cercle. Cela fait,

FIG. 136. 1°. Lorsque la Section doit être une Parabole. On menera de l'un des points *a*, *D*, où le cercle coupe la perpendiculaire *Pa* (par exemple du point *a*) par l'origine *A* du diametre *AB*, la ligne *aA* qui rencontre en *S*, une ligne *DS* tirée de l'autre point *D* parallélement à *AB*. On décrira ensuite une surface Conique qui ait pour sommet le point *S*, & pour base le cercle *DMaN*. Je dis qu'elle formera par sa rencontre avec le plan *APM*, la Parabole cherchée *MAN*. Car ayant mené par les extrêmités du diametre *Da* les paralléles *DE*, *af*, à *PM*; il est clair qu'elles seront tangentes, puisque * *PM* est perpendiculaire sur *Da*. Or le plan *SDE* qui passe par le sommet *S* du cone & par la tangente *DE*, est parallèle au plan *APM*, puisque * *SD* est parallèle à *AP*, & *DE* à *PM*: d'où il suit * que la Section *MAN* faite par le plan *APM* dans la surface Conique, sera une Parabole qui aura pour diametre la ligne *AB*. De plus le plan touchant *Saf* forme dans le plan *APM* * une tangente *AF*, qui sera parallèle à *PM*; puisqu'elle est la commune Section des deux plans *Saf*, *APM*, qui passent par les parallèles *af*, *PM*: & par conséquent * la ligne *PM* sera ordonnée au diametre *AB*.

* *Hyp.* * *Hyp.* * *Déf.* 10 & 12. * *Art.* 263. * *Déf.* 14.

FIG. 137, 138. 2°. Lorsque la Section Conique doit être une Ellipse ou une Hyperbole. On menera des points *a*, *b*, où la perpendiculaire indéfinie *Pa* coupe le cercle, par les

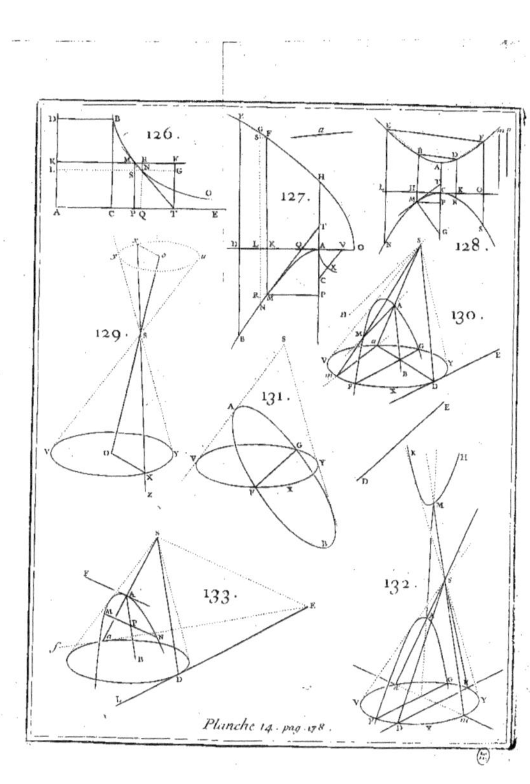

Planche 14. pag. 178.

extrêmités A, B, du diametre AB, les droites aA, bB, qui ſe rencontrent au point S. On décrira enſuite un cone qui ait pour ſommet le point S, & pour baſe le cercle $aMbN$. Je dis que le plan APM formera dans la ſurface de ce cone la Section MAN qu'on demande. Car menant SD parallèle au diametre AB de la Section, & qui rencontre en D le diametre ab de la baſe, par où & par les extrêmités a, b, ſoient tirées les parallèles DE, af, bg, à PM; il eſt clair que le plan SDE ſera parallèle au plan APM, & qu'ainſi DE * ſera la Directrice. Or dans l'Ellipſe le point D tombe ſur le diametre ab prolongé hors le cercle; puiſque le diametre AB de la Section, tombe dans l'angle aSb fait par les côtés du cone Sa, Sb : & au contraire dans l'Hyperbole le point D tombe au dedans du cercle; puiſqu'alors le diametre AB tombe dans l'angle aSB qui eſt à côté de l'angle aSb. D'où il ſuit ſelon la Définition 10, que la Section MAN eſt une Ellipſe dans le premier cas, & une Hyperbole dans le ſecond. De plus la tangente AF qui paſſe par l'extrêmité A du diametre AB, étant la commune Section du plan touchant Saf & du plan coupant APM, qui paſſent par les parallèles af, PM, ſera parallèle à PM : & de même la tangente BG étant la commune Section du plan touchant Sbg & du plan coupant APM, leſquels paſſent par les deux parallèles bg, PM, ſera auſſi parallèle à PM. D'où l'on voit que la ligne AB eſt * un diametre, qui a pour ordonnée PM.

* Déf. 3.

* Déf. 13 & 14.

Il peut arriver dans l'Ellipſe que les lignes Aa, Bb, ſoient parallèles entr'elles; mais alors il n'y aura qu'à prendre pour le centre C du cercle $aMbN$, tel autre point qu'on voudra de la ligne ab.

DÉFINITION.

16.

Si par les deux points D, E, où la Directrice coupe la baſe, lorſque la Section eſt une Hyperbole, on tire FIG. 139.

deux Tangentes *DH*, *EK*; & que par le Sommet *S* & ces Tangentes, on fasse passer deux plans *SDH*, *SEK*: les deux lignes droites indéfinies *CH*, *CK*, que ces deux plans forment par leurs rencontres avec le plan des Hyperboles, sont appellées *Asymptotes*.

COROLLAIRE I.

270. Si par un point d'attouchement *D*, l'on mene le côté *DS* prolongé indéfiniment de part & d'autre du Sommet *S*: il est visible que le plan *SDH* ne peut avoir de commun avec les deux surfaces Coniques opposées que ce côté; puisque tous les points de la Tangente *DH* tombent hors la circonférence de la base, excepté le seul point *D*. Or le plan *SDE* qui passe par
* *Déf.* 9. le Sommet *S* & par la Directrice *DE*, étant * parallèle au plan des Hyperboles opposées, les communes Sections *SD*, *CH*, de ces deux plans avec le même plan *SDH* seront parallèles entr'elles; c'est pourquoi l'Asymptote *CH* tombera toute entiere au dehors & entre les deux surfaces Coniques opposées, & laissera par conséquent les Hyperboles opposées toutes entieres de part & d'autre sans les rencontrer. On prouvera la même chose de l'autre Asymptote *CK*. Or comme les deux Asymptotes *CH*, *CK*, sont formées par les plans *SDH*, *SEK*, qui tombent de part & d'autre de la même surface Conique & de son opposée; il s'ensuit que tous les points de l'Hyperbole *FAG* sont compris dans l'angle *HCK*; & que tous les points de son opposée tombent dans l'angle qui lui est opposé au Sommet.

PROPOSITION VI.

Théorême.

Fig. 139. 271. Si *par un point quelconque* B *d'une Asymptote* CK, *l'on mene une parallèle* BA *à l'autre Asymptote*

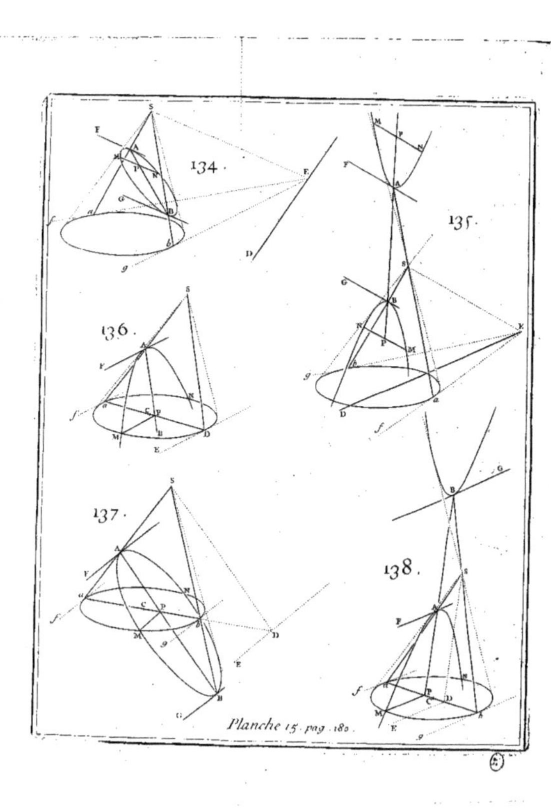
134.
135.
136.
137.
138.
Planche 15. pag. 180.

CH; *je dis qu'elle rencontrera l'une des Hyperboles opposées en un seul point* A, *& qu'étant prolongée indéfiniment, elle tombera toute entiere au dedans.*

Puisque les deux lignes *BA*, *SD*, sont parallèles à la même ligne *CH*, elles le seront entr'elles; & ainsi elles se trouveront dans un même plan, lequel entrera au dedans des deux surfaces Coniques opposées, puisqu'il passe par l'un de leurs côtés *SD*, & qu'il fait un angle avec le plan *SDH* qui la touche dans ce côté. Le plan des parallèles *BA*, *SD*, formera donc dans les deux surfaces Coniques, deux côtés, dont l'un est le côté *SD*, & l'autre le côté *Sa*, qui coupera nécessairement la ligne *BA* en quelque point *A*, puisqu'il est situé dans le plan qui passe par les parallèles *SD*, *AB*, & qu'il coupe *SD* en *S*. Donc puisque le point *A* se trouve en même tems dans l'une des surfaces Coniques & dans le plan des Hyperboles, il appartiendra à l'une de ces Hyperboles. De plus puisque la ligne *BA* étant prolongée indéfiniment du côté du point *A*, tombe toute entiere dans le plan *DSa* renfermé entre les côtés *DS*, *Sa*, lorsque le point *A* appartient à l'Hyperbole *FAG*, & dans son opposé au Sommet *ASd* lorsqu'il appartient à l'Hyperbole opposée; il est visible qu'elle tombera toute entiere au dedans de l'une des deux surfaces Coniques, & par conséquent aussi au dedans de l'Hyperbole qui en est la Section. *Ce qu'il falloit démontrer.*

COROLLAIRE I.

272. DE-LA on voit qu'entre une Hyperbole *FAG* & son Asymptote *CH*, on ne sçauroit faire passer aucune ligne parallèle à cette Asymptote. Or comme la ligne *BA* sépare l'Hyperbole qu'elle rencontre en deux portions indéfinies, dont l'une tombe nécessairement toute entiere dans l'espace compris entre les parallèles *BA*, *CH*; il s'ensuit que plus *CB* deviendra petite, plus le point *A* avancera dans cette portion, & cela toujours de plus en plus jusqu'à ce que *CB* devienne

plus petite qu'aucune grandeur donnée. C'est-à-dire, qu'une Hyperbole & son Asymptote étant l'une & l'autre continuée indéfiniment, elles s'approcheront toujours de plus en plus, en sorte que leur distance deviendra enfin moindre qu'aucune donnée, sans pouvoir néanmoins * jamais se rencontrer.

* *Art.* 270.

PROPOSITION VIII.

Problême.

Fig. 140.

273. Les *Asymptotes* CH, CK, *d'une Hyperbole* FAG *étant données avec un de ses points quelconques* F, *décrire l'Hyperbole.*

Ayant mené par le point donné *F*, une ligne droite quelconque *HK* terminée par les asymptotes, on fera passer par cette ligne un plan quelconque autre que le plan *HCK*, dans lequel on tirera par le point de milieu *P* de *HK* une perpendiculaire indéfinie *MN* à cette ligne; & on décrira d'un de ses points quelconques *O* comme centre, & du rayon *OF*, un cercle *FMN*. On menera des points *H*, *K*, deux Tangentes *HD*, *KE*, à ce cercle; & par les points d'attouchemens *D*, *E*, deux parallèles *DS*, *ES*, aux Asymptotes *CH*, *CK*, lesquelles se rencontreront en un point *S*; duquel comme Sommet, on décrira une surface Conique qui ait pour base le cercle *FMN*. Je dis que cette surface Conique formera par sa rencontre avec le plan *HCK* l'Hyperbole requise *FAG*.

Il est clair par la propriété du cercle *FMN*; 1°. Que la corde *FG* est divisée par le milieu au point *P*, par le diametre *MN* qui lui est * perpendiculaire; & partant, puisque par la construction $PH = PK$, il s'ensuit que $FH = GK$, $GH = FK$; & par conséquent $GH \times HF = FK \times KG$. 2°. Que $GH \times HF = \overline{HD}^2$, & $FK \times KG = \overline{KE}^2$, & qu'ainsi $HD = KE$. 3°. Que si l'on prolonge les Tangentes *HD*, *KE*, jusqu'à ce qu'elles se

* *Hyp.*

rencontrent en un point Q, les parties DQ, EQ, seront égales entr'elles. Ce qui donne $DQ.EQ :: DH.EK$. D'où l'on voit que la ligne DE qui joint les points d'attouchemens des deux Tangentes HD, KE, sera parallèle à la ligne HK, & le plan SDE au plan CHK: c'est pourquoi la ligne DE sera * la Directrice; & comme elle coupe la base en deux points, la Section Conique FAG * sera une Hyperbole. De plus il est évident que cette Hyperbole passera par le point donné F, puisque ce point est commun tant à la surface Conique, qu'au plan HCK qui est celui de l'Hyperbole; & qu'elle aura pour Asymptotes les lignes CH, CK, puisqu'elles sont * les communes Sections des plans touchans SDH, SEK, & du plan de l'Hyperbole.

* *Déf.* 9.

* *Déf.* 10.

* *Déf.* 15.

S'il arrivoit que les Tangentes DH, EK, fussent parallèles entr'elles, on verroit alors tout d'un coup que les lignes DE, HK, seroient parallèles entr'elles, puisque ces Tangentes sont égales; & le reste se démontreroit de la même maniere que ci-dessus.

PROPOSITION IX.

Théorême.

274. S'IL *y a deux lignes droites* MN, AB, *terminées par une Section Conique ou par les Sections opposées, lesquelles se rencontrent en un point* P; & *qui soient parallèles à deux autres lignes*, SE, SD, *données de position : je dis que le rectangle* MP×PN *est au rectangle* AP×PB, *en raison donnée ; c'est-à-dire que la raison de ces deux rectangles demeure toujours la même, en quelque endroit que puisse tomber les deux lignes* MN, AB. FIG. 141 & 142.

Ayant mené par les parallèles SE, MN, & SD, AB, deux plans, ils formeront dans le plan de la base, deux lignes droites Enm, Dba, & dans la surface Conique les côtés SMm, SNn, SAa, SBb; & leur commune intersection sera la ligne SPp, qui rencontre le plan de la base au point p, où les deux droites Em, Da, s'entrecoupent; par lequel je mene dans le plan SMN la droite HK parallèle à MN, & dans le plan SAB la droite FG parallèle à AB. Cela posé,

Les triangles semblables SPM, SpH; SPN, SpK; SPA, SpF; SPB, SpG; donnent $MP \times PN . Hp \times pK :: \overline{SP}^2 . \overline{Sp}^2 :: AP \times PB . Fp \times pG$. Et partant on aura $MP \times PN . AP \times PB :: Hp \times pK . Fp \times pG$. Or la raison de $Hp \times pK$ à $Fp \times pG$, est composée des deux raisons de $Hp \times pK$ à $mp \times pn$, & de $mp \times pn$ ou par la propriété du cercle $ap \times pb$ à $Fp \times pG$. Mais à cause des triangles semblables Hpm, SEm, & Kpn, SEn, il vient $Hp . mp :: SE . mE$. Et $pK . pn :: SE . En$. Et en multipliant les Antécédens & les Conséquens de ces deux raisons, $Hp \times pK . mp \times pn :: \overline{SE}^2 . mE \times En$: on prouvera de même à cause des triangles semblables Fpa, SDa, & Gpb, SDb, que $ap \times pb . Ep \times pG :: aD \times Db . \overline{SD}^2$. Il est donc évident que la raison de $MP \times PN$ à $AP \times PB$, est composée des deux raisons de $\overline{SE}^2$ à $mE \times En$, & de $aD \times Db$ à $\overline{SD}^2$; lesquelles par la propriété du cercle qui est la base du cone, demeurent toujours les mêmes en quelque endroit que tombent les droites MN, AB, parce que les points E, D, ne changent point. Donc le rectangle $MP \times PN$ est au rectangle $AP \times PB$ en raison donnée. *Ce qu'il falloit, &c.*

COROLLAIRE.

FIG. 143, 144. 275. DE-LÀ on voit que si dans une Section Conique, où entre les Sections opposées, il y a deux lignes droites MN, OR, parallèles entr'elles & qui rencontrent aux points P, Q, une troisieme ligne droite AB aussi terminée par la Section; on aura $MP \times PN . OQ \times QR :: AP \times PB . AQ \times QB$.

PROPOSITION

PROPOSITION X.

Théorême.

276. SI *par un point quelconque* A *d'une Parabole ou d'une Hyperbole* MAN, *l'on tire une ligne droite* AB *parallèle au côté du cone* SD, *mené dans la Parabole par le point* D *où la Directrice touche la base, & dans l'Hyperbole par l'un des deux points où elle la rencontre; & que par un point quelconque* P *de cette ligne, l'on tire une ligne* MN *parallèle à une ligne* SE *donnée de position, & terminée par la Section ou par les Sections opposées, avec une autre ligne* FG *parallèle à la ligne* Da *commune Section du plan* SAB *avec celui de la base, & terminée par les côtés* Sa, SD: *je dis que la raison du rectangle* MP×PN *au rectangle* FP×PG *est donnée, c'est-à-dire qu'elle demeure toujours la même, en quelque endroit de la ligne* AB *que tombe le point* P. FIG. 143.

Ayant mené par les parallèles SE, MN, un plan: il formera dans celui de la base une ligne droite Enm; dans la surface Conique les côtés SMm, SNn; & dans le plan SDa la ligne SPp qui rencontre la base au point p, où les lignes Em, Da, s'entrecoupent, par lequel je mene dans le plan SMN la ligne HK parallèle à MN. Cela posé, les triangles semblables SPM, SpH; SPN, SPK; SPF, Spa; SPG, SPD donneront $MP \times PN . Hp \times pK :: \overline{SP}^2 . \overline{Sp}^2 :: FP \times PG . ap \times pD$, ou par la propriété du cercle $mp \times pn$. Et partant on aura $MP \times PN . FP \times PG :: Hp \times pK . mp \times pn$. Mais la raison de $Hp \times pK$ à $mp \times pn$, est composée des deux raisons de Hp à pm, & de pK à pn, c'est-à-dire, à cause des triangles semblables Hpm, SEm, & Kpn, SEn, des deux raisons de SE à Em, & de SE à En; & par conséquent $Hp \times pK . mp \times pn$, ou $MP \times PN . FP \times PG :: \overline{SE}^2 . mE \times En$. Donc puisque le point E ne change point en quelque endroit que l'on prenne le point P, & que tous les rectangles $Em \times En$ sont égaux par la propriété du cercle ; il s'ensuit que $MP \times PN$ est à $FP \times PG$ en raison donnée. *Ce qu'il falloit démontrer.*

COROLLAIRE.

Fig. 146. 277. De-là il est évident que si par un point quelconque A d'une Parabole ou d'une Hyperbole MAN, l'on mene dans la Parabole un diametre AB, & dans l'Hyperbole une parallèle AB à l'une de ses Asymptotes ; & que par deux points quelconques P, Q, de la ligne AB, l'on tire deux parallèles MN, OR, terminées par la Section ou par les Sections opposées ; on aura $MP \times PN . OQ \times QR :: AP . AQ$.

Car menant le plan SAB qui forme par sa rencontre avec la surface Conique les côtés SD, Sa, entre lesquels le côté SD passera par le point où la Directrice touche la base lorsque la Section est une Parabole, & par l'un des deux points où la Directrice la rencontre lorsque c'est une Hyperbole ; & tirant dans le plan SDa par les points P, Q, les droites FG, TV, parallèles à Da : il est clair par la Proposition précédente que $MP \times PN . FP \times PG :: OQ \times QR . TQ \times QV$. Et qu'ainsi $MP \times PN . OQ \times QR :: FP \times PG . TQ \times QV$. Or les parties PG, QV, des lignes FG, TV, sont égales entr'elles ; puisque les lignes AB, SD, sont parallèles. Et partant $MP \times PN . OQ \times QR :: FP . TQ :: AP . AQ$. à cause des triangles semblables APF, AQT. Donc, &c.

CHAPITRE II.

De l'Ellipse en particulier.

DÉFINITIONS.

17.

Fig. 147. Si une ligne droite indéfinie SZ qui est hors le plan d'un cercle VXY, se meut par un de ses points X autour de la circonférence de ce cercle toujours parallé-

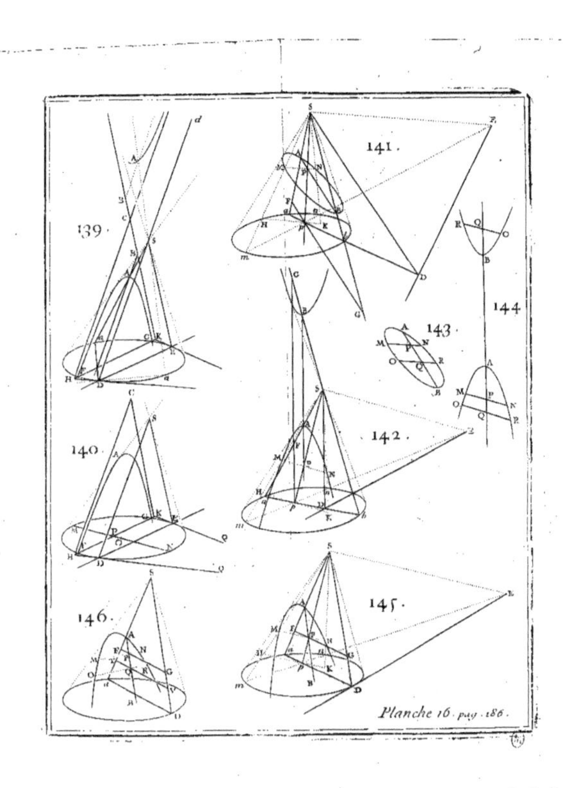

Planche 16. pag. 186.

lement à elle-même, jusqu'à ce qu'elle soit revenue au même point d'où elle étoit partie : la surface convexe décrite par cette ligne *SZ* dans ce mouvement, est appellée *Surface cylindrique.*

18.

Cette ligne *SZ* en chaque différente position, en est toujours appellée le *Côté.*

19.

Le cercle *VXY*, la *Base.*

20.

La droite indéfinie *CO* menée du centre *C* de la base parallélement aux côtés, en est *l'Axe.*

21.

Le solide indéfini compris par la base *VXY* & par la Surface cylindrique, est appellé *Cylindre.*

22.

Si l'on coupe un Cylindre par un plan qui ne soit point parallèle à ses côtés, ni au plan de sa base ; la ligne courbe *AMBN* formée par la rencontre de ce plan avec la Surface cylindrique, est appellée *Section cylindrique.*

PROPOSITION XI.

Théorême.

278. Si *l'on coupe un cylindre par un plan* uxy *parallèle au plan de la base* VXY ; *la Section* vxy *sera un cercle qui aura pour centre le point* c *où ce plan rencontre l'axe, & pour rayon une ligne* cx *égale au rayon* CX *de la base.* Fig. 147.

Car menant par un point quelconque *x* de la Section *vxy* un côté *xX* de la Surface cylindrique, il sera parallèle * à l'axe *Cc* : c'est pourquoi on pourra faire passer un plan par ces deux lignes, qui formera par sa rencontre avec les deux plans parallèles *CVXY*, *cvxy*, deux droites *CX*, *cx*, parallèles entr'elles ; & qui seront de plus égales, puisqu'elles sont renfermées entre

* Déf. 20.

les parallèles Cc, Xx. Or comme cela arrive toujours en quelque endroit de la Section vxy qu'on prenne le point x, il s'ensuit que toutes les lignes cx menées du point c, aux points x de la Section vxy, sont égales aux rayons CX de la base : c'est-à-dire que la Section vxy sera la circonférence d'un cercle, qui aura pour centre le point c, où le plan vxy rencontre l'axe du cylindre, & pour rayon une ligne cx égale au rayon CX de la base. *Ce qu'il falloit démontrer.*

PROPOSITION XII.

Théorême.

FIG. 148. 279. TOUTE *Ellipse peut être regardée comme une Section cylindrique.*

Ayant mené dans la base du cone où est produite une Ellipse quelconque, le diametre ab qui rencontre à angles droits au point D la Directrice DE, soient tirés sur la surface Conique les côtés Sa, Sb, qui rencontrent le plan de l'Ellipse aux points A, B; & dans les plans parallèles AMB, SDE, les droites AB, SD. Ayant pris DF moyenne proportionnelle entre aD, Db, & mené à SF les parallèles AG, BH, soit décrit sur le plan de la base du cône, un cercle qui ait pour diametre la ligne GH, & une surface cylindrique qui ait pour base ce cercle, & pour côtés les droites AG, BH. Cela posé,

Je dis que si par un point quelconque P de la ligne AB, l'on tire à la Directrice DE, une parallèle qui rencontre la surface Conique en M, & la Cylindrique en O; les points M, O, se confondront l'un avec l'autre & n'en feront qu'un seul.

Car ayant fait passer par cette parallèle un plan parallèle au plan des deux bases tant du cone que du cylindre, il formera sur la surface Conique * un cercle KML dont le centre sera la commune Section de ce

* Art. 259.

plan avec l'axe du cone, & sur la surface Cylindrique * un autre cercle QMR dont le centre sera la commune Section de ce même plan avec l'axe du cylindre. Or le plan Sab passe * par l'axe du cone, & le plan $AGHB$ (qui ne fait qu'un seul plan avec celui du triangle Sab) par l'axe * du cylindre; & par conséquent les lignes KL, QR, communes Sections de ces deux plans, avec le plan parallèle (à la base) qui passe par la ligne POM, seront les diametres de ces deux cercles; & cette ligne POM sera perpendiculaire à ces diametres, puisqu'elle est * parallèle à DE qui est* perpendiculaire à ab & à GH qui ne font * qu'une même ligne, à laquelle les diametres KL & QR qui ne font aussi qu'une même ligne, sont parallèles. De plus les lignes AB, SD, étant formées par les rencontres du même plan Sba avec deux plans parallèles entr'eux; sçavoir, le plan SDE & celui de l'Ellipse, seront aussi parallèles entr'elles. Ceci bien entendu,

* *Art.* 278.
* *Déf.* 6.
* *Déf.* 20.
* *Hyp.*
* *Hyp.*
* *Hyp.*

1°. Dans le cone, à cause du cercle KML, on aura $\overline{PM}^2 = KP \times PL$; & à cause des triangles semblables APK, SDa, & PBL, SDb, il vient $AP.KP :: SD.aD$. Et $PB.PL :: SD.Db$. D'où il suit que $AP \times PB.\ KP \times PL$ ou $\overline{PM}^2 :: \overline{SD}^2.\ aD \times Db$.

2°. Dans le cylindre, à cause du cercle QOR, on aura $\overline{PO}^2 = QP \times PR$; & à cause des triangles semblables APQ, SDF, & PBR, SDF, on formera ces deux proportions $AP.QP :: SD.DF$. Et $PB.PR :: SD.DF$. D'où il suit que $AP \times PB.\ QP \times QR$ ou $\overline{PO}^2 :: \overline{SD}^2.\ \overline{DF}^2$ ou $aD \times Db$. Donc $\overline{PM}^2 = \overline{PO}^2$, & $PM = PO$. Donc les points M, O, se confondent l'un avec l'autre, & n'en font qu'un seul. Donc, puisque cela arrive toujours en quelque endroit de la ligne AB que l'on prenne le point P, il s'ensuit que le plan de l'Ellipse rencontre les surfaces Coniques & Cylindriques dans les mêmes points, & qu'ainsi toute Ellipse peut toujours être regardée comme une Section cylindrique.

AVERTISSEMENT.

Comme un Cylindre eſt moins compoſé qu'un cone, en ce que tous ſes côtés ſont parallèles entr'eux ; au lieu que dans le cone ils aboutiſſent tous au même point qui en eſt le ſommet ; on a pris le parti de regarder dans ce Chapitre, l'Ellipſe comme la Section d'un cylindre. Ce qui fait qu'on peut démontrer tout à la fois les propriétés de tous ſes diametres ; & que ſe ſervant enſuite dans le cone (comme l'on verra dans le Chapitre ſuivant) de plans Elliptiques au lieu de circulaires, on prouvera les mêmes choſes dans la Parabole & Hyperbole avec une extrême facilité.

PROPOSITION XIII.

Théorême.

Fig. 149. 280. TOUS *les diametres d'une Ellipſe paſſent par un ſeul & unique point, qui eſt celui où le plan de l'Ellipſe rencontre l'axe du cylindre ; & y ſont coupés en deux parties égales.*

Et réciproquement toutes les lignes qui paſſent par ce point, & qui ſont terminées de part & d'autre par l'Ellipſe, y ſont coupées en deux également, & en ſont des diametres.

On nomme ce point le *Centre* de l'Ellipſe.

1°. Soit AB un diametre quelconque, & C le point où le plan de l'Ellipſe rencontre l'axe du cylindre. Si l'on mene les lignes Aa, Bb, parallèles à l'axe Cc, il eſt clair * qu'elles ſeront des côtés de la ſurface cylindrique, & que les deux plans FAa, GBb, qui paſſent par ces deux lignes, & par les deux tangentes AF, BG, qui ſelon la définition des diametres, doivent être parallèles entr'elles, ſeront parallèles entr'eux, & toucheront la ſurface cylindrique dans les côtés Aa, Bb ; d'où il ſuit que ces deux plans formeront dans le plan de la baſe deux lignes af, bg, parallèles entr'elles, &

* Déf. 29.

qui toucheront la baſe aux points a, b, où les côtés Aa, Bb, la rencontrent. Or il eſt démontré dans les Elémens de Géométrie, que la ligne ab qui joint les points d'attouchement de deux tangentes parallèles af, bg, d'un cercle, paſſe par ſon centre c. Partant le plan $AabB$ paſſera par l'axe Cc du cylindre; & la ligne AB, qui eſt la rencontre de ce plan avec celui de l'Ellipſe, paſſera par le point C où cet axe rencontre le plan de l'Ellipſe. De plus à cauſe des parallèles Aa, Bb, Cc; il eſt évident que le diametre AB de l'Ellipſe, eſt diviſé en deux également au point C; puiſque le diametre ab du cercle l'eſt au point c qui en eſt le centre. *Ce qu'il falloit démontrer en premier lieu.*

2°. Si l'on mene par les extrêmités A, B, d'une ligne quelconque AB, qui paſſe par le point C où le plan de l'Ellipſe rencontre l'axe Cc du cylindre, les lignes Aa, Bb, parallèles à cet axe; il eſt clair ſelon la définition 17 de la ſurface cylindrique, qu'elles en ſeront des côtés, & que le plan $AabB$ paſſera par l'axe Cc du cylindre. D'où l'on voit que la ligne ab commune Section de ce plan & de celui de la baſe, paſſe par le centre c de la baſe; & qu'ainſi, puiſqu'elle y eſt coupée en deux également, la ligne AB la ſera auſſi au point C. De plus les tangentes af, bg, qui paſſent par les extrêmités du diametre ab étant parallèles entr'elles; les plans touchans faA, gbB, ſeront parallèles entr'eux, & formeront dans le plan de l'Ellipſe deux lignes parallèles AF, BG, qui la toucheront aux extrêmités A, B, de la ligne AB, qui en ſera par conſéquent un diametre. *C'eſt ce qu'il falloit démontrer en ſecond lieu.*

COROLLAIRE.

281. DE-LA il eſt évident que par un point donné ſur le plan d'une Ellipſe autre que le centre, on ne peut faire paſſer qu'un ſeul diametre.

PROPOSITION XIV.

Théorême.

FIG. 149. 282. TOUTE *ordonnée* MPN *de part & d'autre à un diametre* AB, *est coupée en deux également par ce diametre en un point* P.

Et réciproquement si une ligne quelconque MPN *terminée par une Ellipse & qui ne passe point par le centre* C, *est coupée en deux également en* P, *par un diametre* AB; *elle sera ordonnée de part & d'autre à ce diametre.*

Ayant mené par les points *A*, *B*, *M*, *N*, les côtés *Aa*, *Bb*, *Mm*, *Nn*, parallèles à l'axe *Cc* du cylindre, & qui rencontrent le plan de la base aux points *a*, *b*, *m*, *n*; la ligne *Pp* commune Section des deux plans *AabB*, *MmnN*, sera parallèle aux côtés du cylindre, puisque tous les côtés sont parallèles entr'eux. De plus le plan *AabB* passera par l'axe *Cc* du cylindre, puisque le diametre *AB* passe par le point *C* où cet axe rencontre le plan de l'Ellipse; & il formera par conséquent dans le plan de la base une ligne *ab* qui passera par le centre *c*, c'est-à-dire, un diamètre. Cela posé,

Puisque par la supposition la ligne *MPN* est ordonnée de part & d'autre au diametre *AB*, elle sera parallèle aux tangentes *AF*, *BG*, qui passent par les extrêmités de ce diametre; & par conséquent les plans touchans *FAa*, *GBb*, seront parallèles au plan *MmnN*. Les lignes que ces trois plans forment dans le plan de la base; sçavoir les deux tangentes *af*, *bg*, & la ligne *mn*, seront donc parallèles entr'elles; & ainsi la ligne *mn* sera perpendiculaire au diametre *ab*, qui la divisera par conséquent en deux parties égales au point *p*. D'où il suit à cause des parallèles *Mm*, *Pp*, *Nn*, que la ligne *MN* sera aussi divisée en deux parties égales au point *P*.

Maintenant pour prouver la converse, on menera dans

dans le plan de l'Ellipse deux tangentes *AF*, *BG* *, paral-lèles à *MN*; & ayant tiré par leurs points d'attouchemens le diametre *AB*, il est clair selon les définitions 13 & 14, que cette ligne *MN* sera ordonnée de part & d'autre à ce diametre, & par conséquent (selon ce qu'on vient de démontrer) coupée en deux également en *P* par ce même diametre. Or comme l'on ne peut mener par le point *P* * qu'un seul diametre, il s'ensuit que si une ligne *MN* terminée par une Ellipse, & qui ne passe point par le centre *C*, est coupée en deux également en *P* par un diametre *AB*, elle lui sera ordonnée de part & d'autre.

* *Art.* 267.

* *Art.* 281.

PROPOSITION XV.

Théorême.

283. S'IL *y a dans une Ellipse deux diametres* AB, DE; *dont l'un d'eux* DE *soit parallèle aux Tangentes* AF, BG, *qui passent par les extrémités de l'autre* AB: *je dis réciproquement que le diametre* AB *sera parallèle aux Tangentes qui passent par les extrémités du diametre* DE. FIG. 149.

Les deux diametres *AB*, *DE*, sont appellés *Conjugués* l'un à l'autre.

Ayant mené par les points *A*, *B*, *D*, *E*, les côtés *Aa*, *Bb*, *Dd*, *Ee*, du cylindre, lesquels rencontrent le plan de la base aux points *a*, *b*, *d*, *e*; les plans *AabB*, *DdeE*, passeront par l'axe *Cc* du cylindre, puisque les lignes *AB*, *DE*, sont des diametres de l'Ellipse; & formeront par conséquent dans le plan de la base, deux diametres *ab*, *de*. Or le plan touchant *FAa* étant parallèle au plan *DdeE*, formera dans le plan de la base une Tangente *af* parallèle au diametre *de*, lequel diametre sera par conséquent perpendiculaire sur le diametre *ab*. Si donc l'on mene par l'une des extrêmités *d* du diametre *de* une Tangente *dh* au cercle, elle sera parallèle au diametre *ab*, & le plan *hdD* parallèle au plan $AabB$: c'eſt pourquoi les communes Sections de ces deux plans avec le plan de l'Ellipſe, ſçavoir la Tangente DH & le diametre AB, ſont parallèles entr'elles. On prouvera la même choſe à l'égard de la Tangente qui paſſe par l'autre extrêmité E du diametre DE. Donc, &c.

COROLLAIRE I.

284. **D**E-LA il eſt évident que s'il y a deux diametres conjugués AB, DE, dans une Ellipſe; les deux plans qui paſſent par ces diametres & par l'axe Cc du cylindre, formeront dans le plan de la baſe deux diametres ab, de, qui ſeront perpendiculaires entr'eux : ce qui eſt réciproque.

COROLLAIRE II.

285. **I**L ſuit encore de cette Propoſition que ſi par un point quelconque P d'un diametre AB, on mene une ordonnée MPN de part & d'autre, elle ſera parallèle au diametre DE qui lui eſt conjugué; & qu'ainſi

* Art. 275. on aura * $MP \times PN$ ou $\overline{PM}^2 . DC \times CE$ ou $\overline{DC}^2 ::$ $AP \times PB . AC \times CB$ ou $\overline{AC}^2$. Ce qui donne $\overline{PM}^2 .$ $AP \times PB :: \overline{DC}^2 . \overline{AC}^2 :: 4\overline{DC}^2$ ou $\overline{DE}^2 . 4\overline{AC}^2$ ou $\overline{AB}^2$. C'eſt-à-dire que le quarré d'une ordonnée quelconque MP à un diametre AB, eſt au rectangle $AP \times PB$ fait des parties de ce diametre, comme le quarré du diametre DE qui lui eſt conjugué, eſt au quarré du diametre AB.

PROPOSITION XVI.

Théorême.

FIG. 150. 286. **S**I *par un point quelconque* M *d'une Ellipſe* AMB, *l'on mene une Tangente* FMG *qui rencontre aux points* F, G, *deux autres Tangentes* AF, BG, *parallèles entr'elles : je dis que* FM. MG :: AF. BG.

Ayant mené par les points d'attouchemens A, B, M, les côtés Aa, Bb, Mm, du cylindre, & fait passer par ces côtés & par les Tangentes AF, BG, FG, les trois plans FAa, GBb, FMm, ou GMm; il est clair que les communes Sections Ff, Gg, des deux premiers plans avec le troisieme, seront parallèles tant entr'elles, qu'avec les côtés du cylindre; car les deux plans FMm, FAa, passant par les côtés Mm, Aa, qui sont parallèles entr'eux, leur commune Section Ff sera parallèle à ces côtés; & par la même raison Gg commune Section des deux plans GBb, GMm, sera parallèle aux côtés Bb, Mm. De plus les lignes af, bg, que forment les plans touchans parallèles FAa, GBb, dans le plan de la base, en feront des Tangentes parallèles; les parties fm, mg, de la troisieme Tangente formée dans le plan de la base par le troisieme plan touchant FMm, ou GMm, seront égales (par la propriété du cercle) aux Tangentes af, bg; sçavoir, fm à fa, & mg à gb. Cela posé,

A cause des lignes Aa, Ff, Mm, Gg, Bb; & AF, BG; & af, bg, qui sont parallèles entr'elles, on aura $FM . MG :: fm$ ou $fa . mg$ ou $gb :: FA . GB$. *Ce qu'il falloit démontrer.*

COROLLAIRE I.

287. Si l'on mene par les points d'attouchement A, B, des deux Tangentes parallèles entr'elles AF, BG, un diametre AB qui rencontre en T la Tangente FMG, & qu'on tire l'ordonnée MP à ce diametre : il est évident que $AP . PB :: FM . MG :: AF . BG :: AT . BT$. Et qu'ainsi $PB - AP . PB :: BT - AT$ ou $AB . BT$.

COROLLAIRE II.

288. DE-LA on tire la maniere suivante de mener d'un point donné M sur une Ellipse la Tangente MT, un diametre AB étant donné avec la position de ses ordonnées.

De l'une des extrêmités B du diametre AB, soit tirée au point donné M la droite BM. Puis ayant mené l'ordonnée MP au diametre AB, & pris sur ce diametre du côté de B la partie PH égale à PA, soit tirée HK parallèle à PM, rencontrant la ligne BM en K, par où & par l'autre extrêmité A soit menée AK. Soit enfin tirée MT parallèle à AK, elle sera la Tangente qu'on cherche.

Car à cause des parallèles MP, HK, & AK, MT, l'on aura $BP. PH.$ ou $PA :: PM. MK :: BT. TA.$

COROLLAIRE III.

289. S'IL y a dans une Ellipse deux Tangentes MT, NT, qui se rencontrent en un point T; je dis que le diametre AB qui passe par le point P milieu de la ligne MN qui joint les deux points d'attouchement, passera aussi par le point T. Car PN est ordonnée au diametre AB de même que PM; & par consé-
* Art. 287. quent * les Tangentes MT, NT, iront chacune rencontrer ce diametre en un point T, tel que $PB - AP$. $PB :: AB. BT$; c'est-à-dire dans le même point.

COROLLAIRE IV.

290. SI l'on joint dans une Ellipse les points d'attouchemens M, N, de deux Tangentes MF, NL, par une ligne droite MN; & qu'il y ait une troisieme Tangente FAL parallèle à MN: je dis que les parties FA, AL de cette derniere Tangente, prises entre son point d'attouchement A & les deux premieres, feront égales entr'elles. Car ayant mené par le point d'attouchement A le diametre AB, il est clair que la ligne MN est ordonnée de part & d'autre à ce diametre, puisqu'elle est parallèle à la Tangente FL qui passe par son extrêmité A; & qu'ainsi il la coupe par le milieu en
* Art. 289. P, & passe * par conséquent par le point de rencontre

T des deux Tangentes *MF*, *NL*; ou bien il leur sera parallèle, si la ligne *MN* est * un diametre. Or il est visible en l'un & l'autre cas, que *FL* sera divisé en deux parties égales au point *A* par le diametre *AB*; puisque *MN* l'est en *P* par ce même diametre. * Art. 283.

CHAPITRE III.

De la Parabole & de l'Hyperbole en particulier.

PROPOSITION XVII.

Théorême.

291. Dans *une Parabole toute ordonnée* MPN *de part & d'autre à un diametre* AB, *est coupée en deux également par ce diametre au point* P: *ce qui est réciproque.* Fig. 151.

Ayant fait passer par la ligne *MN* un plan Elliptique, il formera dans le plan touchant *SDE* parallèle au plan Parabolique, une Tangente *DE* parallèle à *MN*. De plus le plan *SAF* mené par le Sommet *S* du cone, & par la Tangente *AF* qui passe par l'origine *A* du diametre *AB*, formera dans le plan Elliptique une Tangente *af*; & la ligne *Da* qui joint les points d'attouchement des deux Tangentes *DE*, *af*, passera par le point *P*; puisque le diametre *AB* est parallèle au côté touchant *SD*. Cela posé,

Puisque par la supposition * les deux lignes *AF*, *MN*, sont parallèles entr'elles; il s'ensuit que la Tangente *af*, qui est la commune Section de deux plans qui passent par ces deux lignes, sera parallèle à *MN*; & par conséquent à *DE*. D'où l'on voit * que la ligne *Da*, qui joint les points d'attouchement des deux Tangentes parallèles *DE*, *af*, est un diametre de l'Ellipse; & qu'ainsi la ligne *MN* qui est parallèle à ces Tangentes & terminée par l'Ellipse, sera * divisée en deux également au point *P*. * Déf. 14. * Déf. 13. * Art. 282.

Maintenant pour prouver la converse, on menera

* *Art.* 267. dans le plan de la Parabole * une Tangente AF parallèle à la ligne MN; & ayant tiré par le point d'attouchement A un diametre AB, il aura pour ordonnée
* *Déf.* 14. de part & d'autre * la ligne MN, qu'il divisera par conséquent en deux parties égales au point P selon ce qu'on vient de démontrer. Or comme il n'y a qu'un seul dia-
* *Art.* 263. metre * qui puisse passer par le point de milieu P de la ligne MN, il s'ensuit, &c.

COROLLAIRE.

292. DE-LA il est évident que si l'on mene par deux points quelconques P, Q, d'un diametre AB deux ordonnées de part & d'autre MPN, OQR; on aura
* *Art.* 277. toujours * $MP \times PN$ ou $\overline{PM}^2 . OQ \times QR$ ou $\overline{QO}^2 :: AP . AQ$. C'est-à-dire que les quarrés de deux ordonnées quelconques PM, QO, à un diametre AB, seront toujours entr'eux, comme les parties AP, AQ, de ce diametre prises depuis son origine A jusqu'à ces mêmes ordonnées.

PROPOSITION XVIII.

Théorême.

FIG. 151. 293. SI *par un point quelconque* M *d'une Parabole, l'on mene une ordonnée* MP *à tel de ses diametres* AB *qu'on voudra, & une Tangente* MT *qui rencontre en* T *ce diametre prolongé au-delà de son origine* A : *je dis que ses parties* AP, AT, *seront égales.*

La même préparation étant faite que dans la Proposition précédente, soit de plus mené par le Sommet S du cone & par la Tangente MT, le plan touchant STM qui formera dans le plan Elliptique la Tangente MH, laquelle rencontrera le diametre Da de l'Ellipse en un point H par où passera la ligne ST; & soit enfin tirée la droite TG parallèle à SA. Ceci bien entendu,
* *Art.* 287. on aura * $DH . Ha :: DP . Pa$, & (*alternando*)

DH. DP :: *Ha. Pa.* Mais à cauſe des parallèles *AB, SD*, & *SA, TG*; il eſt clair que *DH. DP* :: *SH. ST* :: *Ha. Ga.* Donc *Ha. Pa* :: *Ha. Ga.* Donc auſſi *Pa*=*Ga*; & par conſéquent *AP*=*AT*. *Ce qu'il falloit démontrer.*

PROPOSITION XIX.

Théorême.

294. DANS *les Hyperboles oppoſées tout diametre* AB *paſſe par le point d'interſection* C *des deux aſymptotes, & y eſt coupé en deux également : ce qui eſt réciproque.* FIG. 152.

On nommera ce point, *Centre.*

Soit *HSh* une des deux communes Sections du plan parallèle au plan Hyperbolique, & des deux ſurfaces Coniques oppoſées ; & ſoit l'Aſymptote *FG* formée par la rencontre du plan Hyperbolique avec celui qui touche ces deux ſurfaces en cette ligne *HSh*. Soient menées par les Tangentes parallèles *AF, BG*, qui paſſent par les extrêmités du diametre *AB*, & qui rencontrent l'Aſymptote *FG* aux points *F, G*, deux plans Elliptiques parallèles ; ils formeront dans le plan touchant qui paſſe par le côté *HSh*, les Tangentes parallèles *FH, Ghf*, & dans le plan touchant *SAF* les Tangentes parallèles *AF, af.*

Cela poſé, les lignes parallèles *FH, Gh*, étant renfermées entre les deux autres parallèles *FG, Hh*, feront égales entr'elles ; & les triangles ſemblables *SHF, Shf*, & *SFA, Sfa*, donneront cette proportion, *HF. hf* :: *SF. sf* :: *FA. fa.* Et partant *HF. FA* :: *hf. fa* :: * *hG. GB.* Donc puiſque *HF*=*hG*, il s'enſuit que *AF*=*BG*; & à cauſe des triangles ſemblables *ACF, BCG*, que *AC*=*CB* : c'eſt-à-dire que l'Aſymptote *FG* paſſe par le point de milieu *C* du diametre *AB*. On prouvera de même que l'autre Aſymptote paſſera encore par le point de milieu *C* du diametre *AB*; d'où l'on voit que le diametre *AB* paſſe par le * Art. 286.

point d'interſection C des deux Aſymptotes, & y eſt coupé en deux parties égales.

Soit à préſent une ligne AB qui paſſant par le point d'interſection C des deux Aſymptotes, rencontre les Hyperboles oppoſées aux points A, B. Si l'on mene par le point A la Tangente AF, & à l'Hyperbole oppoſée

* Art. 267. une Tangente DG * parallèle à AF; il eſt clair par ce qu'on vient de prouver que la ligne AD qui joint les points d'attouchemens de ces deux Tangentes étant un diametre, paſſera par le point d'interſection C des Aſymptotes. Elle ſe confondra donc avec la ligne AB

* Hyp. qui paſſe auſſi * par les deux mêmes points A, C: c'eſt-à-dire que le point D tombera ſur le point B. C'eſt pourquoi cette ligne AB ſera un diametre, & partant coupée en deux parties égales au point C.

COROLLAIRE.

295. DE-LA on voit que d'un point donné au dedans d'une Hyperbole, on ne peut mener qu'un ſeul diametre; puiſqu'il n'y a qu'une ſeule ligne qui puiſſe paſſer par ce point, & par le centre.

PROPOSITION XX.

Théorême.

Fig. 153. 296. DANS *les Hyperboles oppoſées toute ordonnée* MPN *de part & d'autre à un diametre* AB, *eſt coupée en deux également par ce diametre au point* P : *ce qui eſt réciproque.*

Ayant fait paſſer par la ligne MN un plan Elliptique, il formera dans les deux plans touchans SAF, SBG, deux Tangentes af, bg; & la ligne ab qui joint les points d'attouchemens de ces deux Tangentes, étant la commune Section du plan Elliptique & du plan SAB, paſſera par le point P. Or puiſque par la ſuppoſition les

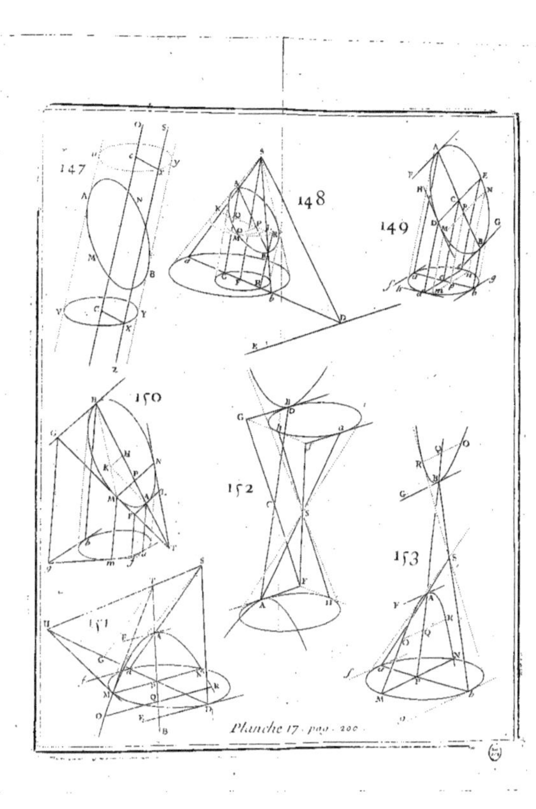

Planche 17 . pag . 200 .

les deux lignes AF. MN, sont parallèles, il s'ensuit que la ligne af qui est la commune Section de deux plans, qui passent par ces deux lignes, sera parallèle à MN. Par la même raison la Tangente bg commune Section du plan Elliptique & du plan touchant SBG, lesquels passent par les deux parallèles MN, BG, sera parallèle à MN. Les deux Tangentes af, bg, seront donc parallèles entr'elles : d'où il suit que la ligne ab * est un diametre de l'Ellipse ; & qu'ainsi la ligne MN * est divisée en deux parties égales au point P. * Déf. 13. * Art. 282.

Maintenant pour prouver la converse, on menera dans le plan des Hyperboles * deux Tangentes AF, BG, parallèles à la ligne MN terminée par l'Hyperbole ; & ayant tiré par leurs points d'attouchemens le diametre AB, il est clair selon la Définition quatorzieme, que ce diametre aura pour ordonnée de part & d'autre la ligne MN ; & qu'ainsi il la coupera selon ce qu'on vient de démontrer, en deux parties égales au point P. Or comme il n'y a qu'un seul diametre * qui puisse passer par ce point, il s'ensuit que si une ligne MN terminée par une Hyperbole, est coupée en deux également en P par un diametre AB, elle sera ordonnée de part & d'autre à ce diametre. * Art. 267. * Art. 295.

COROLLAIRE.

297. DE-LA il est évident que si l'on mene deux ordonnées de part & d'autre MPN, OQR, à un diametre AB, on aura toujours * $MP \times PN$. ou $\overline{PM}^2$. $OQ \times QR$ ou $\overline{QO}^2$ :: $AP \times PB$. $AQ \times QB$. C'est-à-dire, &c. * Art. 275.

PROPOSITION XXI.

Théorême.

298. SI *par un point quelconque* M *d'une Hyperbole, l'on mene une Tangente* MFG *qui rencontre deux autres Tangentes parallèles* AF, BG, *aux points* F, G : *je dis que* MF. MG :: AF. BG. FIG. 154.

Ayant mené deux plans Elliptiques parallèles qui passent par les Tangentes AF, BG; ils formeront dans le plan touchant SMG deux Tangentes HF, hG, parallèles entr'elles; & le plan Elliptique qui passe par BG, formera dans le plan touchant SAF, une Tangente af qui rencontrera la Tangente hG au point f, où la ligne FS rencontre ce plan Elliptique. Cela posé, les Tangentes af, BG, seront parallèles entr'elles; puisqu'elles le sont chacune à la Tangente AF: & partant * on aura $BG. Gh :: af. fh$ (à cause des triangles semblables Shf, SHF, & Saf, SAF,) :: $AF. FH$. Donc $BG. AF :: Gh. FH$ (à cause des triangles semblables MGh, MFH,) :: $MG. MF$. *Ce qu'il falloit démontrer.*

* *Art.* 268.

Il est visible qu'on peut tirer de cette Proposition les mêmes Corollaires, que dans l'Ellipse art. 287, 288, 289 & 290, c'est pourquoi je ne m'amuserai point à les répéter.

PROPOSITION XXII.

Théorême.

FIG. 155.

299. SI *une ligne droite* FG *terminée par les Asymptotes d'une Hyperbole, la touche en un point* A; *je dis que cette ligne droite y sera coupée en deux parties égales.*

Soient menés par le Sommet S du cone, & par les deux Asymptotes CF, CG, deux plans, lesquels toucheront * la surface Conique dans les côtés SM, SN, où le plan MSN parallèle au plan Hyperbolique la rencontre. Soit mené un plan Elliptique qui passe par la droite FG; il formera dans les deux plans touchans deux Tangentes MF, NG, & dans le plan MSN une ligne droite MN parallèle à FG, & qui joint les points d'attouchemens de ces deux Tangentes. Cela posé, il est visible que la ligne FG * est coupée en deux parties égales au point A; puisqu'elle touche dans ce point l'Ellipse, aussi bien que l'Hyperbole.

* *Déf.* 16.

* *Art.* 290.

COROLLAIRE I.

300. COMME il ne peut y avoir qu'une ſeule ligne FG qui paſſant par un point donné A au dedans d'un angle FCG, & étant terminée par ſes côtés, ſoit coupée en deux également par ce point A; il s'enſuit que ſi une ligne droite FG terminée par les Aſymptotes d'une Hyperbole, la rencontre en un point A qui la diviſe, cette droite FG deux parties égales, elle touchera l'Hyperbole en ce point.

COROLLAIRE II.

301. DE-LA on voit que pour mener d'un point donné A ſur une Hyperbole dont les Aſymptotes CF, CG, ſont données, une Tangente FAG; il n'y a qu'à tirer la ligne AD parallèle à l'une des Aſymptotes CG, & terminée par l'autre; & ayant pris la partie DF égale à CD, tirer la ligne FAG: elle ſera la Tangente cherchée. Car à cauſe des triangles ſemblables FCG, FDA, la ligne FG ſera coupée par le milieu en A; puiſque * CF l'eſt en D. * *Hyp.*

COROLLAIRE III.

302. SI l'on joint deux points quelconques M, N, d'une Hyperbole MAN par une ligne droite qui rencontre les Aſymptotes aux points H, K; les deux parties MH, NK, de cette droite renfermées entre l'Hyperbole & les Aſymptotes, ſeront égales entr'elles. Car ayant mené par le point P milieu de MN, le diametre CP; & par le point A où ce diametre rencontre l'Hyperbole, la ligne FG parallèle à MN, & terminée par les Aſymptotes: il eſt clair * que cette ligne FG ſera Tangente en A; & par conſéquent * diviſée en deux parties égales en ce point. D'où il eſt clair, à cauſe des triangles ſemblables CAF, CPH, & CAG, CPK, que $PH = PK$; & par conſéquent $MH = NK$. FIG. 156. * *Art.* 296. * *Art.* 299.

COROLLAIRE IV.

FIG. 157. 303. Si d'un point donné A fur une Hyperbole, l'on tire deux droites AF, AG, terminées par fes Afymptotes ; & que d'un autre point quelconque M de la même Hyperbole, ou de fon oppofée, on tire deux autres droites MH, MK, terminée auffi par fes Afymptotes, & parallèles aux deux premieres AF, AG: je dis que $FA \times AG = HM \times MK$.

Car 1°. Lorfque les deux points A, M, tombent fur la même Hyperbole ; ayant joint ces deux points A, M, par une ligne droite qui rencontre les Afymptotes en P & Q, les triangles femblables PAF, PMH, & QMK, QAG, donneront ces deux proportions, $AF . MH :: AP . MP$ * $:: MQ . AQ :: MK . AG$. ce qui donne, en multipliant les extrêmes & les moyens, $FA \times AG = HM \times MK$.

* Art. 302.

2°. Lorfque les points A, M, tombent fur les deux Hyperboles oppofées ; ayant mené par le point donné A & par le centre C, le diametre AB, & tiré les droites BD, BE, parallèles à AF, AG, & terminées par les mêmes Afymptotes ; il eft clair que les triangles CAF, CBD, & CAG, CBE, feront femblables & de plus égaux entr'eux, puifque * $CA = CB$. C'eft pourquoi $BD = AF$, & $BE = AG$; & partant $DB \times BE = FA \times AG$. Or felon le cas précédent $KM \times MH = DB \times BE$. Donc auffi $FA \times AG = KM \times MH$.

* Art. 294.

AVERTISSEMENT.

Je laiffe les autres propriétés des Afymptotes, & des Diametres conjugués, parce qu'elles fe tirent de celles-ci fur le plan, comme l'on a fait dans le troifieme Livre ; mon deffein n'étant ici que de faire voir de quelle utilité peut être la confidération du Solide, pour démontrer tout à la fois & fans aucun calcul, les propriétés de tous les Diametres, des Tangentes, & des Aſymptotes ; d'où dépendent toutes les autres. C'eſt ce que je crois avoir exécuté d'une maniere fort aiſée, & entiérement nouvelle ; puiſque je ne me ſuis point ſervi de lignes coupées harmoniquement, comme ont fait les Géometres Modernes après Mrs. *Paſchal* & *Deſargues ;* ce qui les a obligés d'avoir recours à un grand nombre de Lemmes, dont les démonſtrations ſeules me paroiſſent auſſi longues que celles de tout ce Livre.

LIVRE SEPTIEME.

Des lieux Géométriques.

DÉFINITION I.

FIG. 158, 159. SOIENT deux droites inconnues & indéterminées AP, PM, qui faſſent entr'elles un angle APM donné ou pris à volonté ; & dont l'une AP que j'appellerai toujours x, ait un commencement fixe au point A, & s'étende indéfiniment le long d'une ligne droite donnée de poſition ; & l'autre PM que je nommerai y, en change continuellement, & ſoit toujours parallèle à elle-même : c'eſt-à-dire que toutes les droites PM doivent être parallèles entr'elles. Soit de plus une équation qui ne renferme que ces deux inconnues x & y mêlées avec des connues, & qui exprime la relation de chaque indéterminée AP (x) à ſa correſpondante PM (y). La ligne droite ou courbe qui paſſe par les extrêmités de toutes les valeurs de y, c'eſt-à-dire, par tous les points M, eſt appellé en général un *Lieu Géométrique*, & en particulier le *Lieu* de cette équation.

FIG. 158. Suppoſons, par exemple, que l'équation $y = \frac{bx}{a}$ doive exprimer toujours la relation de AP (x) à PM (y) qui font entr'elles un angle donné ou pris à volonté APM. Ayant pris ſur la ligne AP la partie $AB = a$, & de B mené $BE = b$ parallèle à PM & du même côté ; la droite indéfinie AE ſera nommée en général un *Lieu Géométrique*, & en particulier le *Lieu* de cette équation. Car ayant mené d'un de ſes points quelconques M la droite MP parallèle à BE, les triangles ſemblables ABE, APM, donneront toujours cette proportion, $AB\,(a).\ BE\,(b) :: AP\,(x).\ PM\,(y) = \frac{bx}{a}$. Et partant la droite AE eſt le lieu de tous les points M.

De même si $yy = aa - xx$ exprime la relation de *AP* à *PM*, & que l'angle *APM* soit droit ; la circonférence d'un cercle qui a pour rayon la droite $AB = a$ prise sur la ligne *AP*, sera appellé en général un *Lieu Géometrique*, & en particulier le *Lieu* de cette équation. Car ayant mené d'un de ses points quelconques *M*, la perpendiculaire *MP* (y), on aura toujours par la propriété du cercle, $\overline{PM}^2 (yy) = DP \times PB (aa - xx)$ en prenant *BD* pour le diametre de ce cercle. D'où l'on voit que sa circonférence est le lieu de tous les points *M*. FIG. 159.

REMARQUE.

304. SI après avoir supposé que les *PM* tendent vers un certain côté de la ligne *AB*, comme vers *Q*, on suppose ensuite qu'elles tendent vers le côté opposé, comme vers *G* ; il faut remarquer que leurs valeurs deviennent négatives de positives qu'elles étoient, & qu'ainsi on a pour lors $PM = -y$. De même si après avoir supposé que les points *P* tombent d'un certain côté par rapport au point *A*, comme du côté de *B*, on suppose ensuite qu'ils tombent du côté opposé, comme vers *D* ; les *AP* deviendront négatives de positives qu'elles étoient, & on aura par conséquent $AP = -x$. Les positives de ces valeurs s'appellent aussi Valeurs *vraies* ; & les négatives, Valeurs *fausses*. Or un lieu Géométrique doit passer par les extrêmités de toutes les valeurs tant vraies que fausses de l'inconnue y, qui répondent aux valeurs tant vraies que fausses de l'autre inconnue x. Si donc l'on mene la droite *QAG* parallèle à *PM*, un lieu Géométrique pourra se trouver dans les quatre angles *BAQ*, *BAG*, *GAD*, *DAQ*, comme dans le second exemple (*fig.* 159.), ou seulement dans quelques-uns de ces angles comme dans le premier (*fig.* 158.). Car supposé dans le second exemple, qu'on fasse d'abord $AP = x$, & $PM = y$, en prenant le point *M* sur le quart *QB* de la circonférence ; si ensuite le point *M* FIG. 158, 159.

est pris sur le quart GB, on aura $AP = x$, & $PM = -y$; s'il est pris sur DG, on aura $AP = -x$, & $PM = -y$; & enfin s'il est pris sur DQ, on aura $AP = -x$, & $PM = y$; & il viendra toujours dans tous ces cas par la propriété du cercle, la même équation $yy = aa - xx$; parce que les quarrés de $\pm y$ & de $\pm x$ sont les mêmes dans tous ces cas, sçavoir yy & xx. De même dans le premier exemple, si en prenant d'abord le point M du côté de E sur AE, dans l'angle QAP, on fait $AP = x$, & $PM = y$; ce point M pris ensuite sur EA prolongée du côté de A dans l'angle GAD, donnera $AP = -x$, & $PM = -y$; & à cause des triangles semblables ABE, APM, on formera cette proportion $AB\,(a).\ BE\,(b) :: AP\,(-x).\ PM\,(-y) = -\frac{bx}{a}$; & partant $y = \frac{bx}{a}$, qui est la même équation que l'on trouve en supposant que le point M tombe dans l'angle BAQ.

AVERTISSEMENT.

Lorsqu'il s'agira dans la suite de construire le lieu d'une équation donnée, on supposera toujours que $AP\,(x)$ & $PM\,(y)$ soient positives, c'est-à-dire que tous les points M tombent dans le même angle BAQ. Et on prendra pour le lieu de l'équation donnée la portion du lieu qui sera renfermée dans cet angle.

DÉFINITION II.

Les anciens Géometres ont appellé *Lieux plans*, ceux qui sont des lignes droites, ou des cercles; *Solides*, ceux qui sont des Paraboles, des Ellipses, ou des Hyperboles. Mais les Modernes distribuent les lieux Géométriques en différens degrés: ils comprennent sous le premier tous ceux où les inconnues x & y n'ont qu'une dimension dans leurs équations; sous le second, tous ceux où elles n'en ont que deux; sous le troisieme, tous ceux où elles n'en ont que trois; & ainsi de suite. Où l'on doit

doit obſerver que les inconnues x & y ne ſe doivent point multiplier l'une l'autre dans le premier degré; qu'elles ne doivent faire au plus enſemble qu'un produit de deux dimenſions xy dans le ſecond, un de trois xxy ou xyy dans le troiſieme, &c.

DÉFINITION III.

Les termes de l'équation d'un lieu, ſont regardés comme différens entr'eux lorſque l'une ou l'autre des inconnuës x & y, ou toutes les deux jointes enſemble s'y trouvent avec différentes dimenſions. Ainſi dans le premier degré ſi l'on propoſe l'équation $y - \frac{bx}{a} + c = o$, les termes y, $- \frac{bx}{a}$, c, ſeront différens; & de même dans le ſecond, ſi l'on propoſoit $yy + \frac{2bxy}{a} - 2cy - \frac{fxx}{a} + gx + hx - hh + ll = o$, les termes yy, $\frac{2bxy}{a}$, $-2cy$, $-\frac{fxx}{a}$, $gx + hx$, $-hh + ll$, ſeroient chacun différens.

AVERTISSEMENT.

Je n'expliquerai ici en détail que les lieux du premier & du ſecond degré; ce que j'en dirai donnera beaucoup d'ouverture pour conſtruire des lieux plus compoſés dans les cas particuliers qui ſe peuvent rencontrer: on en trouvera même quelques exemples dans la ſuite. Mon deſſein eſt donc de donner dans ce Livre une méthode générale pour conſtruire les lieux du premier & du ſecond degré, leurs équations étant données; & de faire voir que le premier ne renferme que la ligne droite; & que le ſecond ne renferme de même que la Parabole, l'Ellipſe & le Cercle, l'Hyperbole & les Hyperboles oppoſées.

DEMANDE.

305. On demande qu'on puisse réduire sous une fraction simple & abregée, toute quantité littérale donnée, si composée qu'elle puisse être.

On demande par exemple, 1°. Qu'on puisse prendre une fraction simple $\frac{b}{a} = \frac{cc+ff}{af+fc} + \frac{aa}{gg}$, où les lettres a, c, f, g, marquent des lignes données. 2°. Qu'on puisse trouver une seule ligne droite $s = \frac{age-bce}{bb+af}$, où les lignes droites a, b, c, e, f, g, sont données. 3°. Qu'on puisse trouver un quarré $tt = ss - \frac{ccee-eehh}{bb+af}$, où les lignes a, b, c, e, f, h, s, sont données ; de sorte qu'on ait son côté $t = \sqrt{ss - \frac{ccee-eehh}{bb+af}}$. On enseignera au commencement du huitieme Livre comment cela se fait.

PROPOSITION I.

Problême.

306. CONSTRUIRE *tout lieu du premier degré, son équation étant donnée.*

Lorsque les inconnues x & y n'ont qu'une dimension dans l'équation proposée, & que leur produit xy ne s'y rencontre point ; le lieu de cette équation sera toujours une ligne droite, & on la réduira à l'une des quatre formules suivantes.

1°. $y = \frac{bx}{a}$, 2°. $y = \frac{bx}{a} + c$, 3°. $y = \frac{bx}{a} - c$, 4°. $y = c - \frac{bx}{a}$, dans lesquelles on suppose que l'inconnue y soit délivrée de fractions, & que la fraction qui multiplie l'autre inconnue x soit réduite * sous cette expression $\frac{b}{a}$, & tous les termes connus sous cette autre c.

* *Art.* 305.

Les mêmes choses étant posées que dans la définition premiere, on construira les lieux des trois dernieres formules de la maniere qui ſuit; car pour le lieu de la premiere, on l'a déja conſtruit dans cette définition.

Pour conſtruire le lieu de la ſeconde formule $y = \frac{bx}{a} + c$, on prendra ſur la ligne AP la partie $AB = a$; & ayant mené les droites $BE = b$, $AD = c$, parallèles à PM & du même côté, on tirera la ligne AE indéfinie du côté de E, & la droite indéfinie DM parallèle à AE. Je dis que cette ligne DM renfermée dans l'angle PAQ fait par la ligne AP & par la droite AQ menée parallèlement à PM & du même côté, ſera le lieu de cette équation ou formule. Car ayant mené d'un de ſes points quelconques M la ligne MP parallèle à AQ & qui rencontre AE en F; les triangles ſemblables ABE, APF, donneront $AB\,(a).\ BE\,(b) :: AP\,(x).\ PF = \frac{bx}{a}$. Et partant $PM\,(y) = PF\left(\frac{bx}{a}\right) + FM\,(c)$. FIG. 160.

Le lieu de la troiſieme formule $y = \frac{bx}{a} - c$ ſe conſtruit en cette ſorte. Ayant pris $AB = a$, & mené les droites $BE = b$, $AD = c$, parallèles à PM; ſçavoir BE du même côté que AQ, & AD du côté oppoſé; on tirera par les points A, E, la droite AE indéfinie du côté de E, & par le point D la ligne DM parallèle à AE, & qui rencontre AP en G. Je dis que la droite indéfinie GM renfermée dans l'angle PAQ, ſera le lieu qu'on cherche. Car on aura toujours $PM\,(y) = PF\left(\frac{bx}{a}\right) - FM\,(c)$. FIG. 161.

Enfin pour avoir le lieu de la quatrieme formule $y = c - \frac{bx}{a}$. Ayant pris ſur AP la partie $AB = a$, & mené les droites $BE = b$, $AD = c$, parallèles à PM; ſçavoir, BE du côté oppoſé, & AD du même côté que AQ; on tirera par les points A, E, la ligne AE indéfinie du côté de E, & par le point D la ligne DM parallèle à AE, & qui rencontre en G la ligne AP. Je dis que la droite DG renfermée dans l'angle PAQ, ſera le lieu cherché. Car ayant mené d'un de ſes points quelconques M la ligne FIG. 162.

MP parallèle à AQ, & qui rencontre AE en F, on aura toujours $PM(y) = FM(c) - PF\left(\frac{bx}{a}\right)$.

Si l'inconnue x n'est multipliée par aucune fraction, les quatre formules précédentes se changeront en celles-ci.

1°. $y=x$, 2°. $y=x+c$, 3°. $y=x-c$, 4°. $y=c-x$, lesquelles se construisent de la même maniere, en observant de prendre la droite BE égale à AB que l'on prend de telle grandeur qu'on veut.

REMARQUE.

307. Il peut arriver que l'équation soit un lieu à la ligne droite, quoiqu'elle ne renferme qu'une des inconnues x ou y; ce qui donne encore ces deux nouvelles formules, $y=c$, & $x=c$.

FIG. 163. Pour construire la premiere formule $y=c$. Les mêmes choses étant toujours posées que dans la définition premiere, on menera par le point fixe A, la droite $AD=c$ parallèle à PM & du même côté, on tirera ensuite la droite indéfinie DM parallèle à AP: je dis que cette ligne DM sera le lieu de l'équation proposée. Car ayant mené d'un de ses points quelconques M la droite MP parallèle à AD, il est clair qu'on aura toujours $PM(y) = AD(c)$.

FIG. 164. Pour construire la seconde formule $x=c$. Ayant pris $AP=c$, on tirera la droite indéfinie PM qui fasse avec AP l'angle APM donné ou pris à volonté: je dis qu'elle sera le lieu de tous les points M. Car ayant mené d'un de ses points quelconques M, la droite MQ parallèle à AP, & qui rencontre au point Q l'indéfinie AQ parallèle à PM; il est clair qu'on aura toujours MQ ou $AP(x)=c$, de quelque grandeur que l'on puisse prendre $PM(y)$.

AVERTISSEMENT.

Je crois qu'il est à propos, pour éclairer l'esprit des Lecteurs, de leur donner une idée de la méthode dont je vais me servir pour la construction des lieux du second degré. Elle consiste à construire d'abord une Parabole ensorte que l'équation qui en exprime la nature soit la plus composée qu'il se puisse, de faire ensuite la même chose dans l'Ellipse, & dans l'Hyperbole rapportée à ses diametres & considérée entre les asymptotes; ce qui fournit des équations ou formules générales. J'examine ce qu'elles ont chacune de particulier, afin qu'une équation étant proposée, je puisse connoître à laquelle de ces formules elle doit être rapportée; & comparant ensuite tous ses termes avec ceux de la formule, j'en tire la construction du lieu de cette équation, en observant certaines remarques qui servent pour toutes les formules. Tout ceci s'éclaircira parfaitement dans les Lemmes & Propositions qui suivent.

LEMME FONDAMENTAL.

Pour la construction des lieux à la Parabole.

308. SOIENT comme dans la premiere définition deux lignes droites inconnues & indéterminées AP (x), PM (y); & soient de plus des lignes droites données m, n, p, r, s. Cela posé, Fig. 165, 166.

1°. On prendra sur la ligne AP, la partie $AB = m$; ayant mené les droites $BE = n$, $AD = r$, paralleles à PM & du même côté, on tirera par le point A la droite AE que j'appelle e, & par le point D la droite indéfinie DG parallele à AE; sur laquelle DG ayant pris la partie $DC = s$ du côté de PM, on décrira * du diametre CG qui ait pour parametre $CH = p$, & pour ordonnées des droites paralleles à PM, une Parabole CM qui s'étende du même côté que AP. Je dis que sa portion renfermée dans l'angle PAD, fait par la ligne AP, & par une ligne AD menée par le point fixe A parallélement à PM & du même côté, est le lieu de l'équation ou formule suivante. Fig. 165.

* Art. 163.

$$yy - \frac{2n}{m}xy + \frac{nn}{mm}xx - 2ry + \frac{2nr}{m}x + rr = 0.$$
$$- \frac{ep}{m}x + ps.$$

Car ayant mené d'un des points quelconques M de cette portion de Parabole, la ligne MP qui fasse avec AP l'angle donné ou pris à volonté APM, & qui rencontre les parallèles AE, DG, aux points F, G; les triangles semblables ABE, APF, donneront ces deux proportions, AB (m). AE (e) :: AP (x). AF ou $DG = \frac{ex}{m}$. Et AB (m). BE (n) :: AP (x). $PF = \frac{nx}{m}$. Et par conséquent GM ou $PM - PF - FG = y - \frac{nx}{m} - r$, & CG ou $DG - DC$
* Art. 19. $= \frac{ex}{m} - s$. Or la Parabole donne * $\overline{GM}^2 = CG \times CH$, laquelle équation se change en la précédente en mettant pour ces lignes leurs valeurs analytiques. Donc, &c.

FIG. 166. 2°. On menera par le point fixe A, une ligne droite indéfinie AQ parallèle à PM & du même côté; & ayant pris sur cette ligne la partie $AB = m$, on tirera $BE = n$ parallèle à AP & du même côté que PM, & par les points déterminés A, E, la ligne AE que j'appelle e; & ayant pris sur AP la partie $AD = r$ du même côté que PM, on tirera la droite indéfinie DG parallèle à AE, sur laquelle on prendra la partie $DC = s$
* Art. 161. aussi du même côté de PM. On décrira ensuite * du diametre CG qui ait pour parametre $CH = p$, & pour ordonnées des droites parallèles à AP, une Parabole CM qui s'étende du même côté que AQ. Je dis que sa portion renfermée dans l'angle BAP, sera le lieu de cette seconde équation ou formule,

$$xx - \frac{2n}{m}yx + \frac{nn}{mm}yy - 2rx + \frac{2nr}{m}y + rr = 0.$$
$$- \frac{ep}{m}y + ps.$$

Car ayant mené d'un de ses points quelconques M, la ligne MQ parallèle à AP, & qui rencontre les parallèles AE, DG, aux points F, G; les triangles semblables ABE, AQF, donneront ces deux proportions, $AB(m) . AE(e) :: AQ$ ou $PM(y) . AF$ ou $DG = \frac{ey}{m}$. Et $AB(m) . BE(n) :: AQ(y) . QF = \frac{ny}{m}$. Et par conséquent GM ou $QM - QF - FG = x - \frac{ny}{m} - r$, & CG ou $DG - DC = \frac{ey}{m} - s$. Or la Parabole donne $\overline{GM}^2 = CG \times CH$, laquelle équation se change en la précédente en mettant pour ces lignes leurs valeurs analytiques. Donc, &c.

COROLLAIRE.

309. Il est clair 1°. Que dans la premiere de ces équations ou formules, le quarré yy se trouve sans fraction, & que dans la seconde c'est le quarré xx. 2°. Que dans ces deux formules les deux quarrés yy & xx s'y trouvent avec les mêmes lignes, ensorte que le quarré $\frac{nn}{mm}$ de la moitié de la fraction $\frac{2n}{m}$ qui multiplie le plan xy, multiplie l'un des quarrés xx ou yy; d'où il suit que si le plan xy ne se rencontroit point dans l'une ou l'autre de ces deux formules, le quarré $\frac{nnxx}{mm}$ ou $\frac{nnyy}{mm}$ ne s'y rencontreroit point non plus, puisqu'alors la fraction donnée $\frac{2n}{m}$ seroit nulle.

PROPOSITION II.

Problême.

310. CONSTRUIRE *le lieu d'une équation donnée, dans laquelle le plan* xy *ne se rencontrant point, il n'y a qu'un des deux quarrés* xx *&* yy; *ou bien le plan* xy *s'y rencontrant, les deux quarrés* xx *&* yy *s'y rencontrent aussi avec les mêmes signes, ensorte que le quarré*

de la moitié de la fraction qui multiplie xy, *soit égal à celle qui multiplie le quarré de l'une des inconnues. On suppose toujours qu'il y ait un des quarrés* xx *ou* yy *qui soit délivré de fractions.*

On comparera chaque terme de l'équation donnée, avec celui qui lui répond dans la premiere formule du Lemme précédent, si le quarré yy s'y rencontre sans fraction; ou avec celui qui lui répond dans la seconde formule, lorsque c'est le quarré xx. On tirera ensuite de la comparaison de ces termes, des valeurs des quantités m, n, p, r, s, par le moyen desquelles on décrira comme l'on a enseigné dans le Lemme (en se servant des deux Remarques suivantes) une Parabole qui sera le lieu cherché.

REMARQUE I.

311. 1°. ON prendra pour AB (m) telle grandeur positive que l'on voudra. 2°. Les lignes AB (m), BE (n) étant données, la ligne AE (e) l'est aussi puisque l'angle ABE est donné. 3°. Lorsque $n=o$, la ligne AE tombe sur AB, c'est-à-dire, sur AP dans la construction de la premiere formule, & sur AQ dans celle de la seconde : alors on aura AB $(m) = AE$ (e), puisque les points B, E, se confondront alors ensemble. 4°. Lorsque la valeur de l'une des quantités n, r, s, est négative, il faut prendre ou mener la ligne qu'elle exprime du côté opposé à celui de PM; au lieu qu'il la faut mener du même côté, comme l'on a fait dans le Lemme, lorsqu'elle est positive.

REMARQUE II.

312. S'IL arrive que la valeur du parametre CH (p) soit négative, il faudra que la Parabole s'étende du côté opposé à celui du Lemme : c'est-à-dire, du côté opposé à celui vers lequel s'étend l'indéterminée AP dans la construction de la premiere formule, & l'indéterminée

terminée AQ dans celle de la seconde. Tout ceci s'éclaircira parfaitement par les Exemples qui suivent.

EXEMPLE I.

313. SOIT $yy - 2ay - bx + cc = o$ l'équation donnée, dont il faut construire le lieu.

Comme le quarré yy se trouve ici sans fraction, je choisis la premiere formule * du Lemme, de laquelle comparant chaque terme avec celui qui lui répond dans la proposée, j'ai 1°. $\frac{2n}{m} = o$, parce que le plan xy ne se rencontrant point dans la proposée, on doit regarder ce plan comme étant multiplié par zéro; d'où je tire $n = o$, & par conséquent * $m = c$: c'est pourquoi effaçant dans la formule tous les termes où $\frac{n}{m}$ se rencontre, & mettant au lieu de e sa valeur m, je trouve $yy - 2ry - px + rr + ps = o$. 2°. La comparaison des termes correspondans $-2ry$ & $-2ay$ donne $r = a$. 3°. Celle de $-px$ & $-bx$ fournit $p = b$. 4°. Celle des termes où les inconnues x & y ne se trouvent point, donne enfin $rr + ps = cc$, d'où en mettant pour r & p leurs valeurs a & b, je tire $s = \frac{cc - aa}{b}$, qui est une valeur négative lorsque a surpasse c, comme on le suppose ici. Je n'ai point comparé les premiers termes yy & yy entr'eux; parce qu'étant précisément les mêmes, cela ne feroit rien connoître. Or les valeurs de n, r, p, s, étant ainsi déterminées, je construis le lieu en me servant de la construction * de la formule, & observant ce qu'il y a dans la premiere * Remarque en cette sorte.

* Art. 308. n. 1.

* Art. 311.

* Art. 308. n. 11.

* Art. 311.

Puisque $BE(n) = o$, les points B, E, se confondent, & la ligne AE tombe * sur AP; c'est pourquoi je mene d'abord par le point fixe A la ligne $AD(r) = a$ parallèle à PM, & du même côté, parce que sa valeur est positive. Je tire ensuite DG parallèle à AP, sur laquelle je prends $DC = \frac{aa - cc}{b} = - s$ du côté opposé à

* Art. 311.

FIG. 167.

PM; parce que $s = \frac{cc-aa}{b}$, qui eſt une valeur négative.

* *Art.* 161. Je décris enfin * du diametre CG (qui ait pour parametre la ligne CH $(p) = b$, & pour ordonnées des droites parallèles à PM) une Parabole ; & je dis que ſes deux portions OMM, RMS, renfermées dans l'angle PAO fait par AP & par la ligne AO menée parallélement à PM & du même côté, ſera le lieu de l'équation donnée.

Car menant d'un de leurs points quelconques M, la ligne MP qui faſſe avec AP l'angle donné ou pris à volonté APM, & qui rencontre DG au point G; on aura $GM = y - a$, ou $GM = a - y$, ſelon que le point M tombera au-deſſus ou au-deſſous du diametre CG; & CG ou

* *Art.* 19. $DG + CD = x + \frac{aa-cc}{b}$; & partant * par la propriété de la Parabole, $\overline{GM}^2$ $(yy - 2ay + aa) = CG \times CH$ $(bx + aa - cc)$, c'eſt-à-dire $yy - 2ay - bx + cc = 0$, qui eſt l'équation donnée. Donc, &c.

REMARQUE.

314. SI l'on prolonge AO de l'autre côté de A vers X, il faut remarquer,

1°. Que la portion indéfinie SM de la Parabole, renfermée dans l'angle SAX, fera le lieu de toutes les valeurs fauſſes & de l'inconnue y, qui répondent aux valeurs vraies de l'autre inconnue x dans l'équation donnée. En effet, ſi l'on prend AP plus grande que AS, & qu'on mene PM parallèle à AX, & du même côté, laquelle rencon-

* *Art.* 304. tre la portion SM en M; l'on aura * $PM = -y$, & partant la droite GM ou $GP + PM = a - y$, & on retrouvera par la propriété de la Parabole comme ci-deſſus l'équation donnée.

2°. Que la portion RCO de cette Parabole, qui tombe dans l'angle TAO opposé au ſommet à l'angle SAX, ſera le lieu de toutes les valeurs vraies de l'inconnue y

dans l'équation donnée, qui répondent aux valeurs fausses de l'autre inconnue x; car faisant * $AP = -x$, on retrouvera encore l'équation donnée. * *Art.* 304.

3°. Que s'il tomboit une portion de cette Parabole dans l'angle TAX opposé au sommet à l'angle PAO, elle seroit le lieu des valeurs fausses de l'inconnue y, qui répondroient aux valeurs fausses de l'autre inconnue x. De sorte que cette Parabole est le lieu complet de toutes les valeurs tant vraies que fausses de l'inconnue y, qui répondent à toutes les valeurs tant vraies que fausses de l'autre inconnue x, dans l'équation donnée $yy - 2ay - bx + cc = 0$.

D'où l'on voit que dans cet Exemple il y a deux valeurs vraies PM, PM, de l'inconnue y, qui répondent à la même valeur vraie AP de l'autre inconnue x, lorsque cette ligne AP est moindre que AS; qu'il y a une valeur vraie PM, & une fausse $-PM$, lorsque AP surpasse AS; qu'il n'y a qu'une valeur vraie SV de y, l'autre étant nulle ou zéro, lorsque $AP = AS$; qu'il y a deux valeurs vraies PM, PM, de l'inconnue y, qui répondent à la même valeur fausse $-AP$ de l'inconnue x, lorsque AP est moindre que AT; que ces deux valeurs deviennent égales chacune à la Tangente TC, lorsque $AP = AT$; & qu'enfin si l'on prenoit AP $(-x)$ plus grande que AT, comme l'appliquée PM ne rencontreroit alors la Parabole en aucun point, il s'ensuivroit qu'il n'y auroit aucune valeur vraie ou fausse de l'inconnue y, qui pût répondre à cette valeur fausse $-AP$ de l'autre inconnue x: c'est-à-dire que les valeurs de l'inconnue y deviendroient en ce cas imaginaires.

Tout ceci se doit entendre de la même maniere dans tous les autres Exemples qui suivent, tant dans la Parabole que dans les autres Sections Coniques: de sorte que la Section Conique qu'on trouvera, sera non-seulement le lieu de toutes les valeurs vraies de l'inconnue y par rapport aux valeurs vraies de l'autre inconnue x;

mais aussi celui de toutes les valeurs tant vraies que fausses de l'inconnue y par rapport aux valeurs tant vraies que fausses de l'autre inconnue x.

EXEMPLE II.

315. SOIT l'équation donnée $yy + \frac{2b}{a}xy + \frac{bb}{aa}xx + 2cy - bx + cc = 0$, dont il faille construire le lieu.

Comme le quarré yy est ici sans fraction, je choisis de même que dans l'Exemple précédent, la premiere
* Art. 308. n. 1. formule * du Lemme ; & j'ai par la comparaison de ses termes avec ceux qui leur répondent dans la proposée,
* Art. 311. 1°. $\frac{2n}{m} = -\frac{2b}{a}$; d'où en faisant * $m = a$, je tire $n = -b$.
2°. $\frac{nn}{mm} = \frac{bb}{aa}$; d'où il vient, comme ci-dessus, $n = -b$.
3°. $r = -c$. 4°. $\frac{2nr - ep}{m} = -b$; & partant $p = \frac{ab + 2bc}{e}$, en mettant pour m, n, r, leurs valeurs $a, -b, -c$.
5°. $rr + ps = cc$, ce qui donne $s = 0$, en mettant pour rr sa valeur cc. Or ces valeurs de m, n, r, p, s, étant ainsi déterminées, je construis le lieu de cette équation
* Art. 308. n. 1. en me servant de la construction * de la premiere formule en cette sorte.

FIG. 168. Ayant pris sur la ligne AP la partie $AB\ (m) = a$, je mene les droites $BE = b = -n$, $AD = c = -r$ paralleles à PM, & du côté opposé, parce que $n = -b$ & $r = -c$ qui sont des valeurs négatives. Je tire ensuite par les points déterminés A, E, la ligne $AE\ (e)$ qui est donnée, & par le point D la ligne DG parallèle à AE. Cela fait, comme $DC\ (s)$ est nulle ou zéro, le point C
* Art. 161. tombe sur D ; c'est pourquoi je décris * du diametre DG (qui ait pour parametre $DH\ (p) = \frac{ab + 2bc}{e}$, & pour ordonnées des droites parallèles à PM) une Parabole ; & je dis que sa portion OM renfermée dans l'angle PAH, où l'on suppose que doivent tomber tous les points M, sera le lieu de l'équation donnée.

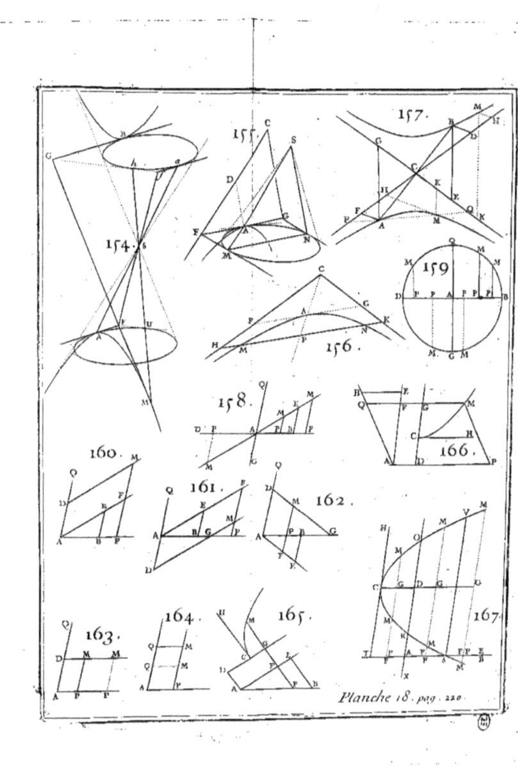

Planche 18. pag. 220.

Car ayant mené d'un de ses points quelconques M, la ligne MP qui fasse avec AP l'angle donné ou pris à volonté APM, & qui rencontre les parallèles AE, DG, aux points F, G; les triangles semblables ABE, APF, donneront ces deux proportions, $AB\,(a)$. $AE\,(e) :: AP\,(x)$. AF ou $DG = \frac{ex}{a}$. Et $AB\,(a)$. $BE\,(b) :: AP\,(x)$. $PF = \frac{bx}{a}$. Et par conséquent GM ou $PM + PF + FG = y + \frac{bx}{a} + c$. Or par la propriété* de la Parabole, $\overline{GM}^2 = GD \times DH$, c'est-à-dire, en mettant les valeurs analytiques, $yy + \frac{2b}{a}xy + \frac{bb}{aa}xx + 2cy - bx + cc = 0$. Donc, &c.

* *Art.* 191.

REMARQUE I.

316. Si la ligne AP ne coupoit point la Parabole, mais qu'elle la touchât ou qu'elle tombât toute entiere au dehors, il s'ensuivroit qu'aucun des points cherchés M ne pourroit tomber dans l'angle PAH, comme l'on avoit supposé en faisant la construction; & qu'ainsi il n'y auroit aucune valeur vraie de l'inconnue y qui répondît à une valeur vraie de l'autre inconnue x, de quelque grandeur qu'elle pût être. FIG. 168.

Cette Remarque est générale pour tous les Exemples pareils à celui-ci, non-seulement dans la Parabole, mais aussi dans les autres Sections.

REMARQUE II.

317. Il est à propos de remarquer que si l'on avoit pris pour $AB\,(m)$ une autre grandeur que a, telle qu'elle pût être, les valeurs de $BE\,(n)$ & de $AE\,(e)$ changeroient à la vérité: mais les rapports $\frac{n}{m}$, $\frac{e}{m}$, demeureroient toujours les mêmes; parce que dans le triangle ABE l'angle ABE est donné, comme aussi la raison

du côté AB au côté BE, sçavoir dans cet Exemple $\frac{n}{m} = \frac{b}{a}$. Or comme il n'y a que ces raisons de $\frac{n}{m}$, $\frac{e}{m}$, qui se puissent trouver dans les valeurs de p, r, s; il s'ensuit que ces valeurs demeurent toujours les mêmes, telle grandeur positive que l'on puisse prendre pour la ligne AB (m): de sorte qu'on n'a pris $m = a$ que pour rendre la construction plus simple. Ce que l'on doit toujours observer dans la suite.

EXEMPLE III.

318. ON demande le lieu de l'équation donnée $xx + \frac{2b}{a}yx + \frac{bb}{aa}yy - 2cx + by - \frac{2bc}{a}y = 0$.

Comme c'est ici le quarré xx qui est délivré de fractions, je choisis la seconde formule * du Lemme ; & j'ai par la comparaison des termes correspondans, 1°. $\frac{2n}{m} = -\frac{2b}{a}$; d'où en faisant $m = a$, je tire $n = -b$. 2°. $\frac{nn}{mm} = \frac{bb}{aa}$; & partant, puisque $m = a$, on trouve comme ci-dessus $n = -b$. 3°. $r = c$. 4°. $\frac{2nr - ep}{m} = b - \frac{2bc}{a}$; ce qui donne $p = -\frac{ab}{e}$, en mettant à la place de m, n, r, leurs valeurs $a, -b, c$. 5°. $rr + ps = 0$; parce que dans l'équation donnée il ne se trouve point de termes entiérement connus, que l'on puisse comparer au terme $rr + ps$ de la formule ; ce qui donne $s = -\frac{rr}{p} = \frac{ecc}{ab}$, en mettant pour r & p leurs valeurs c & $-\frac{ab}{e}$. Or ces valeurs étant ainsi déterminées, je construis le lieu requis en me servant de la construction de la seconde formule * du Lemme, & observant exactement les articles 311 & 312 de la maniere qui suit.

* Art. 308. n. 2.

* Art. 308. n. 2.

FIG. 169. Ayant mené par le point fixe A, une ligne indéfinie AQ parallèle à PM, je prends sur cette ligne la partie AB (m) $= a$; & du point B je tire $BE = b = -n$ parallèle à AP, & du côté opposé à PM, parce que la valeur de n eſt négative; & par les points déterminés A, E, la ligne AE (e) qui eſt donnée. Ayant pris ſur AP la partie AD $(r) = c$ du côté de PM, je tire la droite indéfinie DG parallèle à AE, ſur laquelle je prends la partie $DC (s) = \frac{ecc}{ab}$ du côté de PM. Je décris enſuite * du diametre CG (qui ait pour ordonnées des droites parallèles à AP, & pour parametre la ligne $CH = \frac{ab}{e} = -p$) une Parabole qui s'étende * du côté oppoſé à celui où s'étend AQ, parce que $p = -\frac{ab}{e}$ qui eſt une valeur négative. Je dis que la portion OMR de cette Parabole, renfermée dans l'angle PAB, ſera le lieu qu'on cherche.

* Art. 161.

* Art. 312.

Car ayant mené d'un de ſes points quelconques M, la ligne MQ parallèle à AP, & qui rencontre les parallèles AE, DG, aux points F, G; les triangles ſemblables ABE, AQF, donneront ces deux proportions, $AB (a). AE (e) :: AQ$ ou $PM (y). AF$ ou $DG = \frac{ey}{a}$. Et $AB (a). BE (b) :: AQ (y). QF = \frac{by}{a}$. Et par conſéquent $GM (QM + FQ - FG) = x + \frac{by}{a} - c$, ou $GM (FG - FQ - QM) = c - \frac{by}{a} - x$, ſelon que le point M tombe de part ou d'autre du diametre CD; & la coupée CG ou $CD - DG = \frac{ecc}{ab} - \frac{ey}{a}$. Or * par la proprieté de la Parabole, $\overline{GM}^2 = CG \times CH$: c'eſt-à-dire, en mettant à la place de ces lignes leurs valeurs analytiques, $xx + \frac{2b}{a}yx + \frac{bb}{aa}yy - 2cx + by - \frac{2bc}{a}y = 0$, qui eſt l'équation donnée. Donc, &c.

* Art. 19.

REMARQUE.

319. S'IL arrivoit qu'en comparant les termes de l'équation donnée avec ceux de la formule, on trouvât que $p = 0$; il eſt viſible que la conſtruction de la Parabole qui en devroit être le lieu, ſeroit impoſſible. Mais il faut bien remarquer que l'équation donnée ſe

peut toujours alors abaiſſer enſorte que ſon lieu devient
* *Art.* 308. une ligne droite ; ce qui ſe voit par les formules * du Lemme. Car effaçant, par exemple, dans la premiere les termes où p ſe rencontre, il vient $yy - \frac{2n}{m} xy \frac{nn}{mm} xx - 2ry + \frac{2nr}{m} x + rr = 0$, de laquelle extrayant la racine quarrée, on trouve $y - \frac{nx}{m} - r = 0$, ou $y = \frac{nx}{m} + r$, dont le lieu eſt une ligne droite que l'on conſtruira ſelon l'article 306. La même choſe arrivera de la ſeconde formule de l'art. 308.

EXEMPLE IV.

320. SOIT propoſée l'équation $xx - ay = 0$, de laquelle il faut trouver le lieu.

Comme c'eſt ici le quarré xx qui ſe trouve délivré de
* *Art.* 308. fractions, je choiſis la ſeconde formule * du Lemme ; &
n. 2. j'ai par la comparaiſon des termes qui ſe répondent, 1°. $\frac{2n}{m} = 0$, parce que xy ne ſe trouve point dans la
* *Art.* 311. propoſée ; d'où je tire $n = 0$, & par conſéquent * $m = e$. 2°. $\frac{nn}{mm} = 0$, parce que le quarré yy ne s'y trouve pas non plus ; d'où je tire encore $n = 0$. 3°. $r = 0$, parce que l'inconnue x ne ſe trouve point au premier degré dans la propoſée : c'eſt pourquoi effaçant dans la formule tous les termes où $\frac{n}{m}$ & r ſe rencontrent, & mettant pour e ſa valeur m ; il vient $xx - py + ps = 0$, dont il reſte à comparer les termes avec ceux qui leur répondent dans la propoſée. 4°. La comparaiſon des termes $-py$ & $-ay$ donnent $p = a$. 5°. Puiſque dans la propoſée il ne ſe trouve aucun terme entiérement connu que l'on puiſſe comparer au terme ps ; il s'enſuit que $ps = 0$, & qu'ainſi $s = 0$. Or ces valeurs de n, r, p, s, ainſi déterminées me ſervent à conſtruire le lieu qu'on demande, ayant égard à la conſtruction de la ſeconde formule de l'art. 308 & à l'art. 311 en cette ſorte.

* *Art.* 311. Puiſque $BE\,(n) = 0$, la ligne AE tombe * ſur AQ
FIG. 170. menée parallélement à PM & du même côté ; comme auſſi

aussi DG, parce que $AD\ (r) = o$. Or puisque $CD\ (s) = o$, le point C tombe sur le point D, lequel tombe en A comme l'on vient de voir. Je décris donc * une Parabole du diametre AQ, qui ait pour parametre $AH\ (p) = a$, & pour ordonnées des droites MQ parallèles à AP : je dis que sa portion indéfinie AM renfermée dans l'angle PAQ, est le lieu cherché. * *Art.* 161.

Car ayant mené d'un de ses points quelconques M les droites MP, MQ, parallèles à AQ & à AP, on aura par la propriété * de la Parabole, $\overline{QM}^2\ (xx) = AQ \times AH\ (ay)$; & partant $xx - ay = o$, qui étoit l'équation proposée. *Ce qu'il falloit démontrer.* * *Art.* 19.

DÉMONSTRATION DU PROBLÊME.

321. Si l'on met dans la formule générale * à la place de m, n, r, s, p, les valeurs que l'on aura trouvées par la comparaison de ses termes avec ceux de l'équation proposée, telle qu'elle puisse être, pourvu qu'elle ait les conditions marquées dans le Problême, il est clair que cette formule générale se changera en la proposée : & partant que si l'on prend aussi ces valeurs dans la construction * du Lemme, le lieu de la formule générale se changera en celui de l'équation proposée. Or, c'est ce qu'on a enseigné dans le Problême accompagné de ses deux Remarques, comme les Exemples précédens le font assez voir. Donc, &c. * *Art.* 308. * *Art.* 308.

LEMME FONDAMENTAL.

Pour la construction des lieux à l'Ellipse ou au Cercle.

322. Soient encore comme dans la définition premiere deux lignes droites inconnues & indéterminées $AP\ (x)$, $PM\ (y)$; & soient de plus des lignes droites données m, n, p, r, s, t. Cela posé, FIG. 171.

On prendra sur la ligne AP, la partie $AB = m$; & ayant mené les droites $BE = n$, $AD = r$, paralleles à PM, & du même côté, on tirera par le point A la droite AE qui est donnée, & que j'appelle e; & par le point D, la droite indéfinie DG parallele à AE, sur laquelle on prendra la partie $DC = s$ du côté de PM; & de part & d'autre du point C, les parties CK, CL,
* Art. 161. égales chacune à t. On décrira ensuite une Ellipse * du diametre LK ($2t$), qui ait pour parametre $KH = p$, & pour ordonnées des droites paralleles à PM. Je dis que sa portion OMR renfermée dans l'angle PAD fait par la ligne AP & par une ligne AD menée par le point fixe A parallélement à PM & du même côté, sera le lieu de l'équation ou formule générale que voici.

$$\begin{array}{llllll} yy - \frac{2n}{m}xy & + \frac{nn}{mm}xx & - 2ry & + \frac{2nr}{m}x & + rr = 0. \\ & + \frac{eep}{2mmt} & & - \frac{2eps}{2mt} & - \frac{ptt}{2t} \\ & & & & + \frac{pss}{2t} \end{array}$$

Car ayant mené d'un des points quelconques M, de cette portion d'Ellipse, la ligne MP qui fasse avec AP l'angle donné ou pris à volonté APM, & qui rencontre les paralleles AE, DG, aux points F, G, les triangles semblables ABE, APF, donneront AF ou $DG = \frac{ex}{m}$, & $PF = \frac{nx}{m}$. On aura donc $GM = y - \frac{nx}{m} - r$, & $CG = \frac{ex}{m} - s$. Or par
* Art. 55 & 41. la propriété de l'Ellipse * $KL\,(2t).\ KH\,(p) :: LG \times GK$ ou $\overline{CK}^2 - \overline{CG}^2 \left(tt - ss + \frac{2esx}{m} - \frac{eexx}{mm}\right).\ \overline{GM}^2 \left(yy - \frac{2n}{m}xy - 2ry + \frac{nn}{mm}xx + \frac{2nr}{m}x + rr\right) = \frac{ptt - pss}{2t} + \frac{2epsx}{2mt} - \frac{eepxx}{2mmt}$. Donc, &c.

S'il arrive que le diametre KL ($2t$) & son parametre KH (p) soient égaux entr'eux, on aura toujours $\overline{GM}^2 = LG \times GK$; d'où il est évident, selon les Elémens de Géométrie, que si l'angle CGM est droit, l'Ellipse se changera alors en un cercle qui aura pour diametre la ligne KL.

COROLLAIRE.

323. Il eſt clair que les deux quarrés yy & xx ſe trouvent toujours avec les mêmes ſignes dans cette formule; & que lorſque le plan xy s'y rencontre, le quarré $\frac{nn}{mm}$ de la moitié de la fraction $\frac{2n}{m}$ qui multiplie ce plan, doit être moindre que la fraction $\frac{nn}{mm} + \frac{eep}{2mmt}$ qui multiplie le quarré xx.

PROPOSITION III.

Problême.

324. Construire *le lieu d'une équation donnée, dans laquelle les deux quarrés* yy *&* xx *ſe rencontrent avec les mêmes ſignes ſans le plan* xy*, ou avec ce plan, en ſorte que le quarré de la moitié de la fraction qui le multiplie, ſoit moindre que la fraction qui multiplie le quarré* xx. *On ſuppoſe toujours ici que le quarré* yy *ſoit délivré de fractions.*

On comparera les termes de l'équation donnée, avec ceux qui leur répondent dans la formule générale * du Lemme précédent; & on tirera de la comparaiſon de ces termes, des valeurs des quantités m, n, p, r, s, t, par le moyen deſquelles valeurs on décrira, comme l'on a enſeigné dans ce Lemme (en obſervant exactement l'art. 311.) une Ellipſe qui ſera le lieu cherché.

* *Art.* 322.

EXEMPLE I.

325. Soit propoſé de trouver le lieu de cette équation $yy + xy + \frac{1}{2}xx - 2ay + bx + cc = o$, dans laquelle le quarré de $\frac{1}{2}$ moitié de la fraction $\frac{1}{1}$ ou 1 qui multiplie xy, eſt moindre que la fraction $\frac{1}{2}$ qui multiplie xx.

La comparaiſon de chaque terme de la formule générale

* Art. 322. du Lemme * avec celui qui lui répond dans cette équation, donne 1°. $\frac{2n}{m} = -1$; car n'y ayant ici aucune fraction littérale qui multiplie le plan xy, on le doit considérer comme étant multiplié par l'unité numérique 1 : & partant si l'on fait $m = a$, l'on aura $n = -\frac{1}{2}a$. 2°. $\frac{nn}{mm} + \frac{eep}{2mmt} = \frac{1}{2}$; d'où l'on tire $\frac{p}{t} = \frac{mm-2nn}{ee} = \frac{aa}{2ee}$ en mettant pour m, n, leurs valeurs $a, -\frac{1}{2}a$: & par conséquent $p = \frac{aat}{2ee}$. 3°. $r = a$. 4°. $\frac{2nr}{m} - \frac{2eps}{2mt} = b$; d'où en mettant pour $m, n, r, \frac{p}{t}$, leurs valeurs $a, -\frac{1}{2}a, a, \frac{aa}{2ee}$, il vient $s = \frac{-2ae-2eb}{a}$. 5°. $rr - \frac{ptt}{2t} + \frac{pss}{2t} = cc$: & partant $tt = ss + \frac{2trr}{p} - \frac{2tcc}{p} = ss + 4ee - \frac{4ccee}{aa}$, en mettant pour $\frac{p}{t}$, r, les valeurs $\frac{aa}{2ee}$, a, qu'on leur vient de trouver. Or les valeurs de m, n, r, s, t, p, étant ainsi déterminées, je décris l'Ellipse

* Art. 322. cherchée en me servant de la construction du Lemme * & de l'article 311 en cette sorte.

FIG. 172. Je prens sur la ligne AP la partie AB (m) a ; & ayant mené parallélement à PM & du même côté la ligne AD (r) $= a$, & du côté opposé la droite $BE = \frac{1}{2}a = -n$, par ce $n = -\frac{1}{2}a$ qui est une valeur négative, je tire par le point A la droite AE (e) qui est donnée ; & par le point D, la droite DG parallèle à AE, sur laquelle je prends la partie $DC = \frac{2ae+2be}{a} = -s$ du côté opposé à PM ; & de part & d'autre du point C, les parties CK, CL, égales chacune à

* Art. 161. $t = \sqrt{ss + 4ee - \frac{4ccee}{aa}}$. Je décris ensuite * une Ellipse du diametre LK, qui ait pour ordonnées des droites parallèles à PM, & pour parametre la ligne KH (p) $= \frac{aat}{2ee}$. Je dis que sa portion OMR renfermée dans l'angle PAD, est le lieu de l'équation donnée.

Car ayant mené d'un de ses points quelconques M,

la ligne MP qui fasse avec AP l'angle donné ou pris à volonté APM, & qui rencontre les parallèles AE, DG, aux points F, G, les triangles semblables ABE, APF donneront AB (a). AE (e) :: AP (x). AF ou $DG = \frac{ex}{a}$. Et AB (a). BE $(\frac{1}{2}a)$ :: AP (x). $PF = \frac{1}{2}x$. On aura donc $GM = y + \frac{1}{2}x - a$; & CG ou $DG + DC = \frac{ex}{a} - s$, puisque $DC = -s$. Or par la propriété * de l'Ellipse KL $(2t)$. KH $\left(\frac{aat}{2ee}\right)$ :: $LG \times GK$ ou $\overline{CK}^2 - \overline{CG}^2$ $\left(tt - ss + \frac{2esx}{a} - \frac{eexx}{aa}\right)$. $\overline{GM}^2$ $(yy + xy - 2ay + \frac{1}{4}xx - ax + aa)$. D'où en mettant à la place de $tt - ss$ & de s, leurs valeurs $4ee - \frac{4ccee}{aa}$ & $-\frac{2ae - 2be}{a}$, multipliant ensuite les extrêmes & les moyens, & divisant de part & d'autre par $2t$, l'on retrouve l'équation même proposée. Donc, &c. * Art. 55 & 41.

REMARQUE.

326. S'IL arrive que $ss + 4ee$ soit égale ou moindre que $\frac{4ccee}{aa}$, il est évident que la valeur de t deviendra nulle ou imaginaire; & qu'ainsi il sera pour lors impossible de construire l'Ellipse qui devroit être le lieu de l'équation donnée. Et comme cette équation renfermeroit nécessairement des contradictions, il s'ensuit qu'il ne pourroit y avoir aucune ligne qui en pût être le lieu; c'est-à-dire, que toutes les valeurs de l'inconnue y qui devroient répondre à toutes les valeurs tant vraies que fausses de l'autre inconnue x, seroient toutes imaginaires.

Ceci se voit clairement dans la formule générale * du Lemme qui, en transposant quelques termes, devient $yy - \frac{2n}{m}xy - 2ry + \frac{nn}{mm}xx + \frac{2nr}{m}x + rr = \frac{ptt - pss}{2t} + \frac{2pesx}{2mt} - \frac{eepxx}{2mmt}$, dans laquelle équation le premier membre est le quarré de $y - \frac{n}{m}x - r$; & le second, le quarré de t * Art. 322.

moins le quarré de $s - \frac{ex}{m}$, multiplié par la fraction $\frac{p}{2t}$. Or il eſt viſible que ſi la valeur du quarré tt eſt nulle ou négative, la valeur de ce ſecond membre ſera négative; & qu'ainſi l'on aura dans ces deux cas un quarré, ſçavoir le premier membre, égal à une valeur négative; ce qui eſt une contradiction manifeſte.

EXEMPLE II.

327. On demande le lieu de l'équation $yy + \frac{b}{a}xy + xx + cy + fx - ag = 0$, dans laquelle on ſuppoſe ſuivant l'art. 323, que $\frac{bb}{4aa}$ eſt moindre que la fraction $\frac{1}{1}$ ou 1 qui multiplie le quarré xx; c'eſt-à-dire que b eſt moindre que $2a$.

* Art. 322. La comparaiſon des termes de la formule * générale avec ceux qui leur répondent dans l'équation propoſée, donne 1°. $\frac{2n}{m} = -\frac{b}{a}$; d'où en faiſant $m = a$, on tire $n = -\frac{1}{2}b$. 2°. $\frac{nn}{mm} + \frac{eep}{2mmt} = 1$; d'où en mettant pour m, n, leurs valeurs $a, -\frac{1}{2}b$, l'on tire $\frac{p}{t} = \frac{4aa - bb}{2ee}$: & partant $p = \frac{4aat - bbt}{2ee}$. 3°. $r = -\frac{1}{2}c$. 4°. $s = \frac{bce - 2afe}{4aa - bb}$. 5°. $t = \sqrt{ss + \frac{ccee + 4agee}{4aa - bb}}$. Ce qui fournit cette conſtruction.

Fig. 173. Ayant pris ſur la ligne droite indéfinie AP la partie $AB\ (m) = a$, & mené parallèlement à PM & du côté oppoſé les droites $BE = \frac{1}{2}b = -n$, $AD = \frac{1}{2}c = -r$; on tirera par le point A la droite $AE\ (e)$ qui eſt donnée, & par le point D la droite DG parallèle à AE, ſur laquelle on prendra la partie $DC\ (s) = \frac{bce - 2afe}{4aa - bb}$ du côté de PM, ſi bc ſurpaſſe $2af$, comme on le ſuppoſe ici; & du côté oppoſé, s'il eſt moindre; enſuite on prendra de part & d'autre du point C, les parties CK & CL égales chacune à $t = \sqrt{ss + \frac{ccee + 4agee}{4aa - bb}}$. Cela fait, on décrira * une

* Art. 161.

Ellipſe du diametre LK ($2t$) qui ait pour ordonnées des droites parallèles à PM, & pour parametre une ligne $KH(p) = \frac{4aat - bbt}{2ee}$. Je dis que ſa portion OR ſera le lieu de l'équation propoſée.

Car ayant mené d'un de ſes points quelconques M, la droite MP qui faſſe avec AP l'angle donné ou pris à volonté APM, & qui rencontre les parallèles AE, LK, aux points F, G, on aura $PF = \frac{bx}{2a}$, & AF ou $DG = \frac{ex}{a}$; ce qui donnera MG ou $MP + PF + FG = y + \frac{bx}{2a} + \frac{1}{2}c$, & $CG = \frac{ex}{a} - s$, ou $s - \frac{ex}{a}$. Or par la propriété * de l'Ellipſe $LK(2t). KH\left(\frac{4aat-bbt}{2ee}\right) :: LG \times GK \left(tt - ss + \frac{2esx}{a} - \frac{eexx}{aa}\right). \overline{GM}^2 \left(yy + \frac{b}{a}xy + cy + \frac{bbxx}{4aa} + \frac{bc}{2a}x + \frac{1}{4}cc\right)$. * Art. 55 & 41.

Ce qui (en mettant pour $tt - ss$ & pour s leurs valeurs $\frac{ccee + 4agee}{4aa - bb}$ & $\frac{bce - 2afe}{4aa - bb}$, multipliant enſuite les extrêmes & les moyens, & diviſant par $2t$) donne l'équation même propoſée.

Il eſt à propos de remarquer que ſi l'angle AEB étoit droit, l'angle CGM le ſeroit auſſi; & le diametre LK ($2t$) ſeroit égal au parametre $KH\left(\frac{4aat-bbt}{2ee}\right)$, puiſque $ee = aa - \frac{1}{4}bb$ à cauſe du triangle rectangle AEB. D'où l'on voit que l'Ellipſe deviendroit alors un cercle qui auroit pour rayon la droite CK ou CL $(t) = \sqrt{ss + \frac{1}{4}cc + ag}$, & que $DC(s) = \frac{bc - 2af}{4e}$; ce qui rend la conſtruction beaucoup plus ſimple.

EXEMPLE III.

328. SOIT propoſé de trouver le lieu de l'équation $yy + xx - ax = 0$.

Je compare les termes de la formule * générale, avec ceux qui leur répondent dans l'équation donnée; & j'ai, * Art. 322.

1°. $\frac{2n}{m} = 0$, parce que le terme xy manquant, on le doit

considérer comme étant multiplié par zéro; d'où je tire $n=o$: & partant $m=e$. 2°. $\frac{nn}{mm}+\frac{eep}{2mmt}=1$; c'est à-dire, $\frac{p}{2t}=1$ en mettant pour n & m leurs valeurs o & e : & partant $p=2t$. 3°. $r=o$; parce que l'inconnue y ne se trouvant point au premier degré dans l'équation donnée, on la doit aussi considérer comme étant multipliée par zéro : c'est pourquoi effaçant dans la formule
* Art. 322. générale * tous les termes où $\frac{n}{m}$ & r se rencontrent, & mettant pour e & $\frac{p}{2t}$ leurs valeurs m & 1, elle se changera en celle-ci $yy+xx-2sx-tt+ss=o$, dont il reste à comparer les termes avec ceux de la proposée. 4°. $2s=a$; & partant $s=\frac{1}{2}a$. 5°. $ss-tt=o$; puisqu'il n'y a point de termes entiérement connus dans l'équation donnée : & partant $tt=ss=\frac{1}{4}aa$; & en extrayant de part & d'autre la racine quarrée, $t=\frac{1}{2}a$. Or ces valeurs étant ainsi déterminées, je construis le lieu en cette sorte.

FIG. 174. Puisque BE $(n)=o$, il s'ensuit que AE tombe sur AP, laquelle tombe aussi sur DG, puisqu'on a encore AD $(r)=o$; de sorte que le point D tombe en A. C'est pourquoi prenant sur AP, la partie AC (s). $=\frac{1}{2}a$ du côté de PM; & de part & d'autre du point C, les parties CK, CL, égales chacune à $t=\frac{1}{2}a$ (le point L
* Art. 161. tombe ici sur le point A); on décrira * du diametre AK qui ait pour ordonnées des droites parallèles à PM, & pour parametre la ligne KH $(p)=2t=a$, une Ellipse qui sera le lieu cherché.

Car ayant mené d'un de ses points quelconques M, la droite MP qui fasse avec AP l'angle donné ou pris à
* Art. 55 & 42. volonté APM, on aura * AK (a) KH (a) :: $AP\times PK$ $(ax-xx)$. $\overline{PM}^2$ (yy). Ce qui donne $yy+xx-ax=o$.

Il est évident que si l'angle APM est droit, l'Ellipse devient alors un cercle qui a pour diametre la ligne $AK=a$.

REMARQUE.

REMARQUE.

329. Il peut arriver deux différens cas où le lieu de l'équation donnée est un cercle.

Premier cas. Lorsque les quarrés yy & xx se trouvent tous deux avec les mêmes signes & sans fraction dans une équation, où le plan xy se trouve aussi ; & que de plus l'angle AEB est droit (ce qui arrive lorsqu'ayant mené AF perpendiculaire sur PM, la raison de PF à AP, qui est la même que celle de BE à AB, est exprimée par la moitié de la fraction qui multiplie le plan xy) : le lieu de cette équation sera toujours un cercle comme l'on a déjà vu dans l'article 324, & la raison en est évidente par la formule générale. Car l'on aura par la comparaison des termes correspondans où se trouve le quarré xx, cette égalité $\frac{nn}{mm} + \frac{eep}{2mmt} = 1$; d'où l'on tire $\frac{p}{2t} = \frac{mm-nn}{ee} = 1$, puisque à cause du triangle rectangle AEB le quarré $mm = nn + ee$. Or l'angle AEB étant droit, l'angle CGM que fait le diametre LK avec ses ordonnées sera aussi droit ; & par conséquent, puisque le diametre LK est égal à son parametre KH, il s'ensuit que l'Ellipse devient alors un cercle.

Second cas. Lorsque les quarrés yy & xx se trouvent tous deux avec les mêmes signes & sans fraction dans une équation, où le plan xy ne se rencontre pas, & que de plus l'angle APM est droit : son lieu sera toujours un cercle, comme l'on vient de voir dans l'article 328 ; & cela se prouve par le moyen de la formule générale. Car puisque le plan xy ne se trouve point dans l'équation donnée, la fraction $\frac{2n}{m}$ de la formule sera nulle ou zéro ; & partant BE $(n) = o$, & $m = e$. d'où l'on voit : 1°. Que le diametre LK est parallèle à la ligne AP, & qu'ainsi l'angle CGM qu'il fait avec ses ordonnées, étant égal à l'angle APM, sera droit. 2°. Que la fraction $\frac{nn}{mm} + \frac{eep}{2mmt}$ qui multiplie le quarré xx dans la formule devient $\frac{p}{2t}$, & qu'ainsi on aura $\frac{p}{2t} = 1$; c'est-à-dire que le diametre LK sera égal à son parametre KH. L'Ellipse qui est le lieu de l'équation donnée sera donc alors un cercle. Or, comme alors la formule générale se change en celle-ci,

$$yy + xx - 2ry - 2sx + rr = 0, \atop \qquad\qquad\qquad\qquad - tt \atop \qquad\qquad\qquad\qquad + ss$$

on pourra, si l'on veut abreger le calcul, en se servant d'abord de cette formule, pour trouver par la comparaison de ses termes avec ceux de la proposée, les valeurs de r, s, t, qui servent à décrire le cercle qui en est le lieu.

LEMME FONDAMENTAL.

Pour la construction des lieux à l'Hyperbole par rapport à ses diametres.

* Art. 161. Fig. 175. 176. 330. Les mêmes choses étant posées que dans le Lemme précédent pour l'Ellipse, on décrira * du diametre LK ($2t$) qui ait pour parametre KH (p), & pour ordonnées des droites paralleles à PM, une Hyperbole ou deux Hyperboles opposées. Je dis que sa portion OM, ou leurs portions renfermées dans l'angle PAD fait par la ligne AP & par une ligne AD menée par le point fixe A parallélement à PM & du même côté, sera le lieu de cette équation ou formule,

$$yy - \frac{2n}{m}xy + \frac{nn}{mm}xx - 2ry + \frac{2nr}{m}x + rr = 0.$$
$$\qquad\qquad - \frac{eep}{2mmt} \qquad\qquad + \frac{2eps}{2mt}x \pm \frac{ptt}{2t}$$
$$\qquad\qquad\qquad\qquad\qquad\qquad - \frac{pss}{2t}$$

dans laquelle on doit observer qu'il y a $+\frac{ptt}{2t}$ lorsque le diametre LK eſt un premier diametre, & $-\frac{ptt}{2t}$ lorſque c'eſt un ſecond.

Car ayant mené d'un de ſes points quelconques M, la ligne MP, qui faſſe avec AP l'angle donné ou pris à volonté APM, & qui rencontre les parallèles AE, DG, aux points F, G, on aura par la propriété de l'Hyperbole * $KL\,(2t).\ KH\,(p) :: \overline{CG}^2 \pm \overline{CK}^2 \left(\frac{eexx}{mm} - \frac{2esx}{m} + ss \pm tt\right).\ \overline{GM}^2 = \frac{peexx}{2mmt} - \frac{2epsx}{2mt} + \frac{pss}{2t} \pm \frac{ptt}{2t} = yy - \frac{2n}{m}xy - 2ry + \frac{nn}{mm}xx + \frac{2nr}{m}x + rr$. Donc, &c. * Art. 81 & 118.

S'il arrive que le diametre $KL\,(2t)$ & ſon parametre $KH\,(p)$ ſoient égaux entr'eux, l'Hyperbole ſera équilatere.

COROLLAIRE.

331. Il eſt clair, 1°. Que les deux quarrés yy & xx ſe trouvent toujours avec différens ſignes dans cette formule, lorſque le plan xy ne s'y rencontre point; ou bien lorſqu'il s'y trouve, & que $\frac{eep}{2mmt}$ ſurpaſſe $\frac{nn}{mm}$. 2°. Qu'ils s'y peuvent trouver avec les mêmes ſignes, mais avec ces conditions que le plan xy s'y rencontre, & que le quarré $\frac{nn}{mm}$ de la moitié de la fraction qui le multiplie, ſoit plus grand que la fraction $\frac{nn}{mm} - \frac{eep}{2mmt}$ qui multiplie le quarré xx.

PROPOSITION IV.

Problême.

332. Construire *le lieu d'une équation donnée, dans laquelle, ou les deux quarrés* yy & xx *ſe rencontrent avec différens ſignes, ou bien avec les mêmes ſignes, mais avec ces deux conditions que le plan* xy *s'y trouve, & que le quarré de la moitié de la fraction qui le multiplie, ſoit*

plus grand que la fraction qui multiplie le quarré xx. *On suppose encore ici que le quarré* yy *soit délivré de fractions.*

On construit l'Hyperbole qui en est le lieu, comme l'on vient de faire l'Ellipse dans le Problême précédent. Les Exemples qui suivent le feront voir.

EXEMPLE I.

333. SOIT $yy + \frac{2b}{a}xy + \frac{f}{a}xx + 2cy - 2gx - hh = 0$, l'équation dont il faut construire le lieu, & dans laquelle on suppose que le quarré $\frac{bb}{aa}$ surpasse $\frac{f}{a}$.

Je compare les termes de cette équation avec ceux qui leur répondent dans la formule du Lemme; & j'ai 1°. $\frac{2n}{m} = -\frac{2b}{a}$, & partant si l'on fait $m = a$, on aura $n = -b$. 2°. $\frac{eep}{2mmt} - \frac{nn}{mm} = -\frac{f}{a}$, donc $\frac{p}{2t} = \frac{bb-af}{ee}$, & $p = \frac{2bbt-2aft}{ee}$. 3°. $r = -c$. 4°. $\frac{2nr}{m} + \frac{2eps}{2mt} = -2g$, d'où en mettant pour $m, n, r, \frac{p}{2t}$ les valeurs que l'on vient de trouver, on tire $s = \frac{-bce-age}{bb-af}$. 5°. $\mp tt = ss - \frac{2rrt-2hht}{p} = ss - \frac{eecc+eehh}{bb-af}$, sçavoir $+tt$ lorsque le quarré ss surpasse $\frac{eecc+eehh}{bb-af}$, & $-tt$ lorsqu'il est moindre, parce que le quarré tt doit être positif; ce qui fait deux différens cas. Or les valeurs de m, n, r, s, t, p, étant ainsi déterminées, je construis le lieu en me réglant sur la construction du Lemme, de la maniere qui suit.

FIG. 177. 178. Ayant pris sur AP la partie $AB = a$, & mené parallèlement à PM & du côté opposé les droites $BE = b = -n$, $AD = c = -r$, je tire par les points A, E, la droite AE (e) qui est donnée, & par le point D la droite indéfinie DG parallèle à AE, sur laquelle je prends la partie $DC = \frac{eag+ebc}{bb-af} = -s$ du côté opposé à PM, & de part & d'autre du point C, les parties

CL, CK, égales chacune à $t = \sqrt{ss - \frac{eecc - eehh}{bb - af}}$ ou $\sqrt{\frac{eecc + eehh}{bb - af} - ss}$, selon que ss est plus grand ou moindre que $\frac{eecc + eehh}{bb - af}$. Cela fait, du diametre LK (qui ait pour ordonnées des droites paralleles à PM, & pour parametre la ligne KH $(p) = \frac{2bbt - 2aft}{ee}$) je décris une Hyperbole, en observant que LK (*fig.* 177) doit être un premier diametre dans le premier cas, & un second (*fig.* 178) dans le dernier. Je dis que sa portion OM sera le lieu requis.

Car ayant mené d'un de ses points quelconques M, une parallele MP à AD, laquelle rencontre les lignes AB, AE, DG, aux points P, F, G; on aura $PF = \frac{bx}{a}$, & AF ou $DG = \frac{ex}{a}$. Et par conséquent $MG = y + \frac{bx}{a} + c$, CG ou $DG + CD = \frac{ex}{a} - s$, puisque $CD = -s$. Or par la propriété de l'Hyperbole, $LK\ (2t)$. $KH\ \left(\frac{2bbt - 2aft}{ee}\right) :: \overline{CG}^2 \pm \overline{CK}^2 \left(\frac{eexx}{aa} - \frac{2esx}{a} + ss \pm tt\right)$. $\overline{GM}^2 \left(yy + \frac{2b}{a}xy + 2cy + \frac{bb}{aa}xx + \frac{2bc}{a}x + cc\right)$; ce qui, en mettant pour $ss \pm tt$ & s leurs valeurs $\frac{ccee + eehh}{bb - af}$ & $\frac{-bce - age}{bb - af}$, multipliant les extrêmes & les moyens, & divisant par $2t$, donne l'équation proposée. Donc, &c.

REMARQUE.

334. S'IL arrive que $ss = \frac{ccee + eehh}{bb - af}$, il est clair que la valeur de tt devient nulle ou zéro, & qu'ainsi la construction de l'Hyperbole devient impossible. Mais il faut bien remarquer alors que l'équation proposée s'abaisse toujours, en sorte que son lieu, qui devroit être une ou deux Hyperboles opposées, devient une ou deux lignes droites. En effet, dans notre exemple, on a réduit l'équation donnée à cette proportion $ee.\ bb - af ::$

$:: \frac{eexx}{aa} - \frac{2esx}{a} + ss \pm tt . yy + \frac{2b}{a}xy + \frac{bb}{aa}xx + 2cy + \frac{2bc}{a}x + cc$; d'où, en effaçant tt qui est nul, multipliant les extrêmes & les moyens, & extrayant de part & d'autre la racine quarrée, l'on tire $ey + \frac{ebx}{a} + ec = \frac{ex}{a} - s\sqrt{bb - af}$, c'est-à-dire en mettant pour $-s$ sa valeur $\frac{bce + age}{bb - af}$, & divisant de part & d'autre par e, cette équation $y + \frac{bx}{a} + c = \frac{x\sqrt{bb - af}}{a} + \frac{ag + bc}{\sqrt{bb - af}}$ ou $y = \frac{-b + \sqrt{bb - af}}{a}x + \frac{ag + bc}{\sqrt{bb - af}} - c$, qui en faisant $\frac{n}{m} = \frac{b - \sqrt{bb - af}}{a}$, & $p = \frac{ag + bc}{\sqrt{bb - af}} - c$, se change en cette autre $y = p - \frac{n}{m}x$ dont le lieu est une ligne droite que l'on construit selon l'article 306.

La raison de ceci est évidente par la formule générale du Lemme; car effaçant dans cette formule le terme $\mp \frac{ptt}{2t}$ qui renferme le quarré tt que l'on suppose égal à zéro ou nul, elle se change en transposant certains termes, & extrayant les racines quarrées, en cette autre $y - \frac{n}{m}x - r = \frac{ex}{m} - s\sqrt{\frac{p}{2t}}$ ou $s - \frac{ex}{m}\sqrt{\frac{p}{2t}}$ où les inconnues x & y ne sont plus qu'au premier degré, & dont le lieu par conséquent devient des lignes droites.

EXEMPLE II.

335. On demande le lieu de l'équation donnée $yy - xx + 2ay + ax = 0$.

La comparaison des termes correspondans donne 1°. $\frac{2n}{m} = 0$, parce que le terme xy ne se trouve point dans la proposée; d'où l'on tire $n = 0$, & par conséquent $m = e$. 2°. $\frac{p}{2t} = 1$, & partant $p = 2t$. 3°. $r = -a$.

4°. $\frac{2ps}{2t} = a$, d'où l'on tire $s = \frac{1}{2}a$. 5°. $rr \mp \frac{ptt}{2t} - \frac{pss}{2t} = 0$, & ainsi $\mp tt = ss - \frac{2rrt}{p} = -\frac{3}{4}aa$ en mettant pour r, $\frac{2t}{p}$, s leurs valeurs $-a$, 1, $\frac{1}{2}a$; d'où je connois qu'il faut prendre dans le dernier terme de la formule $-tt$, & non pas $+tt$, afin que la valeur de tt soit positive. Je construis ensuite le lieu en cette sorte.

Puisque AD $(r) = -a$, je mene par le point A FIG. 179.
parallélement à PM & du côté opposé la ligne $AD = a$; & puisque BE $(n) = 0$, je tire par le point D la droite DG parallèle à AP, sur laquelle je prends la partie DC $(s) = \frac{1}{2}a$ du côté de PM, & de part & d'autre du point C les parties CL, CK, égales chacune à $t = \sqrt{\frac{3}{4}aa}$. Ensuite du second diametre LK (parce qu'on a pris $-tt$ dans le dernier terme de la formule) qui ait pour ordonnées des droites parallèles à PM, & pour parametre la droite KH $(p) = tt = LK$, je décris une Hyperbole. Je dis que sa portion OM sera le lieu qu'on cherche.

Car ayant mené d'un de ses points quelconques M, une parallèle MP à AD, qui rencontre les droites AP, DG, aux points P, G; on aura $MG = y + a$, CG ou $DG - DC = x - \frac{1}{2}a$, & par la propriété de l'Hyperbole LK $(2t)$. KH $(2t)$ :: $\overline{CG}^2 + \overline{CK}^2$ $(xx - ax + \frac{1}{4}aa + tt)$. $\overline{GM}^2$ $(yy + 2ay + aa)$; ce qui donne, en mettant pour tt sa valeur $\frac{3}{4}aa$, l'équation même proposée $yy + 2ay - xx + ax = 0$.

Il est évident que l'Hyperbole est équilatere.

REMARQUE.

336. LORSQUE les deux quarrés yy & xx se trouvent avec différens signes & sans fraction dans une équation, où le plan xy ne se rencontre point, son lieu sera toujours une Hyperbole équilatere. Car la fraction $\frac{2n}{m}$ de la formule sera nulle ou zéro; & partant

$BE\ (n) = o$, & $m - e$. D'où il ſuit que la fraction $\frac{nn}{mm}$ $- \frac{eep}{2mmt}$ qui multiplie le quarré xx dans la formule devient $- \frac{p}{2t}$; & qu'ainſi on aura $- \frac{p}{2t} = 1$, c'eſt-à-dire que le diametre LK ſera égal à ſon parametre KH, ou, ce qui eſt la même choſe, que l'Hyperbole ſera équilatere. Or, comme la formule générale ſe change alors en celle-ci

$$yy - xx - 2ry + 2sx + rr = 0,$$
$$\mp tt$$
$$- ss$$

il s'enſuit qu'on peut s'en ſervir d'abord pour trouver les valeurs de r, s, t, qui ſervent à conſtruire l'Hyperbole équilatere qui eſt le lieu de l'équation donnée ; ce qui abrége le calcul.

LEMME FONDAMENTAL.

Pour la conſtruction des lieux à l'Hyperbole entre ſes Aſymptotes.

337. SOIENT comme dans la définition premiere, deux lignes inconnues & indéterminées $AP\ (x)$, $PM\ (y)$ qui faſſent entr'elles un angle donné ou pris à volonté APM ; & ſoient de plus des lignes droites données m, n, p, r, s. Cela poſé,

FIG. 180. 1°. On prendra ſur la ligne AP, la partie $AB = m$; & ayant mené les droites $BE = n$, $AD = r$ parallèles à PM, & du même côté ; on tirera par le point A la droite AE qui eſt donnée, & que j'appelle e, & par le point D la droite indéfinie DG parallèle à AE, ſur laquelle ayant pris les parties $DC = s$, $CK = e$ du côté que s'étend AP, on menera parallélement à PM, & du même côté la droite indéfinie CL, & la ligne $KH = p$.

* Art. 130. 131. On décrira enſuite * entre les Aſymptotes CL, CK, une

une Hyperbole qui passe par le point H. Je dis qu'elle sera le lieu de cette équation ou formule.

$$xy - \frac{n}{m}xx - \frac{ms}{e}y + \frac{ns}{e}x + \frac{mrs}{e} = 0.$$
$$-rx - mp$$

Car $GM = y\frac{nx}{m} - r$, $CG = \frac{ex}{m} - s$, & par la propriété de l'Hyperbole * $CG \times GM \left(\frac{exy}{m} - sy - \frac{enxx}{mm} + \frac{nsx}{m} - \frac{erx}{m} + rs\right) = CK \times KH\ (ep)$; ce qui donne, en délivrant le terme xy de fractions, & mettant par ordre tous les termes, la même équation $xy - \frac{n}{m}xx - \frac{ms}{e}y$, &c. que ci-dessus. * *Art.* 101.

2°. On menera par le point fixe A, une ligne indéfinie AQ parallèle à PM & du même côté ; & ayant pris sur cette ligne la partie $AB = m$, on tirera $BE = n$ parallèle à AP & du même côté ; & par les points déterminés A, E, la ligne AE que j'appelle e ; & ayant pris sur AP la partie $AD = r$ du côté de PM, on tirera la droite indéfinie DG parallèle à AE, sur laquelle on prendra les parties $DC = s$, $CK = e$ du côté que s'étend PM, & on menera parallélement à AP & du même côté, la droite indéfinie CL & la ligne $KH = p$. On décrira ensuite * entre les asymptotes CL, CK, une Hyperbole qui passe par le point H. Je dis qu'elle sera le lieu de cette seconde équation ou formule. FIG. 181. * *Art.* 130. 131.

$$xy - \frac{n}{m}yy - \frac{ms}{e}x + \frac{ns}{e}y + \frac{mrs}{e} = 0.$$
$$-ry - mp$$

Car ayant mené d'un de ses points quelconques M, la ligne MQ, parallèles à AP, & qui rencontre les parallèles AE, DG, aux points F, G ; les triangles semblables ABE, AQF, donneront $AB\ (m)$. $AE\ (e)$ :: AQ ou $PM\ (y)$. AF ou $DG = \frac{ey}{m}$, & $AB\ (m)$. $BE\ (n)$ :: $AQ\ (y)$. $QF = \frac{ny}{m}$. Et par conséquent $GM = x$

$-\frac{ny}{m}-r$, $CG=\frac{ey}{m}-s$. Or par la propriété de l'Hyperbole $CG \times GM = CK \times KH$, ce qui donne, en mettant pour ces lignes leurs valeurs analytiques, & délivrant le terme xy de fractions, la même seconde formule que ci-dessus. Donc, &c.

COROLLAIRE.

338. Il est clair, 1°. Que le terme xy se rencontre toujours dans ces deux formules, puisque n'étant multiplié par aucune fraction, on ne peut point la supposer nulle pour le faire évanouir. 2°. Qu'il ne s'y peut rencontrer que l'un des quarrés xx ou yy, lequel s'évanouit si la fraction $\frac{n}{m}$ qui le multiplie est nulle.

PROPOSITION V.

Problême.

339. TROUVER *le lieu d'une équation donnée, dans laquelle le plan* xy *se rencontre, sans aucun des quarrés* xx *&* yy, *ou seulement avec l'un des deux.*

On délivrera le plan xy de fractions, & on comparera les termes de l'équation donnée avec ceux qui lui répondent dans la première formule, lorsque le quarré xx s'y rencontre, & avec ceux de la seconde, lorsque c'est le quarré yy, & enfin avec celle des deux qu'on voudra, lorsque pas un des quarrés xx & yy ne s'y trouve. On tirera ensuite de la comparaison de ces termes, des valeurs des quantités m, n, p, r, s, par le moyen desquelles on décrira une Hyperbole entre ses asymptotes, comme on l'a enseigné dans le Lemme précédent, en observant toujours de mener ou de prendre du côté opposé à AP & à PM les lignes dont les valeurs sont négatives. Les exemples qui suivent éclairciront ces régles.

EXEMPLE I.

340. On demande le lieu de $xy - \frac{b}{a}xx - cy = o$.

Comme c'eſt le quarré xx qui ſe rencontre dans l'équation donnée, je choiſis la premiere formule, & j'ai par la comparaiſon de ſes termes avec ceux de la propoſée, 1°. $\frac{n}{m} = \frac{b}{a}$, d'où en faiſant $m = a$, je tire $n = b$. 2°. $\frac{ms}{e} = c$, & partant $s = \frac{ec}{a}$. 3°. $\frac{ns}{e} - r = o$, parce que l'inconnue x ne ſe trouve point au premier degré dans l'équation donnée, & partant $r = \frac{bc}{a}$. 4°. $\frac{mrs}{e} - mp = o$, parce qu'il ne ſe trouve point de termes entiérement connus ; & partant $p = \frac{rs}{e} = \frac{bcc}{aa}$. Or comme les valeurs de $AP\ (m)$, $BE\ (n)$, $CD\ (s)$, $AD\ (r)$, $KH\ (p)$, ſont toutes poſitives, je conſtruis le lieu préciſément comme dans le Lemme (*fig.* 180.) en obſervant de prendre pour les lignes les valeurs que l'on vient de trouver.

Car $GM = y - \frac{bx}{a} - \frac{bc}{a}$, CG ou $DG - DC = \frac{ex - ec}{a}$, & par la propriété de l'Hyperbole $CG \times GM = CK \times KH$, c'eſt-à-dire, en mettant les valeurs analytiques, l'équation même donnée. Donc, &c. FIG. 180.

EXEMPLE II.

341. SOIT $xy + \frac{b}{a}yy - cy - ff = o$, l'équation dont il faut conſtruire le lieu.

Comme c'eſt le quarré yy qui ſe trouve dans l'équation donnée, je choiſis la ſeconde formule, & j'ai par la comparaiſon de ſes termes avec ceux de la propoſée, 1°. $\frac{n}{m} = -\frac{b}{a}$, & ſi l'on fait $m = a$, on aura $n = -b$. 2°. $\frac{ms}{e} = o$, & partant $s = o$. 3°. $r = c$. 4°. $mp = ff$, &

FIG. 181. partant $p=\frac{ff}{a}$. Ce qui donne la construction suivante.

Ayant mené par le point fixe A, une ligne indéfinie AQ parallèle à PM & du même côté, & ayant pris sur cette ligne, la partie $AB\ (m)=a$, je tire $BE=b=-n$ parallèle à AP & du côté opposé, & par les points déterminés A, E, la ligne $AE\ (e)$. Je prends sur AP, la partie $AD\ (r)=c$ du côté de PM, & je tire la droite indéfinie DG parallèle à AE, & comme les points D, C, tombent l'un sur l'autre, parce que $DC\ (s)=o$, je prends sur cette ligne la partie $DK=e$ du côté que s'étend PM, & ayant mené parallélement à AP & du même côté la ligne $KH\ (p)=\frac{ff}{a}$, & la droite indéfinie DL qui tombe ici sur AP, je décris entre les Asymptotes DL, DK, une Hyperbole qui passe par le point H. Je dis qu'elle sera le lieu requis.

Car ayant mené d'un de ses points quelconques M, la droite MQ parallèle à AP, & qui rencontre les parallèles AE, DG, aux points F, G, on aura GM ou $MQ+QF-FG=x+\frac{by}{a}-c$, DG ou $AF=\frac{ey}{a}$, & partant $DG\times GM=\frac{exy}{a}+\frac{ebyy}{aa}-\frac{ecy}{a}=DK\times KH\ \left(\frac{eff}{a}\right)$. Ce qui donne, en délivrant le terme xy de fractions, l'équation proposée $xy+\frac{b}{a}yy-cy-ff=o$.

REMARQUE.

342. SI l'on prend pour l'arbitraire $AB\ (m)$ une autre valeur que a, celles de $CK\ (e)$ & de $KH\ (p)$ changeront, mais les valeurs du rectangle $CK\times KH\ (ep)$, & des droites $AD\ (r)$, $CD\ (s)$ demeureront toujours les mêmes; car elles ne renferment dans leurs expressions que les rapports $\frac{n}{m}$, $\frac{n}{e}$, $\frac{m}{e}$, qui ne changent point, puisque dans le triangle ABE l'angle ABE

eſt donné, & la raiſon $\frac{n}{m}$ (qui dans cet exemple eſt $\frac{-}{a}$) du côté AB (m) au côté BE (n). Or comme l'Hyperbole qui doit paſſer par le point H, ſera toujours la même *, telle grandeur que l'on puiſſe donner à CK (e) & à KH (p), pourvu que le rectangle $CK \times KH$ demeure le même ; il s'enſuit que l'on conſtruira toujours la même Hyperbole, telle grandeur que l'on puiſſe prendre pour l'arbitraire AB (m). * *Art.* 101.

EXEMPLE III.

343. Il faut conſtruire le lieu de l'équation donnée $xy - ay + bx + cc = 0$.

Comme pas un des quarrés xx & yy ne ſe trouve dans l'équation propoſée, je puis prendre indifféremment l'une ou l'autre des deux formules, par exemple, la premiere, de laquelle comparant les termes avec ceux de la propoſée, j'ai 1°. $\frac{n}{m} = 0$, & partant $n = 0$, & $m = e$; je fais $m = a$. 2°. $\frac{ms}{e}$ ou $s = a$. 3°. $r = -b$, puiſque $\frac{ns}{e} = 0$. 4°. $rs - mp = cc$, & partant $p = -b - \frac{cc}{a}$. Or ces valeurs de m, n, r, s, p, étant ainſi déterminées, je conſtruis le lieu de la maniere qui ſuit. FIG. 185.

Puiſque AD (r) $= -b$, je mene parallèlement à PM & du côté oppoſé la ligne $AD = b$; & puiſque BE (n) $= 0$, je tire la droite indéfinie DG parallèle à AP, ſur laquelle ayant pris les parties DC (s) $= a$, CK (e) $= m = a$ du côté que s'étend AP, je tire la droite indéfinie CL, & la ligne $KH = b + \frac{cc}{a} = -p$ parallèle à PM & du côté oppoſé. Je décris enſuite l'Hyperbole oppoſée à celle qui ayant pour Aſymptotes les droites CL, CK, paſſe par le point H. Je dis que sa portion indéfinie OM renfermée dans l'angle PAS, fait par la droite indéfinie AP & par la ligne AS menée parallélement à PM & du même côté, sera le lieu cherché.

Car GM ou $PG + PM = y + b$ & CG ou $CD - DG = a - x$, & par conséquent $CG \times GM = ay - xy + ab - bx = CK \times KH (ab + cc)$; ce qui, en effaçant de part & d'autre le rectangle ab, & transposant à l'ordinaire, donne $xy - ay + bx + cc = o$ qui est l'équation proposée.

Il auroit été inutile dans cet Exemple de décrire l'Hyperbole qui passe par le point H; car aucun de ses points ne pourroit tomber dans l'angle PAS, où l'on suppose que doivent tomber les points M.

REMARQUE.

344. S'IL arrivoit qu'en comparant les termes de la formule avec ceux de l'équation donnée, on trouvât que $p = o$; on voit qu'il seroit alors impossible de décrire l'Hyperbole, qui en devroit être le lieu, puisque sa puissance, qui est égale au rectangle pe, seroit nulle. Mais alors l'équation se pourroit toujours abaisser, en sorte que son lieu deviendroit une ligne droite; car effaçant par exemple dans la premiere formule du Lemme le terme mp, elle devient $xy - \frac{n}{m}xx - \frac{ms}{e}y + \frac{ns}{e}x - rx + \frac{mrs}{e} = o$, qui étant divisée par $\frac{ex}{m} - s$ donne $y - \frac{nx}{m} - r = o$, dont le lieu * est une ligne droite.

* Art. 306.

PROPOSITION VI.

Problême.

345. CONSTRUIRE *tout lieu du second degré, son équation étant donnée.*

Tous les termes de l'équation étant mis d'un même côté, en sorte que l'un des membres soit zéro, je distingue deux différens cas.

Premier cas. Lorsque le plan xy ne se trouve point dans l'équation donnée. 1°. S'il n'y a que l'un des quarrés yy ou xx, le lieu sera une * Parabole. 2°. Si les deux quarrés yy & xx s'y trouvent avec les mêmes signes, le lieu sera une * Ellipse ou un cercle. 3°. Si ces deux quarrés s'y rencontrent avec différens signes, le lieu sera une * Hyperbole ou deux Hyperboles opposées, rapportées à ses diametres.

* *Art.* 310.
* *Art.* 324.
* *Art.* 332.

Second cas. Lorsque le plan xy se trouve dans l'équation donnée. 1°. Si pas un des quarrés yy & xx ne s'y rencontre ou seulement l'un des deux, le lieu sera * une Hyperbole entre ses Asymptotes. 2°. Si les deux quarrés yy & xx s'y trouvent avec différens signes, le lieu sera * une Hyperbole rapportée à ses diametres. 3°. Si ces deux quarrés s'y rencontrent avec les mêmes signes, on délivrera le quarré yy de fractions, & le lieu sera * une Parabole lorsque le quarré de la moitié de la fraction qui multiplie xy est égal à la fraction qui multiplie le quarré xx; une * Ellipse ou un cercle lorsqu'il est moindre; & enfin une * Hyperbole ou deux Hyperboles opposées, rapportées à ses diametres lorsqu'il est plus grand.

* *Art.* 339.
* *Art.* 332.
* *Art.* 310.
* *Art.* 324.
* *Art.* 332.

On décrira le lieu selon l'article 310. s'il est une Parabole; selon l'article 324. s'il est une Ellipse ou un cercle; selon l'article 332. s'il est une Hyperbole ou deux Hyperboles opposées, rapportées à ses diametres; & enfin selon l'article 339. si c'est une Hyperbole entre ses Asymptotes. Tout ceci n'est qu'une suite de ces quatre articles.

COROLLAIRE.

346. UNE équation du second degré étant donnée, comme la Section Conique que l'on trouve par

les régles prescrites, est le lieu * de toutes les valeurs tant vraies que fausses de l'inconnue y, qui répondent aux valeurs tant vraies que fausses de l'autre inconnue x; il s'ensuit qu'il ne peut y avoir que cette seule Section qui soit le lieu de l'équation donnée.

* Art. 314.

LIVRE

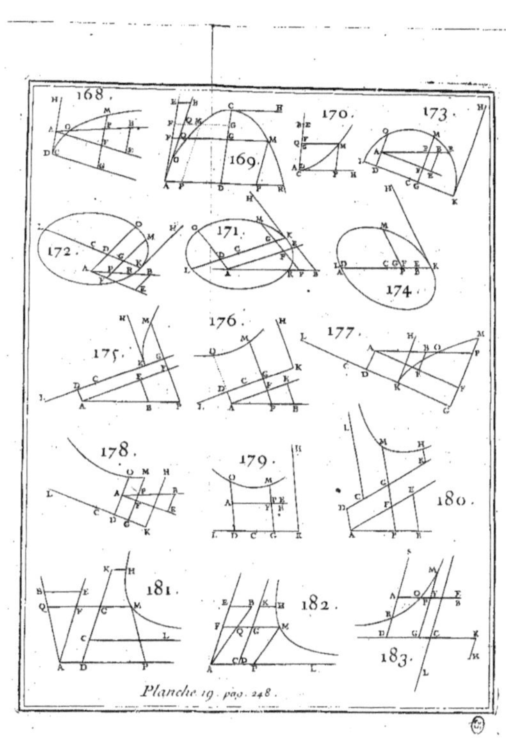

Planche 19. pag. 248.

LIVRE HUITIEME.

Propoſition générale.

347. TROUVER *le lieu d'une infinité de points qui ayent tous certaines conditions marquées, lorſque ce lieu ne paſſe point le ſecond degré.* FIG. 184.

1°. On ſuppoſera comme connues & déterminées deux lignes droites inconnues & indéterminées AP (x), PM (y), qui faſſent entr'elles un angle APM donné ou pris à diſcrétion ; & dont l'une AP ait une origine fixe & invariable en un point A, & s'étende le long d'une ligne donnée de poſition ; & l'autre PM qui détermine toujours par ſon extrêmité M, l'un des points cherchés, change continuellement d'origine, & ſoit toujours parallèle à la même ligne. 2°. On tirera les autres lignes que l'on jugera utiles à la ſolution du Problême, & on les exprimera par des lettres ; ſçavoir, les connues par les premieres lettres de l'Alphabet, & les inconnues par les dernieres. 3°. On regardera la queſtion comme réſolue, & après en avoir parcouru toutes les conditions, on arrivera enfin à une équation qui ne renfermera que les deux inconnues x & y mêlées avec des connues. 4°. Cette équation dans laquelle on ſuppoſe que les inconnues x & y ayent au plus deux dimenſions, étant formée, on en conſtruira le lieu ſelon les regles preſcrites dans le Livre précédent ; & le lieu ainſi conſtruit réſoudra la queſtion. Tout ceci s'éclaircira par les Exemples qui ſuivent.

EXEMPLE I.

348. TROUVER dans l'angle donné BAC le point M, tel qu'ayant mené de ce point les deux droites MF, MG, qui faſſent ſur les côtés AB, AC, toujours vers la même part, des angles donnés MFB, MGC ; la FIG. 184.

droite MF ſoit toujours à la droite MG en la raiſon donnée de a à b. Et comme il y a une infinité de ces points, on demande la ligne qui les renferme tous, & qui en eſt par conſéquent le lieu.

Par le point M, que l'on ſuppoſe être un des points cherchés, ayant mené la ligne MP parallèle à AC; on conſidérera les deux droites inconnues & indéterminées $AP\,(x)$, $PM\,(y)$, comme connues & déterminées. On prendra ſur le côté AB la partie $AB = a$, on tirera les droites BC, BD, parallèles à MF, MG, & qui rencontrent aux points C, D, l'autre côté AC prolongé, s'il eſt néceſſaire; & on nommera les connues AC, c; BC, f; BD, g. Préſentement menant MQ parallèle à AB, les triangles ſemblables ACB, PMF, & ABD, QMG, donneront ces deux proportions: $AC\,(c).\ CB\,(f) :: MP\,(y).\ MF = \frac{fy}{c}$, & $AB\,(a).\ BD\,(g) :: MQ$ ou $AP\,(x).\ MG = \frac{gx}{a}$; ce qui ſatisfait à la premiere condition du Problême, puiſque les lignes MF, MG, ſont toujours ſuppoſées parallèles aux deux mêmes droites BC, BD, qui font ſur les côtés AB, AC, les angles donnés. Or par la ſeconde condition qui reſte à accomplir, il faut que $MF\left(\frac{fy}{c}\right).\ MG\left(\frac{gx}{a}\right) :: a.\ b$; d'où l'on tire l'équation $y = \frac{cgx}{bf}$ qui renferme toutes les conditions du Problême, & dont le lieu ſera par conſéquent celui que l'on cherche. Il ſe conſtruit * ainſi.

* Art. 306.

Ayant pris ſur la ligne AP, la partie $AH = b$, ſoit menée $HE = \frac{cg}{f}$ parallèle à PM, & du même côté, & ſoit tirée la droite indéfinie AE. Je dis qu'elle ſera le lieu de tous les points cherchés M.

Car ayant mené par un de ſes points quelconques M, les droites MP, MQ, parallèles aux deux côtés AC, AB, & les droites MF, MG, parallèles à BC, BD, & qui font par conſéquent ſur les deux côtés AB, AC, les angles donnés; on aura à cauſe des triangles ſemblables AHE, APM, cette proportion ; AH (b). HE $\left(\frac{cg}{f}\right)$ :: AP (x). PM (y) $= \frac{cgx}{bf}$, & à cause des triangles semblables ACB, PMF, & ABD, QMG, ces deux autres : AC (c). CB (f) :: MP $\left(\frac{cgx}{bf}\right)$. MF $= \frac{gx}{b}$; & AB (a). BD (g) :: MQ ou AP (x). MG $= \frac{gx}{a}$. Et par conséquent MF $\left(\frac{gx}{b}\right)$. MG $\left(\frac{gx}{a}\right)$ :: a. b. Ce qui étoit proposé.

Je n'ai résolu cette question par le calcul, que pour la rapporter à la Proposition générale, & commencer par des Exemples simples & aisés à en faire voir l'application ; car on peut résoudre ce Problême sans aucun calcul, & d'une maniere plus facile en cette sorte.

Soient tirées les droites AK, AL, qui fassent sur AB, AC, les angles donnés KAB, LAC, & qui soient entr'elles en la raison donnée de a à b. Soient menées les droites KM, LM, parallèles aux côtés AB, AC, & qui se rencontrent au point M ; par où, & par le sommet A de l'angle donné BAC, soit tirée la ligne AM : Je dis qu'elle sera le lieu cherché. FIG. 185.

Car ayant mené d'un de ses points quelconques E, les droites ER, ES, parallèles à AK, AL ; on aura à cause des triangles semblables AER, MAK, & AES, MAL, ces proportions ER. AK :: AE. AM :: ES. AL. Et partant ER. ES :: AK. AL :: a. b.

EXEMPLE II.

349. LES parallèles AB, CD, étant données de position ; trouver le lieu de tous les points M tellement placées entre ces lignes, qu'ayant tiré les droites MP, MG, qui fassent avec elles toujours vers la même part des angles donnés MPB, MGD ; elles soient toujours entr'elles en la raison donnée de a à b. FIG. 186.

Ayant pris pour l'origine fixe des indéterminées AP (x), un point quelconque A de la ligne AB, & les deux droites inconnues & indéterminées AP (x), PM (y), étant supposées connues & déterminées, on menera les lignes AC, AE, parallèles aux deux droites MP, MG; & on nommera les connues AC, c; AE, f; cela fait, on prolongera PM jusqu'à ce qu'elle rencontre CD en F; & les triangles semblables CAE, FMG, donneront AC (c). AE (f) :: MF ($c-y$). $MG = \frac{cf-fy}{c}$. Or selon la condition du Problême qui reste à accomplir, il faut que MP (y). MG ($\frac{cf-fy}{c}$) :: $a.b$; d'où l'on tire l'équation $y = \frac{acf}{bc+af}$ qui renferme toutes les conditions du Problême, & dont le lieu qui est * une ligne droite indéfinie HM menée parallélement à AB, en sorte que $AH = \frac{acf}{bc+af}$, est par conséquent le lieu cherché.

* Art. 307.

EXEMPLE III.

Fig. 187. 350. DEUX points A, B, étant donnés, en trouver un troisieme M, tel qu'ayant mené les droites MA, MB; elles soient toujours entr'elles en raison donnée de a à b. Et comme il y a une infinité de ces points M, il est question de décrire le lieu qui les renferme tous.

Il peut arriver trois différens cas, selon que a est moindre, plus grand, ou égal à b.

Premier cas. Par le point M, que je suppose être un de ceux qu'on cherche, ayant mené la ligne MP perpendiculaire sur AB (car n'y ayant point d'angle donné dans le Problême, on choisit l'angle droit comme le plus simple), & les deux droites inconnues & indéterminées AP (x), PM (y), étant supposées connues & déterminées; on nommera la donnée AB, c; & à cause des triangles rectangles APM, BPM, on aura les quarrés $\overline{AM}^2 = xx + yy$, $\overline{BM}^2 = cc - 2cx + xx + yy$. Or par la condition du Problême, $\overline{AM}^2$ ($xx + yy$). $\overline{BM}^2$ ($cc - 2cx + xx + yy$) :: $aa.bb$. D'où (en multipliant les extrêmes & les moyens & divisant ensuite par $bb - aa$) on forme cette équation $yy + xx + \frac{2aacx}{bb-aa} - \frac{aacc}{bb-aa} = 0$, qui renferme la condition du Problême, & dont le lieu qui est par conséquent celui qu'on demande, se construit par le moyen de l'article 322. (Liv. précéd.) en cette sorte.

Soit prise sur la ligne AP, la partie $AC = \frac{aac}{bb-aa}$ du côté opposé à PM; & soit décrite du centre C, & du rayon CD ou $CE = \frac{abc}{bb-aa}$ la circonférence d'un cercle. Je dis que sa portion DMO renfermée dans l'angle PAO, fait par la ligne AP & par la droite AO, menée parallèlement à PM & du même côté, sera le lieu de l'équation que l'on vient de trouver. FIG. 187.

Car ayant mené d'un de ses points quelconques M, la perpendiculaire MP sur AB, on aura par la propriété du cercle $\overline{CD}^2 - \overline{CP}^2$ ou $EP \times PD = \overline{PM}^2$; c'est-à-dire en mettant pour ces quarrés leurs valeurs analytiques, l'équation précédente.

Si l'on suppose à présent que les points M tombent dans l'angle EAR opposé au sommet à l'angle BAO dans lequel on a supposé en faisant le calcul qu'ils étoient situés, on trouvera en faisant * $AP = -x$, & $PM = -y$, * Art. 304. la même équation que ci-dessus, tant par la condition du Problême, que par la propriété de la portion RME de la même circonférence que l'on vient de décrire; d'où il suit que cette portion est le lieu de tous les points cherchés M, lorsqu'ils tombent dans l'angle RAE. Et si l'on suppose enfin que les points M tombent dans l'angle BAR & ensuite dans l'angle EAO, on trouvera de même (en observant de faire $PM = -y$, lorsqu'il tombe de l'autre côté de la ligne AB; & $AP = -x$, lorsque le point P tombe de l'autre côté du point fixe A) que les portions DR, EO, de la même circonférence seront les lieux de ces points; & qu'ainsi la circonférence entiere qui a pour diametre la ligne DE, eſt le lieu complet de tous les points requis M.

Second cas. On trouvera par un raiſonnement ſemblable à celui du premier cas, cette équation $yy + xx - \frac{2aacx}{aa-bb} + \frac{aacc}{aa-bb} = 0$, dont le lieu ſe conſtruit ainſi.

FIG. 188. Soit priſe ſur AP, la partie $AC = \frac{aac}{aa-bb}$ du côté de PM; & ſoit décrite du centre C, & du rayon CD ou $CE = \frac{abc}{aa-bb}$ un cercle. Je dis que ſa circonférence ſera le lieu de tous les points requis M. Cela ſe prouve de même que dans le premier cas.

Si l'on conſidere dans ces deux cas que la circonférence qui a pour diametre DE, & qui eſt le lieu de tous les points cherchés M, doit couper la ligne AB en deux points D, E, tels que $AD . DB :: a . b$, & $AE . EB :: a . b$; puiſque le point M tombant en D, la droite AM devient AD; & BM, BD; & de même que le point M tombant en E, la droite AM devient AE, & BM, BE: on abrégera de beaucoup les conſtructions précédentes. Car il eſt viſible qu'ayant diviſé la ligne AB prolongée, du côté qu'il ſera néceſſaire, en deux points D, E, tels que $AD . DB :: a . b$, & $AE . EB :: a . b$; la ligne DE ſera en l'un & l'autre cas le diametre de la circonférence qui eſt le lieu cherché.

Troiſieme cas. Puiſque dans ce cas $a = b$, l'équation
* Art. 307. précédente ſe change en celle-ci $x = \frac{1}{2}c$; d'où l'on voit *
FIG. 189. que ſi l'on prend AP égale à la moitié de AB & qu'on tire la droite PM perpendiculaire ſur AB, cette ligne PM indéfiniment prolongée de part & d'autre, ſera le lieu de tous les points requis M. Ce qui eſt d'ailleurs évident par les Elémens de Géométrie.

EXEMPLE IV.

FIG. 190. 351. DEUX lignes droites DE, DN, indéfiniment prolongées de part & d'autre du point D, étant données de position sur un plan, avec un point C hors de ces lignes; soit imaginé un angle donné CEM se mouvoir par son sommet E le long de DE, en sorte que son côté EC qui rencontre DN en N, passe toujours par le même point C, & que son autre côté EM soit toujours troisieme proportionnel à NC, CE. On demande le lieu de tous les points M dans ce mouvement.

Soient menées CA parallèle à DN; & CB qui fasse sur DE au point B un angle égal à l'angle donné CEM, du côté qu'il sera nécessaire, afin que CE tombant sur CB, la droite EM tombe sur DE. Cela posé, je distingue la question en trois différens cas : car ou le sommet E de l'angle donné CEM se meut sur la droite DE de l'autre côté du point B, par rapport au point A; ou entre les points B, A; ou enfin de l'autre côté du point A par rapport au point B.

Premier cas. Lorsque le sommet E se meut sur la ligne DE de l'autre côté du point B par rapport au point A. Ayant mené du côté du point C la ligne AQ qui fasse sur DE au point A l'angle BAQ égal à l'angle ABC, on tirera par l'un des points cherchés M, que l'on regarde comme donné, la ligne MP parallèle à AQ, & qui rencontre DE en P; & on aura deux triangles semblables CBE, EPM; car les deux angles CBE, EPM, sont égaux chacun à l'angle donné CEM, & de plus les angles BCE, PEM, sont aussi égaux entr'eux; puisque dans le triangle CBE l'angle externe CEP ou $CEM + PEM$ est égal aux deux internes opposés BCE & CBE ou CEM. Si donc l'on nomme les données AD, a; AB, b; BC, c; & les inconnues & indéterminées AP, x; PM, y; AE, z; on aura, tant à cause des parallèles DN, AC, que de la condition du Problème, ces proportions $AD\ (a).\ AE\ (z) :: CN.\ CE :: CE.\ EM :: CB\ (c).\ EP\ (x-z) :: BE\ (z-b).\ PM\ (y)$; d'où l'on forme (en multipliant les extrêmes & les moyens) ces deux équations $ax - az = cz$ & $ay = zz - bz$, qui, en prenant, pour abreger,

$f=a+c$, & faiſant évanouir z, ſe réduiſent à celle-ci $xx-\frac{bf}{a}x-\frac{ff}{a}y=o$ qui ne renferme plus que les inconnues x & y, & dont le lieu, qui eſt celui que l'on cherche, ſe conſtruit * ainſi.

* *Art.* 310.

Soit priſe ſur la ligne AP, la droite $AF=\frac{bf}{2a}$ du côté de PM; & ayant mené FL parallèle à PM, ſoit priſe ſur cette ligne du côté oppoſé à PM, la partie $FG=\frac{bb}{4a}$. Soit décrite du diametre GL qui ait pour origine le point G, pour parametre $GH=\frac{ff}{a}$, & pour ordonnées des droites LM, parallèles à AP, une Parabole qui s'étende du côté de PM. Je dis que ſa portion indéfinie OM, renfermée dans l'angle PAQ, ſera le lieu de tous les points cherchés M.

Car ayant mené d'un de ſes points quelconques M, la ligne MQ parallèle à AP, & qui rencontre le diametre CL en L, on aura ML ou $PF=x-\frac{bf}{2a}$ & $GL=y+\frac{bb}{4a}$, & par la propriété de la Parabole, $\overline{ML}^2$ $\left(xx-\frac{bf}{a}x+\frac{bbff}{4aa}\right)=LG\times GH\left(\frac{ff}{a}y+\frac{bbff}{4aa}\right)$; ce qui en tranſpoſant à l'ordinaire donne l'équation $xx-\frac{bf}{a}x-\frac{ff}{a}y=o$, qu'il falloit conſtruire.

Second cas. Lorſque le ſommet E parcourt la partie BA. Il eſt clair dans ce cas que les points M tomberont de l'autre côté de DE, puiſque l'angle donné CEM ſera toujours plus grand que l'angle CEP qui diminue continuellement. C'eſt pourquoi j'ai $PM=-y$, & comme je trouve par un raiſonnement ſemblable au précédent, la même équation; il s'enſuit que la portion AGO de la Parabole que l'on vient de décrire, ſera le lieu de tous les points M, puiſqu'elle donne auſſi par ſa propriété cette même équation.

Troiſieme cas. Lorſque le ſommet ſe meut de l'autre côté

côté du point A par rapport au point B. Il est clair encore dans ce cas que tous les points cherchés M doivent tomber au-dessous de la ligne DE; & on trouvera comme dans le premier cas $AD. AE :: CN. CE :: CF. EM :: CB. EP$. Et partant $AD. CB :: AE. EP$. D'où l'on voit que EP est plus grande, moindre, ou égale à EA, selon que CB est plus grande, moindre, ou égale à AD; & qu'ainsi prolongeant AQ au-dessous de DE vers K, tous les points cherchés M tombent dans l'angle BAK dans le premier de ces trois cas, dans son complément à deux droits DAK dans le second cas, & enfin sur la droite AK dans le troisieme cas. Je suppose ici que CB soit plus grande que AD; & comme faisant $PM = -y$, parce qu'il tombe de l'autre côté de AP, je ne trouve plus la même équation que dans le premier cas, je ne fais plus d'attention à la construction de ce cas. C'est pourquoi nommant à l'ordinaire AP, x; PM, y; j'arrive à cette équation $xx + \frac{bg}{a}x - \frac{gg}{a}y = o$, dans laquelle $g = c - a$, dont le lieu, qui est celui que l'on cherche est une portion indéfinie AM d'une autre Parabole que la précédente, laquelle s'étend vers le côté opposé, & qui se construit * en cette sorte.

* Art. 310.

Soit prise sur AP de l'autre côté de PM la partie $AS = \frac{bg}{2a}$; soit menée $ST = \frac{bb}{4a}$ parallèle à AQ, & du côté opposé à PM; soit décrite du diametre TS qui ait pour origine le point T, pour parametre une ligne $= \frac{gg}{a}$, & pour ordonnées des droites parallèles à AP, une Parabole qui s'étende du côté de PM. Sa portion indéfinie AM renfermée dans l'angle PAK sera le lieu de tous les points cherchés M dans ce dernier cas, où l'on suppose que CB surpasse AD.

Il est donc évident que le lieu cherché de tous les points M est composé de deux portions indéfinies de différentes Paraboles, dont l'une $AGOM$ s'étend du côté de C, & l'autre AM du côté opposé, & partent toutes deux du point A; car le côté CE de l'angle donné CEM tombant ſur CA parallèle à DN, il eſt clair que CN devient infinie, & qu'ainſi EM eſt nulle ou zéro, puiſqu'on a toujours $NC . CE :: CE . EM$: c'eſt-à-dire que le point M ſe confond avec le point E, qui tombe ſur le point D. D'où l'on voit que AF eſt une ordonnée au diametre FG, & AS au diametre ST; ce qui donne lieu à la conſtruction ſuivante qui eſt générale.

Ayant pris ſur la ligne indéfinie AP de part & d'autre du point B les parties BO, BR, égales chacune à la quatrieme proportionnelle aux trois lignes DA, AB, BC; on menera par les points de milieu F, S, l'un de AO, l'autre de AR, les droites FG, ST, parallèles à AQ, & égales chacune à la troiſieme proportionnelle à $4AD$, & à AB; ſçavoir, FG du côté oppoſé au point C, & ST du même côté. Cela fait, on décrira deux différentes Paraboles, dont l'une aura pour diametre GF, & pour ordonnée FA; & l'autre, pour diametre TS, & pour ordonnée SA. Je dis que leurs portions indéfinies $MAGOM$ feront le lieu complet de tous les points cherchés M.

Car BO ou $BR = \frac{bc}{a}$, & partant AF ou $\frac{1}{2}AO = \frac{1}{2}b + \frac{bc}{2a} = \frac{bf}{2a}$; & de même AS ou $\frac{1}{2}AR = \frac{bc}{2a} - \frac{1}{2}b = \frac{bg}{2a}$. Donc, &c.

On peut remarquer en paſſant que ſi l'angle donné, qui ſe meut par ſon ſommet le long de la ligne DE, étoit égal au complement à deux droits de l'angle CEM, ſans rien changer au reſte; c'eſt-à-dire que les points M tombaſſent ſur la ligne EM prolongée de l'autre côté du point E: le lieu de tous les points M feroit alors les portions reſtantes des deux Paraboles que l'on vient de décrire.

Si les points A, B, C, étoient ſitués différemment de ce qu'on les ſuppoſe dans cette figure, à laquelle on a accommodé le raiſonnement; on arriveroit toujours comme l'on vient de faire à deux équations qui ne pourroient être différentes des précédentes que par quelques signes, & dont les lieux seroient par conséquent des portions de Paraboles que l'on décriroit avec la même facilité.

Le Comte *Roger de Vintimille* a proposé ce Problême avec quelques autres dans le Journal de Parme, du mois d'Avril de l'année 1693. ce qui a donné occasion au Pere *Saquerius* de faire imprimer un petit livre à Milan, dans lequel il avoue qu'il n'a pû résoudre celui-ci, quoiqu'il fasse assez paroître par la solution des autres qu'il est fort versé dans la Géométrie.

EXEMPLE V.

352. UNE ligne droite indéfinie AP étant donnée de position, avec deux points fixes A, C, l'un sur cette droite, & l'autre au dehors; soit décrite une Parabole AM qui ait pour parametre une ligne quelconque, & pour axe la ligne AP dont l'origine soit en A; & soit menée du point donné C une perpendiculaire CM à cette Parabole. On demande le lieu de tous les points M, dont il est visible qu'il y a une infinité; puisque changeant continuellement de parametres, on peut décrire une infinité de Paraboles différentes, qui ayent toutes pour axes la même droite indéfinie AP, dont l'origine soit toujours en A. FIG. 191.

Ayant mené par le point donné C la perpendiculaire CB sur AP, & par un des points cherchés M, que l'on regarde comme donné, les droites MP, MK, parallèles à BC, AP, & la tangente MT; on nommera les données AB, a; BC, b; & les inconnues & indéterminés AP, x; PM, y; ce qui donne $CK = b - y$, $NK = a + x$. Or par la condition du Problême, l'angle CMT est droit; & par conséquent les triangles rectangles TPM, CKM, seront semblables; car si l'on ôte des angles droits CMT, KMP, le même angle KMT,

* *Art.* 22 & 23. les restes CMK, TMP, seront égaux. Donc TP * $(2x)$. $PM(y)$ :: $CK(b-y)$. $KM(a+x)$, d'où l'on forme en multipliant les extrêmes & les moyens cette équation $yy-by+2xx+2ax=0$, dont le lieu qui est
* *Art.* 322. celui qu'on demande, est * une Ellipse que l'on cons-
* *Art.* 324. truit * en cette sorte.

Ayant mené $AD=\frac{1}{2}b$ perpendiculaire à AP & du côté de PM, & tiré la droite indéfinie DL parallèle à AP, on prendra sur cette ligne la partie $DE=\frac{1}{2}a$ du côté opposé à PM; & de part & d'autre du point E les parties EF, EG égales chacune à $\sqrt{\frac{1}{4}aa+\frac{1}{8}bb}$. Ensuite de l'axe FG, qui ait pour parametre une ligne GH double de FG, on décrira une Ellipse. Je dis que sa portion AMO renfermée dans l'angle PAD, est le lieu de l'équation précédente; & par conséquent de tous les points cherchés M, lorsqu'ils tombent dans cet angle.

Car prolongeant PM, s'il est nécessaire, jusqu'à ce qu'elle rencontre l'axe FG en L, on aura l'ordonnée $ML=\frac{1}{2}b-y$, & $EL=\frac{1}{2}a+x$, & par la propriété de l'Ellipse, $FL\times LG$ ou $\overline{EF}^2-\overline{EL}^2$ $(\frac{1}{8}bb-ax-xx)$. $\overline{LM}^2$ $(\frac{1}{4}bb-by+yy)$ :: FG. GH :: 1 . 2; ce qui donne en multipliant les extrêmes & les moyens $\frac{1}{4}bb-2ax-2xx=\frac{1}{4}bb-by+yy$. Donc, &c.

Si l'on suppose à présent que les points M tombent dans les angles BAD, BAR, on trouvera toujours la même équation que ci-dessus, tant par la condition du Problême que par la propriété de l'Ellipse; en observant de faire $AP=-x$, & $PM=-y$, lorsque le point P tombe de l'autre côté de l'origine A, & PM, de l'autre côté de la ligne AP. D'où il suit que les portions de l'Ellipse, que l'on vient de décrire, renfermées dans ces angles, sont le lieu de ces points.

On doit remarquer qu'il est impossible qu'aucun des points cherchés M, tombe dans l'angle PAR, opposé au sommet à l'angle BAD dans lequel est situé le point donné C, d'où doivent partir toutes les perpendiculaires aux Paraboles. Car si d'un point quelconque pris dans cet angle PAR, on mene des droites comme MP, MT, perpendiculaires sur AP & CM, il est visible que les points P, T, tomberont du même côté du point A, & par conséquent que cette ligne MT ne pourra être tangente en M comme le demande la question.

Si l'on suppose que AP (x) devienne nulle ou zéro, l'équation précédente $yy - by + 2xx + ax = o$ se changera en celle-ci $yy - by = o$, dont les deux racines sont $y = o$, & $y = b$; ce qui fait voir qu'en tirant AO parallèle & égale à BC, le lieu des points cherchés M passera par les deux points A, O. On prouvera de même en supposant que le point P tombe de l'autre côté de l'origine A, & faisant AP $(-x) = AB$ (a), que ce même lieu passera par les points B, C; de sorte que l'Ellipse doit être décrite autour du rectangle $ABCO$. Ceci donne lieu à une nouvelle construction que voici.

Soit formé le rectangle $ABCO$, & soit décrite * autour de ce rectangle une Ellipse, dont l'axe FG parallèle aux côtés AB, OC, soit à son parametre GH, comme 1 est à 2. Il est évident qu'elle sera le lieu cherché. * *Art.* 176.

REMARQUE I.

353. Si la nature des lignes courbes, telles que AM, étoit exprimée par l'équation générale $y^n = x^m a^{n-m}$ (les lettres m, n, marquent les exposans des puissances de y & x, tels qu'ils puissent être) qui renferme * non-seulement la Parabole ordinaire, mais encore celles de tous les degrés à l'infini; on auroit TP * $\left(\frac{n}{m}x\right)$. $PM(y)$ :: $CK(b-y)$. $KM(a+x)$: ce qui donne $yy - by + \frac{n}{m}xx + \frac{n}{m}ax = o$, dont le lieu, qui est celui qu'on cherche, est une Ellipse que l'on construira selon l'article 322. ou bien selon l'article 176. si l'on observe que cette Ellipse doit passer autour du rectangle donné $ABCO$, & que son axe FG parallèle aux côtés AB, OC, doit être * *Art.* 229. * *Art.* 237.

à son parametre GH, en la raison donnée de m à n.

REMARQUE II.

FIG. 191. 354. Si le centre E de l'Ellipse qu'on vient de décrire, tomboit sur l'origine A de l'axe commun AP de toutes les Paraboles AM; & l'axe FG de l'Ellipse sur l'axe AP des Paraboles : cette Ellipse couperoit toutes ces différentes Paraboles à angles droits. On peut énoncer ce Théorême de la maniere qui suit.

FIG. 192. Soient une infinité de Paraboles comme AM, de tel degré qu'on voudra, qui ayent toutes pour axe commun la même ligne AP, dont l'origine est toujours au même point A; & soit une Ellipse qui ait pour centre le point A, & dont l'axe FG situé sur AP soit à son parametre, comme le nombre m exposant de la puissance de $AP\,(x)$, est au nombre n exposant de la puissance de $PM\,(y)$, dans l'équation générale $y^n = x^m a^{n-m}$ qui exprime la nature des Paraboles AM. Je dis que cette Ellipse coupera toutes ces Paraboles à angles droits.

Par le point M, où elle coupe telle de ces Paraboles qu'on voudra, ayant mené la tangente MT à cette Parabole, & MS perpendiculaire à cette tangente ; il est question de prouver que MS touche l'Ellipse au point M. Pour en venir à bout, on tirera la perpendiculaire MP sur l'axe, & ayant nommé les indéterminées AP, x; $PM\,y$; & la donnée $FG, 2t$; on aura par la propriété de l'Ellipse $FP \times PG\,(tt - xx) . \overline{PM}^2\,(yy) :: m . n$, & partant $myy = ntt - nxx$. Or à cause des angles droits TPM,

* Art. 237. TMS, il vient TP * $\left(\frac{n}{m}x\right) . PM\,(y) :: PM\,(y) . PS = \frac{myy}{nx}$, & par conséquent AS ou $AP + PS = \frac{nxx + myy}{nx} = \frac{tt}{x}$ en mettant pour myy la valeur que l'on vient de trouver $ntt - nxx$. D'où l'on voit que $AP . AF :: AF . AS$,

* Art. 57. & qu'ainsi * la ligne MS touche l'Ellipse au point M. *Ce qu'il falloit, &c.*

EXEMPLE VI.

355. SOIENT imaginées une infinité d'Hyperboles, qui ayent toutes pour Asymptotes communes les mêmes droites AP, AO, données de position, qui font entr'elles un angle droit PAO; & soient conçues partir d'un point donné C une infinité de perpendiculaires comme CM à ces Hyperboles. On demande le lieu de tous les points M, où chacune des droites CM rencontre l'Hyperbole à laquelle elle est perpendiculaire. FIG. 193.

Ayant tiré les mêmes lignes que dans l'exemple précédent, & les ayant nommées par les mêmes lettres, on arrivera de même à cette proportion TP * (x). $PM(y) :: CK(b-y)$. $KM(a-x)$; ce qui donne cette équation $yy-by-xx+ax=o$; dont voici * le lieu.

* Art. 107.
* Art. 330. ou 335.

Ayant pris sur l'Asymptote AO parallèle à PM, la partie $AD=\frac{1}{2}b$, & mené DL parallèle à AP; on prendra sur cette ligne la partie $DE=\frac{1}{2}a$ du côté de PM, & de part & d'autre du point E, les parties EF, EG, égales chacune à $\sqrt{\frac{1}{4}aa-\frac{1}{4}bb}$ ou $\sqrt{\frac{1}{4}bb-\frac{1}{4}aa}$ selon que a est plus grand ou moindre que b. On décrira ensuite de la ligne FG, comme premier axe dans le premier cas, & comme second dans le deuxieme, deux Hyperboles opposées équilateres. Je dis que leurs portions renfermées dans l'angle PAO, feront le lieu de cette équation, & par conséquent celui de tous les points cherchés M.

Car prolongeant PM (s'il est nécessaire) jusqu'à ce qu'elle rencontre l'axe FG, en L, on aura l'ordonnée $ML=\frac{1}{2}b-y$, & la partie $EL=x-\frac{1}{2}a$; & * par la propriété des Hyperboles équilateres $\overline{EL}^2 \pm \overline{EF}^2$ $(xx-ax+\frac{1}{4}bb)=\overline{LM}^2$ $(\frac{1}{4}bb-by+yy)$. Donc, &c.

* Art. 127.

Si $a=b$, la construction précédente n'a plus de lieu, car la valeur du demi-axe EF ou EG devient nulle. Et comme l'équation précédente devient celle-ci $yy-ay-xx-ax=o$, ou $yy-ay+\frac{1}{4}aa=xx-ax+\frac{1}{4}aa$

de laquelle extrayant de part & d'autre la racine quarrée, il vient $y - \frac{1}{2}a = x - \frac{1}{2}a$ ou $y = x$, & $\frac{1}{2}a - y = x - \frac{1}{2}a$ ou $y = a - x$; il s'ensuit que si l'on acheve le rectangle
FIG. 194. $ABCO$, & qu'on tire les deux diagonales AC, BO: elles seront le lieu de tous les points cherchés M. Car la diagonale AC est le lieu de la premiere équation $y = x$, & l'autre diagonale BO est le lieu de la deuxieme $y = a - x$.

REMARQUE I.

356. Si la nature des lignes courbes qui ont pour Asymptotes les droites AB, AO, étoit exprimée par
FIG. 193. l'équation générale $x^m y^n = a^{m+n}$ qui renferme * les Hy-
* Art. 229. perboles de tous les degrés à l'infini, on auroit TP *
* Art. 237. $(\frac{n}{m}x)$. $PM(y)$ :: $CK(b-y)$. $KM(a-x)$; ce qui donne $yy - by - \frac{n}{m}xx + \frac{n}{m}ax = 0$, dont le lieu
* Art. 330. se construit * ainsi.

Ayant trouvé le point E comme dans l'exemple, on prendra sur DL de part & d'autre du point E, les parties EF, EG, égales chacune à $\sqrt{\frac{1}{4}aa - \frac{m}{4n}bb}$ ou $\sqrt{\frac{m}{4n}bb - \frac{1}{4}aa}$; selon que naa est plus grand ou moindre que mbb. Ensuite de la ligne FG comme premier axe dans le premier cas, & comme second dans le deuxieme, qui soit à son parametre en la raison donnée de m à n, on décrira deux Hyperboles opposées: leurs portions renfermées dans l'angle OAB seront le lieu qu'on cherche.

Si $a . b :: \sqrt{m} . \sqrt{n}$, l'équation $yy - by - \frac{n}{m}xx + \frac{n}{m}ax = 0$
FIG. 194. se change en celle-ci $yy - ay\sqrt{\frac{n}{m}} - \frac{n}{m}xx + \frac{n}{m}ax = 0$, ou $yy - ay\sqrt{\frac{n}{m}} + \frac{naa}{4m} = \frac{n}{m}xx - \frac{n}{m}ax + \frac{naa}{4m}$ de laquelle extrayant de part & d'autre la racine quarrée, il vient

vient $y - \frac{1}{2}a\sqrt{\frac{n}{m}} = x\sqrt{\frac{n}{m}} - \frac{1}{2}a\sqrt{\frac{n}{m}}$, ou $y = x\sqrt{\frac{n}{m}}$.
& $\frac{1}{2}a\sqrt{\frac{n}{m}} - y = x\sqrt{\frac{n}{m}} - \frac{1}{2}a\sqrt{\frac{n}{m}}$ ou $y = a\sqrt{\frac{n}{m}} - x\sqrt{\frac{n}{m}}$.
D'où il suit que si l'on acheve le rectangle $ABCO$, & qu'on tire les diagonales BO, AC; ces deux lignes droites seront le lieu de tous les points cherchés M : car la diagonale AC est le lieu de la premiere équation $y = x\sqrt{\frac{n}{m}}$, & l'autre diagonale BO le lieu de la seconde $y = a\sqrt{\frac{n}{m}} - x\sqrt{\frac{n}{m}}$.

On prouvera de même que dans l'Ellipse, que les Hyperboles opposées qui sont le lieu cherché, doivent être décrites autour du rectangle donné $ABCO$; & comme l'axe FG, parallèle aux côtés AB, OC, doit être à son parametre en la raison donnée de m à n, il s'ensuit qu'on peut décrire, si l'on veut, ces Hyperboles par le moyen de l'article 176. (Liv. 4.) FIG. 193.

REMARQUE II.

357. Si le centre E de l'Hyperbole BFC tomboit sur le point A, & son axe FG sur la ligne AP; je dis que cette Hyperbole couperoit à angles droits toutes celles qui ont pour Asymptotes les droites AP, AO; ce qu'on peut énoncer ainsi. FIG. 193.

Soient une infinité d'Hyperboles de tel degré qu'on voudra, qui ayent toutes pour Asymptotes communes les mêmes droites AP, AO, qui font entr'elles un angle droit; & soit une Hyperbole ordinaire FM qui ait pour centre le point A, & dont le premier axe FG situé sur AP, soit à son parametre comme le nombre m exposant de la puissance de AP (x) est au nombre n exposant de la puissance de PM (y) dans l'équation générale $x^m y^n = a^{m+n}$ qui exprime la nature des Hyperboles MAM. Je dis que l'Hyperbole FM coupe à angles droits toutes ces différentes Hyperboles. FIG. 195.

Ayant mené par le point M où elle coupe telle de ces Hyperboles qu'on voudra, une tangente MT à cette Hyperbole, & une perpendiculaire MS à cette tangente; il s'agit de prouver que l'angle TMS sera droit. Pour le faire, on tirera MP perpendiculaire sur l'Asymptote AP; & ayant nommé les indéterminés AP, x; PM, y; & la donnée $FG, 2t$; on aura par la propriété de l'Hyperbole FM cette proportion $FP \times PG\ (xx-tt)$. $\overline{PM}^2\ (yy) :: m. n$, & partant $myy = nxx - ntt$. Or à
* Art. 237. cause des angles droits TPM, TMS, il vient $TP^*\left(\frac{n}{m}x\right)$. $PM(y) :: PM(y).\ PS = \frac{myy}{nx}$. Et par conséquent AS ou $AP - PS = \frac{nxx - myy}{nx} = \frac{tt}{x}$ en mettant pour myy la valeur qu'on vient de trouver $nxx - ntt$. D'où l'on voit que AS est troisieme proportionnelle à AP, AF;
* Art. 121. & qu'ainsi * la ligne MS touche l'Hyperbole FM au point M. *Ce qu'il falloit démontrer.*

EXEMPLE VII.

FIG. 196. 358. La Parabole BAC étant donnée, on demande le lieu de tous les points M, tels qu'ayant mené de chacun de ces points, deux tangentes MB, MC, à cette Parabole; l'angle BMC qu'elles comprennent soit toujours égal à un angle donné.

Il peut arriver que l'angle donné BMC soit aigu, obtus, ou droit; ce qui fait trois différens cas.

Premier cas. Lorsque l'angle donné BMC est aigu.
* Art. 160. Ayant mené * l'axe AD de la Parabole donnée BAC, qui rencontre les tangentes MB, MC, aux points F, G, on tirera sur cet axe des points touchans B, C, & du point de concours M, les perpendiculaires BD, CE, MP. Et ayant mené MN qui fasse sur l'axe AD l'angle FNM égal à l'angle FMG complément à deux droits de l'angle donné BMC, on nommera les inconnues & indéterminées AP, x; PM, y; AF, s; AG, t;

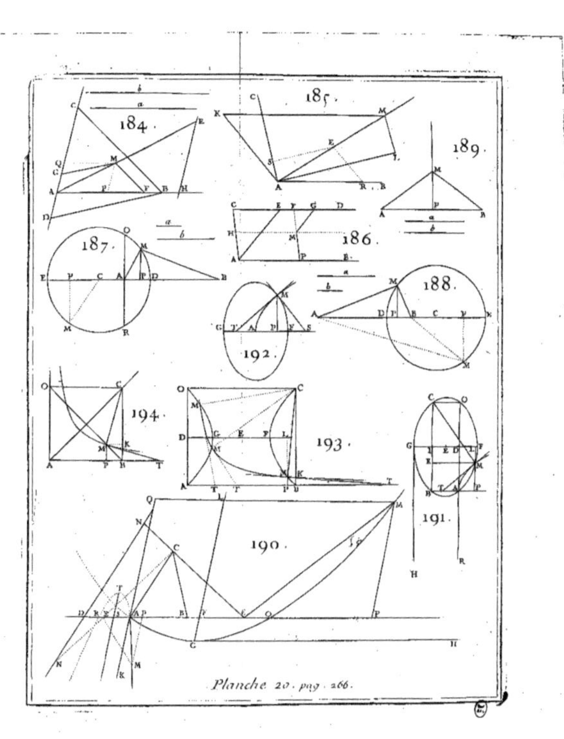

Planche 20. pag. 266.

& le parametre de l'axe AD, sçavoir, AV, a; lequel est donné, puisque la Parabole BAC est donnée. Cela posé; à cause du triangle rectangle FPM, on aura le quarré $\overline{FM}^2 = ss - 2sx + xx + yy$, lequel étant divisé par $FG (s-t)$ donnera $\frac{ss-2sx+xx+yy}{s-t} = FN$, à cause des triangles semblables FGM, FMN; & partant PN ou $FP - FN = \frac{sx+tx-st-xx-yy}{s-t}$. Je cherche à présent par le moyen de la Parabole donnée BAC des valeurs de $s+t$, st, & $s-t$ par rapport à x & y, afin qu'étant substituées, dans la valeur de PN, cette ligne ne renferme plus dans son expression d'autres inconnues que x & y. Ce que je fais ainsi.

Les triangles semblables FPM, FDB; & GPM, GEC, donnent $FP (s-x) . PM (y) :: FD$ * $(2s) . BD$ * $(\sqrt{as})$. * *Art.* 22. Et $GP (x-t) . PM (y) :: GE (2t) . CE (\sqrt{at})$. D'où je * *Art.* 7. forme ces deux équations $ss - 2xs - \frac{4yy}{a}s + xx = 0$, & $tt - 2xt - \frac{4yy}{a}t + xx = 0$; c'est-à-dire (en faisant $p = 2x + \frac{4yy}{a}$ pour faciliter le calcul) $ss - ps + xx = 0$, & $tt - pt + xx = 0$. Je retranche la seconde équation de la premiere, & j'ai $ss - tt - ps + pt = 0$, qui étant divisée par $s-t$ donne $s+t = p$; & partant $s = p - t$, & $ss = ps - ts = ps - xx$ à cause de la premiere équation, d'où je tire $st = xx$. Si l'on ôte $4xx$ valeur de $4st$ de pp valeur de $ss + 2ts + tt$, on formera enfin cette égalité $ss - 2st + tt = pp - 4xx$, & extrayant de part & d'autre la racine quarrée, on aura $s - t = \sqrt{pp - 4xx} = \frac{4y\sqrt{ax+yy}}{a}$ en mettant pour p sa valeur $2x + \frac{4yy}{a}$.

Si l'on met à présent à la place de $s+t$, st, & $s-t$, leurs valeurs $2x + \frac{4yy}{a}$, xx, & $\frac{4y\sqrt{ax+yy}}{a}$ dans $\frac{sx+tx-st-xx-yy}{s-t}$, on trouvera $PN = \frac{4xy-ay}{4\sqrt{ax+yy}}$. Or si l'on prend sur l'axe la partie NQ égale au parametre AV (a), & qu'on tire QT parallele à PM, & qui rencontre en T la droite MN prolongée autant qu'il sera nécessaire ; il est visible que la ligne QT sera donnée, puisque dans le triangle rectangle NQT, l'angle QNT qui est égal à l'angle donné BMC est donné, & que de plus le côté NQ, qui est égal au parametre AV de l'axe de la Parabole, est aussi donné. Soit donc la donnée $QT=b$, & à cause des triangles semblables NPM, NQT, on aura cette proportion, NP $\left(\frac{4xy-ay}{4\sqrt{yy+ax}}\right)$. $PM(y)::a.b$, & partant $4a\sqrt{yy+ax}=4bx-ab$, c'est-à-dire en ôtant les incommensurables $yy-\frac{bb}{aa}xx+ax+\frac{bb}{2a}x-\frac{1}{16}bb=0$, dont le lieu (qui est celui qu'on cherche) se construit * en cette sorte.

* Art. 330 & 332.

Soit prise sur l'axe AD de la Parabole, la partie $AH=\frac{1}{4}a+\frac{a^3}{2bb}$ du côté de PM ; & de part & d'autre du point H les parties HI, HK, égales chacune à $\frac{aa\sqrt{aa+bb}}{2bb}$; & soit décrite du premier axe IK qui soit à son parametre KL comme aa est à bb, une Hyperbole KM. Je dis qu'elle sera le lieu de l'équation que l'on vient de trouver.

Car $HP=x-\frac{1}{4}a-\frac{a^3}{2bb}$, & par la propriété de l'Hyperbole $\overline{HP}^2-\overline{HK}^2$ $(xx-\frac{1}{2}ax-\frac{a^3}{bb}x+\frac{1}{16}aa)$. $\overline{PM}^2$ $(yy)::IK.KL::aa.bb$; ce qui donne, en multipliant les extrêmes & les moyens, l'équation précédente.

Il est à propos de remarquer que dans ce cas FN sera toujours moindre que FP ; puisque l'angle FNM, qu'on a pris égal au complément à deux droits de l'angle donné, est obtus. C'est pourquoi $\frac{4xy-ay}{4\sqrt{yy+ax}}$ la valeur $FP-FN$ doit être positive ; & par conséquent x doit toujours surpasser $\frac{1}{4}a$. D'où l'on voit que quoiqu'il y ait une portion de l'Hyperbole opposée à KM qui soit renfermée dans l'angle PAV fait par la ligne AP & par la droite AV menée parallèlement à PM & du même côté, elle ne peut pas néanmoins faire partie du lieu des points M; parce que AI étant moindre que $\frac{1}{4}a$, l'indéterminée AP qui seroit alors moindre que AI, seroit à plus forte raison moindre que $\frac{1}{4}a$.

Second cas. Lorsque l'angle donné est obtus. En supposant que les points M tombent dans l'angle PAV, & par un raisonnement semblable à celui du premier cas, on trouvera la même équation; & par conséquent la construction du lieu demeurera la même. Mais il faut observer dans ce second cas que FN sera plus grande que FP, & qu'ainsi la valeur $\frac{4xy - ay}{4\sqrt{yy + ax}}$ de $FP - FN$ deviendra négative; d'où il suit que x sera toujours moindre que $\frac{1}{4}a$, & partant que le lieu cherché sera alors la portion de l'Hyperbole qui s'étend du même côté de la Parabole, laquelle se trouve renfermée dans cet angle PAV. Et comme en supposant que les points M tombent dans l'angle DAV, on trouve encore la même équation, il s'ensuit que cette Hyperbole entiere sera le lieu de tous les points cherchés M.

De-là il est évident que si une Hyperbole KM est le lieu de tous les points M lorsque l'angle donné BMC est aigu, son opposée sera le lieu de tous ces points lorsque l'angle donné sera égal au complément à deux droits de l'angle BMC, parce qu'alors les lignes données a & b qui déterminent la construction des Hyperboles, demeurent les mêmes.

Troisième cas. Lorsque l'angle donné est droit. Il est clair que FN est alors égale à FP, & qu'ainsi la valeur $\frac{4xy - ay}{4\sqrt{yy + ax}}$ de $FP - FN$ sera nulle ou zéro. D'où l'on voit * que si l'on prend sur l'axe AD prolongé vers son origine A la partie $AP = \frac{1}{4}a$, & qu'on lui mene la perpendiculaire indéfinie PM; cette ligne qui n'est autre FIG. 196. 197. * Art. 306.

que la directrice, comme l'on peut voir dans les définitions de la Parabole, sera le lieu cherché.

COROLLAIRE.

FIG. 196. 197. 359. Si l'on mene le demi-second axe HO, & qu'on tire l'hypothénuse KO; les triangles rectangles KHO, NQT seront semblables : car puisque le second axe est moyen proportionnel entre le premier IK & son parametre KL, il s'ensuit que $\overline{KH}^2 . \overline{HO}^2 :: IK . KL :: aa . bb$, & qu'ainsi $KH . HO :: NQ (a) . QT (b)$. L'angle HKO (qui selon la définition 11. du 3. Livre, est égal à la moitié de l'angle fait par les Asymptotes de l'Hyperbole KM) sera donc égal à l'angle QNT, c'est-à-dire, à l'angle donné BMC; & on aura $NQ (a) . QT (b) :: KH \left(\frac{aa\sqrt{aa+bb}}{2bb}\right) . HO = \frac{a\sqrt{aa+bb}}{2b}$; & $NQ (a) . NT (\sqrt{aa+bb}) :: KH \left(\frac{aa\sqrt{aa+bb}}{2bb}\right) . KO = \frac{a^3+abb}{2bb}$.

Or si l'on pose l'hypothénuse KO du triangle rectangle KHO fait par les deux demi-axes HK, HO, sur le premier axe IK depuis le centre H, en R & S; il est clair * que ces deux points seront les deux foyers de l'Hyperbole KM & de son opposée; & que $RA = \frac{1}{4} a$, puisque $HR = \frac{a^3+abb}{2bb}$ & $AH = \frac{1}{4} a + \frac{a^3}{2bb}$. D'où l'on voit que le foyer R de l'Hyperbole KM est encore le foyer * de la Parabole BAC, & que $SR \left(\frac{a^3+bb}{bb}\right) . HO \left(\frac{a\sqrt{aa+bb}}{2b}\right) :: HO \left(\frac{a\sqrt{aa+bb}}{2b}\right) . AR (\frac{1}{4}a)$, puisqu'en multipliant les extrêmes & les moyens, on forme le même produit. Ce qui donne lieu à ce Théorême.

* Art. 74.

* Déf. 3.4.5. I.

FIG. 196. Si sur la distance SR des foyers d'une Hyperbole KM, on prend du côté de S, la partie RA troisieme proportionnelle à cette distance SR, & à la moitié HO de son second axe; & qu'ayant décrit * une Parabole BAC qui ait pour foyer le point R, & pour axe la

* Art. 4.

ligne AR dont l'origine soit en A, on tire d'un point quelconque M de l'Hyperbole KM deux tangentes MB, MC, à cette Parabole : je dis que l'angle BMC qu'elles comprennent, sera toujours égal à la moitié de l'angle fait par les Asymptotes ; & que si l'on prend le point M sur l'Hyperbole opposée, l'angle compris par les tangentes, sera toujours égal au complément à deux droits de la moitié de l'angle fait par les Asymptotes.

EXEMPLE VIII.

360. UNE ligne droite indéfinie BAP étant donnée de position sur un plan avec deux points fixes A, D, l'un sur cette ligne & l'autre au dehors ; on demande le lieu de tous les points M, dont la propriété soit telle qu'ayant mené de chacun de ces points aux deux points fixes A, D, les droites MA, MD : la ligne AM soit toujours égale à la partie ME de l'autre droite DM, prise entre le point M & le point E où elle rencontre la ligne MP. FIG. 198.

Du point donné D & du point M que l'on suppose être l'un des points cherchés, ayant mené les perpendiculaires BD, MP, sur la ligne AP, on nommera les données AB, $2a$; BD, $2b$; & les inconnues & indéterminées AP, x ; PM, y : & on aura $AP = PE$; puisque (*hyp.*) $AM = ME$. Or les triangles semblables EBD, EPM, donnent EB ou $AE - AB$ $(2x - 2a)$. BD $(2b)$ :: EP (x). PM (y). En multipliant donc les extrêmes & les moyens, on formera cette équation $xy - ay = bx$, qui renferme la condition marquée dans le Problême, & dont le lieu qui est * une Hyperbole équilatere entre les Asymptotes se construit ainsi. * Art. 337.

Soit tirée la ligne AD que l'on divisera par le milieu en C, par où l'on menera les droites CF, CG, l'une parallèle & l'autre perpendiculaire à AP : soient décrites entre les Asymptotes CF, CG, indéfiniment prolongées de part & d'autre du point C, par les points D, A, * * Art. 130. 131.

* *Déf.* 16. III. les deux Hyperboles opposées DM, AM, qui sont * équilateres. Je dis qu'elles seront le lieu complet de tous les points cherchés M.

Car les Asymptotes CF, CG, divisent les droites AB, BD en deux parties égales aux points L, K, puisque AD est divisée par le milieu en C; & partant lorsque les points P tombent sur AB prolongée indéfiniment du côté de B, comme l'on vient de supposer en faisant le calcul, la ligne PL ou $CH = x - a$, $HM = y - b$; * *Art.* 100. & par la propriété * de l'Hyperbole $CH \times HM$ $(xy - ay - bx + ab) = CK \times KD$ (ab) : ce qui donne $xy - ay = bx$.

Si l'on suppose à présent que les points P tombent sur BA indéfiniment prolongée du côté de A, ou sur la partie déterminée AB; on trouvera toujours (en observant de faire $AP = -x$, & $PM = -y$, lorsqu'ils tombent de l'autre côté du point A & de la ligne AP) la même équation $xy - ay = bx$, tant par la condition marquée dans le Problême, que par la propriété de l'Hyperbole AM ou DM. Donc, &c.

COROLLAIRE.

361. DE-LA il est évident que les parties MR, MS des deux droites AM, DM, comprises entre le point M & l'une ou l'autre des Asymptotes, sont égales entr'elles. Car, 1°. Lorsque l'Asymptote, comme CF, est parallèle à la ligne AP, l'angle RSM est égal à l'angle AEM, & l'angle SRM à l'angle MAE. 2°. Lorsque l'Asymptote, comme CG, est perpendiculaire à AP, l'angle RSM sera le complément à un droit de l'angle AEM à cause du triangle rectangle SLE, & de même l'angle SRM ou son opposé au sommet ARL est le complément à un droit de l'angle EAM à cause du triangle rectangle RAL. Donc puisque les angles EAM, AEM, sont égaux, il s'ensuit que le triangle RMS sera isoscelle, & qu'ainsi les côtés MR, MS, seront égaux entr'eux.

entr'eux. Ce Corollaire nous fournit le Théorême suivant.

Si l'on mene d'un point quelconque *M* d'une Hyperbole équilatere, deux droites *MD*, *MA*, aux extrêmités d'un de ses premiers diametres *AD*, lesquelles rencontrent l'une ou l'autre Asymptote aux points *R*, *S* : je dis que les parties *MR*, *MS*, de ces deux droites seront égales entr'elles.

EXEMPLE IX.

362. **D**EUX cercles *EGF*, *BNO*, dont les centres sont *C*, *A*, étant donnés, & ayant mené par un point quelconque *G* du cercle *EGF* une tangente indéfinie *GNO* qui coupe l'autre cercle *BNO* en deux points *N*, *O*, par lesquels soient tirées les tangentes *NM*, *OM* ; on demande le lieu de tous les points de concours *M*. FIG. 199.

Ayant tiré *MP* perpendiculaire sur *CA*, qui passe par les centres *C*, *A*, des cercles donnés ; on menera les droites *CG*, *AM*, qui seront paralleles, puisque l'une & l'autre est perpendiculaire sur la même droite *GO*, qu'elles rencontrent aux points *G*, *Q* ; & on nommera les données *AB* ou *AO*, a ; *CE* ou *CF* ou *CG*, b ; *CA*, c ; & les inconnues & indéterminées *AP*, x, *PM*, y. Cela fait, les triangles rectangles semblables *AOM*, *AQO*, donneront *AM* $(\sqrt{xx+yy})$. *AO* (a) :: *AO* (a). $AQ = \frac{aa}{\sqrt{xx+yy}}$. Et menant *CH* parallele à *GO*, qui rencontre en *H*, *MA* prolongée, s'il est nécessaire, on aura à cause des triangles rectangles semblables *MAP*, *CAH*, cette proportion : *PA* (x). *AM* $(\sqrt{xx+yy})$ :: *AH* ou *CG*—*AQ* $\left(b-\frac{aa}{\sqrt{xx+yy}}\right)$. *AC* (c) ; ce qui donne $b\sqrt{xx+yy} = aa+cx$, c'est-à-dire, en ôtant les incommensurables, l'équation $yy+\frac{bb-cc}{bb}xx - \frac{2aac}{bb}x - \frac{a^4}{bb} = 0$, dont le lieu est * une Parabole, une Ellipse, ou une Hyperbole selon que *CE* (b) est égale, * Art. 345.

plus grande, ou moindre que CA (c). Voici la construction du dernier cas.

Soit prise sur la ligne AP la partie $AR = \frac{aac}{cc-bb}$ du côté opposé à PM; & de part & d'autre du point R les parties RI, RK, égales chacune à $\frac{aab}{cc-bb}$; & soit décrite du premier axe IK qui ait pour parametre $KL = \frac{2aa}{b}$, une Hyperbole. Je dis que sa portion indéfinie DM renfermée dans l'angle PAD fait par la ligne AP & par la droite AD menée parallèlement à PM & du même côté, sera le lieu de cette équation.

Car par la propriété de l'Hyperbole, $\overline{RP}^2 - \overline{RI}^2$ $\left(\frac{a^4+2aacx}{cc-bb}+xx\right)$. $\overline{PM}^2$ (yy) :: IK $\left(\frac{2aab}{cc-bb}\right)$. KL $\left(\frac{2aa}{b}\right)$; ce qui redonne l'équation précédente.

Si l'on suppose à présent que les points M tombent dans l'angle KAD qui est à côté de l'angle PAD, on trouvera encore (en faisant $AP = -x$) la même équation; d'où il suit que la portion déterminée ID de l'Hyperbole IM, avec la moitié entiere de l'Hyperbole qui lui est opposée, sera le lieu de ces points, & qu'ainsi ces deux Hyperboles opposées composent le lieu complet de tous les points cherchés M: où l'on doit observer que la portion SIT renfermée dans le cercle BNO est inutile, puisqu'aucun des points de concours M des deux tangentes NO, OM, à ce cercle, ne peuvent tomber au dedans.

Il est à propos de remarquer que RA $\left(\frac{aac}{cc-bb}\right)$ $= \sqrt{\overline{KR}^2 + \frac{1}{4}IK \times KL}$, comme l'on voit en mettant pour ces lignes leurs valeurs analytiques; & qu'ainsi puisque le rectangle $IK \times KL$ vaut le quarré de la moitié du second axe, le point A sera * l'un des foyers de l'Hyperbole IM. Or puisque AI ou $AR - RI$ $= \frac{aac-aab}{cc-bb} = \frac{aa}{c+b}$, & $AK = AR + RK = \frac{aac+aab}{cc-bb}$

* Art. 74.

$=\frac{aa}{c-b}$, il s'enſuit qu'on peut abréger la conſtruction précédente en cette ſorte.

Soient priſes ſur la ligne AC du côté de C, les parties AI, AK, troiſiemes proportionnelles à AF $(c+b)$, AB (a), & à AE $(c-b)$, AB (a); & ſoient décrites du premier axe IK, & du foyer A* deux Hyperboles oppoſées. Il eſt évident qu'elles ſeront le lieu de tous les points cherchés M. * Art. 76.

Lorſque CE (b) eſt plus grande que CA (c), la conſtruction de l'Ellipſe qui eſt le lieu des points cherchés M, ſe fera de la même maniere que pour l'Hyperbole, en obſervant de prendre la partie AK de l'autre côté du point A par rapport au point C. Et enfin lorſque CE $(b) = CA$ (c), il n'y aura qu'à prendre ſur la ligne AC du côté de C, la partie AI troiſieme proportionnelle à AF, AB, & décrire enſuite une Parabole qui ait pour foyer le point A, & pour axe la ligne IA dont l'origine ſoit en I. FIG. 200.

COROLLAIRE I. POUR L'ELLIPSE & LES HYPERBOLES OPPOSÉES.

363. DE-LA il eſt évident que ſi de l'un des foyers A d'une Ellipſe ou de deux Hyperboles oppoſées, dont le premier axe eſt IK, on décrit un cercle quelconque BNO; & qu'ayant pris ſur cet axe les parties AE, AF, troiſiemes proportionnelles à AK, AB, & à AI, AB, (ſçavoir AE du côté du point K, & AF du côté du point I), on décrive du diametre EF un cercle EGF: il eſt évident, dis-je, que ſi l'on tire d'un point quelconque M de la Section, deux tangentes MN, MO, au cercle BNO, la ligne ON qui joint les points touchans étant prolongée, s'il eſt néceſſaire, touchera toujours l'autre cercle EGF. FIG. 199.

COROLLAIRE II. POUR LA PARABOLE.

364. IL ſuit encore de la réſolution de ce Problême, que ſi du foyer A d'une Parabole IM dont l'axe IA a FIG. 200.

son origine en I, on décrit un cercle quelconque BNO; & qu'ayant pris sur l'axe du côté de son origine, la partie AF troisieme proportionnelle à AI, AB, on décrive un cercle AGF du diametre AF; & qu'enfin l'on tire d'un point quelconque M de la Parabole deux tangentes MN, MO, au cercle BNO: la ligne NO qui joint les points touchans, étant prolongée, s'il est nécessaire, touchera toujours le cercle AGF en un point G.

EXEMPLE X.

FIG. 201. 202. 203. 365. UNE ligne droite indéfinie AP étant donnée sur un plan, avec un point fixe F hors d'elle; trouver le lieu de tous les points M, dont la propriété soit telle qu'ayant mené de chacun de ces points une perpendiculaire MP sur AP, & au point P une ligne droite MF; la raison de MP à MF soit toujours la même, que celle de la donnée a à la donnée b.

Ayant mené du point donné F sur la ligne AP la perpendiculaire FA, & du point M que l'on suppose être l'un des cherchés, une parallèle MQ à AP, on nommera la donnée AF, c; & les inconnues & indéterminées AP, x; PM, y; qui font entr'elles un angle droit APM. Cela posé, le triangle rectangle MQF donne $\overline{MF}^2 = \overline{FQ}^2\ (cc - 2cy + yy) + \overline{MQ}^2\ (xx)$, & à cause de la condition marquée dans le Problême, on aura $\overline{MP}^2\ (yy) . \overline{MF}^2\ (cc - 2cy + yy + xx) :: aa . bb$; d'où (en multipliant les moyens & les extrêmes) on tire cette équation $aayy - bbyy - 2aacy + aaxx + aacc = 0$, dont il s'agit maintenant de construire le lieu. Pour en venir à bout, il faut distinguer trois différens cas, selon que a est plus grand, moindre, ou égal à b.

Premier cas. En divisant par $aa - bb$, on trouve cette équation $yy - \frac{2aac}{aa-bb}y + \frac{aa}{aa-bb}xx + \frac{aacc}{aa-bb} = 0$,

* *Art.* 324. dont le lieu est une Ellipse * que l'on construit en cette sorte.

Soit prise sur AF du côté de F, la partie $AC = \frac{aac}{aa-bb}$; FIG. 201. & ayant mené par le point C une parallèle KH à AP, soient prises sur cette ligne de part & d'autre du point C, les parties CH, CK, égales chacune à $\sqrt{\frac{bbcc}{aa-bb}}$. Ensuite de l'axe KH qui soit à son parametre KL comme $aa-bb$ est à aa, soit décrite une Ellipse. Je dis qu'elle sera le lieu de l'équation précédente, & par conséquent de tous les points cherchés M.

Car par la propriété de l'Ellipse, $KE \times EH$ ou $\overline{CH}^2 - \overline{CE}^2 \left(\frac{bbcc}{aa-bb} - xx\right). EM^2 \left(\frac{a^4cc}{\overline{aa-bb}^2} - \frac{2aacy}{aa-bb} + yy\right) ::$ $KH. KL :: aa-bb. aa$; ce qui, en multipliant les extrêmes & les moyens, rend la même équation que ci-dessus.

Puisque $\overline{CH}^2. \overline{CB}^2 :: KH. KL :: aa-bb. aa$, il s'ensuit que le demi-axe CB ou $CD = \frac{abc}{aa-bb}$; & qu'ainsi DF ou $DC+CF = \frac{abc+bbc}{aa-bb} = \frac{bc}{a-b}$, & FB ou $CB-CF = \frac{abc-bbc}{aa-bb} = \frac{bc}{a+b}$. Donc $DF \times FB = \frac{bbcc}{aa-bb} = \overline{CH}^2$; & partant le point F est * l'un des foyers de cette Ellipse * Art. 35. qui a pour grand axe la ligne BD. Ces remarques nous fournissent une construction beaucoup plus simple que la précédente: La voici.

Soient prises sur FA du côté de A la partie $FB = \frac{bc}{a+b}$, & du côté opposé la partie $FD = \frac{bc}{a-b}$. Ayant pris DG égal à BF du côté de F; soit décrite des foyers F, G, & de l'axe BD * une Ellipse; il est évident qu'elle * Art. 36. satisfera à la question.

Second cas. On aura dans ce cas $yy + \frac{2aac}{bb-aa}y - \frac{aa}{bb-aa}xx - \frac{aacc}{bb-aa} = 0$, parce que a est moindre que b. Le lieu de cette équation sera deux Hyperboles opposées, que l'on pourra construire selon l'article 332. (Liv. 7.). Après avoir fait les mêmes remarques, que dans le cas précédent, on trouvera cette construction.

FIG. 202. Soient prises sur FA du côté du point A les parties $FB = \frac{bc}{b+a}$, $FD = \frac{bc}{b-a}$. Ayant pris DG égal à BF

*Art. 76. du côté opposé au point F, soient * décrites des foyers F, G, & du premier axe BD, deux Hyperboles opposées BM, DM. Elles seront le lieu de tous les points cherchés M.

Troisieme cas. L'équation générale $aayy - bbyy - 2aacy + aaxx + aacc = o$ se changeant en cette autre $xx - 2cy + cc = o$, parce que $a = b$, son lieu est une Parabole

FIG. 203. qu'il est facile de construire selon l'article 310. (Liv. 7.) mais on voit tout d'un coup & sans avoir besoin d'aucun calcul, que si l'on décrit une Parabole qui ait pour directrice la ligne AP, & pour foyer le point F, selon qu'il est enseigné dans la définition premiere du premier Livre; elle sera le lieu requis.

COROLLAIRE I.

366. Il est clair dans le premier cas, que $CF\left(\frac{bbc}{aa-bb}\right)$ $CB\left(\frac{abc}{aa-bb}\right) :: CB\left(\frac{abc}{aa-bb}\right) . CA\left(\frac{aac}{aa-bb}\right) :: a . b$; & l'on trouve la même chose dans le second cas: ce qui donne lieu à ce Théorême.

FIG. 201. 202. Si dans une Ellipse ou deux Hyperboles opposées qui ont pour centre le point C, pour foyers les deux points F, G, & pour premier axe la ligne BD, on prend CA troisieme proportionnelle à CF, CB, du côté du foyer F; & qu'on mene la droite indéfinie AP perpendiculaire sur BD: je dis que si d'un point quelconque M de la Section, l'on tire sur AP la perpendiculaire MP, & au foyer F la droite MF; la raison de MP à MF, sera toujours la même que du premier axe BD à la distance FG des foyers.

Dans les Corollaires suivans cette ligne droite indéfinie AP s'appellera *Directrice* à l'égard de ces deux

Sections ; aussi bien qu'à l'égard de la Parabole. D'où l'on voit qu'il est facile de décrire une Section conique qui ait pour foyer un point donné F, pour directrice une ligne donnée de position AP, & qui passe par un point donné M; car tirant au foyer F la ligne MF, & sur la directrice AP la perpendiculaire MP, & nommant les données MP, a; MF, b; il n'y aura qu'à décrire le lieu des points M tels que MP soit toujours à MF comme a est à b.

COROLLAIRE II.

367. SI l'on joint deux points quelconques M, N, d'une Section conique, par une ligne droite qui rencontre la directrice en C; & que du foyer F, on tire les droites FM, FN, FC: je dis que la ligne FC coupe en deux parties égales l'angle NFH complément à deux droits de l'angle NFM, lorsque les points M, N, tombent sur une Parabole, Ellipse, ou Hyperbole; & l'angle NFM, lorsqu'ils tombent sur deux Hyperboles opposées. FIG. 204. 205.

Car tirant les perpendiculaires MP, NQ, sur la directrice, & la ligne ND parallèle à MF; les triangles semblables MPC, NQC, & MFC, NDC, donnent $MP. NQ :: MC. NC :: MF. ND$. Et partant $MP. MF :: NQ. ND$. Or par la propriété de la Section conique, qui a pour directrice la ligne PQ, & pour foyer le point F, on aura $MP. MF :: NQ. NF$. Les lignes ND, NF, seront donc égales entr'elles ; c'est pourquoi dans le premier cas l'angle NDF ou CFH sera égal à l'angle CFN, & dans le second l'angle FDN ou CFM sera égal à l'angle CFN. *Ce qu'il falloit prouver.*

COROLLAIRE III.

368. DE-LA on voit comment on peut décrire une Parabole, Ellipse, ou Hyperbole qui passe par trois FIG. 204.

points donnés M, N, O, & qui ait pour foyer le point donné F.

Soient menées par le foyer F, les droites FC, FE, qui divisent par le milieu les angles NFH, NFK, complemens à deux droits des angles donnés MFN, OFN; & par les points C, E, où elles rencontrent les lignes MN, ON, qui joignent les points donnés, soit tirée une ligne droite indéfinie CE. Soit décrite une Section conique qui ait pour directrice la ligne CE, pour foyer le point F, & qui passe par le point M: il est clair, selon le Corollaire précédent, qu'elle passera aussi par les deux autres points N, O.

COROLLAIRE IV.

FIG. 205. 369. ON tire encore du Corollaire second une maniere de décrire deux Hyperboles opposées qui ayent pour foyer le point F; & dont l'une d'elles passe par deux points donnés M, O, & l'autre par un point donné N.

Soit menée par le point F la ligne FE qui divise par le milieu l'angle HFO complément à deux droits de l'angle MFO formé par les droites FM, FO, tirées du point F aux deux points M, O, qui doivent se trouver dans la même Hyperbole; & soit encore menée par le même point F la ligne FC, qui divise en deux parties égales l'angle MFN formée par les droites FM, FN, tirées du point F aux deux points M, N, qui doivent tomber sur les deux Hyperboles opposées. Par les points E, C, où les lignes FE, FC, rencontrent les droites MO, MN, qui joignent les points donnés, soit tirée une ligne droite indéfinie EC. Soient enfin décrites deux Hyperboles opposées, qui ayent pour foyer le point F, pour directrice la ligne EC, & dont l'une d'elles passe par le point M: il est évident qu'elles satisfont à la question.

COROLLAIRE V,

COROLLAIRE V.

370. LES mêmes choſes étant poſées que dans le Corollaire ſecond ; il eſt viſible que l'angle MFN différence de l'angle CFM & de ſon complément à deux droits CFH ou CFN, diminue à meſure que le point N approche du point M ; de ſorte qu'il s'évanouit tout-à-fait, lorſque le point N tombe ſur le point M. L'angle CFM ſera donc égal alors à ſon complément à deux droits, & par conſéquent il ſera droit. Or comme la ligne MN devient alors la tangente MT, puiſqu'elle paſſe * par deux points infiniment proches de la courbe ; on voit naître une maniere générale & toute nouvelle de mener d'un point donné M ſur une Section conique, une tangente MT, un foyer F avec l'axe qui paſſe par ce foyer étant donnés. FIG. 204.

* Art. 188.

Car ayant trouvé la directrice comme il eſt enſeigné dans le Corollaire ſecond, on menera du point donné M au foyer F la droite MF, ſur laquelle on tirera la perpendiculaire FT qui rencontre la directrice en T, par où & par le point donné M on tirera la tangente cherchée MT.

EXEMPLE XI.

371. DEUX angles KAM, KBM, mobiles autour des points fixes A, B, étant donnés ſur un plan, avec une ligne droite indéfinie FK qui ne paſſe par aucun de ces points ; ſoit imaginé le point de concours K des deux côtés AK, BK, ſe mouvoir le long de la droite FK, & ſoit propoſé de trouver la nature de la ligne courbe que décrit dans ce mouvement le concours M des deux autres côtés AM, BM, prolongés lorſqu'il eſt néceſſaire de l'autre côté des points A, B. FIG. 206.

Sur AB comme corde, je décris de l'autre côté du point M, un arc de cercle capable d'un angle BDA qui vaille quatre droits moins les deux angles donnés KAM, KBM ; & ayant achevé le cercle entier dont cet arc fait partie, il peut arriver que la droite indéfinie FK tombe toute entiere au dehors de ce cercle, ou qu'elle passe au dedans, ou enfin qu'elle le touche; ce qui fait trois différens cas que j'explique en particulier.

Premier cas. Du centre C du cercle $BDAE$ je mene sur FK, la perpendiculaire CF qui le rencontre aux points D, E; & je fais passer par le point D (plus proche de la ligne FK que l'autre point E) les deux côtés DA, DB, des deux angles DAP, DBQ, égaux aux angles KAM, KBM, lesquels côtés étant prolongés vers D rencontrent la ligne FK aux points G, H. Or par la construction l'angle BDA plus les deux angles DAP, DBQ, vaut quatre droits; & comme le même angle BDA plus les deux angles DAB, DBA, vaut deux droits; il s'ensuit que les angles BAP, ABQ, valent deux droits, & qu'ainsi les lignes AP, BQ, sont paralleles entr'elles. Cela posé.

Soit mené du point K sur les deux côtés AD, BD, les perpendiculaires KR, KS; & des points A, M, sur les deux autres côtés BQ, AP, les perpendiculaires AI, MP, qui rencontrent BQ, aux points I, Q. Soient les données $FE = a$, $FD = b$, $BI = c$, $AI = d$, $FG = g$, $FH = h$, $DG = m$, $DH = n$; & les inconnues $FK = z$, $AP = x$, $PM = y$; & à cause des triangles rectangles semblables, GDF, GKR, on aura ces deux proportions: $GD\,(m).\ GF\,(g) :: GK\,(z - g).\ GR = \frac{gz - gg}{m}$. Et $GD\,(m).\ DF\,(b) :: GK\,(z - g).\ KR = \frac{bz - bg}{m}$. Or les triangles rectangles semblables GDF, EDA, donnent aussi $GD\,(m).\ DF\,(b) :: ED\,(a - b).\ AD = \frac{ab - bb}{m}$, & partant $AD + DG$ ou $AG = \frac{ab - bb + mm}{m}$, & $AG + GR$ ou $AR = \frac{ab - bb + mm + gz - gg}{m} = \frac{ab + gz}{m}$; parce $mm = bb + gg$ à cause du triangle rectangle DFG. Mais les triangles rectangles ARK, APM sont semblables,

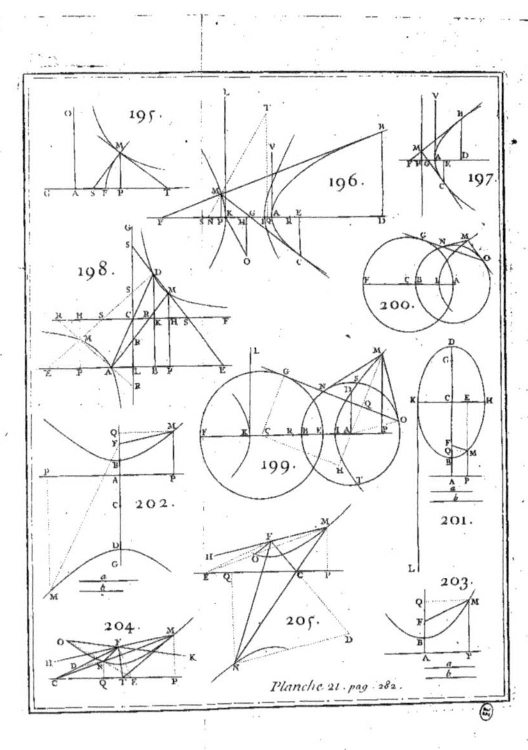

Planche 21. pag. 282.

car retranchant des angles égaux KAM, DAP le même angle KAP, les reſtes KAR, PAM, feront égaux; & par conſéquent $AR\left(\frac{ab+gz}{m}\right) . RK\left(\frac{bz-bg}{m}\right) :: AP(x) . PM(y)$, d'où l'on tire $z=\frac{aby+bgx}{bx-gy}$.

Maintenant les triangles rectangles ſemblables HDF, HKS donnent $HS=\frac{hz+hh}{n}$, $KS=\frac{bz+bh}{n}$; & les triangles rectangles ſemblables HFD, EBD, donnent $DH(n) . DF(b) :: DE(a-b) . DB=\frac{ab-bb}{n}$. Et partant $BD+DH$ ou $BH=\frac{ab-bb+nn}{n}$, & $BH-HS$ ou $BS=\frac{ab-bb+nn-hz-hh}{n}=\frac{ab-hz}{n}$, parce que $nn=bb+hh$ à cauſe du triangle rectangle DFH. Or les triangles rectangles BSK, BQM, ſont ſemblables; car retranchant des angles égaux DBQ, KBM, le même angle DBM, les reſtes KBS, MBQ, feront égaux; & par conſéquent $BS\left(\frac{ab-hz}{n}\right) . SK\left(\frac{bz+bh}{n}\right) :: BQ(x-c) . QM(y+d)$. D'où l'on tire $z=\frac{aby-bhx+bch+abd}{bx+hy-bc+hd}$.

Comparant cette derniere valeur de z avec la précédente, multipliant en croix, & faiſant pour abréger $GH(g+b)=f$, on arrive enfin en diviſant par abf à cette équation.

$$\begin{array}{llll} yy+dy & +\frac{b}{a}xx & -\frac{bc}{a}x & =0 \\ & -\frac{bc}{f} & -\frac{bd}{f} & \\ & +\frac{cgh}{af} & +\frac{dgh}{af} & \end{array}$$

dont le lieu que l'on pourra conſtruire ſelon l'article 324. (Liv. 7.) ſera une Ellipſe, parce que le terme $\frac{b}{a}xx$ ſera toujours précédé dans ce premier cas du ſigne $+$, en quelque ſituation que ſe puiſſent trouver les points A, B, K.

Second cas. Après avoir nommé les lignes par les FIG. 207.

mêmes lettres que dans le premier cas, & fait les mêmes raisonnemens; on arrivera à cette équation.

$$\begin{array}{l} yy + dy - \frac{b}{a}xx + \frac{bc}{a}x = 0 \\ \quad\; - \frac{bc}{f} \qquad\qquad - \frac{bd}{f} \\ \quad\; - \frac{cgh}{af} \qquad\qquad - \frac{dgh}{af} \end{array}$$

qui ne differe de la précédente que dans quelques signes, & dont le lieu que l'on pourra construire selon l'article 332. (Liv. 7.) sera toujours deux Hyperboles opposées, parce que le terme $\frac{b}{a}xx$ sera toujours précédé du signe — dans ce second cas.

Comme le plan xy ne se rencontre point dans les deux équations précédentes, & que l'angle APM est droit; on connoît d'abord que l'un des axes de l'Ellipse dans le premier cas, & des Hyperboles opposées dans le second doit être parallèle aux lignes AP, BQ; & qu'il a avec son parametre la même raison que EF (a) à FD (b), parce que la fraction $\frac{b}{a}$ qui multiplie le quarré xx exprime ce rapport.

Lorsque le point K en parcourant la ligne indéfinie KF arrive au point O où cette ligne rencontre la circonférence, il est clair que les côtés AM, BM, qui décrivent par leur point de concours M l'Hyperbole BAM deviennent parallèles entr'eux; qu'ils se coupent vers le côté opposé, pendant que le point K parcourt la partie OL de la ligne KF renfermée dans la circonférence; qu'ils deviennent encore parallèles, lorsque le point K tombe en L, après quoi ils se rencontrent de nouveau vers le même côté. D'ou l'on voit que le point M décrit l'Hyperbole BAM, pendant que le point K parcourt les deux parties indéfinies de la droite KF qui tombent de part & d'autre de la circonférence; & qu'il décrit son opposée, pendant que le point K parcourt la partie OL renfermée dans la circonférence.

FIG. 208. *Troisieme cas.* Comme dans ce troisieme cas la droite indéfinie FK touche la circonférence du cercle $BDAE$ en quelque point F, il eſt clair que le point D des deux autres cas ſe confond ici avec le point F, & qu'ainſi les triangles DFG, DFH, s'évanouiſſent : c'eſt pourquoi on ſe ſervira en leur place des triangles DAE, DBE, de la maniere qui ſuit.

Soient les données $AE=a$, $EB=b$, $EF=m$, $AF=g$, $BF=h$, $BI=c$, $AI=d$; & les inconnues $FK=z$, $AP=x$, $PM=y$. Les triangles rectangles FKR, EFA ſont ſemblables; car l'angle KFR ou ſon oppoſé au ſommet TFA fait par la tangente FT & la corde FA, a pour meſure la moitié de l'arc AF; de même que l'angle FEA: & partant $FE\,(m).\,EA\,(a)::KF\,(z).\,FR=\frac{az}{m}$. Et $EF\,(m).\,FA\,(g)::FK\,(z).\,KR=\frac{gz}{m}$. Or les triangles rectangles ſemblables ARK APM, donnent AR ou $AF+FR\left(\frac{az+gm}{m}\right).\,RK\left(\frac{gz}{m}\right)::AP\,(x).\,PM\,(y)$; d'où l'on tire $z=\frac{gmy}{gx-ay}$. On trouvera de même, à cauſe des triangles rectangles ſemblables EFB, FKS, que $FS=\frac{bz}{m}$, & $KS=\frac{hz}{m}$; & à cauſe des triangles rectangles ſemblables BSK, BQM, que BS ou $BF-FS\left(\frac{hm-bz}{m}\right).\,SK\left(\frac{hz}{m}\right)::BQ\,(x-c).\,QM\,(y+d)$; ce qui donne $z=\frac{hmy+hmd}{hx-ch+bd+by}$.

Comparant ces deux valeurs de z, multipliant en croix, & mettant par ordre les termes, on trouve cette équation $yy+dy-\frac{cgh}{ah+bg}y-\frac{dgh}{ah+bg}x=0$, dont le lieu ſera toujours une Parabole que l'on peut conſtruire ſelon l'article 310. (Liv. 7.) & qui aura ſon axe parallèle aux droites AP, BQ.

Il eſt donc évident, 1°. Que le lieu de tous les points cherchés M ſera toujours une Section conique, dont l'axe ou l'un des axes ſera parallèle aux lignes AP, BQ;

& en particulier qu'il ſera une Ellipſe dans le premier cas, deux Hyperboles oppoſées dans le ſecond, & une Parabole dans le troiſieme ; & que dans le premier & le ſecond cas, l'axe qui eſt parallèle à AP, aura avec ſon parametre, la même raiſon que EF à FD. 2°. Que dans le premier & le troiſieme cas les deux points fixes A, B, autour deſquels tournent les angles mobiles KAM, KBM tomberont toujours du même côté de la ligne FK, au lieu que dans le ſecond ils peuvent tomber non-ſeulement du même côté de cette ligne, mais encore de part & d'autre ; parce que la circonférence du cercle $ADBE$ ſur laquelle ils ſont ſitués, eſt coupée alors en deux portions par la ligne FK.

REMARQUE I.

FIG. 206. 207. 208. 372. 1°. UNE ligne quelconque qui paſſe par l'un des points fixes A ou B, comme AM, étant donnée, on pourra toujours trouver ſur cette ligne le point M où elle rencontre la Section qui eſt le lieu requis, en cette ſorte. Ayant mené la droite AK qui faſſe avec AM l'angle MAK égal à l'angle donné qui doit tourner autour du point fixe A, on menera du point K où elle rencontre la droite FK, par le point fixe B, l'angle KBM égal à l'autre angle donné, qui doit tourner autour de l'autre point fixe B ; & le point M où le côté BM de cet angle rencontre la ligne AM, ſera celui qu'on cherche. 2°. Lorſque le point K en parcourant la ligne FK, ſe trouve tellement ſitué que le côté AM de l'angle KAM tombe ſur la ligne AB ; il eſt viſible que le point de concours M des deux côtés AM, BM, tombe alors ſur le point B, & qu'ainſi le lieu des points M paſſe par le point fixe B ; on prouvera de même qu'il paſſe par le point A.

FIG. 206. De-là on voit que pour décrire la Section conique qui eſt le lieu des points cherchés M, ſans avoir beſoin des équations précédentes, il n'y a qu'à mener comme dans l'exemple les droites AP, AI ; ſur leſquelles ayant trouvé, selon cette remarque, les points où elles rencontrent la Section, & achevé le rectangle qui a pour côtés ces deux lignes, il n'y aura qu'à décrire * autour de ce rectangle, l'Ellipse ou les deux Hyperboles opposées (selon que FK tombe au dehors ou au dedans du cercle), dont l'axe qui est parallèle à AP soit à son conjugué, comme le quarré de EF est au quarré de DF. Si la Section est une Parabole (ce qui arrive lorsque la ligne KF touche le cercle BDA); on trouvera sur la ligne AI le point où elle rencontre la Section, & on décrira selon l'article 170. (Liv. 4.) une Parabole qui passe par ce point, & par les deux autres donnés A, B; & dont les diametres soient parallèles aux lignes AP, BQ.

* Art. 176 & 178.

FIG. 208.

REMARQUE II.

373. LORSQUE le point K en parcourant la ligne FK, est tellement situé que le côté AM de l'angle KAM tombe sur AB, il est clair non-seulement que le point M tombe en B; mais aussi que le côté BM de l'angle KBM devient tangente * en B de la ligne courbe qui est le lieu du point M, puisque le point M peut être regardé alors comme étant infiniment près du point B. D'où il suit que pour mener une tangente de ce lieu en B, il n'y a qu'à mener par le point A une ligne droite AC qui fasse avec BA un angle BAC égal à l'angle donné KAM, & tirer ensuite une ligne BD, qui fasse avec BC l'angle CBD égal à l'autre angle donné KBM; car le côté BM de cet angle, qui devient BD, touchera la Section en B. Il en est de même de l'autre point fixe A.

FIG. 209.

* Art. 188.

De-là on tire encore une maniere très-facile de décrire la Section conique qui est le lieu de tous les points M sans avoir besoin des équations précédentes, ni même d'aucun calcul. Ayant mené par le point fixe B une tangente BD, & par l'autre point fixe A une parallèle AE à cette tangente, on trouvera * sur cette ligne le point E où elle rencontre la Section; & l'ayant divisée par le milieu en H on tirera BH, sur laquelle on cherchera *

FIG. 209.

* Art. 372.

* Art. 372.

aussi le point G où elle rencontre la Section. Cela fait, on décrira * du diametre BG & de l'ordonnée HA ou HE, une Section conique qui sera celle qu'on demande. Car il est visible que la ligne BG qui divise par le milieu en H la ligne AE terminée par la Section, & parallèle à la tangente en B, en sera un diametre qui aura pour ordonnée la ligne AH. Où l'on doit remarquer que lorsque le point H tombe entre les points B, G, la Section est une Ellipse; que lorsqu'il tombe de part où d'autre de ces deux points, ce sont deux Hyperboles opposées; & qu'enfin lorsque la ligne BG est infinie, la Section est une Parabole.

* *Art.* 162. 161.

COROLLAIRE I.

FIG. 210. 374. CET exemple nous fournit le moyen de faire passer par quatre points donnés A, B, H, M, une Section conique d'une espece déterminée.

Car 1°. Soit la Section conique une Ellipse, dont le grand axe soit à son parametre, en la raison donnée de a à b. Je forme le triangle ABH, en joignant trois des points donnés par des lignes droites; & du quatrieme point M, je fais passer par les points A, B, les angles MAK, MBK, égaux aux angles GAH, RBA, compléments à deux droits des angles HAB, HBA. Je décris sur AB comme corde de l'autre côté du point M un arc de cercle BDA capable d'un angle qui vaille quatre droits moins les deux angles KAM, KBM; & du centre C de cet arc, je décris un autre cercle dont le rayon CF soit au rayon CD du premier, comme $a+b$ est à $a-b$; & du point de concours K des deux côtés AK, BK, des angles MAK, MBK, je tire une tangente KF à ce dernier cercle. Maintenant je dis que si l'on fait mouvoir le point K le long de la droite indéfinie FK; le point de concours M des deux autres côtés AM, BM, prolongés lorsqu'il sera nécessaire de l'autre côté des points A, B, décrira dans ce mouvement l'Ellipse qu'on demande. Car il est évident selon ce

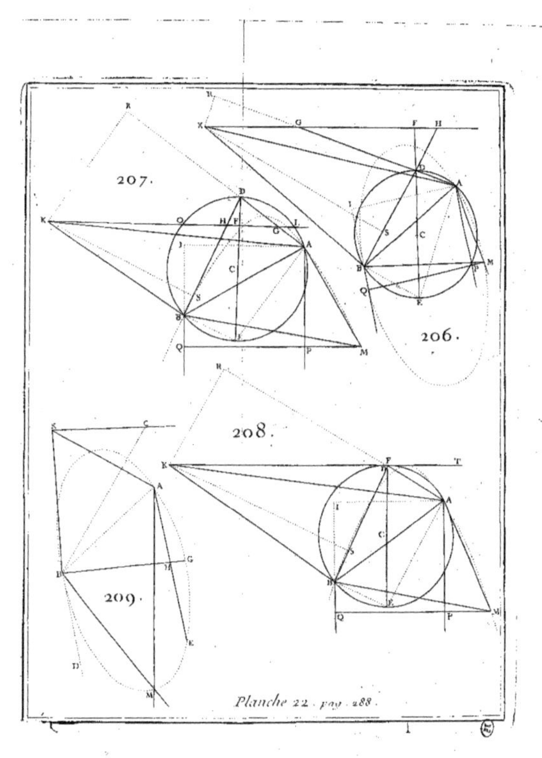

Planche 22. pag. 288.

ce qu'on a dit dans le premier cas de l'exemple, que le lieu des points *M* sera une Ellipse, dont le grand axe sera à son parametre comme *EF* (*a*) à *DF* (*b*); & de plus qu'elle passera par les points *A*, *M*, *B*, *H*, puisque le point *K* étant en *G*, le côté *AM* tombera sur *AH*, & le côté *BM* sur *BR*.

2°. Lorsque c'est une Hyperbole ou deux Hyperboles opposées qu'il est question de décrire par quatre points donnés *A*, *B*, *H*, *M*, & dont le grand axe soit à son parametre en la raison donnée de *a* à *b*; la construction demeure la même, excepté que le rayon *CF* du cercle concentrique au cercle *BDAE*, doit être au rayon *CD*, comme $a - b$ est à $a + b$.

3°. Lorsqu'il s'agit de décrire une Parabole par quatre points donnés *A*, *B*, *H*, *M*. Ayant décrit comme dans le premier cas le cercle *BDAE*, on menera du point de concours *K* une tangente à ce cercle, qui sera la droite indéfinie sur laquelle faisant mouvoir le point *K*, l'autre point de concours *M* décrira la Parabole qu'on demande.

Comme l'on peut mener d'un même point deux tangentes à un cercle, il s'ensuit qu'on peut décrire deux différentes Sections coniques qui satisfont également lorsque le Problême est possible; car lorsque le point *K* tombe au dedans du cercle qui a pour rayon *CF*, il est visible que le Problême est impossible.

On pourra décrire la Section conique par le moyen de ses axes en se servant de l'article 372. ou par le moyen d'un de ses diametres & d'une ordonnée à ce diametre, en se servant de l'article 373.

COROLLAIRE II.

375. On tire encore de cet exemple, une nouvelle maniere de décrire une Section conique qui passe par cinq points donnés *A*, *B*, *H*, *M*, *N*. Car ayant joint trois quelconques de ces points *A*, *B*, *H*, par des FIG. 211.

lignes droites, on fera passer par les autres points M, N, & par les deux points fixes A, B, les angles MAK, NAS, égaux chacun à l'angle HAG complément à deux droits de l'angle HAB, & les angles MBK, NBS égaux chacun à l'angle ABR complément à deux droits de l'angle ABH; & on tirera par les points de concours K, S, une ligne droite indéfinie S; K, sur laquelle faisant mouvoir le point K, il est clair que le point de concours M décrira dans ce mouvement la Section conique qu'on demande; puisqu'elle passera par les cinq points donnés A, B, H, M, N.

LIVRE NEUVIEME.

De la construction des Egalités.

PROPOSITION I.

Problême.

376. Construire *toute égalité donnée, dans laquelle l'inconnue ne se trouve qu'au premier degré.*

Soit en premier lieu l'inconnue x égale à une ou à plusieurs fractions simples, telles que $\frac{ab}{c}$, ou $\frac{abe}{cf}$, ou $\frac{abeh}{cfg}$ &c. Ayant fait $c . b :: a . l$, il est clair que cette quatrieme proportionnelle $l = \frac{ab}{c}$; & si l'on fait $f . l :: e . m$, l'on aura $m = \frac{el}{f} = \frac{abe}{cf}$; & faisant enfin $g . m :: h . n$, il vient $n = \frac{mh}{g} = \frac{abeh}{cfg}$ en mettant pour m sa valeur $\frac{abe}{cf}$. De sorte qu'on aura l'inconnue x égale à l, ou à m, ou à n, &c. selon que x sera égale à $\frac{ab}{c}$, ou à $\frac{abe}{cf}$, ou à $\frac{abeh}{cfg}$, &c. Or il est visible qu'en augmentant le nombre des proportions, autant qu'il sera nécessaire, on trouvera toujours une ligne droite égale à une fraction simple donnée, tel que puisse être le nombre des dimensions de son numérateur. D'où l'on voit que l'on pourra toujours trouver une ligne x égale à une quantité composée de plusieurs fractions simples; car ayant trouvé en particulier des lignes droites égales à chacune de ces fractions, il n'y aura qu'à les ajouter, ou retrancher selon qu'il sera marqué par les signes + & —. Qu'il faille, par exemple, trouver une ligne $x = a + \frac{ab}{c} + \frac{aab}{cf} - \frac{aacc}{b^3}$, on ajoutera les deux lignes $h = \frac{ab}{c}$ & $l = \frac{aab}{cf}$ à la ligne a pour en composer une seule, de laquelle ayant retranché la ligne $m = \frac{aacc}{b^3}$, le reſte ſera la valeur cherchée de l'inconnue x, c'eſt-à-dire qu'on aura $x = a + h + l - m$.

Soit en ſecond lieu l'inconnue x égale à une ou à pluſieurs fractions compoſées, c'eſt-à-dire, dont les dénominateurs ayent pluſieurs termes. On cherchera d'abord, comme l'on vient d'enſeigner ci-deſſus, une ligne égale au dénominateur diviſé par une ligne arbitraire lorſque chacun de ſes termes, n'a que deux dimenſions, par un plan lorſqu'ils en ont trois, par un ſolide lorſqu'ils en ont quatre, &c; ce qui réunira tous les termes du dénominateur en un ſeul, lequel étant ſubſtitué en leur place, changera la fraction compoſée en une ou en pluſieurs ſimples, ſelon que le numérateur eſt compoſé d'un ou de pluſieurs termes; & ayant trouvé comme ci-deſſus une ligne qui leur ſoit égale, elle ſera celle qu'on cherche. Ceci s'éclaircira par les exemples qui ſuivent.

On demande une ligne $x = \frac{age - bce}{bb + af}$, je cherche d'abord une ligne $m = f + \frac{bb}{a}$ c'eſt-à-dire égale au dénominateur $af + bb$ diviſé par la ligne a; ce qui donne $bb + af = am$, & ayant trouvé enſuite une ligne $n = \frac{age - bce}{am} = \frac{ge}{m} - \frac{bce}{am}$; il eſt clair que la ligne cherchée $x = n$. De même ſi l'on demandoit une ligne $x = \frac{a^3b + aacc - abcf}{aaf + ccf + bff}$, on trouveroit une ligne $m = a + \frac{cc}{a} + \frac{bf}{a}$, c'eſt-à-dire égale au dénominateur $aaf + ccf + bff$ diviſé par le plan af; ce qui donne $afm = aaf + ccf + bff$, & enſuite une autre ligne $= \frac{a^3b + aacc - abcf}{afm} = \frac{aab}{fm} \frac{acc}{fm}. - \frac{bc}{m} = x$. Il en eſt ainſi de tous les autres exemples que chacun ſe peut former à plaiſir.

Il eſt inutile d'avertir que ſi l'on demandoit une ligne x égale à une ou à pluſieurs fractions tant ſimples que composées ; il faudroit chercher en particulier des lignes égales à chacune de ces fractions, pour les ajouter ensuite ou les retrancher les unes des autres, selon que les signes + ou — le feroient connoître.

COROLLAIRE I.

377. IL est facile par le moyen de cette Proposition de trouver, 1°. Une fraction simple $\frac{x}{a}$ ou $\frac{a}{x}$, dont le dénominateur ou le numérateur a soit donné, égale à une ou à plusieurs fractions simples ou composées ; car il n'y aura qu'à trouver une ligne x égale à la ligne a multipliée ou divisée par ces fractions. Qu'il faille trouver par exemple, une fraction $\frac{x}{a} = \frac{cc+ff}{af+cf} + \frac{aa}{gg}$, il est visible qu'il n'y aura qu'à trouver une ligne $x = \frac{acc+aff}{af+cf} + \frac{a^3}{gg}$. 2°. Un plan ax, dont l'un des côtés a est donné, égal à un ou à plusieurs si composés qu'ils puissent être ; car il ne faut pour cela que trouver une ligne x égale à tous ces plans divisés par a. 3°. Un solide aax ou abx, dont deux des côtés a, a, ou a, b, sont donnés, égal à plusieurs solides ; puisqu'il ne faut pour cela que trouver une ligne x égale à tous ces solides divisés par le quarré aa ou par le plan ab. 4°. Un sursolide a^3x ou $abcx$ dont trois côtés a, a, a, ou a, b, c, sont donnés, égal à plusieurs sursolides ; puisqu'il ne faut encore pour cela que trouver une ligne x égale à tous ces sursolides divisés par le cube a^3 ou par le solide abc. Et il en est de même de plusieurs produits de cinq dimensions, de six, &c. que l'on peut toujours réduire en un seul dont tous les côtés, excepté un, soient donnés.

COROLLAIRE II.

378. DE-LA on voit que pour trouver un un quarré égal à plusieurs plans donnés, il les faut réunir

tous en un ſeul, & trouver enſuite une moyenne proportionnelle entre ſes deux côtés ; car il eſt clair qu'elle ſera le côté du quarré qu'on demande. Qu'il faille, par exemple, trouver un quarré $xx = ss - \frac{ccee - eehh}{bb + af}$ (les lignes $a, b, c, e, f, h, s,$ ſont données), je cherche une ligne $m = \frac{ss}{e} - \frac{cce - ehh}{bb + af}$ pour avoir un plan $em = ss - \frac{ccee - eehh}{bb + af}$, & ayant trouvé une moyenne proportionnelle x entre les deux côtés e, m, du plan em, il eſt clair que $xx = em = ss - \frac{ccee - eehh}{bb + af}$.

Pour trouver une ligne x dont le quarré x^4 ſoit égal à pluſieurs ſurſolides donnés ; je cherche, comme ci-deſſus, un quarré zz égal à tous les ſurſolides donnés diviſés par le quarré aa donné ou pris à volonté. Je prends enſuite une moyenne proportionnelle x entre les deux lignes a & z, & je dis qu'elle ſera celle qu'on demande ; car $xx = az$, &, en quarrant chaque membre, $x^4 = aazz$, c'eſt-à-dire x^4 égal à tous les ſurſolides donnés.

REMARQUE.

379. QUOIQUE la méthode que l'on vient d'expliquer ſoit générale pour tous les cas poſſibles, il ne s'enſuit pas néanmoins qu'elle ſoit toujours la plus ſimple. C'eſt pourquoi je vais donner ici des exemples particuliers que l'on réſoud d'une maniere plus aiſée en s'écartant un peu de la méthode générale, & qui pourront ſervir de méthodes pour tous les cas ſemblables.

1°. Soit $x = \frac{abcc - aabb}{abc + c^3}$. Je cherche d'abord une ligne $m = \frac{ab}{c}$, & ſubſtituant à la place de ab ſa valeur cm ; je trouve $x = \frac{c^3m - ccmm}{ccm + c^3} = \frac{cm - mm}{m + c}$; d'où je connois qu'en faiſant $c + m . c - m :: m . n$, cette quatrieme proportionnelle $n = x$. Il eſt donc viſible qu'on n'a eu beſoin que de deux proportions pour trouver la valeur de x, au lieu que si l'on tente la méthode générale, on trouvera qu'il en faut au moins trois.

2°. Soit $x = \sqrt{aa + bb}$. Je fais un triangle rectangle; dont l'un des côtés $= a$, & l'autre $= b$; & son hypothénuse sera la valeur de x. S'il falloit trouver une ligne $x = \sqrt{aa - bb}$, il n'y auroit qu'à trouver une moyenne proportionnelle x entre les deux lignes $a + b$ & $a - b$; car son quarré xx doit être égal au produit des extrêmes $aa - bb$. Ou bien je fais un triangle rectangle dont l'hypothénuse $= a$, & l'un des côtés $= b$; l'autre côté sera la valeur de x.

3°. Soit $xx = ss + 4ee - \frac{4ccee}{aa}$. Je prends l'hypothénuse m d'un triangle rectangle dont l'un des côtés $= s$, & l'autre $= 2e$, & ayant trouvé une autre ligne $n = \frac{2ce}{a}$, j'ai $xx = mm - nn$ & $x = \sqrt{mm - nn}$ que je résous comme je viens de faire $x = \sqrt{aa - bb}$ dans l'exemple précédent.

4°. Soit enfin $xx = ss - \frac{ccee - eehh}{bb + af}$. Je prends une moyenne proportionnelle entre les côtés a, f, du plan af, pour avoir un quarré $ll = af$, je trouve ensuite un quarré $mm = bb + ll$, & un autre quarré $nn = cc + hh$ par le moyen de deux triangles rectangles, comme dans le second exemple, & j'ai par la substitution $xx = ss - \frac{eenn}{mm}$; & trouvant enfin une ligne $g = \frac{en}{m}$, il vient $x = \sqrt{ss - gg}$ que l'on résoud comme ci-dessus.

PROPOSITION II.

Problême.

380. TROUVER *les racines de toutes sortes d'Egalités du second degré.*

Toutes les Egalités du second degré se peuvent réduire à l'une de ces deux formes, $xx \mp ax - bb = o$, ou

* *Art.* 376. $xx \mp ax + bb = o$; en trouvant une ligne a * égale à toutes les quantités connues qui multiplient l'inconnue

* *Art.* 378. x, & un quarré bb * égal à tous les plans entiérement connus. Cela posé,

FIG. 212. 1°. Soit $xx + ax - bb = o$. Je forme un angle droit CAB, dont l'un des côtés $CA = \frac{1}{2}a$, & l'autre côté $AB = b$; & ayant mené l'hypothénuse BC prolongée au-delà de C, je décris du centre C & du rayon CA, un cercle qui coupe BC en deux points E, D. Je dis que les droites BD, BE, sont les deux racines de l'égalité proposée $xx \mp ax - bb$: sçavoir BE la racine vraie, & BD la fausse de l'égalité $xx + ax - bb = o$, & au contraire BD la vraie & BE la fausse de l'égalité $xx - ax - bb = o$.

Car faisant $BE = x$, on aura BD ou $BE + ED = a + x$; & si l'on fait $BD = -x$, on trouvera BE ou $BD - ED = -x - a$. Donc en l'un & l'autre cas $DB \times BE = xx + ax = \overline{AB}^2$ (bb) par la propriété du cercle, c'est-à-dire $xx + ax - bb = o$. Au contraire si l'on fait $BD = x$ ou $BE = -x$, on trouvera $DB \times BE = xx - ax = bb$ ou $xx - ax - bb = o$.

FIG. 213. 2°. Soit $xx \mp ax + bb = o$. Je forme comme dans le premier cas, un angle droit CAB dont l'un des côtés $CA = \frac{1}{2}a$, & l'autre $AB = b$; & ayant mené une droite indéfinie BD parallèle à AC, je décris du centre C & du rayon CA un arc de cercle qui coupe la ligne BD aux points E, D. Je dis que les droites BE, BD, sont les racines de l'égalité proposée $xx + ax + bb = o$: sçavoir les deux vraies de l'égalité $ax - ax + bb = o$, & les deux fausses de l'égalité $xx + ax + bb = o$.

Car achevant la demi-circonférence $AEDH$, & menant les parallèles EF, DG à AB; on aura en faisant BE ou $AF = x$, le rectangle $AF \times FH = ax - xx = \overline{FE}^2$ (bb) par la propriété du cercle. De même si l'on fait BD ou $AG = x$, on aura $AG \times GH = ax - xx = \overline{GD}^2$ (bb): c'est-à-dire en l'un & l'autre cas

cas $xx - ax + bb = o$. Si l'on veut que BE ou $AF = -x$, & BD ou $AG = -x$, on trouvera $AF \times FH$ & $AG \times GH = -xx - ax = \overline{FE}^2$ ou $\overline{GD}^2$ (bb) c'eſt-à-dire $xx + ax + bb = o$.

Si le cercle qui a pour centre le point C, & pour rayon la droite CA, ne coupe ni ne touche la parallèle BD, (ce qui arrive toujours lorſque AB ſurpaſſe CA); les racines de l'égalité ſeront toutes deux imaginaires : mais s'il la touche en un point, les deux racines BE, BD, deviennent égales chacune au rayon CA.

REMARQUE.

381. LORSQUE dans une égalité l'inconnue ne ſe rencontre qu'au quatrieme & au ſecond degré, on peut toujours réduire cette égalité en une autre où l'inconnue ne monte qu'au ſecond degré : de maniere que ces ſortes d'égalités ne paſſent que pour être du ſecond degré.

Soit par exemple $z^4 - aazz = aabb = o$. Je ſuppoſe une inconnue x qui ſoit telle que ſon rectangle par la donnée a ſoit égal au quarré zz; ce qui donne $ax = zz$. Et mettant à la place de zz cette valeur ax, & à la place de z^4 ſon quarré $aaxx$, je change l'égalité donnée $z^4 - aazz - aabb = o$ en cette autre $xx - ax - bb = o$, où l'inconnue x ne monte qu'au ſecond degré. J'en cherche les racines x, comme l'on vient d'enſeigner, & prenant des moyennes proportionnelles entre la donnée a & les valeurs de ſes racines, je dis qu'elles exprimeront les valeurs cherchées de l'inconnue z : ce qui eſt évident, puiſque $zz = ax$. FIG. 214.

PROPOSITION III.

Problême.

382. TROUVER *par une autre voie les racines des égalités du ſecond degré, ſans qu'il ſoit néceſſaire de changer leur dernier terme en un quarré.*

FIG. 215. 1°. Soit $xx \mp ax - bc = o$. Ayant décrit un cercle quelconque ABD, dont le diametre ne soit pas moindre que les données a & $b - c$ (je suppose ici que b surpasse c) ; on inscrira dans ce cercle, à commencer par un de ses points quelconques A, deux cordes $AB = a$, $AD = b - c$: & ayant prolongé AD en F ensorte que $DF = c$, on décrira de son centre C, & du rayon CF, un autre cercle concentrique qui coupe aux points F, E, G, H, les cordes AD, AB prolongées. Je dis que AG est la vraie racine, & AH la fausse de l'égalité $xx + ax - bc = o$; & qu'au contraire AG est la fausse, & AH est la vraie racine de $xx - ax - bc = o$.

Car AF ou $AD + DF = b$, DF ou $AE = c$, & faisant AG ou $BH = x$, on aura $AH = a + x$. Or par la propriété du cercle $EGFH$, le rectangle $EA \times AF$ $(bc) = GA \times AH$ $(xx + ax)$. Si l'on fait à présent $AH = -x$, on aura AG ou BH ou $AH - AB = -x - a$, & par conséquent $GA \times AH = xx + ax$ comme auparavant. Donc soit que l'on fasse $AG = x$ ou $AH = -x$, on trouvera toujours $xx + ax - bc = o$. On prouvera de même que AG est la racine fausse, & AH la vraie de l'égalité $xx - ax - bc = o$.

FIG. 216. 2°. Soit $xx \mp ax + bc = o$. Ayant décrit un cercle quelconque ABD, dont le diametre ne soit pas moindre que les données a & $b + c$, on inscrira dans ce cercle, à commencer par un de ses points quelconques A, deux cordes $AB = a$, $AD = b + c$: & ayant pris sur AD la partie $DF = c$, on décrira de son centre C & du rayon CF un autre cercle concentrique qui coupera les cordes AD, AB, aux points F, E, G, H. Je dis que AG & AH sont les deux racines vraies de l'égalité $xx - ax + bc = o$, & les deux fausses de $xx + ax + bc = o$. Cela se démontre de même que dans le premier cas.

Si le cercle qui a pour rayon CF ne touchoit ni ne rencontroit la ligne AB en aucun point, il s'ensuivroit que les deux racines de l'égalité seroient imaginaires.

AVERTISSEMENT.

Tout l'artifice dont je me sers pour construire les égalités qui n'ont qu'une inconnue, ou pour en trouver les racines, consiste à introduire dans cette égalité une nouvelle inconnue; ensorte qu'on en puisse tirer plusieurs équations qui renferment chacune les deux inconnues & qui soient telles que deux quelconques de ces équations renferment ensemble toutes les quantités connues de la proposée; car autrement en faisant évanouir l'inconnue nouvellement introduite, on ne retrouveroit pas l'égalité proposée. Je choisis ensuite entre ces équations deux des plus simples, & en ayant construit séparément les lieux, leurs points d'interfections me donnent les racines que je cherche. Il y a de l'art à introduire l'inconnue; car il faut que les lieux que l'on tire de la proposée, soient les plus simples qu'il se puisse: par exemple, si l'égalité est du quatrieme degré, il faut que les lieux des équations qu'on tire ne passe point le second degré; que parmi ces lieux il y ait toujours un cercle comme étant le plus simple, & aussi une Parabole, une Hyperbole équilatere, &c. Or c'est ce que j'ai tâché d'exécuter dans les Lemmes & les Propositions qui suivent.

LEMME FONDAMENTAL

Pour la construction des Egalités du troisieme & du quatrieme degré, par le moyen d'un cercle, & d'une Parabole donnée.

383. SOIT proposée l'égalité $x^4 + 2bx^3 + acxx - aadx - a^3f = o$, dans laquelle x est l'inconnue, & a, b, c, d, f, sont les données; & soit supposée une autre inconnue y telle que son rectangle par la connue a, soit égal au rectangle de $x + b$ par x. Ce qui donne les équations suivantes.

1°. $ay = xx + bx$, de laquelle quarrant chaque membre, on trouve $x^4 + 2bx^3 + bbxx = aayy$; &

mettant à la place de $x^4 + 2bx^3$, sa valeur $aayy - bbxx$ dans l'égalité proposée x^4, &c. on la changera en cette seconde équation.

2ᵉ. $yy - \frac{bb}{aa}xx + \frac{c}{a}xx - dx - af = o$, dans laquelle mettant à la place de xx sa valeur $ay - bx$ trouvée par le moyen de la premiere équation, 1°. Dans $-\frac{bb}{aa}xx$. 2°. Dans $\frac{c}{a}xx$. 3°. Dans $-\frac{bb}{aa}xx + \frac{c}{a}xx$, on arrive à ces trois différentes équations.

3ᵉ. $yy - \frac{bb}{a}y + \frac{b^3x}{aa} + \frac{c}{a}xx - dx - af = o$.

4ᵉ. $yy - \frac{bb}{aa}xx + cy - \frac{bc}{a}x - dx - af = o$.

5ᵉ. $yy + cy - \frac{bb}{a}y - \frac{bc}{a}x + \frac{b^3}{aa}x - dx - af = o$. Si l'on retranche de cette cinquieme équation, la premiere $xx + bx - ay = o$, & qu'ensuite on la lui ajoute, on aura ces deux autres.

6ᵉ. $yy + cy - \frac{bb}{a}y + ay - xx - bx - \frac{bc}{a}x + \frac{b^3}{aa}x - dx - af = o$.

7ᵉ. $yy + cy - \frac{bb}{a}y - ay + xx + bx - \frac{bc}{a}x + \frac{b^3}{aa}x - dx - af = o$.

Maintenant si l'on prend pour les inconnues x & y deux lignes droites AP, PM, qui fassent entr'elles un angle quelconque APM; il est évident que le lieu de la premiere équation est * une Parabole : que celui de la seconde peut être une Parabole, une Ellipse, ou une Hyperbole, selon que bb est égal, moindre, ou plus grand que ac; que celui de la troisieme est une Ellipse, qui devient un cercle * lorsque $c = a$ & que l'angle APM est droit : que celui de la quatrieme est une Hyperbole, qui devient équilatere * lorsque $b = a$: que celui de la cinquieme est encore une Parabole : que celui de la sixieme est une Hyperbole équilatere : & enfin que le lieu de la septieme est un cercle, lorsque l'angle APM est droit.

* Art. 310.

* Art. 328 & 329.

* Art. 335 & 336.

REMARQUE I.

384. S'IL y avoit $-2bx^3$ dans l'égalité proposée au lieu de $+2bx^3$, il faudroit changer dans toutes les équations les signes des termes où b se rencontre avec une dimension impaire; & si le second terme manquoit, il faudroit effacer tous les termes où b se trouve. Il en est de même à l'égard des autres termes de l'égalité proposée par rapport aux lettres c, d, f, qu'ils renferment. Mais l'on doit remarquer que dans tous les différens changemens qui peuvent arriver, le lieu de la premiere équation sera une Parabole, celui de la sixieme une Hyperbole équilatere, & enfin celui de la derniére toujours un cercle lorsque l'angle APM est droit.

REMARQUE II.

385. ON a choisi pour premiere équation $xx+bx=ay$, plutôt que $xx-bx=ay$ ou simplement $xx=ay$; parce qu'en quarrant chaque membre de cette équation, les deux premiers termes du premier membre sont les mêmes que les deux premiers termes de l'égalité proposée x^4+2bx^3, &c. & qu'ainsi on peut les faire évanouir tout d'un coup. Ce qui donne une nouvelle équation dont le lieu n'est que du second degré, & qui étant combinée en différentes façons avec la premiere, sert à en trouver (comme l'on vien de voir) plusieurs autres, dont les lieux n'étant que du second degré, se construisent aisément, parce qu'elles ne renferment point le plan xy; & entre lesquels le lieu de la derniere équation, est toujours un cercle, en supposant que les inconnues x & y fassent entr'elles un angle droit.

PROPOSITION IV.

Problême.

386. TROUVER *les racines de l'égalité proposée* $x^4 + 2bx^3 + acxx - aadx - a^3f = 0$, *par le moyen d'une Parabole & d'un cercle.*

FIG. 217. Ayant pris pour les inconnues & indéterminées x & y, les deux lignes droites AP, PM, qui fassent entr'elles un angle droit APM; je construis * d'abord la Parabole qui est le lieu de la premiere équation du Lemme, & ensuite le cercle qui est le lieu de la septieme : & leurs interfections me servent à découvrir les différentes valeurs de l'inconnue x qui seront les racines de l'égalité proposée. Cela se fait en cette sorte.

* *Art.* 310.

Ayant pris sur la ligne AP prolongée de l'autre côté de A la partie $AD = \frac{1}{2}b$, on menera par le point D une parallèle à PM, sur laquelle on prendra la partie $DC = \frac{bb}{4a}$ du côté opposé à PM; on décrira de l'axe CD qui ait son origine en C, & dont le parametre soit égal à la donnée a, une Parabole MCM. Cela fait on menera par le point fixe A une parallèle AQ à PM, sur laquelle ayant pris la partie $AB = \frac{1}{2}a + \frac{bb}{2a} - \frac{1}{2}c = \mp g$ pour abréger, on tirera parallèlement à AP la droite $BE = \frac{1}{2}d \pm \frac{bg}{a}$ sçavoir $-\frac{bg}{a}$ lorsque $AB = +g$ c'est-à-dire lorsque la valeur de AB est positive, & $+\frac{bg}{a}$ lorsque $AB = -g$; en observant de prendre ou mener ces deux lignes AB, BE, du côté de PM lorsque leurs valeurs sont positives, & du côté opposé lorsqu'elles sont négatives. Nommant enfin EA, m; on décrira du centre E, & du rayon $EM = \sqrt{mm + af}$ un cercle ; & menant des points M où il coupe la Parabole des perpendiculaires MP sur la ligne AP : les parties AP de cette ligne marqueront les racines de l'égalité, ſçavoir les vraies lorſque les points P tombent du côté où l'on a ſuppoſé PM en faiſant la conſtruction, & les fauſſes lorſqu'ils tombent du côté oppoſé.

Car prolongeant MQ parallèle à AP, & qui rencontre l'axe CG au point L, on aura ML ou $AP + AD = x + \frac{1}{2}b$, CL ou $MP + DC = y + \frac{bb}{4a}$; & par la propriété de la Parabole $\overline{ML}^2 = CL \times a$, c'eſt-à-dire $xx + bx + \frac{1}{4}bb = \frac{1}{4}bb + ay$, ou $xx + bx = ay$ qui eſt la premiere équation du Lemme. Maintenant ſi l'on prolonge EB juſqu'à ce qu'elle rencontre PM en R, & qu'on tire le rayon EM, on aura à cauſe du triangle rectangle ERM le quarré $\overline{EM}^2 = \overline{ER}^2 + \overline{RM}^2 = \overline{EB}^2 + 2EB \times BR + \overline{BR}^2 + \overline{PM}^2 - 2AB \times PM + \overline{AB}^2 = \overline{EB}^2 + \overline{BA}^2 + af$ par la conſtruction; c'eſt-à-dire en effaçant de part & d'autre les quarrés $\overline{EB}^2$, $\overline{BA}^2$, en mettant pour $2AB$ ſa valeur $a + \frac{bb}{a} - c$, & pour $2BE$ ſa valeur $\frac{2bg}{a} - d$ ou $b + \frac{b^3}{aa} - \frac{bc}{a} - d$, & pour BR ou AP & PM leurs valeurs x & y, la ſeptieme équation $yy + cy - ay - \frac{bb}{a}y + xx + bx + \frac{b^3}{aa}x - \frac{bc}{a}x - dx = af$, dans laquelle ſi l'on met à la place de y ſa valeur $\frac{xx + bx}{a}$ trouvée par la premiere équation, & à la place de yy le quarré de cette valeur, on retrouve l'équation même propoſée $x^4 + 2bx^3 + acxx - aadx - a^3f = 0$. D'où l'on voit que la ligne AP exprime une racine vraie de cette égalité.

Si l'on obſerve de prendre $-x$ pour AP & $-y$ pour PM, lorſque ces lignes tombent du côté oppoſé où on les a ſuppoſées en faiſant la conſtruction; on trouvera toujours par la propriété de la Parabole la premiere équation, & par la propriété du cercle la ſeptieme. Donc, &c.

COROLLAIRE I.

387 Il eſt viſible qu'on rendra la conſtruction précédente générale pour toutes les égalités du troiſieme & du quatrieme degré, & qu'on y employera toujours une Parabole qui ait pour le parametre de ſon axe une ligne donnée a; ſi l'on obſerve, 1°. De multiplier par ſa racine x l'égalité lorſqu'elle n'eſt que du troiſieme degré; & de prendre une ligne * $2b$ égale à toutes celles qui multiplient x^3, un plan * ac égal à ceux qui multiplient xx, un ſolide aad égal aux ſolides qui multiplient x, & enfin un ſurſolide a^3f égal aux termes entiérement connus de l'égalité donnée. 2°. De changer dans les valeurs des lignes AD, DC, AB, BE, EM, qui déterminent la conſtruction de la Parabole & du cercle, les ſignes des termes où b ſe rencontre avec une dimenſion impaire s'il y a $-2bx^3$ dans l'égalité donnée, parce qu'il y avoit $+2bx^3$ dans celle du Problême; & d'effacer tous les termes où b ſe trouve ſi le terme $2bx^3$ manque, parce qu'alors $b=o$: comme auſſi de faire la même choſe à l'égard des termes où c, d, f, ſe rencontrent. 3°. De prendre ou mener ces lignes du côté de PM lorſqu'elles ſont poſitives, & du côté oppoſé lorſqu'elles ſont négatives. On aura donc $AD=\pm\frac{1}{2}b$, ſçavoir $-\frac{1}{2}b$ lorſqu'il y a $+2bx^3$, & $+\frac{1}{2}b$ lorſqu'il y a $-2bx^3$; $AB=\frac{1}{2}a+\frac{bb}{2a}\pm\frac{1}{2}c=\mp g$, ſçavoir $-\frac{1}{2}c$ lorſqu'il y a $+acxx$, & $+\frac{1}{2}c$ lorſque c'eſt $-acxx$; $BE=\pm\frac{bg}{a}\mp\frac{1}{2}d$, ſçavoir $-\frac{bg}{a}$ lorſque $AB=+g$, & qu'il y a $+2bx^3$, ou bien lorſque $AB=-g$, & qu'il y a $-2bx^3$; & au contraire $+\frac{bg}{a}$ lorſque $AB=+g$ & qu'il y a $-2bx^3$, ou bien lorſque $AB=-g$ & qu'il y a $+2bx^3$ (c'eſt-à-dire $-\frac{bg}{a}$ lorſque les valeurs de AB & AD ſont l'une poſitive & l'autre négative, & $+\frac{bg}{a}$ lorſque ces valeurs ſont toutes deux ou poſiti-

* Art. 376.
* Art. 377.

ves

ves ou négatives) ; comme auſſi $+\frac{1}{2}d$ lorſqu'il y a $-aadx$, & $-\frac{1}{2}d$ lorſque c'eſt $+aadx$: & enfin $EM = \sqrt{mm \mp af}$, ſçavoir $+af$ lorſqu'il y a $-a^3f$, & $-af$ lorſque c'eſt $+a^3f$. D'où l'on tire cette conſtruction géométrique qui eſt générale pour tous les cas.

Une Parabole MCM qui a pour axe la ligne CG, dont le parametre eſt égal à la ligne a, étant donnée, & ayant réduit l'égalité propoſée ſous cette forme $x^4 \mp 2bx^3 \mp acxx \mp aadx \mp a^3f = 0$; on menera une ligne AB parallèle à l'axe CG qui en ſoit diſtante de $\frac{1}{2}b$, du côté droit de cet axe lorſqu'il y a $+2bx^3$ dans l'égalité donnée, & du côté gauche lorſqu'il y a $-2bx^3$. On tirera par le point A où la ligne AB rencontre la Parabole, une perpendiculaire AD ſur l'axe CG ; & on prendra ſur cet axe les parties $DF = \frac{1}{2}a$, $FG = 2CD$ toujours du côté oppoſé à ſon origine C, & la partie $GK = \frac{1}{2}C$ vers ſon origine C lorſqu'il y a $+acxx$, & du côté oppoſé lorſqu'il y a $-acxx$. On menera enſuite par les points déterminés A, F, une ligne droite indéfinie AF, & par le point K une perpendiculaire à l'axe qui rencontre AF en H ; & on prendra ſur cette perpendiculaire la partie $HE = \frac{1}{2}d$ du côté droit lorſqu'il y a $-aadx$, & du côté gauche lorſqu'il y a $+aadx$. Cela fait, on décrira un cercle du centre E, & du rayon $EM = AE$, lorſque le terme a^3f manque dans l'égalité donnée, c'eſt-à-dire, lorſqu'elle n'eſt que du troiſieme degré : mais lorſqu'elle eſt du quatrieme, on prendra (après avoir nommé AE, m ;) le rayon $EM = \sqrt{mm \mp af}$, ſçavoir $+af$ s'il y a $-a^3f$, & $-af$ s'il y a $+a^3f$. Enfin des points M où ce cercle rencontre la Parabole donnée, menant des perpendiculaires MQ ſur la ligne AB ; elles ſeront les racines de l'égalité donnée ; ſçavoir celles qui tombent du côté droit de cette ligne, les vraies ; & celles qui tombent du côté gauche, les fauſſes. FIG. 217.

Car prolongeant HK juſqu'à ce qu'elle rencontre la ligne AB au point B, on a par la conſtruction BK ou

$AD = \pm \frac{1}{2} b$, sçavoir $-\frac{1}{2} b$ lorsqu'il y a $+2bx^3$, & $+\frac{1}{2} b$ lorsque c'est $-2bx^3$; & par la propriété de la Parabole, $CD = \frac{bb}{4a}$. Donc DG ou $DF + FG = \frac{1}{2} a + \frac{bb}{2a}$, & DK ou $AB = \frac{1}{2} a + \frac{bb}{2a} \pm \frac{1}{2} c = \mp g$, sçavoir $-\frac{1}{2} c$ lorsqu'il y a $+acxx$, & $+\frac{1}{2} c$ lorsqu'il y a $-acxx$; & l'on doit observer que le point B tombe du côté de PM lorsque $AB = +g$, c'est-à-dire lorsque sa valeur est positive, & du côté opposé lorsqu'elle est négative. Or à cause des triangles semblables ADF, ABH, on aura $DF(\frac{1}{2} a)$. $DA(\pm \frac{1}{2} b) :: AB(\mp g)$. $BH = \pm \frac{bg}{a}$, sçavoir $+\frac{bg}{a}$ lorsque les valeurs de AD & de AB sont toutes deux positives ou négatives, & $-\frac{bg}{a}$ lorsque l'une d'elles est positive & l'autre négative. Et partant $BE = \pm \frac{bg}{a} \pm \frac{1}{2} d$, sçavoir $-\frac{1}{2} d$ lorsqu'il y a $-aadx$, & $+\frac{1}{2} d$ lorsqu'il y a $+aadx$; & l'on doit encore observer que le point E tombera du côté de PM lorsque la valeur de BE est positive, & du côté opposé lorsqu'elle est négative. D'où il est évident que par le moyen de cette construction on déterminera dans tous les cas possibles toujours comme il est requis, le centre E du cercle.

Si le second terme $2bx^3$ manquoit dans l'égalité donnée, il est clair que les lignes AB, AF, tomberoient sur l'axe CG, ensorte que les points A, D, se confondroient avec l'origine C; puisque $b = o$. Et par conséquent le point G tomberoit sur le point F, & les points
FIG. 218. H, B, sur le point K: ce qui rend la construction générale beaucoup plus simple. Car il ne faudroit alors que prendre sur l'axe la partie $CF = \frac{1}{2} a$ toujours vers le dedans de la Parabole, & la partie $FK \frac{1}{2} c$ vers l'origine C lorsqu'il y a $+acxx$, & du côté opposé lorsqu'il y a $-acxx$; mener $KE = \frac{1}{2} d$ perpendiculaire à l'axe, du côté gauche lorsqu'il y a $+aadx$, & du côté droit lorsqu'il y a $-aadx$; & achever le reste comme dans la construction générale, en observant qu'ici $EC = m$.

De même si le terme $acxx$ manque, le point K tombera sur le point G; & si c'est le terme $aadx$, le centre E du cercle tombera en H. Fig. 217.

Corollaire II.

388. On peut encore trouver une construction plus simple pour les égalités du troisieme degré qui ont un second terme, en les multipliant par l'inconnue plus ou moins la quantité connue du second terme, sçavoir plus cette quantité quand le second terme est affecté du signe —; & moins cette quantité lorsqu'il y a le signe +; ce qui donne une équation du quatrieme degré où le second terme est évanoui. Qu'il faille, par exemple, trouver les racines de l'égalité du troisieme degré, $x^3 - bxx + apx + aaq = 0$: je la multiplie par $x + b$ pour avoir l'égalité du quatrieme degré,

$$x^4 \begin{array}{l} + apxx + aaqx \\ - bbxx + abpx \end{array} + aabq = 0,$$

dans laquelle le second terme est évanoui; je me sers à présent de la construction que l'on vient de donner pour ces sortes d'égalités où le second terme manque, & j'ai $CK(\frac{1}{2}a \pm \frac{1}{2}c) = \frac{1}{2}a + \frac{bb}{2a} - \frac{1}{2}p$, $KE(\frac{1}{2}d) = \frac{1}{2}q + \frac{bp}{2a}$, & le rayon du cercle $EM = \sqrt{mm - bq}$: ce qui donne cette construction.

Ayant mené une parallèle à l'axe CD qui en soit distante vers le côté gauche d'une ligne égale à b, & qui rencontre la Parabole au point A, je tire par l'origine C de l'axe la droite CA, sur laquelle j'éleve par son point de milieu O une perpendiculaire indéfinie OG qui rencontre l'axe au point G. Je prends sur l'axe vers son origine C la partie $GK = \frac{1}{2}p$, & ayant tiré par le point K une perpendiculaire à l'axe qui rencontre la ligne OG au point H, je prends sur cette perpendiculaire prolongée du côté de H la partie $HE = \frac{1}{2}q$, & je décris du centre E & du rayon EA un cercle. Je dis qu'il coupera la Parabole en des points M, d'où ayant abaissé sur l'axe des perpendiculaires MQ; celles qui seront Fig. 219.

à droit, marqueront les vraies racines; & celles qui seront à gauche, les fausses de l'égalité proposée $x^3 - bxx + apx + aaq = o$.

Car ayant mené les perpendiculaires AD, OL, sur l'axe; on aura par la construction $AD = b$, & par la propriété de la Parabole $CD = \frac{bb}{a}$. Donc puisque CA est divisée par le milieu en O, les triangles semblables CAD, COL, donneront $OL = \frac{1}{2}b$, $CL = \frac{bb}{2a}$; & à cause des triangles rectangles semblables CLO, OLG, on aura $CL\left(\frac{bb}{2a}\right) . LO\left(\frac{1}{2}b\right) :: LO\left(\frac{1}{2}b\right) . LG = \frac{1}{2}a$, & par conséquent CK ou $CL + LG - GK = \frac{1}{2}a + \frac{bb}{2a} - \frac{1}{2}p$. De plus à cause des triangles semblables GLO, GKH, on trouve $KH = \frac{bp}{2a}$, & $KH + HE$ ou $KE = \frac{1}{2}q + \frac{bp}{2a}$ qui tend du côté gauche de l'axe, comme il est prescrit dans la construction lorsqu'il y a $+ aadx$. Le point E est donc le centre du cercle lequel doit déterminer par ses intersections avec la Parabole donnée toutes les racines de l'égalité du quatrieme degré $x^4 + apxx$, &c. Or comme les racines de cette égalité sont celles de la proposée $x^3 - bxx + apx + aaq = o$, avec une fausse $AD\ (b)$; il s'ensuit que ce cercle doit passer par le point A. Donc, &c.

On peut encore s'assurer par le calcul que EA est le rayon du cercle cherché. Car menant EB parallèle à l'axe, on aura (à cause des triangles rectangles EBA, EKC) les quarrés des hypothénuses $\overline{EA}^2 = \overline{EB}^2 + \overline{BA}^2$ & $\overline{EC}^2 = \overline{CK}^2 + \overline{KE}^2$ & par conséquent il s'agit de prouver que $\overline{EB}^2 + \overline{BA}^2 = \overline{EK}^2 + \overline{KC}^2 - bq$, puisqu'on doit prendre $EM = \sqrt{mm - bq}$. Or en mettant à la place de ces lignes de part & d'autre leurs valeurs analytiques, on trouvera les mêmes quantités. Et c'est ce qui doit arriver, si le rayon cherché $EM = EA$.

Pour rendre cette construction générale, il faut

observer, 1°. De mener du côté gauche de l'axe la parallèle qui en eſt diſtante d'une ligne égale à b, lorſqu'il y a $-bxx$ dans l'égalité propoſée, & du côté droit lorſqu'il y a $+bxx$. 2°. De prendre ſur l'axe $GK = \frac{1}{2}p$ du côté de ſon origine C lorſqu'il y a $+apx$, & du côté oppoſé lorſqu'il y a $-apx$. 3°. De prendre $HE = \frac{1}{2}q$ du côté gauche lorſqu'il y a $+aaq$, & du côté droit lorſqu'il y a $-aaq$. Tout cela eſt trop évident pour m'arrêter à le démontrer en détail.

REMARQUE I.

389. IL eſt à propos de remarquer, 1°. Que ſi le cercle ne coupe la Parabole donnée qu'en deux points, il s'enſuivra que l'égalité propoſée n'aura que deux racines réelles lorſqu'elle eſt du quatrieme degré, & qu'une ſeule lorſqu'elle eſt du troiſieme, & les deux autres imaginaires : comme dans la figure 219. où le cercle ne coupe la Parabole qu'en deux points A, M; l'égalité $x^4 + apxx - bbxx$, &c. n'a que deux racines réelles AD, MQ, qui ſont toutes deux fauſſes, parce qu'elles tombent du côté gauche de l'axe. 2°. Que ſi le cercle ne coupoit ni ne rencontroit la Parabole en aucun point (ce qui ne peut arriver lorſque l'égalité eſt du troiſieme degré comme l'on voit par les conſtructions précédentes) les quatre racines ſeroient imaginaires. 3°. Que s'il la touchoit en un point l'égalité propoſée auroit deux racines égales chacune à la perpendiculaire menée de ce point; ce qui vient de ce qu'on peut conſidérer un cercle qui touche une Parabole, comme s'il la coupoit en deux points infiniment proches l'un de l'autre, qui ſont regardés comme réunis dans le point touchant : mais alors l'égalité propoſée ſe pourroit abaiſſer à une du ſecond degré par les regles de l'Algebre ordinaire, de ſorte qu'on n'auroit point beſoin d'une Parabole pour en trouver les racines.

REMARQUE II.

390. Si l'on fait attention à ce qu'on démontre en Algebre qu'en toute égalité où le second terme manque, & qui a toutes ses racines réelles, la somme des vraies est égale à la somme des fausses ; on verra naître ce Théorême.

Fig. 218. S'il y a un cercle qui coupe une Parabole en quatre points M d'où l'on abaisse des perpendiculaires MQ sur l'axe CF : je dis que la somme des perpendiculaires qui tombent du côté droit de l'axe, sera égale à la somme de celles qui tombent du côté gauche.

Car si l'on prend vers le dedans de la Parabole sur l'axe depuis son origine C la partie CF égale la moitié de son parametre que j'appelle a, & qu'ayant tiré du centre E du cercle la perpendiculaire EK sur l'axe, on fasse $FK = \frac{1}{2} c$, $KE = \frac{1}{2} d$, $\overline{EC}^2 - \overline{EM}^2 = af$; il est clair par la construction qui est à la fin * du Corollaire premier, que les perpendiculaires MQ seront les racines de cette égalité $x^4 - acxx + aadx + a^3 f = 0$ dans laquelle le second terme manque ; sçavoir celles qui tombent du côté droit de l'axe, les vraies ; & celles qui tombent du côté gauche, les fausses. Donc, &c.

* Art. 387.

Si le cercle passoit par l'origine C de l'axe, il est visible que l'une des perpendiculaires MQ deviendroit nulle ou zéro ; & qu'ainsi il y auroit alors une perpendiculaire d'une part de l'axe égale aux deux autres de l'autre part.

Si le cercle touchoit la Parabole en un point & la coupoit en deux autres, il faudroit prendre le double de la perpendiculaire menée du point touchant ; puisque (comme l'on vient * de dire) on peut regarder ce cercle comme s'il coupoit la Parabole en deux points infiniment proches l'un de l'autre, lesquels se réunissent au point touchant.

* Art. 389.

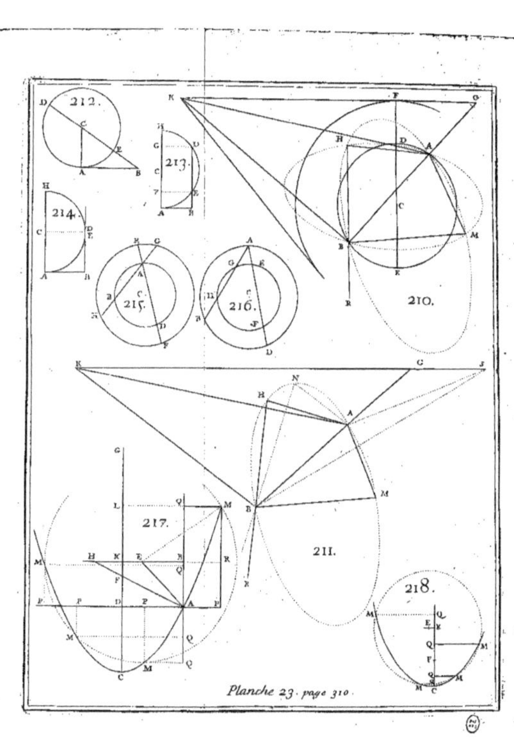

Planche 23. page 310.

REMARQUE III.

391. COMME l'on ne peut imaginer en Géométrie des produits qui ayent plus de trois dimenſions; puiſque le ſolide, qui eſt la quantité la plus compoſée, n'en a que trois; on pourra diviſer, ſi l'on veut, tous les termes d'une égalité propoſée qui paſſe par le troiſieme degré, par telle ligne donnée qu'on voudra, élevée à une puiſſance moindre d'une unité que chacun de ſes termes n'a de dimenſions : ce qui ne troublera point l'égalité, & fera que chacun de ſes termes, n'exprimera plus que des lignes droites. Soit, par exemple, l'égalité du quatrieme degré $x^4 + 2bx^3 + acxx - aadx - a^3f = o$; je la diviſe par a^3, ce qui donne $\frac{x^4}{a^3} + \frac{2bx^3}{a^3} + \frac{cxx}{aa} - \frac{dx}{a} - f = o$, dont chaque terme n'a qu'une dimenſion, & n'exprime par conſéquent que des lignes droites. On choiſit ordinairement la ligne qui ſe trouve répétée le plus ſouvent dans tous les termes de l'équation propoſée, comme eſt ici la ligne a, & même quelquefois on la ſouſentend, en la regardant comme l'unité dans les nombres, qui ne change rien aux quantités qu'elle multiplie ou qu'elle diviſe : ainſi en faiſant $a = 1$, on écrira $x^4 + 2bx^3 + cxx - dx - f = o$, au lieu de $x^4 + 2bx^3 + acxx - aadx - a^3f = o$ ou de $\frac{x^4}{a^3} + \frac{2bx^3}{a^3} + \frac{cxx}{aa} - \frac{dx}{aa} - f = o$. Il en eſt de même des égalités du cinquieme & du ſixieme degré, &c.

REMARQUE IV.

392. SI après avoir conſtruit le cercle qui eſt le lieu de la derniere équation du Lemme, on conſtruit une Section conique qui ſoit le lieu de telle autre de ſes équations qu'on voudra; ces deux lieux détermineront par leurs interſections les racines de l'égalité propoſée; dont la raiſon eſt que faiſant évanouir par le moyen de leurs équations l'inconnue y, on retrouve l'égalité même propoſée.

De-là il eſt évident qu'on peut conſtruire cette égalité, 1°. par le moyen d'un cercle & d'une Hyperbole équilatere, en ſe ſervant de la ſeptieme & de la ſixieme équation du Lemme. 2°. Par le moyen d'un cercle, & d'une Ellipſe dont l'axe parallèle à AP eſt à ſon parametre comme a eſt à c, en ſe ſervant de la ſeptieme & de la troiſieme équation. 3°. Par le moyen d'un cercle, & d'une Hyperbole dont l'axe parallèle à AP eſt à ſon parametre comme aa eſt à bb, en ſe ſervant de la ſeptieme & de la quatrieme équation. Or comme la ligne a, dont on ſe ſert pour réduire ſous l'expreſſion ac toutes les quantités qui multiplient xx, ſous l'expreſſion aad celles qui multiplient x, & enfin ſous l'expreſſion a^3f les quantités entiérement connues, eſt arbitraire; il s'enſuit qu'en prenant pour cette ligne a une infinité de différentes grandeurs, on pourra conſtruire l'égalité propoſée par le moyen d'une infinité de cercles, & d'Ellipſes, ou d'Hyperboles équilateres & non équilateres, toutes différentes entr'elles.

On a vu dans l'article 387. qu'en prenant pour l'unité arbitraire a le parametre de l'axe d'une Parabole donnée, on peut en ſe ſervant de la premiere & de la ſeptieme équation conſtruire l'égalité propoſée par le moyen d'un cercle & de la Parabole donnée: & je vais faire voir qu'en déterminant cette ligne a d'une certaine maniere, on peut conſtruire l'égalité par le moyen d'un cercle & d'une Ellipſe ou d'une Hyperbole ſemblable à une Ellipſe ou à une Hyperbole donnée. Car la raiſon de ſes axes étant donnée par la ſuppoſition, la raiſon de l'axe parallèle à AP avec ſon parametre ſera auſſi donnée. Si donc l'on nomme cette raiſon donnée $\frac{n}{m}$; on aura lorſqu'il s'agit de l'Ellipſe $\frac{c}{a} = \frac{n}{m}$; & partant $aa = \frac{acm}{n}$; d'où il ſuit que ſi l'on prend pour l'unité

* Art. 378. arbitraire a, la racine d'un quarré aa égal * à une quantité connue ac qui multiplie xx dans l'égalité donnée

donnée, & eſt multipliée par $\frac{m}{n}$, on conſtruira l'égalité en ſe ſervant de la ſeptieme & de la troiſieme équation, par le moyen d'un cercle & d'une Ellipſe dont l'axe parallèle à AP, ſera à ſon parametre comme m eſt à n, puiſque $\frac{n}{m} = \frac{c}{a}$. Mais lorſqu'il s'agit de l'Hyperbole, on aura $\frac{n}{m} = \frac{bb}{aa}$, & partant $a = b\sqrt{\frac{m}{n}}$; d'où l'on voit que ſi l'on prend pour l'unité a cette valeur, & qu'on conſtruiſe l'égalité en ſe ſervant de la ſeptieme & de la quatrieme équation, l'axe parallèle à AP de l'Hyperbole qui eſt le lieu de la quatrieme, ſera à ſon parametre comme m eſt à n, puiſque $\frac{n}{m} = \frac{bb}{aa}$. Et c'eſt ce qui étoit propoſé.

REMARQUE V.

393. LA ligne a qui fait l'office de l'unité, & qui eſt arbitraire, ſuffit comme l'on vient de voir pour conſtruire l'égalité propoſée, par le moyen d'un cercle & d'une Parabole donnée, ou bien par le moyen d'un cercle, & d'une Ellipſe, ou d'une Hyperbole ſemblable à une donnée. Mais lorſqu'il eſt queſtion de la conſtruire par le moyen d'un cercle, & d'une Ellipſe, ou d'une Hyperbole donnée, une ſeule ligne arbitraire ne ſuffit pas; il faut en introduire d'autres dans l'égalité propoſée, afin de pouvoir les déterminer enſuite de maniere que la Section donnée ſerve. C'eſt ce que l'on va exécuter dans le Lemme ſuivant.

LEMME FONDAMENTAL

Pour la conſtruction des Egalités du troiſieme & du quatrieme degré, avec un cercle & une Ellipſe, ou une Hyperbole donnée.

394. SOIT l'égalité du quatrieme degré $z^4 + abzz - aacz + a^3d = 0$, dans laquelle les lettres a, b, c, d,

marquent des lignes données, & la lettre z exprime les racines inconnues de l'égalité. Je prends une autre inconnue $x = \frac{fz}{a}$ (la lettre f marque une ligne prise à volonté), & substituant à la place de z, zz, & z^4 leurs valeurs $\frac{ax}{f}$, $\frac{aaxx}{ff}$, & $\frac{a^4x^4}{f^4}$ dans l'égalité précédente, je la change en cette autre $x^4 + \frac{bff}{a}xx - \frac{cf^3}{a}x + \frac{df^4}{a} = 0$; je prends une troisieme inconnue y telle qu'étant multipliée par f son produit fy soit égal au quarré xx de la seconde; ce qui donne les équations suivantes.

1°. $xx - fy = 0$; & substituant à la place de xx, & de x^4 leurs valeurs fy & $ffyy$ dans l'égalité $x^4 + \frac{bff}{a}xx$, &c. j'ai pour seconde équation.

2°. $yy + \frac{bf}{a}y - \frac{cf}{a}x + \frac{dff}{a} = 0$, laquelle étant ajoutée à la premiere, donne pour troisieme équation.

3°. $yy + \frac{bf}{a}y - fy + xx - \frac{cf}{a}x + \frac{dff}{a} = 0$, dont le
* Art. 324 & 329. lieu est * un cercle lorsque les inconnues & indéterminées x & y font entr'elles un angle droit. Je multiplie la premiere équation par la fraction $\frac{g}{a}$ dans laquelle g exprime une ligne telle qu'on veut de même que f, & j'ai $\frac{g}{a}xx - \frac{fg}{a}y = 0$; & ajoutant cette équation avec la seconde, & l'en ôtant ensuite, je forme la quatrieme & la cinquieme équation.

4°. $yy + \frac{bf}{a}y - \frac{gf}{a}y + \frac{g}{a}xx - \frac{cf}{a}x + \frac{dff}{a} = 0$, dont
* Art. 324. le lieu est * une Ellipse.

5°. $yy + \frac{bf}{a}y + \frac{gf}{a}y - \frac{g}{a}xx - \frac{cf}{a}x + \frac{dff}{a} = 0$, dont
* Art. 332. le lieu est * une Hyperbole ou les Hyperboles opposées.

REMARQUE.

395. S'IL arrive que quelques termes de l'égalité proposée ayent des signes différens de celle-ci, ou qu'ils

manquent; les lieux de ces cinq équations seront toujours néanmoins des Sections coniques de même nom : c'est-à-dire que les lieux de la premiere & de la seconde équation seront toujours des Paraboles, celui de la troisieme, un cercle, &c.

PROPOSITION V.

Problême.

396. CONSTRUIRE *l'égalité du quatrieme degré* $z^4 + abzz - aacz + a^3d = 0$, *avec un cercle donné & une Hyperbole semblable à une donnée; ou avec une Hyperbole donnée & un cercle.*

Je construis séparément * les lieux de la troisieme & de la cinquieme équation, en prenant pour les inconnues & indéterminées x & y les mêmes lignes AP, PM, qui fassent entr'elles un angle droit APM; & les intersections de ces deux lieux me servent à déterminer les valeurs de l'inconnue z, de la maniere qui suit. *Art. 324 & 332. FIG. 220 & 221.

Soit menée par le point A origine des x, la ligne $AD = \frac{af-bf}{2a}$ parallèle à PM, & du même côté lorsque a surpasse b, & au contraire du côté opposé lorsqu'il est moindre. Et ayant tiré la droite indéfinie DG parallèle à AP, soient prises sur cette ligne du côté de PM la partie $DC = \frac{cf}{2a}$, & soit décrit du centre C & du rayon CF ou $CG = \frac{f}{2a}\sqrt{cc + aa - 2ab + bb - 4ad}$, un cercle. Maintenant ayant mené $AH = \frac{bf+gf}{2a}$ parallèle à PM & du côté opposé, soit tirée la droite indéfinie HK parallèle à AP, sur laquelle soient prises la partie $HI = \frac{cf}{2g}$ du côté opposé à PM, & de part & d'autre du point I les parties IK, IL, égales chacune à $\frac{f}{2g}\sqrt{cc - hg + 4dg}$ ou $\frac{f}{2g}\sqrt{hg - 4dg - cc}$ (on a pris pour abréger $h = \overline{\frac{b+g}{a}}^2$). Soit enfin décrite de l'axe LK (qui doit être le premier lorſque $cc+4dg$ eſt plus grand que hg, & le ſecond lorſqu'il eſt moindre) qui ſoit à ſon parametre KO comme a eſt à g, une Hyperbole ou les Hyperboles oppoſées qui rencontrent le cercle en des points M, M, d'où ſoient abaiſſées des perpendiculaires MP, MP, ſur la ligne AP. Je dis que les parties AP, AP, de cette ligne feront les racines de l'égalité $x^4 + \frac{bff}{a}xx - \frac{cf^3}{a}x + \frac{df^4}{a} = 0$; en obſervant qu'elles ſont vraies lorſque les points P tombent du côté où l'on a ſuppoſé PM en faiſant la conſtruction, & fauſſes lorſqu'ils tombent du côté oppoſé.

Car on trouvera par la propriété du cercle la troiſieme équation; & par la propriété de l'Hyperbole, la cinquieme; & ôtant la troiſieme de la cinquieme, on aura $\frac{gf}{a}y + fy - \frac{g}{a}xx - xx = 0$, d'où l'on tire $y = \frac{xx}{f}$; & mettant dans l'une ou dans l'autre de ces deux équations à la place de y cette valeur $\frac{xx}{f}$, & à la place de yy ſon quarré $\frac{x^4}{ff}$, on trouvera l'égalité x^4, &c. Mais ayant les valeurs de x, on a celles de z; puiſque $z = \frac{ax}{f}$.

Maintenant pour ſatisfaire à la premiere demande du Problême, je nomme le rayon du cercle donné CF, r; & j'ai par conſéquent $r = \frac{f}{2a}\sqrt{cc+aa-2ab+bb-4ad}$; d'où il ſuit que ſi l'on prend $f = \frac{2ar}{\sqrt{cc+aa-2ab+bb-4ad}}$, le rayon CF ou CG du cercle qui eſt le lieu de la troiſieme équation, ſera égal à la donnée r. Il reſte à faire que l'Hyperbole ſoit ſemblable à une donnée, c'eſt-à-dire, que ſon premier ou ſecond axe LK ſoit à ſon parametre KO en raiſon donnée de m à n; & il eſt viſible qu'il ne faut pour cela que prendre $g = \frac{an}{m}$, puiſque $LK. KO :: a. g :: m. n$.

Enfin pour faire en sorte que l'Hyperbole soit donnée, ou, ce qui est la même chose que son premier où second axe LK & le parametre KO de cet axe soient égaux à des lignes données ; je nomme d'abord le premier axe LK $2t$; son parametre KO, p; & j'ai KO (p) $= \frac{2gt}{a}$, & LK $(2t) = \frac{f}{g} \sqrt{cc + 4dg - hg}$ (il faut se ressouvenir que $h = \frac{b+g}{a}$) ; ce qui donne $g = \frac{ap}{2t}$, & $f = \frac{2gt}{\sqrt{cc+4dg-hg}}$: d'où l'on voit que si $cc + 4dg$ surpasse hg, & qu'on prenne pour g & pour f ces valeurs, on trouvera dans la construction de la cinquieme équation pour le premier axe LK & son parametre KO les lignes données $2t$ & p. Mais s'il arrive que $cc + 4dg$ soit moindre que hg, il faudra nommer le second axe LK, $2t$; & son paramêtre KO, p; ce qui donne comme ci-dessus $g = \frac{ap}{2t}$, & $f = \frac{2gt}{\sqrt{hg - cc - 4dg}}$; où l'on doit observer que $2t$ & p ne marquent plus à présent les mêmes lignes qu'auparavant : & s'il arrive que hg, dans cette derniere supposition où $2t$ marque le second axe, surpasse $cc + 4dg$, il est visible qu'en prenant pour g & f ces valeurs dans la construction de la cinquieme équation, on trouvera pour le second axe LK & son parametre KO les lignes données $2t$ & p.

Il faut bien remarquer qu'il peut arriver que la valeur de f soit imaginaire dans l'une & dans l'autre de ces suppositions; & alors on voit que la construction devient impossible du moins par cette méthode. Or comme tous les Auteurs qui s'en sont servis après M. Sluze qui en est l'inventeur, la donnent pour générale; j'en ferai une remarque à part; où je ferai voir en examinant par ordre tous les cas qui peuvent arriver, que dans cet exemple même il peut y en avoir une infinité où cette méthode ne réussit point.

Si c'étoient deux Hyperboles conjuguées qui fussent données, la construction seroit toujours possible ; car si après avoir nommé le premier axe d'une de ces Hyperboles LK, $2t$; & ſon parametre KO, p; il ſe trouvoit que la valeur de $f=\frac{2gt}{\sqrt{cc+4dc-hg}}$ fût imaginaire, c'eſt-à-dire, que hg ſurpaſsât $cc+4dg$; il n'y auroit qu'à ſe ſervir dans la conſtruction à la place de cette Hyperbole de ſa conjuguée & de ſon ſecond axe, puiſque le ſecond axe de celle-ci étant le même que le premier axe de l'autre, la valeur de f ne renfermeroit plus aucune contradiction. Je dois encore avertir que s'il arrive que $cc+4dg=hg$, l'équation du quatrieme degré s'abaiſſe à une du ſecond.

REMARQUE.

397. 1°. Si l'Hyperbole donnée eſt équilatere. On aura $g=a$, & on ſe ſervira dans la conſtruction du Problême de ſon premier axe, lorſque $cc+4dg$ ſurpaſſe hg, c'eſt-à-dire, en mettant pour h ſa valeur $\frac{\overline{b+g}^2}{a}$, & pour g ſa valeur a, lorſque $cc+4ad$ ſurpaſſe $\overline{b+a}^2$; & du ſecond lorſqu'il eſt moindre. Et la conſtruction ſera toujours poſſible.

2°. Si le premier axe de l'Hyperbole donnée ſurpaſſe ſon parametre. On ſe ſervira dans la conſtruction du Problême de ſon premier axe, lorſque $cc+4ad$ ſurpaſſe $\overline{b+a}^2$; car il ſuit de-là que $cc+4dg$ ſurpaſſe hg, c'eſt-à-dire (en multipliant par $\frac{a}{g}$ & mettant pour h ſa valeur $\frac{\overline{b+g}^2}{a}$) que $\frac{acc}{g}+4ad$ ſurpaſſe $\overline{b+g}^2$, puiſque dans cette ſuppoſition g $\left(\frac{ap}{2t}\right)$ étant moindre que a, la quantité $\frac{acc}{g}+4ad$ ſera plus grande que $cc+4ad$, & $\overline{b+g}^2$ ſera moindre que $\overline{b+a}^2$. Au contraire lorſque $cc+4ad$ eſt moindre que $\overline{b+a}^2$, il faudra ſe ſervir du ſecond axe; car il ſuit de-là que $cc+4dg$ eſt moindre que hg, ou que $\frac{acc}{g}+4ad$ eſt moindre que $\overline{b+g}^2$

puiſque $2t$ marquent à préſent le ſecond axe qui eſt moindre que ſon parametre p la quantité $\frac{ap}{2t}$ eſt ici plus grande que a. D'où l'on voit que la conſtruction eſt toujours poſſible, non-ſeulement lorſque l'Hyperbole donnée eſt équilatere, mais encore lorſque le premier axe eſt plus grand que ſon parametre.

3°. Si le premier axe eſt moindre que ſon parametre. Il faudra néceſſairement lorſque $cc + 4ad$ ſurpaſſe $\overline{b+a}^2$, ſe ſervir du premier axe; car ſi l'on employoit le ſecond, il faudroit que $cc + 4dg$ fût moindre que hg, ou que $\frac{acc}{g} + 4ad$ fût moindre que $\overline{b+g}^2$; ce qui ne peut être, puiſque $2t$ qui exprimeroit alors le ſecond axe étant plus grand que p, la quantité $g\left(\frac{ap}{2t}\right)$ ſeroit moindre que a. Mais en ſe ſervant du premier axe, il peut arriver que $\frac{acc}{g} + 4ad$ ſoit moindre que $\overline{b+g}^2$, puiſque $g\left(\frac{ap}{2t}\right)$ eſt plus grand que a; & alors il eſt évident que la conſtruction du Problême devient impoſſible, parce que la valeur de $f\left(\frac{2gt}{\sqrt{cc+4dg-hg}}\right)$ renferme une contradiction. De même lorſque $cc + 4ad$ eſt moindre que $\overline{b+a}^2$, il faut néceſſairement ſe ſervir du ſecond axe; & comme alors la valeur de $g\left(\frac{ap}{2t}\right)$ eſt moindre que a, il peut arriver que $\frac{acc}{g} + 4ad$ ſoit plus grand que $\overline{b+g}^2$, & qu'ainſi la valeur de $f\left(\frac{2gt}{\sqrt{hg-cc-4dg}}\right)$ ſoit imaginaire.

Il eſt donc évident qu'il peut arriver une infinité de cas, où la conſtruction de l'égalité propoſée dans le Problême devient impoſſible; & cela lorſque le premier axe de l'Hyperbole donnée eſt moindre que ſon parametre, car autrement elle réuſſira toujours.

COROLLAIRE I.

398. Si l'on prenoit dans le Problême précédent la quatrieme équation au lieu de la cinquieme, & qu'on fît la construction de même en se servant de l'Ellipse qui est le lieu de cette équation, au lieu de l'Hyperbole qui est le lieu de la cinquieme : il est visible que l'on construiroit l'égalité proposée z^4, &c. par le moyen d'un cercle donné & d'une Ellipse semblable à une donnée ; ou avec une Ellipse donnée & un cercle.

COROLLAIRE II.

399. Il est évident qu'on peut rendre la construction précédente générale pour toutes sortes d'égalités du troisieme & du quatrieme degré, en observant, 1°. de faire évanouir le second terme de l'égalité donnée, lorsqu'elle en a un; de la multiplier ensuite par sa racine z lorsqu'elle n'est que du troisieme degré ; & de prendre un plan ab égal à tous les plans qui multiplient zz, un solide aac égal à tous les solides qui multiplient z, & enfin un sursolide a^3d égal à tous les sursolides donnés. 2°. D'effacer dans les valeurs de AD, DC, CF, AH, IH, LK, les termes où se trouve b lorsque zz ne se rencontre point dans l'égalité donnée, ceux dans lesquels se rencontrent c ou d lorsque le quatrieme ou le cinquieme terme manquent : & de changer de signes tous les termes où b se rencontre avec une dimension impaire, si le troisieme terme de l'équation donnée a un signe différent du troisieme de la précédente ; comme aussi ceux dans lesquels c ou d se rencontrent avec une dimension impaire lorsque le quatrieme ou le cinquieme terme ont des signes différens des quatrieme & cinquieme de l'égalité précédente. 3°. De prendre du côté de PM ces lignes lorsque leurs valeurs sont positives, & du côté opposé lorsqu'elles sont négatives.

REMARQUE.

400. ON peut toujours rendre la construction précédente plus simple dans les égalités particulieres qu'on se propose de construire, en faisant ensorte que a soit égal à b; car il n'y a qu'à réduire l'égalité donnée sous cette forme $z^4 \mp aazz \mp aacz \mp a^3d = 0$, au lieu de cette autre $z^4 \mp abzz \mp aacz \mp a^3d = 0$. Ce qui a empêché de le faire d'abord, c'est qu'on avoit en vue de rendre la construction du Problême générale pour tous les cas, comme l'on vient de faire dans le Corollaire précédent, & que pour cet effet il falloit que chaque terme de l'égalité renfermât des lettres différentes b, c, d, au premier degré.

PROPOSITION VI.

Problême.

401. TROUVER *les racines de l'égalité* $z^4 - bz^3 - aczz + aadz + aahh = 0$, *par le moyen d'une Hyperbole donnée entre ses Asymptotes, & d'un cercle.*

Ayant fait $z = \frac{ax}{f}$, on transformera l'égalité donnée en cette autre $x^4 - \frac{bf}{a}x^3 - \frac{cff}{a}xx + \frac{df^3}{a}x + \frac{hhf^4}{aa} = 0$. FIG. 222.
Ayant mené d'un point quelconque M de l'Hyperbole donnée qui a pour centre le point A, une parallèle MP à l'une des Asymptotes AQ, & qui rencontre l'autre au point P, on nommera les inconnues & indéterminées AP, x; PM, y; lesquelles font entr'elles un angle donné APM, & on aura par la propriété de l'Hyperbole $xy = mm$, en supposant que mm en soit la puissance. Maintenant si l'on prend $f = m\sqrt{\frac{a}{h}}$, on aura $hff = amm$, & $\frac{hhf^4}{aa} = m^4 = xxyy$: & mettant à la place de $\frac{hhf^4}{aa}$ qui est le dernier terme de l'égalité précédente sa valeur

$xxyy$, & divisant ensuite par xx, on trouvera $xx - \frac{bf}{a}x - \frac{cff}{a} + \frac{dff}{ax} + yy = 0$, qui se change (en mettant dans le terme $\frac{dff}{ax}$ à la place de x sa valeur $\frac{hff}{ay}$ trouvée par le moyen de l'équation $xy = mm = \frac{hff}{a}$) en cette autre $xx - \frac{bf}{a}x - \frac{cff}{a} + \frac{df}{h}y + yy = 0$, dont le lieu est * un cercle lorsque l'angle APM est droit.

* Art. 328 & 329.

Mais lorsque l'angle APM n'est pas droit, ou (ce qui revient au même) lorsque l'Hyperbole donnée n'est pas équilatere, il est évident que le lieu de la derniere équation n'est plus un cercle, mais une Ellipse. C'est pourquoi afin de trouver une équation dont le lieu soit un cercle, je prends sur l'Asymptote AP la partie $AB = 2a$: & ayant mené BE parallèle à l'autre Asymptote AQ, je tire du centre A la perpendiculaire AE sur BE: & nommant les données BE, g; AE, e; je multiplie l'équation $xy - mm = 0$, dont l'Hyperbole donnée est le lieu, par $\frac{g}{a}$; & j'ai $\frac{gxy}{a} - \frac{gmm}{a} = 0$. J'ajoute ensuite cette équation à la précédente lorsque l'angle fait par les Asymptotes est aigu, & je l'en retranche lorsqu'il est obtus comme je le suppose dans cette figure: cela me donne $yy - \frac{g}{a}xy + \frac{df}{h}y + xx - \frac{bf}{a}x - \frac{cff + gmm}{a} = 0$, dont le lieu est un cercle * qui se construit ainsi.

* Art. 327 & 329.

FIG. 222.

Soit prise sur l'Asymptote AQ la partie $AD = \frac{df}{2h}$ du côté opposé à PM: soit tirée parallèlement à AE, la ligne $DC = \frac{bf}{e} - \frac{dgf}{2eh}$ du côté de PM lorsque cette valeur est positive, & du côté opposé lorsqu'elle est négative: enfin du centre C & du rayon $CM = \sqrt{\overline{AC}^2 + \frac{cff - gmm}{a}}$ soit décrit un cercle. Je dis qu'il coupera l'Hyperbole donnée & son opposée en des points M, d'où ayant mené des parallèles MP à l'Asymptote

AQ; les parties AP de l'autre Asymptote exprimeront les racines de l'égalité $x^4 - \frac{bf}{a}x^3 - \frac{cff}{a}xx + \frac{df^3}{a}x + \frac{hhf^4}{aa} = o$: sçavoir celles qui sont du côté de PM, les vraies ; & celles qui sont du côté opposé, les fausses.

Car par la propriété du cercle, on trouve cette équation $yy - \frac{g}{a}xy + \frac{df}{h}y + xx - \frac{bf}{a}x - \frac{cff + gmm}{a} =$ qui se réduit (en mettant pour xy sa valeur mm) à cette autre $xx - \frac{bf}{a}x - \frac{cff}{a} + \frac{af}{h}y + yy = o$, dans laquelle mettant enfin pour y sa valeur $\frac{mm}{x}$ ou $\frac{hff}{ax}$, & pour yy le quarré de cette valeur, on retrouve l'égalité même proposée $x^4 - \frac{bf}{a}x^3$, &c.

Si l'angle fait par les Asymptotes étoit aigu ; il faudroit changer dans les valeurs de AD & de CM, les signes des termes où g se rencontre, dont la raison est que BE (g) devient négative de positive qu'elle étoit. Mais lorsque l'Hyperbole est équilatere, il faut effacer les termes où g se rencontre & mettre pour e sa valeur $2a$, parce que AE tombe alors sur AB : ce qui rend la construction beaucoup plus simple.

Lorsqu'on a les différentes valeurs de x, il est évident qu'on a aussi celles de z, en faisant $z = \frac{ax}{f}$. Et c'est ce qui étoit proposé.

COROLLAIRE I.

402. Si le dernier terme de l'égalité proposée du quatrieme degré, avoit le signe —, il est clair qu'en opérant comme ci-dessus, on trouveroit une équation dans laquelle le terme yy auroit le signe —, & dont le lieu par conséquent ne seroit pas un cercle, mais * une Hyperbole. D'où l'on voit que cette méthode ne peut servir que pour les égalités du quatrieme degré qui ont leur dernier terme avec le signe +.

* Art. 332.

COROLLAIRE II.

403. ON pourra toujoûrs en se servant de la méthode précédente, résoudre toute égalité donnée du troisieme degré $x^3 \mp nxx \mp apx \mp aaq = 0$; par le moyen d'une Hyperbole donnée entre ses Asymptotes, & d'un cercle. Car la multipliant par $x + r$ lorsqu-il y a $+ aaq$, & par $x - r$ lorsque c'est $- aaq$, on la changera toujours en cette autre du quatrieme degré.

$$\begin{array}{lllll} x^4 & \mp nx^3 & \mp apxx & \mp aaqx & + aaqr = 0, \\ & \mp r & \mp nr & \mp apr & \end{array}$$

dont le dernier terme $aaqr$ aura toujours le signe $+$, & qui sera par conséquent du nombre de celles qu'on peut construire de la maniere précédente.

Mais on abrégera beaucoup la construction en observant, 1°. de prendre pour l'unité arbitraire a la ligne m racine de la puissance de l'Hyperbole donnée, qui est le lieu de l'équation $xy = mm = aa$, puisque $m = a$. 2°. De profiter de l'indéterminée r pour égaler le dernier terme $aaqr$ avec $a^4 = xxyy$; ce qui donne $r = \frac{aa}{q}$. 3°. Que le cercle qui doit déterminer par ses intersections les racines de l'égalité coupera nécessairement l'Hyperbole lorsqu'il y a $- aaq$, & son opposée lorsque c'est
Fig. 223. $+ aaq$, en un point K, d'où ayant mené une parallèle KH à l'Asymptote AQ, la partie AH de l'autre Asymptote doit être égale à r, puisque l'égalité du quatrieme degré a pour une de ses racines $x = \mp r$. De-là on tire cette construction qu'il est facile de rendre générale pour toutes les égalités du troisieme degré.

Je suppose que l'angle fait pas les Asymptotes de l'Hyperbole donnée soit aigu, & qu'ayant pris pour l'unité arbitraire a la racine de la puissance de l'Hyperbole donnée, on ait réduit l'égalité donnée du troisieme degré sous cette expression $x^3 - nxx - apx - aaq = 0$. Ayant pris sur l'Asymptote AP la partie $AB = 2a$, & mené BE parallèle à l'autre Asymptote AQ, on tire du centre A la perpendiculaire AE ſur BE ; & ayant pris ſur AQ la partie $AL = q$ du côté de PM, parce qu'il y a $-aaq$ dans l'égalité donnée, on tirera LK parallèle à AP, & qui rencontre l'Hyperbole au point K. Cela fait, on nommera les données BE, g ; AE, e ; LK, r ; & on prendra ſur l'Aſymptote AQ la partie $AD = \frac{pr}{2a} - \frac{1}{2}q = \mp d$ pour abréger, & on tirera $DC = \frac{an + ar \mp dg}{e}$ parallèle à AE, en obſervant de prendre ou mener ces lignes du côté de PM lorſque leurs valeurs ſont poſitives & du côté oppoſé lorſqu'elles ſont négatives. On décrira enfin du centre C, & du rayon CK, un cercle qui coupera les Hyperboles oppoſées en des points M, d'où ayant mené les droites MP parallèles à l'Aſymptote AQ ; les parties AP de l'autre Aſymptote feront les racines de l'égalité propoſée $x^3 - nxx - apx - aaq = 0$.

Car prolongeant les droites MP, KH, juſqu'à ce qu'elles rencontrent la ligne DC auſſi prolongée, s'il eſt néceſſaire, aux points G, F ; on aura (à cauſe des triangles rectangles CFK, CGM) ces deux égalités $\overline{GM}^2 + \overline{CG}^2 = \overline{CM}^2$, & $\overline{FK}^2 + \overline{CF}^2 = \overline{CK}^2$: & par conſéquent $\overline{GM}^2 + \overline{CG}^2 = \overline{FK}^2 + \overline{CF}^2$, puiſque les lignes CM, CK, ſont rayons d'un même cercle. Or par la conſtruction (je ſuppoſe ici pour éviter l'embarras des ſignes $+$ & $-$, que $\frac{pr}{2a} - \frac{1}{2}q = +d$, c'eſt-à-dire, que cette valeur eſt poſitive) GM ou $PM + PG = y + \frac{g}{2a}x + d$, CG ou $DG - DC = \frac{ex}{2a} - \frac{an - ar - dg}{e}$, FK ou $KH + HF = q + \frac{g}{2a}r + d$, CF ou $CD - DF = \frac{an + ar + dg}{e} - \frac{er}{2a}$. C'eſt pourquoi mettant à la place de ces lignes leurs valeurs analytiques dans l'égalité précédente $\overline{GM}^2 + \overline{CG}^2 = \overline{FK}^2 + \overline{CF}^2$, on en formera d'abord celle-ci $yy + \frac{g}{a}xy + 2dy + \frac{gg + ee}{4aa}xx$

$-nx-rx=qq+\frac{g}{a}rq+2dq+\frac{gg+ee}{4aa}rr-nr-rr$, en s'épargnant la peine d'écrire de part & d'autre les quarrés de d & de $\frac{an+ar+dg}{e}$ qui se détruisent mutuellement. Si l'on considere à présent qu'à cause de l'Hyperbole, le rectangle $xy=rq$, & qu'à cause du triangle rectangle AEB le quarré $4aa=gg+ee$, on changera l'équation précédente en celle-ci $yy+2dy+xx-nx-rx=qq+2dq-nr$, dans laquelle mettant d'abord à la place de $2d$ sa valeur $\frac{pr}{a}-q$, & ensuite à la place de y & yy leurs valeurs $\frac{aa}{x}$ & $\frac{a^4}{xx}$, & ordonnant l'égalité il vient

$$\begin{aligned} x^4 - nx^3 &- apxx - aaqx + a^4 = 0, \\ - r &+ nr \quad + apr \end{aligned}$$

qui étant divisé par $x-r$, donne enfin $x^3-nxx-apx-aaq=0$, qu'il falloit construire.

Pour rendre cette construction générale il faut observer, 1°. de prendre la partie AL sur l'Asymptote AQ du côté opposé à PM lorsqu'il y a $+aaq$ dans l'égalité donnée; & de changer de signes les termes où q & r se rencontrent dans les valeurs de AD, DC, 2°. de changer de signes le terme où p se rencontre dans la valeur de AD lorsqu'il y a $+apx$ dans l'égalité donnée, & de l'effacer lorsque ce terme y manque : il faut faire la même chose à l'égard du terme où n se rencontre dans la valeur de DC, lorsqu'il y a $+nxx$. 3°. De changer de signe le terme où g se rencontre dans la valeur de DC, lorsque l'angle fait par les Asymptotes est obtus, & de l'effacer lorsqu'il est droit, en observant alors que $e=2a$.

REMARQUE.

404. L'ALGEBRE nous fournit des moyens faciles pour transformer toute égalité du quatrieme degré, en une autre du même degré dont les signes des termes soient alternatifs. Or comme alors son dernier terme

aura toujours le ſigne $+$, il eſt viſible qu'en ſe ſervant de cette préparation lorſque le dernier terme de l'égalité qu'on veut conſtruire a le ſigne $-$, on rend la méthode du Problême générale pour toutes ſortes d'égalités du quatrieme degré. Mais parce que toutes les racines réelles d'une égalité ſont vraies, lorſque les ſignes de ſes termes ſont alternatifs; il s'enſuit qu'on n'a beſoin alors que de l'Hyperbole donnée, puiſque ſon oppoſée qui ne ſert que pour les racines fauſſes devient inutile.

PROPOSITION VII.

Problême.

405. SOIT *propoſée à conſtruire l'égalité du ſixieme degré* $x^6 - bx^5 + acx^4 + aadx^3 + a^3exx - a^4fx + a^5g = 0$, *ou* $x^6 - bx^5 + cx^4 + dx^3 + exx - fx + g = 0$ (*en ſouſentendant la ligne* a *qui rend le nombre des dimenſions égal dans chaque terme, & que l'on regarde comme l'unité*); *par le moyen d'un cercle, & d'un lieu du troiſieme degré.*

Je prends pour le lieu du troiſieme degré $x^3 - mxx - nx + q = -pxy$, dans lequel les quantités m, n, p, q, que l'on regarde comme données, ſe doivent déterminer d'une maniere convenable pour ſatisfaire au Problême; ce que je fais en cette ſorte:
en quarrant chaque membre, j'ai

$$x^6 - 2mx^5 \begin{matrix}+mm\\-2n\end{matrix}x^4 \begin{matrix}+2mn\\+2q\end{matrix}x^3 \begin{matrix}+nn\\-2mq\end{matrix}xx - 2nqx + qq = ppxxyy,$$

& comparant les termes $-2mx^5$, $-2nqx$, $+qq$ avec leur correſpondans dans la propoſée $-bx^5$, $-fx$, $+g$, je trouve $m = \frac{1}{2}b$, $q = \sqrt{g}$, $n = \frac{f}{2\sqrt{g}}$; & par conſéquent $x^6 - 2mx^5 - 2nqx + qq = x^6 - bx^5 - fx + g$. Si l'on met à préſent à la place de $x^6 - 2mx^5 - 2nqx + qq$ ſa valeur $ppxxyy - mmx^4$, &c. trouvée par le moyen de l'équation précédente, & à la place de $x^6 - bx^5 - fx + g$ ſa valeur $-cx^4 - dx^3$, trouvée par le moyen de l'égalité donnée, & qu'ayant diviſé par xx, on tranſpose toutes les quantités d'un même côté, on formera cette équation

$$\begin{array}{llll} ppyy & -mmxx & -2mnx & -nn=0, \\ & +2n & -2q & +2mq \\ & +c & +d & +e \end{array}$$

* Art. 328 & 329. dont le lieu sera * un cercle si la quantité $c+2n-mm$ (qui multiplie le quarré xx) est positive, & qu'on prenne $pp = c + \frac{f}{\sqrt{g}} - \frac{1}{4}bb$; car divisant par pp, & faisant pour abréger $2r = \frac{2mn+2q-d}{pp}$ & $ss = \frac{2mq+e-nn}{pp}$ ou $\frac{nn-2mq-e}{pp}$, on aura $yy+xx-2rx \mp ss=0$: sçavoir $+ss$ lorsque $2mq+e$ surpasse nn; & $-ss$, lorsqu'il est moindre.

Pour construire la ligne courbe qui est le lieu de la premiere équation $x^3-xx-nx+q=-pxy$, je suppose à l'ordinaire deux lignes droites inconnues & indé-

Fig. 224. terminées AP (x), PM (y) qui fassent entr'elles un angle droit APM; & je tire par l'origine A des x, une ligne droite indéfinie AQ parallèle à PM, sur laquelle ayant pris du côté de PM la partie $AG\frac{n}{p}$, & du côté opposé la partie $GB=\frac{q}{mp}$, je mene du côté de PM la droite $BC=m$ perpendiculaire à AQ. Cela fait, je décris sur un plan séparé une Parabole MEM qui ait pour parametre de son axe la ligne $p=\sqrt{c+2n-mm}$, & ayant placé ce plan sur celui-ci, ensorte que l'axe de la Parabole se confonde avec la ligne AQ & que la Parabole s'étende vers le côté opposé à PM, je prends sur cet axe depuis son origine E vers le dedans de la Parabole la partie $EF=BG=\frac{q}{mp}$. Je me sers enfin d'une longue regle indéfinie CF mobile autour du point fixe C, & qui passe toujours par le point F, & la faisant tourner autour du point C, ensorte qu'elle fasse glisser la partie EF de l'axe de la Parabole le long de la ligne AQ. Je dis que les deux intersections continuelles M, M, de cette regle avec la Parabole MEM décriront dans ce mouvement deux lignes courbes qui seront le lieu qu'on qu'on demande. Car par la construction AB ou $AG - GB = \frac{n}{p} - \frac{q}{mp}$, & par la propriété de la Parabole $EQ = \frac{xx}{p}$ puisque AP ou $MQ = x$. Or les triangles semblables FQM, MDC, donnent FQ ou $EQ - EF$ $\left(\frac{xx}{p} - \frac{q}{mp}\right)$. $QM(x)$ :: DM ou $PM - AB\left(y + \frac{q}{mp} - \frac{n}{p}\right)$. $CD\ (m - x)$. Donc en multipliant les extrêmes & les moyens, on aura $x^3 - mxx - nx + q = -pxy$. Et si l'on prend successivement les points M dans les trois angles qui suivent celui-ci, on trouvera toujours la même équation, en observant de faire $AP = -x$ & $PM = -y$ lorsque les points P & M tombent du côté opposé à celui-ci : de sorte que ces deux lignes courbes, qu'on peut appeller *conchoïdes paraboliques*, seront le lieu complet de toutes les valeurs tant vraies que fausses de l'inconnue y, qui répondent à toutes les valeurs tant vraies que fausses de l'autre inconnue x, dans l'égalité $x^3 - mxx - nx + q = -pxy$.

Pour construire le cercle qui est le lieu de la seconde équation, $yy + xx - 2rx \mp ss = 0$, il n'y a qu'à prendre sur la droite indéfinie AP la partie $AH = r$ du côté de PM lorsque la valeur de r est positive, & du côté opposé lorsqu'elle est négative ; ensuite du centre H & du rayon $HM = \sqrt{rr \pm ss}$, sçavoir $-ss$ lorsqu'il y a $+ss$ dans l'équation, & $+ss$ lorsque c'est $-ss$, décrire un cercle ; car à cause du triangle rectangle HPM, on aura toujours $\overline{HM}^2 = \overline{HP}^2 + \overline{PM}^2$, c'est-à-dire en mettant les valeurs analytiques, & transposant tous les termes d'un côté $yy + xx - 2rx \mp ss = 0$.

Je dis maintenant que si des points M où ce cercle rencontre les conchoïdes paraboliques on mene des pependiculaires MQ sur la droite indéfinie AQ ; ces lignes seront les racines de l'égalité proposée : sçavoir celles qui tombent à droit, les vraies ; & celles qui tombent à gauche, les fausses. Car menant des parallèles MP à AQ, on trouve par la propriété des conchoïdes

Tt

cette équation $x^3 - mxx - nx + q = -pxy$, c'est-à-dire, en quarrant chaque membre, $ppxxyy = -x^6 - 2mx^5$, &c; & par la propriété du cercle, cette autre $yy + xx - 2rx \mp ss = 0$, laquelle étant multipliée par $ppxx$ donne $ppxxyy = -ppx^4 + 2pprx^3 \pm ppssxx$. Et comparant ensemble ces deux valeurs de $ppxxyy$, on formera une égalité dans laquelle si l'on met à la place de $2r$, ss, pp, m, n, q, leurs valeurs, on retrouvera l'égalité proposée $x^6 - bx^5$, &c.

S'il y avoit dans l'égalité proposée $-dx^3$ au lieu de $+dx^3$, il est visible qu'en prenant alors $2r = \frac{2mn + 2q + d}{pp}$, le reste de la construction ne changeroit point, puisque d ne se rencontre que dans la valeur de r. Et comme alors tous les signes des termes de l'égalité proposée sont alternatifs ; c'est une maxime reçue en Algébre que toutes ses racines réelles seront vraies ; c'est-à-dire, que si cette égalité a deux racines réelles & quatre imaginaires, les deux réelles seront vraies ; si elle en a quatre réelles & deux imaginaires, les quatre seront vraies ; & enfin si toutes les six sont réelles, elles seront toutes vraies. D'où l'on voit qu'on n'a besoin alors que de la conchoïde qui est décrite par la moitié de la Parabole qui tombe du côté du point fixe C, puisque l'autre ne sert que pour les racines fausses.

S'il arrivoit que la valeur du rayon du cercle fût nulle ou imaginaire, ou enfin si petite qu'il ne touchât, ni ne coupât les deux conchoïdes en aucun point ; ce seroit une marque infaillible que toutes les racines de l'égalité seroient imaginaires. S'il les coupoit en six points ; toutes les racines seroient réelles. Et enfin s'il ne les coupoit qu'en quatre ou en deux, il n'y auroit que quatre ou deux racines réelles, & les autres seroient imaginaires. Il faut toujours prendre garde que si le cercle touchoit l'une des conchoïdes en quelque point, on doit regarder ce point comme s'il réunissoit deux points infiniment proches, ensorte que l'égalité proposée auroit deux racines égales à la perpendiculaire menée de ce point sur BE.

REMARQUE I.

406. Il suit de la description des deux conchoïdes paraboliques, 1°. qu'elles ont pour Asymptote commune la droite *BE* infiniment prolongée de part & d'autre. 2°. Qu'une des conchoïdes passe par le point fixe *C*, & qu'alors la regle *CF* la touchera en ce point; puisque le point *M* se réunissant au point *C*, la regle passe par deux points infiniment proches de cette ligne courbe. 3°. Que lorsque le point *F* tombe sur *B*, la regle *CF* qui décrit par les intersections *M*, *M*, avec la Parabole les conchoïdes, tombe sur *CB*; & qu'ainsi la ligne *MFM* devient la double ordonnée qui part du point *F*: c'est-à-dire que la ligne *CB* rencontre les conchoïdes en deux points *K*, *L*, tels que *BK* & *BL* sont égales chacune à l'ordonnée à l'axe de la Parabole qui part du point *F*. D'où il est clair que si *BC* étoit égale à cette ordonnée, le point *K* tomberoit alors sur le point *C*; & qu'ainsi la ligne *BC* qui passeroit par deux points infiniment proches *K*, *C* de la conchoïde la toucheroit en se réunissant toute entiere dans le seul point *C*.

Il n'est pas nécessaire de se servir de la Parabole *MEM* pour trouver les points des conchoïdes; car ayant pris sur *BE* la partie *BO* égale au parametre de la Parabole, & décrit d'un diametre quelconque *OR* plus grand que *OB* un cercle qui coupe *BC* aux points *D*, *D*; on prendra sur ce diametre la partie *RS* égale à *EF*, & on tirera par le point fixe *C* les deux droites *CM*, *CM*, parallèles à *DS*, *DS*, qui rencontreront les parallèles *DM*, *DM*, à *EB* en des points *M*, *M*, qui seront aux deux conchoïdes. Car ayant prolongé *CM* jusqu'à ce qu'elle rencontre l'Asymptote *BE* au point *F*; & mené *MQ* parallèle à *BC*; il est clair que les triangles rectangles *MQF*, *DBS*, seront égaux, & qu'ainsi *FQ* est égale à *BS*. Or ayant pris *RS* égale à *EF*; on aura $EF+FQ$, ou $EQ=RS+SB$ ou *RB*; & la Parabole *EM* qui a pour sommet le point *E*, & pour FIG. 225.

parametre une ligne égale à BO, paſſera par le point M; puiſque par la propriété du cercle le quarré de BD ou MQ, eſt égal au rectangle de BR ou EQ par le parametre BO; ce que donne auſſi le propriété de la Parabole. D'où il ſuit que le point M trouvé par cette conſtruction, n'eſt pas différent de celui que donneroit l'interſection de la regle CF avec la demie Parabole EM. *Et c'eſt ce qu'il falloit démontrer.*

Si le point D étoit donné, il ne faudroit pour avoir le point R, que mener DR perpendiculaire à OD; & le reſte de la conſtruction ne changeroit point.

J'avertirai ici en paſſant, 1°. que ſi l'on prend ſur BC du côté du point C, une partie BD égale à la vraie racine de l'égalité du troiſieme degré $x^3 - \frac{1}{2}mxx - \frac{1}{2}mnp = o$ (les données $BC = m$, $EF = n$, $BO = p$); & qu'on trouve enſuite le point M comme l'on vient d'enſeigner: ce point ſera plus éloigné de la droite BC que tous les autres points de la portion KMC, de ſorte que la tangente qui paſſe par ce point ſera parallèle à BC. 2°. Que ſi l'on prend ſur BC prolongée de l'autre côté du point B, une partie BD égale à la vraie racine de l'égalité $x^3 - mnp = o$; le point M de la conchoïde qui répond au point D, en ſera le point d'inflexion : c'eſt-à-dire, le point où de concave elle devient convexe. Comme ceci dépend des principes que j'ai établis dans mon Livre des Infiniment petits, on doit le ſuppoſer comme vrai, & remettre à en chercher la raiſon après avoir lu ce Livre ou quelque choſe d'équivalent, d'autant plus que cela eſt inutile pour la réſolution des égalités du ſixieme degré dont il eſt ici queſtion.

REMARQUE II.

407. Il eſt viſible que pour décrire les deux conchoïdes paraboliques, il faut, 1°. que la ligne BC ($\frac{1}{2}b$) ait quelque grandeur, & qu'ainſi l'égalité propoſée doit avoir un ſecond terme. 2°. Que le terme q ne peut être

nul dans l'équation $x^3 - mxx - nx + q = - pxy$, puisqu'en divisant par x, elle deviendroit cette autre $xx - mx - n = - py$, dont le lieu est une Parabole ; d'où il est clair que le dernier terme g se doit trouver dans l'égalité proposée avec le signe $+$, puisque $q = \sqrt{g}$.

De plus si le terme fx avoit le signe $+$, on lui donneroit le signe $-$ en changeant aussi les signes du deuxieme & du quatrieme terme ; ce qui ne troubleroit point l'égalité, mais changeroit seulement les racines fausses en vraies & les vraies en fausses. Et afin que le lieu de la deuxieme équation pût être un cercle, il faudroit que $\frac{f}{\sqrt{g}} \mp c$ (sçavoir $+c$ lorsqu'il y a $+cx^4$, & $-c$ lorsqu'il y a $-cx^4$) surpassât $\frac{1}{4}bb$. D'où l'on voit que le terme fx manquant, il faut que le terme cx^4 ait le signe $+$, & que c surpasse $\frac{1}{4}bb$; & que si le terme cx^4 manque, $\frac{f}{\sqrt{g}}$ doit surpasser $\frac{1}{4}bb$.

Il est donc évident que ce sont là les conditions que doit avoir nécessairement l'égalité proposée du sixieme degré, afin qu'on la puisse construire immédiatement par le moyen des conchoïdes paraboliques, & du cercle, comme l'on vient de faire la précédente.

REMARQUE III.

408. LORSQUE l'égalité donnée n'est que du cinquieme degré, on peut souvent en l'élévant au sixieme, lui donner en même tems toutes les conditions nécessaires pour être construite immédiatement. En voici quelques exemples.

Soit, 1°. $x^5 - a^4 b = o$, où l'on suppose que a surpasse b. Je multiplie cette égalité par $x - b$, pour avoir celle du sixieme $x^6 - bx^5 - a^4 bx + x^4 bb = o$, qui a toutes les conditions requises dans la remarque précédente.

Soit, 2°. $x^5 - 5aax^3 + 5a^4 x - a^4 b = o$, dans laquelle a surpasse b. Je multiplie cette égalité par $x - b$, & j'ai $x^6 - bx^5 - 5aax^4 + 5aabx^3 + 5a^4 xx - 6a^4 bx + a^4 bb = o$, qui a toutes les conditions nécessaires.

Soit, 3°. $x^5 - ax^4 - 4aax^3 + 3a^3xx + 3a^4x - a^5 = 0$. Je multiplie cette égalité par $x - 4a$; ce qui me donne $x^6 - 5ax^5 + 19a^3x^3 - 9aaxx - 13a^5x + 4a^6 = 0$, qui eſt une égalité du ſixieme degré, dans laquelle toutes les conditions néceſſaires ſe rencontrent.

Il eſt bon d'avertir que la premiere égalité $x^5 - a^4b = 0$, ſert à trouver quatre moyennes proportionnelles entre les deux extrêmes A, B; que la ſeconde $x^5 - 5aax^3$, &c. ſert à diviſer un angle donné en cinq parties égales; & enfin que la troiſieme $x^5 - ax^4$, &c. ſert à inſcrire dans un cercle donné un Polygone régulier de onze côtés: & c'eſt ce qu'on verra dans les articles du Livre ſuivant. Je vais donner la conſtruction de la premiere de ces égalités, afin qu'on la puiſſe comparer avec celle qu'on trouve à la fin du troiſieme Livre de la Géométrie de M. Deſcartes.

FIG. 226. Ayant décrit une Parabole ME qui ait pour le parametre de ſon axe une ligne $p = \sqrt{aa - \frac{1}{4}bb}$, & pris du côté que l'on voit dans la figure les lignes $AG = \frac{aa}{2p}$, GB ou $EF = 4AG$, $BC = \frac{1}{2}b$, $AH = \frac{5aab}{4pp}$, & une ligne $s = \frac{a}{2p}\sqrt{4bb - aa}$, ou $\frac{a}{2p}\sqrt{aa - 4bb}$; on décrira d'abord une conchoïde parabolique COM (comme l'on a enſeigné dans l'article 404.) à l'aide de la Parabole ME, & d'une longue regle CF qui tourne librement autour du point fixe C, & qui paſſe toujours par le point F, pendant que la partie EF de l'axe de la Parabole gliſſe le long de la ligne AQ; & enſuite un cercle du centre H & du rayon $HM = \sqrt{\overline{AH}^2 \mp ss}$, ſçavoir $+ss$ lorſque $4bb$ ſurpaſſe aa, & $-ss$ lorſqu'il eſt moindre. Je dis que ſi des points O, M, où ce cercle rencontre la conchoïde, on mene des perpendiculaires OR, MP, ſur AP; les parties AR, AP, ſeront les racines de l'égalité $x^6 - bx^5 - a^4bx + a^4bb = 0$. Cela ſe prouve comme dans l'article 404.

On peut s'épargner la peine de trouver une ligne $s = \frac{a}{2p}\sqrt{4bb - aa}$, ou $\frac{a}{2p}\sqrt{aa - 4bb}$; si l'on fait attention que le cercle décrit du centre H, doit couper la conchoïde COM en un point O, tel qu'ayant mené OR perpendiculaire sur AP, on a la partie $AR = b$; puisque l'une des racines de cette égalité est $x = b$. C'est pourquoi ayant pris sur AP la partie $AR = b$, & tiré RO perpendiculaire à AP & qui rencontre en O la conchoïde COM; il n'y a qu'à décrire du centre H & du rayon HO un cercle. Car il la coupera en un autre point M, tel, qu'ayant mené MP perpendiculaire sur AP, la ligne AP sera la plus grande des quatre moyennes proportionnelles qu'on demande. Comme le cercle décrit du centre H ne coupe la conchoïde qui passe par le point C qu'en deux points O, M, & ne rencontre point l'autre; il s'ensuit que l'égalité proposée $x^6 - bx^5$, &c. n'a que deux racines vraies AR, AP, & les quatre autres imaginaires.

REMARQUE IV.

409. LORSQUE l'égalité donnée du sixieme degré, n'a point les conditions nécessaires pour être construite immédiatement par la méthode que l'on vient d'expliquer, ou bien qu'étant du cinquieme degré, la remarque précédente se trouve inutile, on pourra se servir de la préparation qu'enseigne M. Descartes dans le troisieme Livre de sa Géométrie. On y trouve la maniere de transformer toute égalité du cinquieme & du sixieme degré en une autre du sixieme, dans laquelle tous les termes se rencontrent avec des signes alternatifs, & où la quantité connue du troisieme terme surpasse le quarré de la moitié de la quantité connue du second : ce qui rend la construction du Problême générale pour toutes sortes d'égalités du cinquieme & du sixieme degré. Je ne m'arrêterai point ici à expliquer cette préparation, parce qu'elle dépend de l'Algébre pure dont je n'ai point

entrepris de parler, & que d'ailleurs je vais donner dans la Proposition suivante une construction générale pour toutes sortes d'égalités du cinquieme & du sixieme degré, qui ne suppose point d'autre préparation que celle de faire évanouir le second terme.

PROPOSITION VIII.

Problême.

410. TROUVER *les racines de l'égalité* $x^6 - bx^4 - cx^3 + dxx - fx + g = 0$, *par le moyen d'une premiere Parabole cubique donnée, & d'une Section conique.*

FIG. 227. Soit $aay = x^3$ l'équation dont le lieu est la premiere Parabole cubique MAM ($AP = x$, $PM = y$, $AB = a$). Je mets dans l'égalité proposée à la place de x^6 sa valeur a^4yy, à la place de x^4 sa valeur $aaxy$, & à la place de x^3 sa valeur aay; ce qui la change en cette équation du second degré $yy - \frac{b}{aa}xy - \frac{c}{aa}y + \frac{d}{a^4}xx - \frac{f}{a^4}x + \frac{g}{a^4} = 0$, dont le lieu est une Ellipse * lorsque d surpasse $\frac{1}{4}bb$, c'est-à-dire, lorsque la quantité connue qui multiplie xx surpasse le quarré de la moitié de la quantité connue qui multiplie x^4, comme je le suppose ici. Et si l'on veut que la ligne qui fait l'office de l'unité dans l'égalité proposée, & qui y est sousentendue, soit égale au parametre a de la Parabole cubique donnée; cette équation se changera en celle-ci $yy - \frac{b}{a}xy - cy + \frac{d}{a}xx - fx + ag = 0$, dont voici la construction.

* Art. 323.

Ayant pris sur la droite indéfinie AP la partie $AB = a$, on tirera parallèlement à PM & du même côté les droites $BE = \frac{1}{2}b$, $AD = \frac{1}{2}c$: & on menera par le point A la droite AE (e), & par le point D une parallèle DG à AE, sur laquelle on prendra du côté de PM la partie DC (s) $= \frac{2afe + bce}{4ad - bb}$, & de part & d'autre du point C les parties

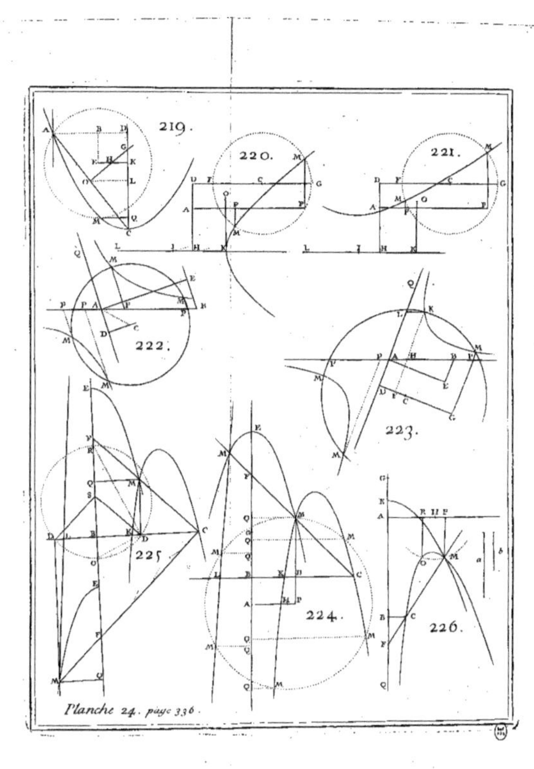

Planche 24. page 336.

parties CK, CL, égales chacune à $t = \sqrt{ss + \frac{ccee - 4agee}{4ad - bb}}$. Cela fait, du diametre LK $(2t)$ qui ait pour parametre une ligne $KH = \frac{4adt - bbt}{2ec}$, & pour ordonnées des droites parallèles à PM, on décrira l'Ellipſe cherchée.

Maintenant ſi des points de rencontre de cette Ellipſe avec la Parabole cubique donnée, on abaiſſe des lignes MP qui faſſent avec AP l'angle donné ou pris à volonté APM, les parties AP de la droite indéfinie ſur laquelle s'étend l'indéterminée x ſeront les racines cherchées, ſçavoir celles qui tombent du côté où l'on a ſuppoſé PM en faiſant la conſtruction, les vraies; & celles qui tombent du côté oppoſé, les fauſſes. Car par la propriété de la Section conique il vient $yy - \frac{b}{a}xy - cy + \frac{d}{a}xx - fx + ag = 0$, & par la propriété de la Parabole cubique, $y = \frac{x^3}{aa}$; & mettant cette valeur à la place de y & ſon quarré à la place de yy dans l'équation précédente, on retrouve l'égalité donnée $x^6 - abx^4 - aacx^3$, &c. $= 0$.

REMARQUE I.

411. TOUTE égalité du cinquieme ou du ſixieme degré étant donnée, ſi l'on en fait évanouir le ſecond terme, & qu'après l'avoir multipliée par l'inconnue x lorſqu'elle n'eſt que du cinquieme degré, on ſe ſerve du parametre a de la Parabole cubique donnée pour réduire ſous l'expreſſion ab les quantités connues qui multiplient x^4, ſous l'expreſſion aac celles qui multiplient x^3, &c; il eſt viſible qu'en faiſant la ſubſtitution comme ci-deſſus, on transformera toujours l'égalité donnée en un lieu du ſecond degré. D'où l'on voit qu'ayant une fois décrit avec exactitude une Parabole cubique qui ait pour parametre une ligne quelconque a, & dont l'angle APM que font les appliquées PM avec le diametre AP, peut-être pris à volonté; on pourra toujours par

ſon moyen, en décrivant de plus une Section conique convenable, réſoudre toutes ſortes d'égalités du cinquieme & du ſixieme degré.

REMARQUE II.

412. LORSQU'APRÈS avoir fait évanouir le ſecond terme d'une égalité donnée du cinquieme & du ſixieme degré, & l'avoir multipliée par l'inconnue x ſi elle n'eſt que du cinquieme ; la quantité connue qui multiplie le quarré xx eſt poſitive, & ſurpaſſe le quarré de la moitié de celle qui multiplie x^4 : on arrivera toujours en faiſant la ſubſtitution par le moyen de $aay=x^3$, à une équation du ſecond degré dont le lieu eſt une Ellipſe, comme l'on a vu dans ce Problême. Or l'on pourra toujours faire enſorte que cette Ellipſe devienne un cercle, mais alors la Parabole cubique ne peut plus être donnée. Voici comment il s'y faudra prendre.

* Art. 378. Ayant trouvé une ligne a * dont le quarré de quarré a^4 ſoit égal à la quantité connue qui multiplie xx, on ſe ſervira de cette ligne a pour réduire ſous l'expreſſion ab toutes les quantités connues qui multiplient x^4, ſous l'expreſſion aac celles qui multiplient x^3, &c ; ce qui réduira l'égalité donnée ſous cette forme $x^6 \pm abx^4 \pm aacx^3 + a^4xx \pm a^4fx \pm a^5g = 0$. Et mettant a^4yy, $aaxy$ & aay à la place de x^6, x^4 & x^3, on trouvera cette équation du ſecond degré $yy \pm \frac{b}{a}xy \pm cy + xx \pm fx \pm ag$

*Art. 327 & 329. $=0$, dont le lieu ſera * un cercle, ſi l'on fait enſorte que l'angle AEB ſoit droit ; ce qui eſt facile en cette maniere.

FIG. 228. Ayant pris ſur la droite indéfinie AP la partie $AB = a$, on décrira de cette ligne comme diametre un demi cercle AEB, du côté où l'on ſuppoſe que PM doit tomber, lorſqu'il y a $-\frac{b}{a}xy$, & du côté oppoſé lorſqu'il y a $+\frac{b}{a}xy$. On portera ſur la demi circonférence de B en E, une ligne $BE = \frac{1}{2}b$; & ayant tiré AE (e), la ligne PM doit être parallèle à BE, & on achevera le reste de la construction comme pour l'Ellipse, qui deviendra alors un cercle ; puisque l'angle CGM sera droit, & qu'à cause du triangle rectangle AEB il vient $ee = aa - \frac{1}{4}bb$, qui doit exprimer la raison du diametre LK à son parametre. La figure qui est ici à côté représente la construction de l'équation $yy - \frac{b}{a}xy - cy + xx - fx - ag = 0$, qui n'est différente de celle du Problême qu'en ce que $d = a$.

Maintenant ayant pris sur la ligne AB autant de parties AP, AP, &c. qu'on voudra, & mené des parallèles PM, PM, &c. à BE ; on prendra chaque PM égale à la quatrieme proportionnelle à sa correspondante AP & la donnée AB. Et faisant passer une ligne courbe MAM par tous les points M ainsi trouvés, il est évident qu'elle sera le lieu de l'équation $x^3 = aay$, & par conséquent la premiere Parabole cubique qui par ses points d'intersection M, M, avec le cercle, servira à découvrir les racines AP, AP, de l'égalité proposée.

REMARQUE III.

413. COMME l'on a parlé souvent dans ce Livre des Paraboles de tous les degrés, & qu'on vient même d'employer la premiere Parabole cubique pour résoudre les égalités du cinquieme & du sixieme degré ; je crois qu'il n'est pas hors de propos d'examiner les différentes figures qu'elles peuvent avoir. Soient donc données de position deux lignes droites indéfinies BC, DE, qui s'entrecoupent au point A, & soit dans l'angle BAD FIG. 229.
une Parabole AM de tel degré qu'on voudra, dont la nature est telle qu'ayant mené d'un de ses points quelconques M une parallèle MP à DE, qui rencontre BC au point P ; & ayant nommé les indéterminées AP, x ; PM, y ; la donnée AB, 1 ; on ait toujours $x^m = y^n$ (les lettres m & n marquent les exposans des puissances de

x & y qui peuvent être tels nombres positifs entiers qu'on voudra ; & l'on suppose seulement que m surpasse n). Il est évident, 1°. que AP (x) étant nulle ou zéro, PM (y) l'est aussi, & que plus AP (x) croît, plus aussi PM (y) augmente ; & cela à l'infini. 2°. Que la soutangente PT* $\left(\frac{n}{m}x\right)$ est toujours moindre que AP (x), puisque l'on suppose ici que n soit moindre que m. D'où il suit que la Parabole AM de tel degré qu'elle puisse être, passera toujours par le point A ; qu'elle s'éloignera de plus en plus à l'infini de la droite BC que l'on regarde comme son diametre ; & enfin qu'elle tournera sa convexité du côté de ce diametre. Mais comme la ligne courbe AM qui tombe dans l'angle DAB, n'est qu'une portion de cette Parabole, il reste à examiner dans lequel des angles DAC, CAE, EAB, elle doit se continuer ; & pour cela il faut distinguer trois différens cas.

* Art. 237.

Premier cas. Lorsque l'exposant m de la puissance de x est un nombre pair, & l'exposant n de la puissance de y un nombre impair. La racine m de x^m sera $\mp x$, & la racine n de y^n sera seulement $+y$; car soit par exemple, $m=4$ & $n=3$, il est clair que le quarré de quarré où la puissance quatrieme de $\mp x$ est toujours x^4, & qu'il n'en est pas de même du cube de $\mp y$; puisque le cube de $+y$ est y^3, & celui de $-y$ est $-y^3$. De-là il est évident que AP (x) peut être positive & négative, & PM (y) toujours positive ; d'où l'on voit que la Parabole AM doit se continuer dans l'angle DAC, qui est à côté de l'angle BAD, ensorte que si par un point quelconque K de la ligne AD, on tire une parallele à BC, elle rencontrera la Parabole MAM en deux points M, M, qui seront également éloignés du point K. Telle est la Parabole ordinaire qui est le lieu de l'équation $xx=ay$, ou $xx=y$ en faisant le parametre $a=1$.

Fig. 229.

Second cas. Lorsque les exposans m & n sont des nombres impairs. La racine m de x^m sera seulement $+x$, & de même la racine n sera $+y$; mais parce que l'équation

$-x^m = -y^n$ eſt la même que $x^m = y^n$, & que la racine m de $-x^m$ eſt $-x$, & la racine n de $-y^n$ eſt $-y$; il s'enſuit que AP (x) peut être poſitive & négative de même que PM (y), en obſervant que lorſque AP eſt poſitive, PM l'eſt auſſi, & au contraire. D'où l'on voit que la Parabole AM doit alors ſe continuer dans l'angle CAE oppoſé au ſommet à l'angle BAD, dans une poſition toute ſemblable, mais renverſée ; enſorte que prenant AP égale à AP, & menant PM qui faſſe avec AP l'angle APM égale à l'angle APM; cette ligne PM rencontre la portion AM qui tombe dans l'angle CAE, en un point M tel que PM eſt égal à PM. Telle eſt la premiere Parabole cubique $x^3 = aay$, ou $x^3 = y$ en faiſant $a = 1$. FIG. 230.

Troiſieme cas. Lorſque l'expoſant m de la puiſſance de x eſt un nombre impair, & l'expoſant n de la puiſſance de y un nombre pair. La racine m de x^m ſera toujours $+x$, & la racine n de y^n ſera $\mp y$; car ſoit par exemple, AM une ſeconde Parabole cubique qui eſt le lieu de l'équation $x^3 = ayy$, ou $x^3 = yy$, il eſt clair que la racine cubique de x^3 eſt ſeulement $+x$, & que celle de yy eſt $\mp y$. D'où il ſuit que la Parabole AM doit ſe continuer dans l'angle BAE qui eſt à côté de l'angle BAD; enſorte que ſi l'on mene par un point quelconque P de la ligne AB une parallèle à DE, elle rencontrera la Parabole entiere MAM en deux points M, M, également éloignés du point P. FIG. 231.

Or l'équation générale $x^m = y^n$ appartient toujours à l'un des trois cas ; car ſi m & n étoient deux nombres pairs, on extrayeroit de part & d'autre la racine quarrée autant de fois qu'il ſeroit poſſible ; ce qui la réduiroit à une équation dont l'un des expoſans ſeroit néceſſairement impair. Et l'on peut toujours ſuppoſer que m ſurpaſſe n; car s'il étoit moindre, & qu'on eût par exemple, $aax = y^3$, on trouveroit en rapportant les points de la Parabole AM à ceux de la ligne DE, & nommant alors AK, x; KM, y; cette autre équation $x^3 = aay$ FIG. 232.

qui exprimeroit aussi la nature de la même Parabole *AM*, & dans laquelle l'exposant de la puissance de x est plus grand que celui de la puissance de y; de sorte qu'on pourroit faire alors le même raisonnement par rapport à la ligne *DE*, qu'on vient de faire par rapport à la ligne *BC*. De-là il est évident que toutes les Paraboles de tel degré qu'elles puissent être, auront toujours l'une des trois figures précédentes.

PROPOSITION IX.

Problême.

414. SOIT *proposée à construire l'égalité du huitieme degré* $x^8 - bx^7 + cx^6 - dx^5 + ex^4 - fx^3 + gxx - hx + l = 0$, *dans laquelle aucun terme ne manque, par le moyen de deux lieux géometriques; l'un du second degré, & l'autre du quatrieme.*

Ayant pris $xx = ay$ pour le lieu du second degré, on substituera à la place de $x^8, x^7, x^6, x^5, x^4, x^3$, & xx, leurs valeurs $a^4y^4, a^3y^3x, a^3y^3, aayyx, aayy, ayx, ay$, & en prenant la droite donnée a pour l'unité, on aura cette autre équation $y^4 - \frac{b}{a}xy^3 + cy^3 - dxyy + aeyy - afxy + aagy - aahx + a^3l = 0$ dont le lieu est du quatrieme degré, & des plus simples; puisque l'une des inconnues x n'étant qu'au premier degré, on pourra en déterminer tous les points en ne se servant que de cercles & de lignes droites.

Si l'on construit à présent la Parabole qui est le lieu de la premiere équation $xx = ay$, & qu'ayant pris pour y autant de différentes grandeurs que l'on voudra, on détermine les valeurs de x qui leur répondent dans la seconde équation; le lieu qui passera par les extrêmités de toutes les y, & qui sera par conséquent celui de la seconde équation, déterminera par le moyen des points où il rencontre la Parabole, les valeurs cherchées des racines de l'équation donnée. Ce qui est visible; puisque mettant dans cette seconde équation pour y sa valeur $\frac{xx}{a}$, & pour les puissances de y les puissances de cette valeur, on retrouve l'équation donnée $x^8 - bx^7$, &c$=0$.

COROLLAIRE I.

415. COMME l'unité a est arbitraire, on peut supposer qu'elle est donnée, & qu'ainsi la Parabole qui est le lieu de la premiere équation $xx=ay$ est donnée. Or il est évident qu'on pourra toujours par le moyen de cette équation transformer toute égalité du septieme ou huitieme degré, en une autre équation du quatrieme, dans laquelle l'inconnue x ne se se trouve qu'au premier degré. D'où il suit que toute égalité du septieme ou du huitieme degré, dans laquelle ou tous les termes se rencontrent ou seulement une partie, se pourra toujours construire par le moyen d'une Parabole donnée & d'un lieu du quatrieme degré, dans lequel l'une des inconnues ne se trouvera qu'au premier; & cela sans autre préparation que de prendre pour l'unité le parametre a de la Parabole donnée, afin de réduire sous l'expression ac les quantités connues qui multiplient x^6, sous l'expression aad celles qui multiplient x^5, &c.

COROLLAIRE II.

416. ON prouvera de même que toute égalité du neuvieme ou du dixieme degré se pourra toujours construire par le moyen d'une Parabole donnée, & d'un lieu du cinquieme degré dans lequel l'une des inconnues ne se trouvera qu'au premier degré : que les égalités de l'onzieme & du douzieme degré se construiront encore par le moyen d'une Parabole donnée, & d'un lieu du sixieme degré; & ainsi de suite pour les autres à l'infini.

PROPOSITION X.

Problême.

417. CONSTRUIRE *l'égalité du neuvieme degré* $x^9 - bx^7 + cx^6$, &c $= 0$, *dans laquelle tous les termes ſe rencontrent excepté le ſecond ; par le moyen de deux lieux géométriques chacun du troiſieme degré.*

Ayant pris $x^3 = aay$ pour l'un des lieux du troiſieme degré, on ſubſtituera à la place de x^9, x^7, x^6, &c. leurs valeurs a^6y^3, a^4xyy, a^4yy, &c, & l'on aura pour l'autre lieu du troiſieme degré, en prenant a pour l'unité ;

$y^3 - \frac{b}{a}xyy + cyy$, &c $= o$ dans lequel l'inconnue x ne peut monter qu'au ſecond degré, puiſqu'on ſuppoſe que par-tout où il y a x^3 dans la propoſée, on ſubſtitue à ſa place aay.

Or il eſt viſible que ſi l'on conſtruit ce lieu avec la Parabole cubique, qui eſt le lieu de l'autre équation $x^3 = aay$; leurs points de rencontre détermineront les racines de l'égalité donnée.

COROLLAIRE.

418. TOUTE égalité du ſixieme, du huitieme ou du neuvieme degré étant donnée, il eſt viſible qu'après avoir fait évanouir ſon ſecond terme, & l'avoir multipliée par ſa racine x lorſqu'elle eſt du huitieme degré, & par ſon quarré xx lorſqu'elle n'eſt que du ſeptieme, on la transformera toujours en un lieu du troiſieme degré en ſe ſervant de l'équation $x^3 = aay$ dont le lieu eſt une Parabole cubique donnée, & faiſant la ſubſtitution comme ci-deſſus : de ſorte que cette maniere eſt générale pour toutes les égalités du ſeptieme, du huitieme, & du neuvieme degré. On trouvera de même que toute égalité du douzieme degré dont le ſecond terme eſt évanoui, ſe transformera en un lieu du quatrieme, en ſe ſervant encore de l'équation $x^3 = aay$; comme auſſi celles du

du dixieme & du onzieme degré en les élévant au douzieme.

Mais si l'on propose une égalité du seizieme degré dans laquelle tous les termes se rencontrent, excepté le deuxieme, on trouvera qu'en se servant du lieu du quatrieme degré $x^4 = a^3 y$, on la transformera en un lieu du cinquieme. On trouvera de même qu'une égalité du vingtieme degré se transformera en un lieu du sixieme, en se servant encore du lieu du quatrieme degré $x^4 = a^3 y$; comme aussi celles du dix-septieme, dix-huitieme & dix-neuvieme degré : que les égalités du vingt-cinquieme degré dans lesquelles tous les termes se rencontrent, excepté le deuxieme, se transformeront en un lieu du sixieme degré, en se servant du lieu du cinquieme $x^5 = a^4 y$; comme aussi toutes les égalités du vingt-unieme, vingt-troisieme, vingt-quatrieme degré. Et l'on peut continuer cette recherche autant qu'on voudra.

REMARQUE I.

419. Il est à propos de remarquer que si dans une égalité du seizieme degré non-seulement le second terme manquoit, mais le troisieme & le sixieme; le lieu du cinquieme degré lequel joint avec celui du quatrieme $x^4 = a^3 y$ sert à construire l'égalité se transformeroit en un du quatrieme, & on peut faire des remarques semblables sur les égalités des degrés plus élevés. Mais quoiqu'il soit vrai de dire qu'une égalité du seizieme degré dans laquelle il n'y a que le deuxieme terme qui manque, ne se peut transformer qu'en un lieu du cinquieme, si l'on employe à cet effet le lieu du quatrieme $x^4 = a^3 y$ qui n'a que deux termes ; on n'en doit pas conclure en général, que les lieux les plus simples pour résoudre une équation complette du seizieme degré, doivent être, l'un du quatrieme & l'autre du cinquieme. Car au contraire, il me paroît évident que si l'on se sert d'un lieu du quatrieme degré composé de plusieurs termes à la

place de $x^4 = a^3y$ qui n'en a que deux, on pourra choisir ce lieu ensorte qu'il servira à transformer l'égalité complette du seizieme degré en un autre lieu du quatrieme. En voici la raison. Si l'on prend deux lieux du quatrieme degré dans l'un desquels l'inconnue x monte au quatrieme degré, & dans l'autre l'inconnue y, il est constant par les regles de l'Algebre, qu'en faisant évanouir l'inconnue y par le moyen de ces deux équations, on arrivera à une égalité dans laquelle l'inconnue x montera au seixieme degré. Or comme deux lieux du quatrieme degré, peuvent avoir ensemble plus de seize termes, puisque chacun en peut avoir quinze différens, il s'ensuit qu'ils peuvent contenir toutes les quantités connues de l'égalite donnée: ce qui suffit pour faire voir la possibilité de construire une égalité complette du seizieme degré par deux lignes du quatrieme.

On doit de même penser que les deux lieux les plus simples pour construire une égalité complette du vingtieme, dix-neuvieme, & dix-septieme degré, seront, l'un du quatrieme, & l'autre du cinquieme, parce que la réduite de ces deux lieux montera au vingtieme degré, & qu'ils pourront contenir ensemble plus de termes que la proposée, & renfermer par conséquent toutes les quantités connues qui s'y rencontrent. Et si l'inconnue avoit 21, 22, 23, 24, ou 25 dimensions dans l'égalité proposée, il faudroit deux lieux de cinq degrés chacun. De-là on forme la regle suivante, qui sert à trouver les degrés des deux lieux qui peuvent résoudre une égalité proposée; en sorte qu'ils soient les plus simples qu'il est possible.

Il faut extraire la racine quarrée de la plus haute dimension de l'inconnue. Si elle est exacte, chacun des deux lieux doit avoir autant de degrés que cette racine contient d'unités; & si elle ne l'est pas, ou le reste est égal, ou moindre que la racine, & alors l'un des lieux aura pour degré le nombre de la racine, & l'autre ce même nombre augmenté de l'unité: ou le reste est plus grand que la racine, & alors chacun des deux lieux aura pour degré le nombre de la racine augmenté de l'unité.

Soit proposé par exemple, de trouver les deux lieux les plus simples, qui peuvent résoudre une égalité, dont la plus haute dimension de l'inconnue soit de trente-sept degrés. Comme la racine quarrée de 37 est 6, & que le reste 1 est moindre que ce nombre 6, il faudra que l'un des lieux soit du sixieme degré, & l'autre du septieme; on trouvera la même chose, si la plus haute dimension est 38, 39, 40, 41 & 42. Mais si elle étoit 43, comme la racine quarrée de 43 est 6, & que le reste 7 est plus grand que cette racine, il faudroit deux lieux qui fussent chacun du septieme degré; il en est de même si la plus haute dimension étoit 44, 45, 46, 47, 48 & 49.

REMARQUE II.

420. Il arrive quelquefois qu'on peut construire une égalité donnée par le moyen d'une seule & même courbe mise en deux différentes positions; & c'est ce qu'on verra clairement dans cet exemple.

Soit proposée à construire l'égalité du neuvieme degré $x^9 + a^8x - a^8b = o$, dans laquelle tous les termes moyens manquent excepté le pénultieme. Je prends l'équation $x^3 = aay$, dont le lieu est une Parabole cubique MAM qui a pour parametre la ligne droite donnée $AB = a$, & pour appliquées des lignes droites PM (y) qui font avec les parties correspondantes AP (x) de son axe ou diametre un angle pris à volonté APM que je suppose ici droit; & en cubant chaque membre, j'ai $x^9 = a^6y^3$; ce qui change par la substitution l'égalité proposée en cette équation $y^3 = aab - aax$, dont le lieu se construit ainsi.

Soit prise sur AP prolongée du côté de A la partie $AC = o$; & ayant mené par le point C la droite indéfinie CK parallèle à PM, soit décrite une autre Parabole cubique MCM qui ait pour axe CK, & pour appliquées des droites KM parallèles à AP, & dont le FIG. 233.

parametre $CD = a$. Je dis qu'elle sera le lieu requis.

Car par la construction MK ou $CP = b - x$, & par la propriété de la courbe $CK^3 = MK \times \overline{CD}^2$, c'est-à-dire en termes analytiques $y^3 = aab - aax$. Or il est évident, 1°. que si des points M où cette dernière Parabole cubique MCM rencontre l'autre MAM, on mene des parallèles MP à CE; les parties AP exprimeront les racines x de l'égalité proposée $x^9 + a^8 x - a^8 b = 0$. 2°. Que les Paraboles cubiques MCM, MAM, sont précisément les mêmes; puisque leurs paramètres AB, CD, sont égaux, & que les angles APM, CKM, que font leurs appliquées avec leurs axes le sont aussi.

La situation des deux Paraboles cubiques MAM, MCM, fait connoître que l'égalité proposée $x^9 + a^8 x - a^8 b = 0$, n'a qu'une racine réelle AP (x), qui est toujours vraie & moindre que AC (b); de sorte que les huit autres sont imaginaires.

PROPOSITION XI.

Problême.

421. CONSTRUIRE *toute égalité de tel degré qu'elle puisse être, par le moyen d'une ligne droite, & d'un lieu du même degré, duquel lieu toutefois on puisse déterminer tous les points en n'employant que des lignes droites.*

Il faut mettre le dernier terme de l'égalité proposée tout seul d'un côté en le rendant égal à tous les autres, & diviser ensuite toute l'égalité par la ligne qui fait l'office de l'unité, répétée autant de fois qu'il sera nécessaire, afin que chaque terme n'exprime que des lignes: comme si l'on proposoit $x^5 - bx^4 + acx^3 - aadxx + a^3ex - a^4 f = 0$, on auroit $f = \frac{x^5}{a^4} - \frac{bx^4}{a^4} + \frac{cx^3}{a^3} - \frac{dxx}{aa} + \frac{ex}{a}$.

FIG. 234. Cela fait, on prendra sur une ligne droite indéfinie AB dont l'origine fixe soit au point A, une partie quelcon-

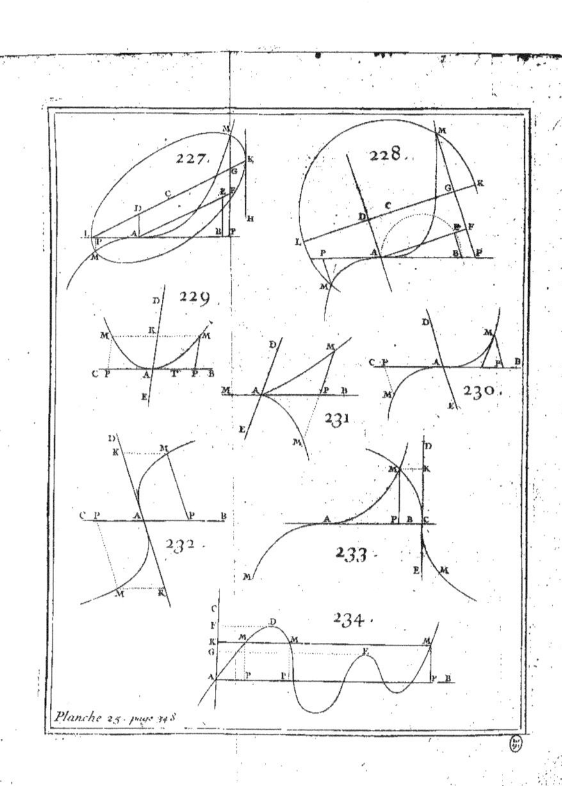

Planche 25. page 348

que AP pour la valeur de x; & ayant mené parallèlement à la ligne AC donnée de position une droite $PM = \frac{x^5}{a^4} - \frac{bx^4}{a^4} + \frac{cx^3}{a^3} - \frac{dxx}{aa} + \frac{ex}{a}$ (ce qui se peut toujours faire * en n'employant que des lignes droites), son extrêmité M sera l'un des points d'une ligne courbe $ADEM$; dont les interfections M, M, M, &c. avec une ligne droite KM menée parallèlement à AB par le point K tel que $AK = f$, détermineront des parties KM, KM, KM, &c. qui seront les valeurs cherchées de l'inconnue x dans l'égalité donnée. * Art. 376.

Car menant les droites MP, MP, MP, &c. parallèles à AC, & nommant les indéterminées AP, x; PM, y; on aura par la propriété de la courbe $ADEM$ cette équation $PM\ (y) = \frac{x^5}{a^4} - \frac{bx^4}{a^4} + \frac{cx^3}{a^3} - \frac{dxx}{aa} + \frac{ex}{a}$ qui est un lieu du cinquième degré; & par la propriété de la droite KM cette autre $y = f$. Ce qui, en substituant pour y sa valeur f, & multipliant par a^4, donne l'égalité même proposée $x^5 - bx^4 + acx^3 - aadx + a^3ex - a^4f = 0$.

Ces sortes de constructions peuvent être très-utiles pour trouver les limites des égalités. Supposons, par exemple, qu'on ait une méthode pour déterminer sur la ligne AC les parties AF, AG, telles que les droites FD, GE, parallèles à AB touchent la courbe en des points D, E; il est clair 1°. que si $AK\ (f)$ est moindre que AF & plus grande que AG, comme on le suppose dans cette figure, l'égalité proposée aura trois racines vraies KM, KM, KM, & les deux autres imaginaires; parce que la figure de la courbe est telle que la ligne KM la rencontrera en trois points, & jamais en davantage. 2°. Que si $AK\ (f)$ est moindre que AG, la ligne KM coupera la courbe en cinq points; c'est-à-dire que l'égalité aura cinq racines vraies. 3°. Que si AK surpasse AF, l'égalité n'aura qu'une racine vraie, & les quatre autres imaginaires. 4°. Que si $AK = AF$, l'égalité aura trois racines vraies, dont il y en aura deux égales entr'elles ; sçavoir FD, FD. 5°. Et enfin que si $AK = AG$, l'égalité aura cinq racines vraies, dont il y en aura deux égales, sçavoir GE, GE.

La même ligne courbe $ADEM$ étant continuée du côté du point A, servira à trouver les racines de l'égalité $x^5 - bx^4 + acx^3 - aadxx + a^3ex + a^4f = o$, qui ne differe de la précédente qu'en ce que le dernier terme a le signe $+$; ce qui fait voir qu'on doit mener alors la droite KM au-dessous de AB, puisque son lieu doit être $y = -f$.

REMARQUE.

422. On peut varier la construction précédente en différentes manieres ; car au lieu du dernier terme qu'on égale à tous les autres, on pourroit prendre tel autre des termes qu'on voudroit, ou même deux quelconques qui se suivent immédiatement, & les diviser ensuite d'une maniere convenable, afin que les égalant à l'inconnue y, le lieu de l'équation ne fût que du premier degré. Soit par exemple, l'égalité du troisieme degré $x^3 - abx - aac = o$; je fais $\frac{bx}{a} + c = \frac{x^3}{aa}$, & j'ai ces deux équations $x^3 = aay$, & $y = \frac{bx}{a} + c$, dont les lieux étant construits séparément donneront les racines de l'égalité proposée. Voici comment.

FIG. 235. Ayant pris à l'ordinaire pour inconnues & indéterminées les deux droites AP (x), PM (y) qui font entr'elles un angle quelconque APM, soit décrite une premiere Parabole cubique MAM qui soit le lieu de la premiere équation $x^3 = aay$. Soit menée par le point A origine des x une ligne droite parallèle à PM, sur laquelle soient prises les parties $AC = b$, $AD = c$ du côté où s'étend PM ; & ayant pris sur AP prolongée du côté de A la partie $AB = a$, soit tirée par le point D une parallèle indéfinie à BC. Je dis que si des points M où elle rencontre la premiere Parabole cubique MAM, on mene des parallèles MP à AC ; les coupées AP seront les racines de l'égalité donnée $x^3 - abx - aac = o$.

Car menant DE parallèle à AP, les triangles semblables BAC, DEM, donneront $BA(a)$. $AC(b)$ :: $DE(x)$. $EM = \frac{bx}{a}$, & par conséquent $PM(y) = \frac{bx}{a} + c$. Or à cause de la premiere Parabole cubique MAM, l'on aura $x^3 = aay$. Si donc l'on met à la place de y sa valeur $\frac{bx}{a} + c$, on retrouvera l'équation donnée $x^3 - abx - aac = o$.

S'il y avoit $+b$ dans l'égalité donnée, il faudroit prendre AC du côté opposé à PM, & il en est de même de AD lorsqu'il y a $+c$: de sorte que cette construction est générale pour toute égalité donnée du troisieme degré. Car il est évident qu'après en avoir fait évanouir le deuxieme terme, on peut toujours la réduire sous l'une de ces formes.

Il est visible qu'on peut se servir d'une Parabole cubique donnée, puisqu'il n'y a qu'à prendre l'unité arbitraire a égale à son parametre.

PROPOSITION XII.

Problême.

423. APPROCHER *de plus en plus à l'infini de la juste valeur des racines de toute égalité du troisieme & du quatrieme degré; & des égalités qui passent le quatrieme degré lorsqu'elles n'ont que deux termes: en ne se servant que de lignes droites & de cercles.*

Soit donnée l'égalité du troisieme degré $x^3 \mp 2apx - aaq = o$; je la multiplie par x pour l'élever au quatrieme & transposant le terme $aaqx$, j'ai $x^4 \mp 2apxx = aaqx$; j'ajoute de part & d'autre $aapp$ pour faire que le premier membre soit un quarré, ce qui me donne $x^4 \mp 2apxx + aapp = aapp + aaqx$, & extrayant de part & d'autre la racine quarrée, il vient $xx \mp ap$

$= a\sqrt{pp+qx}$; transposant enfin ap, & extrayant de nouveau la racine quarrée, je trouve $x = \sqrt{\pm ap + a\sqrt{pp+qx}}$. Je considere à présent que si au lieu de la juste valeur de la racine vraie x, je prends une grandeur qui l'excede, comme par exemple c; il s'ensuit, 1°. que c surpasse $\sqrt{\pm ap + a\sqrt{pp+qc}}$. 2°. Que $\sqrt{\pm ap + a\sqrt{pp+qc}}$ sera encore plus grande que la juste valeur de x. Cette seconde proposition est visible, mais pour la premiere elle se prouve ainsi.

Si l'égalité du troisieme degré a $+ 2apx$, il est clair que $c^4 + 2apcc$ * $> aaqc$, d'où il vient en ajoutant de part & d'autre le quarré $aapp$, & achevant le calcul comme ci-dessus, $c > \sqrt{-ap + a\sqrt{pp+qc}}$. Mais lorsqu'il y a $-2apx$, on aura en transposant $2apx$ & divisant par x cette égalité $xx = 2ap + \frac{aaq}{x}$, d'où il suit que si l'on met dans $\frac{aaq}{x}$ pour x une valeur c plus grande que la racine vraie de l'égalité $x^3 - 2apx - aaq = 0$, la quantité $2ap + \frac{aaq}{c}$ sera moindre que le quarré xx (puisque $\frac{aaq}{c}$ est moindre que $\frac{aaq}{x}$) & à plus forte raison que le quarré cc. On aura donc $cc > 2ap + \frac{aaq}{c}$, & multipliant par cc, il vient $c^4 - 2apcc > aaqc$, d'où l'on tire (en opérant comme l'on vient de faire) $c > \sqrt{ap + a\sqrt{pp+qc}}$. Or ceci supposé, je forme cette suite : $\sqrt{\pm ap + a\sqrt{pp+qc}}$, $\sqrt{\pm ap + a\sqrt{pp+qf}}$, $\sqrt{\pm ap + a\sqrt{pp+qg}}$, &c, dans laquelle f exprime le terme $\sqrt{\pm ap + a\sqrt{pp+qc}}$ qui le précede immédiatement, & de même g exprime le terme $\sqrt{\pm ap + a\sqrt{pp+qf}}$ &c.

* *Ce signe ainsi tourné veut dire, surpasse.*

Il est donc évident par ce que l'on vient de démontrer, que tous les termes de cette suite seront plus grands que la juste valeur de la vraie racine x, & qu'ils en approchent

prochent toujours de plus en plus. Je dis à présent que si on la continue à l'infini, le terme infinitieme (s'il est permis de s'exprimer ainsi) ou le dernier terme de cette suite, sera précisément égal à la valeur cherchée de l'inconnue x. Car soit z ce dernier terme, il est certain par la nature de la suite qu'il approchera de plus près de l'inconnue x que tous les autres termes, & qu'ainsi le terme $\sqrt{\pm ap + a\sqrt{pp + qz}}$ qui le suivroit immédiatement, s'il n'étoit pas le dernier, ne peut être moindre que lui; puisque s'il étoit moindre il approcheroit de plus près de l'inconnue x, & seroit par conséquent le dernier terme, ce qui est contre la supposition. Or il ne peut être plus grand, car on vient de démontrer que tous les termes de la suite vont en diminuant. Il faudra donc qu'il lui soit égal, & on aura par conséquent $z = \sqrt{\pm ap + a\sqrt{pp + qz}}$, c'est-à-dire en ôtant les incommensurables $z^3 \mp 2apz - aaq = 0$, d'où l'on voit que $z = x$. *Ce qu'il falloit démontrer.*

On prouvera par un raisonnement semblable, que si l'on prend une grandeur c plus petite que la juste valeur de x, tous les termes de cette suite iront toujours en augmentant, ensorte que le dernier sera précisément égal à la valeur cherchée de x. Voici maintenant comment on peut construire par Géométrie cette suite, en n'employant que des lignes droites & des cercles.

Ayant mené deux lignes droites indéfinies BD, CP, qui s'entrecoupent à angles droits au point A, on prendra sur l'une d'elles les parties $AB = a$, $AD = p$, du même côté du point A lorsqu'il y a $+ 2apx$, & de part & d'autre lorsqu'il y a $- 2apx$, comme on le suppose dans ces deux figures; & sur l'autre les parties $AC = q$, $AP = c$, toujours de part & d'autre de point A. Ayant décrit du diametre CP un demi cercle qui coupe AD en E, on prendra sur AC la partie AF égale à AE, & on portera sur AD depuis le point D vers le point A dans le premier cas, & vers le côté opposé dans le FIG. 236. 237.

second, la partie DG égale à DF. On décrira enfin du diametre BG un demi cercle qui coupe AP en Q, je dis que $AQ = \sqrt{ap + a\sqrt{pp + qc}}$. Car à cause du demi cercle CEP la ligne AE ou $AF = \sqrt{qc}$, & à cause du triangle rectangle FAD l'hypothénuse FD ou $DG = \sqrt{pp + qc}$, & par conséquent $AG = p + \sqrt{pp + qc}$, & à cause du demi cercle BQG la ligne $AQ = \sqrt{ap + a\sqrt{pp + qc}}$. Nommant à présent AQ, f; & réïtérant la même opération en se servant de AQ au lieu de AP, on trouvera $AR = \sqrt{ap + a\sqrt{pp + qf}}$, & ensuite par le moyen de AR que j'appelle g, on trouvera $AS = \sqrt{ap + a\sqrt{pp + qg}}$ en réïtérant encore la même opération : de sorte que la continuant autant que l'on voudra, on trouvera des lignes AP, AQ, AR, AS, &c. qui approcheront de plus en plus à l'infini de la juste valeur de la vraie racine x de l'égalité proposée $x^3 - 2apx - aaq = 0$.

Il est à remarquer que l'on peut prendre d'abord pour AP (c) telle grandeur que l'on veut, car si cette grandeur se trouve plus grande que la racine x, les autres lignes AQ, AR, AS, &c. vont toujours en diminuant; & au contraire si AP est moindre que x, elles iront en augmentant : de sorte que la vraie racine est renfermée entre AP de l'une de ces deux figures & AP de l'autre, AQ & AQ, AR & AR, AS & AS. D'où l'on voit qu'en formant deux suites convergentes, dans l'une desquelles le premier terme soit plus grand que la vraie racine, & dans l'autre plus petit, l'on aura toujours en prenant les termes correspondans de ces deux suites, des limites entre lesquelles se doit trouver cette racine; de sorte que la différence de ces limites diminue de plus en plus à l'infini.

Si l'on demandoit les deux autres racines de l'égalité proposée $x^3 - 2apx - aaq = 0$. Nommant m la racine approchée que l'on vient de trouver, on la regardera comme étant exacte : c'eſt pourquoi diviſant cette égalité par $x - m$, la diviſion ſe fera au juſte (car le reſte $m^3 - 2apm - aaq = o$, puiſqu'on ſuppoſe $x = m$), & on aura pour quotient l'égalité $xx + mx + mm - 2ap = o$, dont la réſolution fournira les deux racines qu'on demande.

Toutes les égalités du troiſieme degré peuvent ſe réduire à l'une ou à l'autre de ces deux formes ; car après avoir fait évanouir le ſecond terme, s'il y avoit $+ aaq$ en mettant $- aaq$, on ne feroit que changer les racines vraies en fauſſes & les fauſſes en vraies. D'où l'on voit que les conſtructions précédentes ſuffiſent pour trouver les racines approchées de toute égalité donnée du troiſieme degré. Paſſons maintenant au quatrieme.

Soit propoſée l'égalité du quatrieme degré $x^4 - 3apxx - aaqx - a^3r = o$, dont il faille trouver les racines approchées. Je cherche, comme l'on viens d'enſeigner, les racines approchées de l'égalité du troiſieme degré

$$\begin{aligned} y^3 - 3ppy &+ 2p^3 = o \\ + 4ary &+ 8apr \\ &- aqq \end{aligned}$$

où l'on doit obſerver d'écrire $-2p^3$ lorſqu'il y a dans la propoſée $+ 3apxx$; $-4ar$ lorſqu'il y a $+ a^3r$; & enfin $- 8apr$ lorſque les ſignes des termes $3apxx$ & a^3r ſont différens. Je regarde enſuite l'une de ces racines approchées y comme étant exacte, & ayant trouvé une ligne $v = \sqrt{ay + 2ap}$, ſçavoir $+ 2ap$ lorſqu'il y a $- 3apxx$, & $- 2ap$ lorſqu'il y a $+ 3apxx$; j'ai pour les quatre racines approchées de la propoſée, celles de ces deux égalités du ſecond degré $xx - vx + \frac{ay \mp ap}{2} - \frac{aaq}{2v} = o$ & $xx + vx + \frac{ay \mp ap}{2} + \frac{aaq}{2v} = o$ (en obſervant de prendre $- ap$ lorſqu'il y a $- 3apxx$ dans l'égalité propoſée, & $+ ap$ lorſque c'eſt $+ 3apxx$) que l'on conſtruira aiſément en n'employant que des cercles & des lignes droites. Tout ceci n'eſt qu'une ſuite de la regle que donne M. Deſcartes dans le troiſieme Livre de ſa

Géométrie pour réduire toute égalité du quatrieme degré à une du troisieme, de laquelle connoissant une des racines, on a les quatre de la proposée ; & comme cela dépend de l'Algébre pure, je pourrois le supposer ici comme démontré. En voici cependant la raison en peu de mots.

On regarde l'égalité du quatrieme degré $x^4 - 3apxx - aaqx - a^3r = o$, comme le produit des deux planes $xx - vx + ab - ac = o$ & $xx + vx + ab + ac = o$, dans lesquelles les lettres v, a, b, c, marquent des inconnues qui doivent être déterminées dans la suite, ensorte que le produit de ces deux égalités qui est $x^4 \begin{smallmatrix} -vvxx \\ +2abxx \end{smallmatrix} - 2acvx \begin{smallmatrix} +aabb \\ -aacc \end{smallmatrix} = o$, soit en effet l'égalité même proposée. Pour cela j'en cnmpare les termes correspondans, & j'ai 1°. $c = \frac{aq}{2v}$. 2°. $b = \frac{vv - 3ap}{2a}$. 3°. $bb - cc = -ar$, ou $bb - cc + ar = o$; c'est-à-dire en mettant pour b & pour c les valeurs que l'on vient de trouver & ordonnant, l'égalité $v^6 - 6apv^4 \begin{smallmatrix} +9aappvv \\ +4a^3rvv \end{smallmatrix} - a^4qq = o$. Et si l'on fait $vv = ay + 2ap$, on trouvera par la substitution l'égalité du troisieme degré.

$y^3 \begin{smallmatrix} -3ppy \\ +4ary \end{smallmatrix} \begin{smallmatrix} +2p^3 \\ +8apr \\ -aqq \end{smallmatrix} = o$, de laquelle connoissant une racine y, on aura, en prenant la racine quarrée de $ay + 2ap$, la valeur de v, & ensuite celles de b & de c, lesquelles étant mises dans les deux égalités planes que l'on a supposées d'abord, on en formera deux autres dont le produit sera l'égalité même proposée, & dont la résolution par conséquent fournira les quatre racines qu'on demande. S'il n'étoit question que de trouver une racine vraie d'une égalité du quatrieme degré, on pourroit la trouver immédiatement par une suite en cette sorte.

Soit $x^4 \pm 2apxx - aaqx - a^3r = o$, on trouvera en opérant de même que pour le troisieme degré $x = \sqrt{\mp ap + a\sqrt{qx + pp + ar}}$, ce qui donne, en faisant pour abréger $pp + ar = nn$, cette suite convergente c, $\sqrt{\mp ap + a\sqrt{nn + qc}}$, $\sqrt{\mp ap + a\sqrt{nn + qf}}$, $\sqrt{\mp ap + a\sqrt{nn + qg}}$, &c, dont la construction n'est différente des précédentes qu'en ce qu'il faut prendre $AF = n$ & $DG = FE$.

Si l'on avoit $x^4 \pm 2apxx - aaqx + a^3r = 0$, on trouveroit $x = \sqrt{\mp ap + a\sqrt{qx + pp - ar}}$, & on formeroit lorsque pp surpasse ar (en faisant $pp - ar = nn$) la même suite convergente que ci-dessus. Mais il est à remarque que lorsqu'il y a $+ 2apxx$ dans l'égalité donnée, il faut que $\sqrt{qx + pp - ar}$ surpasse p afin que $\sqrt{-ap + a\sqrt{qx + pp - ar}}$ valeur de la racine vraie x ne renferme point de contradiction ; ce qui donne $x > \frac{ar}{q}$, & par conséquent il faudra prendre c plus grande que $\frac{ar}{q}$.

Si pp est moindre que ar, l'on formera alors, en faisant $ar - pp = qn$, cette suite convergente c, $\sqrt{\mp ap + a\sqrt{qc - qn}}$, $\sqrt{\mp ap + a\sqrt{qf - qn}}$, $\sqrt{\mp ap + a\sqrt{qg - qn}}$, &c, où l'on doit remarquer que lorsqu'il y a $- 2apxx$ dans l'égalité donnée, il faut que x surpasse n ou $\frac{ar - pp}{q}$ afin que $\sqrt{ap + a\sqrt{qx + pp - ar}}$ valeur de x ne renferme point de contradiction, & qu'ainsi on doit prendre c plus grand que n.

Il peut arriver lorsqu'il y a $+ r$ dans l'égalité donnée que ces racines soient toutes quatre imaginaires, & alors on tombera infailliblement dans quelque contradiction en construisant la suite ; car on n'a démontré qu'elle est convergente qu'en supposant qu'il y eût une racine vraie dans l'égalité donnée. Au reste la construction de la derniere suite est un peu différente des autres, mais comme elle n'est pas plus difficile, je ne m'y arrêterai pas.

Cette méthode devient embarrassée lorsqu'on la veut étendre à des égalités complettes qui passent le quatrieme degré; c'est pourquoi je me contenterai de l'appliquer à une égalité du cinquieme degré qui n'a que deux termes, & qui servira de méthode pour les autres plus composées qui n'ont pareillement que deux termes.

Soit $x^5 - a^4 b = o$; multipliant par x, & transposant il vient $x^6 = a^4 b x$, & extrayant la racine quarrée on aura $x^3 = a a \sqrt{b x}$ ou $x^4 = a a x \sqrt{b x}$, & extrayant de nouveau deux fois de suite la racine quarrée, on trouvera enfin $x = \sqrt{a \sqrt{x \sqrt{b x}}}$; ce qui fournit cette suite convergente, c, $\sqrt{a \sqrt{c \sqrt{bc}}}$, $\sqrt{a \sqrt{f \sqrt{bf}}}$, $\sqrt{a \sqrt{g \sqrt{bg}}}$, &c, dont voici la construction géométrique.

FIG. 238. Ayant mené deux lignes droites indéfinies BD, CP, qui s'entrecoupent à angles droits au point A, on prendra sur l'une d'elles la partie $AB = a$, & sur l'autre, les parties $AC = b$, $AP = c$, de part & d'autre du point A. Du diametre PC ayant décrit un demi-cercle qui coupe BA prolongée du côté de A en D, & ayant pris sur AC la partie $AF = AD$, on décrira du diametre PF un autre demi-cercle qui coupe AD en E. On décrira enfin du diametre BE un troisieme demi-cercle qui coupe AP en Q; il est visible que $AQ = \sqrt{a \sqrt{c \sqrt{bc}}}$. Nommant à présent AQ, f; & réïtérant la même opération en se servant de AQ au lieu de AP, on trouvera $AR = \sqrt{a \sqrt{f \sqrt{bf}}}$, & de même $AS = \sqrt{a \sqrt{g \sqrt{bg}}}$. Et les droites AP, AQ, AR, &c. approcheront de plus en plus à l'infini de la juste valeur de l'inconnue x de l'égalité donnée $x^5 - a^4 b = o$. Cela se prouve de la même maniere que pour les égalités du troisieme degré.

M. Bernoulli célebre Professeur des Mathématiques à Bâle, est l'Auteur de ces suites. On peut voir ce qu'il en dit dans les Actes de Leipsic de l'année 1689. page 455.

PROPOSITION XIII.

Problême.

424. UNE *portion de Section conique étant donnée, trouver par son moyen les racines d'une égalité donnée du troisieme ou du quatrieme degré.*

On a vu dans le Problême précédent qu'une égalité du quatrieme degré étant donnée, on en peut toujours trouver une du troisieme, de laquelle connoissant une racine on a les quatre de la proposée; en ne se servant que de lignes droites, & de cercles. On sçait de plus que toute égalité du troisieme degré se peut réduire sous cette forme $x^3 \mp 2apx - aaq = 0$, dont l'une des racines est vraie, & les deux autres ou fausses ou imaginaires. Cela posé; soit $x^3 \mp 2apx - aaq = 0$, dont il faille trouver les racines, par le moyen de la portion donnée BD d'une Parabole, qui a pour axe la ligne CH dont l'origine est au point C. Des points B, D, extrêmités de la portion donnée ayant mené les perpendiculaires BG, DH, sur l'axe, il est manifeste que si la vraie racine étoit plus grande que BG, & moindre que DH, le cercle décrit du centre E, trouvé comme l'on a enseigné à la fin de l'article 387. pour les égalités qui n'ont point de second terme, & du rayon EC, couperoit infailliblement la portion BD en quelque point M; d'où menant la perpendiculaire MQ sur l'axe, cette ligne MQ en seroit la vraie racine. Il est donc question lorsque ce cercle ne coupe point la portion BD, de transformer cette égalité en une autre dont la vraie racine soit renfermée entre les limites BG, DH. Pour le faire, je nomme les données BG, f; DH, g; & je suppose que l'on ait deux limites m, n, entre lesquelles la vraie racine x soit resserrée (m est moindre que n, & f moindre que g). Ce qui donne x plus grand que m & moindre que n, & multipliant chaque terme par f & divisant

FIG. 239.

par m, il vient $\frac{fx}{m}$ plus grand que f & moindre que $\frac{fn}{m}$. Si l'on fait à présent $z = \frac{fx}{m}$, & qu'on mette dans l'égalité $x^3 \mp 2apx - aaq = 0$, à la place de x sa valeur $\frac{mz}{f}$, on la transformera en celle-ci $z^3 \mp \frac{2apff}{mm} - \frac{aaqf^3}{m^3} = 0$, qui aura sa vraie racine $z = \frac{fx}{m}$ plus grande que f & moindre que $\frac{fn}{m}$. D'où il suit que si les limites m, n, étoient telles que $\frac{fn}{m}$ fût égale ou moindre que g, il n'y auroit qu'à construire cette derniere égalité selon l'article 387. pour avoir sa vraie racine MQ (z) par le moyen de la portion donnée BC. De-là on tire la construction suivante.

On fera par le Problême précédent deux suites convergentes qui approcheront l'une en dessus & l'autre en dessous de la vraie racine x de l'égalité donnée $x^3 \pm 2apx - aaq = 0$. On choisira deux termes correspondans dans ces deux suites m, n, qui soient tels que $\frac{fn}{m}$ soit égale ou moindre que g : ce qui se pourra toujours faire, puisque f est moindre que g, & que la différence qui est entre m & n diminue continuellement à l'infini. Cela fait, on transformera l'égalité donnée en une autre $z^3 + \frac{2apff}{mm} z - \frac{aaqf^3}{m^3} = 0$, dont l'inconnue sera $z = \frac{fx}{m}$; & en la construisant selon la fin de l'article 387. le cercle coupera infailliblement la portion donnée BC en un point M; duquel ayant mené sur l'axe la perpendiculaire MQ, elle sera la vraie racine z de cette seconde égalité : & faisant ensuite $x = \frac{mz}{f}$, cette ligne x sera la vraie racine de l'égalité $x^3 \mp 2apx - aaq = 0$.

Si l'on veut trouver les deux autres racines de cette égalité lorsqu'elles ne sont pas imaginaires; il n'y a qu'à la la divifer par l'inconnue x moins celle que l'on vient de découvrir pour l'abaiffer à une du fecond degré, dont on découvrira les deux racines par le moyen d'un cercle, en fe fervant de l'article 380.

Tout ceci eft trop évident pour m'y arrêter davantage, je remarquerai feulement que fi la portion donnée BD étoit d'une Ellipfe ou d'une Hyperbole, il faudroit fe fervir de l'article 398. ou 403. & que toute la difficulté fe réduiroit à transformer l'égalité donnée en une autre, dont la vraie racine eut des limites données : & c'eft ce que l'on feroit comme dans la Parabole.

LIVRE DIXIEME.

Des Problêmes déterminés.

PROPOSITION GÉNÉRALE.

425. Un *Problême de Géométrie déterminé étant proposé, en trouver la solution.*

On regardera d'abord le Problême proposé comme s'il étoit résolu, & on tirera les lignes que l'on jugera les plus propres pour faire connoître ce qui n'est que supposé. On nommera ensuite toutes ces lignes (qui font pour l'ordinaire des triangles rectangles ou semblables) par des lettres de l'Alphabet, sçavoir les lignes qui sont connues par les premieres lettres, & les lignes inconnues par les dernieres lettres; & on parcourra toutes les conditions du Problême, en comparant ces lignes entr'elles dans l'ordre le plus simple & le plns naturel qu'il sera possible: ce qui doit servir à former autant de différentes égalités qu'il y a d'inconnues. On employera enfin les regles ordinaires de l'Algébre pour réduire ces différentes égalités à une seule dans laquelle il ne se trouve plus qu'une inconnue, & pour l'abaisser s'il se peut à un moindre degré; & l'ayant résolue par les regles prescrites dans le Livre précédent, on en tirera la solution cherchée du Problême. Ceci s'éclaircira parfaitement par les exemples qui suivent.

EXEMPLE I.

FIG. 240. 426. La ligne droite AB étant donnée, trouver hors de cette ligne le point C tel qu'ayant mené les droites AC, CB; 1°. La somme de leurs quarrés soit au triangle ACB en la raison donnée de f à g, 2°. L'angle ACB qu'elles comprennent soit égal à l'angle donné GDK.

Je suppose que le point C soit celui qu'on cherche, & je mene CH perpendiculaire sur AB que je divise par le milieu au point E. Je nomme la donnée AE ou EB, a; & les inconnues EH, x; HC, y; & j'ai $AH = a - x$, $BH = a + x$. Donc à cause des triangles rectangles AHC, BHC, les quarrés des hypothénuses $\overline{AC}^2 = aa - 2ax + xx + yy$, & $\overline{BC}^2 = aa + 2ax + xx + yy$; & par conséquent $\overline{AC}^2 + \overline{BC}^2 = 2aa + 2xx + 2yy$. Or puisque le triangle $ACB = AE \times CH\ (ay)$, il s'ensuit par la premiere condition du Problême que $2aa + 2xx + 2yy.\ ay :: f.\ g$; ce qui donne en multipliant les extrêmes & les moyens, & divisant par $2g$, cette équation $aa + xx + yy = \frac{af}{2g}y = 2my$ en prenant (pour ôter les fractions) une ligne $m = \frac{af}{4g}$.

Il reste maintenant à accomplir la seconde condition, sçavoir que l'angle ACB soit égal à l'angle donné GDK. Pour y réussir, je mene d'un point G pris à discrétion dans la droite GD, la perpendiculaire GF sur le côté DK, prolongée, s'il est nécessaire, & du point A la perpendiculaire AL sur le côté BC prolongé aussi, s'il est nécessaire, afin d'avoir deux triangles rectangles semblables ACL, GDF, dont l'un GDF est donné. Cela fait, je nomme les données DF, b; FG, c; & faisant, pour abréger, $BC = n$, je trouve à cause des triangles rectangles semblables BCH, BAL, ces proportions $BC\ (n).\ CH\ (y) :: BA\ (2a).\ AL = \frac{2ay}{n}$. Et $BC\ (n).\ BH\ (a+x) :: BA\ (2a).\ BL = \frac{2aa+2ax}{n}$. Et par conséquent CL ou $BL - BC = \frac{2aa+2ax-nn}{n}$. Donc puisque l'angle ACL doit être égal à l'angle GDF, il faut que $CL\ \left(\frac{2aa+2ax-nn}{n}\right).\ AL\ \left(\frac{2ay}{n}\right) :: DF(b).\ FG(c)$; d'ou l'on tire en multipliant les extrêmes & les moyens $2aac + 2acx - cnn = 2aby$, c'est-à-dire, en mettant pour nn sa valeur $aa + 2ax + xx + yy$, cette seconde équation $aac - cxx - cyy = 2aby$ qui renferme la seconde condition du Problême.

Comme l'on a trouvé autant d'égalités qu'il y avoit d'inconnues, & que l'on a satisfait à toutes les conditions du Problême ; il ne faut plus que se servir des regles ordinaires de l'Algébre, pour réduire ces égalités à une seule qui ne renferme qu'une inconnue y ou x : & c'est ce qu'on peut faire en cette sorte. J'ai pour premiere équation $aa + xx + yy = 2my$, & pour seconde, $aac - cxx - cyy = 2aby$ ou $aa - xx - yy = \frac{2aby}{c}$; c'est pourquoi ajoutant ensemble d'une part les deux premiers membres, & de l'autre les deux seconds, je trouve $2aa = \frac{2aby}{c} + 2my$, d'où je tire $y = \frac{aa}{m+f}$ en prenant $f = \frac{ab}{c}$. Et mettant cette valeur à la place de y & son quarré à la place de yy dans l'une ou l'autre des équations précédentes, je trouve $xx = \frac{aamm - aaff - a^4}{mm + 2mf + ff}$ & $x = \frac{a\sqrt{mm - ff - aa}}{m+f}$; d'où je connois que si mm étoit moindre que $aa + ff$ le Problême seroit impossible. En voici la construction.

FIG. 241. Par le point E milieu de AB ayant tiré une perpendiculaire indéfinie ON à AB, on menera par le point A la ligne AM qui fasse avec AB l'angle EAM égal à l'angle DGF qui est donné. Du point M où cette ligne rencontre la perpendiculaire ON, comme centre, & du rayon MA, on décrira un arc de cercle ACB. On prendra ensuite sur EM prolongée du côté de M la partie $MN = m$; & ayant joint NA, on lui menera la perpendiculaire AO qui rencontre NO au point O, par lequel on tirera une parallèle à AB. Je dis que cette parallèle rencontrera l'arc de cercle ACB au point cherché C.

Car ayant mené CH perpendiculaire sur AB, il est clair que $CH = EO = \frac{aa}{m+f}$, puisqu'à cause des triangles rectangles semblables NEA, AEO, il vient NE $(m+f)$. AE (a) :: AE (a). $EO = \frac{aa}{m+f}$. De plus à cause du cercle $\overline{CM}^2 = \overline{AM}^2 = aa + ff$; & partant puisque $MO = f + \frac{aa}{m+f}$, il s'ensuit à cause du triangle rectangle MCO que $\overline{CO}^2$ ou $\overline{EH}^2 (xx) = aa + ff - ff - \frac{2aaf}{m+f} - \frac{a^4}{mm+2mf+ff} = \frac{aamm - aaff - a^4}{mm+2mf+ff}$. Donc, &c.

REMARQUE.

427. LORSQU'APRÈS avoir satisfait à toutes les questions d'un Problême, on est arrivé à deux équations qui renferment chacune les deux mêmes inconnues; il n'est pas nécessaire, si l'on veut, de les réduire à une seule qui ne renferme plus qu'une inconnue, comme il est prescrit dans la proposition générale : mais l'on peut résoudre le Problême, en construisant séparément les lieux de ces deux équations, car leurs points d'intersection serviront à trouver les valeurs de ces deux inconnues. C'est ce qui se voit clairement dans cet exemple, où l'on a pris pour inconnues les droites EH (x), HC (y) qui font entr'elles un angle droit EHC; & où après avoir satisfait aux conditions requises, on est arrivé à ces deux équations $aa + xx + yy = 2my$, & $aa - xx - yy = 2fy$; car les cercles qui en sont les lieux étant décrits séparément donneront par leurs intersections des points qui satisferont : voici comment.

Ayant décrit comme dans la premiere construction l'arc de cercle ACB, on décrira du centre A, & du rayon $AP = m$, un arc de cercle qui coupe la perpendiculaire EM en P. On prendra sur cette perpendiculaire la partie $EQ = m$ du côté de l'arc ACB, & on décrira du centre Q & du rayon $QC = EP$, un cercle qui coupera l'arc ACB en des points C qui satisferont.

Car à cause de ce dernier cercle on aura $\overline{QC}^2$ ou $\overline{EP}^2$ $(mm - aa) = \overline{QO}^2$ $(mm - 2my + yy)$ $\overline{OC}^2$ (xx), c'est-à-dire la premiere équation $aa + xx + yy = 2my$;

& à cause de l'autre cercle ACB il vient $\overline{MC}^2$ ou $\overline{MA}^2$ $(ff+aa)=\overline{MO}^2\,(ff+2fy+yy)+\overline{OC}^2\,(xx)$, c'est-à-dire, la seconde équation $aa-xx-yy=2fy$. D'où il suit que le point cherché C se doit trouver en même temps sur ces deux cercles, c'est-à-dire, qu'il doit se confondre avec leurs points d'intersection.

Il est visible qu'il y a deux différens points C qui satisfont à la question, lorsque ces deux cercles se coupent en deux points comme dans cette figure; qu'il n'y en a qu'un, lorsqu'ils se touchent; & qu'enfin il n'y en peut avoir aucun, lorsqu'ils ne se coupent ni ne se touchent.

Il faut bien prendre garde qu'en résolvant un Problême par le moyen de deux lieux, on ne tombe pas dans une construction plus composée, que si étant arrivé à une seule égalité qui ne renferme qu'une inconnue x, on l'eût construite selon les regles du Livre précédent. Je m'explique: qu'il faille, par exemple, résoudre un Problême (c'est le troisieme exemple qui sera proposé) dont les conditions soient renfermées dans ces deux équations $y=\frac{cd-cx}{b}$, & $\frac{bb}{ff}yy=aa+xx$; si l'on se servoit des lieux de ces deux équations, il est clair qu'il faudroit mener une ligne droite * qui seroit le lieu de la premiere équation, & décrire une Hyperbole * qui seroit le lieu de la seconde, pour avoir par leurs intersections les valeurs des deux inconnues x & y. Mais parce qu'en réunissant ces deux équations en une seule, on trouve l'égalité du second degré $xx-\frac{2ccd}{cc+ff}x+\frac{ccdd-aaff}{cc-ff}=0$, qui se construit en n'employant que des lignes droites & des cercles; ce seroit une faute considérable de se servir d'une Hyperbole.

* Art. 306.

* Art. 330 & 332.

EXEMPLE II.

FIG. 242.

428. LE quarré $ABCD$ étant donné; il faut mener d'un de ses angles A la ligne droite AE, ensorte que sa partie FE comprise entre les côtés BC, CD, opposés à cet angle soit égale à une ligne donnée b.

Je suppose que le point E pris sur le côté DC prolongé, soit tel que la partie FE de la ligne AE soit égale à b, c'est-à-dire que je suppose la question résolue ; & je nomme la donnée AB ou AD ou DC ou CB, a ; l'inconnue DE, x. Cela fait, les triangles semblables EDA, ECF, donnent $ED(x)$. $DA(a)$ :: $EC(x-a)$. $CF = \frac{ax-aa}{x}$, & le triangle rectangle ECF donne $\overline{FE}^2 = \overline{EC}^2 + \overline{CF}^2 = xx - 2ax + aa + \frac{aaxx - 2a^3x + a^4}{xx}$.

Mais puisque par la condition du Problême FE doit être égale à b, on aura $xx - 2ax + aa + \frac{aaxx - 2a^3x + a^4}{xx} = bb$, ou $x^4 - 2ax^3 + 2aaxx - bbxx - 2a^3x + a^4 = 0$. D'où l'on voit que la résolution de cette égalité doit fournir pour DE (x), une valeur telle que menant la droite AE, sa partie FE comprise entre les côtés CB, DC, soit égale à la donnée b.

L'égalité que l'on vient de trouver étant du quatrieme degré, il faudroit employer pour la résoudre une Section Conique. C'est pourquoi je dois chercher auparavant par les regles que fournit l'Algébre, si elle ne se peut point abaisser à un degré plus simple, & je trouve en effet que si l'on prend $cc = aa + bb$, elle sera le produit des deux égalités $xx + aa - ax - cx = 0$, & $xx + aa - ax + cx = 0$, qui sont chacune du second degré ; de sorte que pour avoir les quatre racines de l'égalité du quatrieme degré $x^4 - 2ax^3$, &c, il ne faut que trouver les racines de chacune de ces deux égalités. Je ne m'arrête point à chercher les racines de l'égalité $xx + aa - ax + cx = 0$; parce que c surpassant a, la disposition des signes me fait connoître qu'elles sont toutes deux fausses : mais je trouve celles de l'autre égalité $xx + aa - ax - cx = 0$, que je connois être toutes deux vraies, de la maniere qui suit.

Soit prise sur le côté AB prolongé la partie $BG = c$, & soit décrit du diametre AG un demi-cercle qui coupe en E le côté DC prolongé. Je dis que ce point sera celui qu'on cherche.

Car nommant DE, x; & menant la perpendiculaire EH, on aura $HG = a + c - x$, & par la propriété du cercle $AH \times HG$ $(ax + cx - xx) = \overline{EH}^2$ (aa).

REMARQUE I.

429. LORSQU'APRÈS avoir satisfait aux conditions d'un Problême, on arrive à une égalité composée qui a plusieurs racines réelles, il est visible qu'il n'y a qu'une de ces racines qui exprime la valeur de l'inconnue qu'on cherche : mais on doit bien remarquer que les autres peuvent aussi servir à la résolution de la question, dans un sens qui ne peut être différent de celui qu'on s'est imaginé que dans quelques circonstances particulieres. Ainsi dans cet exemple la petite racine vraie DL (x) de l'égalité $xx - ax - cx + aa = 0$, donne sur le côté DC un point L tel qu'ayant mené la droite AL qui rencontre le côté BC prolongé en K, sa partie LK est égale à la donnée b. De même si l'on prend $Bg = c$ sur le côté BA prolongé vers A, & qu'on décrive du diametre Ag un demi-cercle, il coupera le côté CD prolongé vers D aux points e, l, ensorte que De, & Dl seront les deux racines fausses de l'égalité $xx + cx - ax + aa = 0$: & si l'on mene les droites Ae, Al, qui rencontrent le côté CB prolongé aux points f, k; les droites ef, lk, seront encore chacune égale à la donnée b. Delà on peut voir que quoiqu'en résolvant le Problême on n'ait eu en vue que de trouver la valeur de DE, on est cependant arrivé à une égalité dont les racines ont fourni d'autres valeurs DL, De, Dl, qui ont toutes servi à résoudre le Problême en quelque sens.

REMARQUE II.

430. S'IL y a lieu de croire que l'égalité qui renferme les conditions d'un Problême se peut abaisser à un moindre

moindre degré, il eſt à propos de tenter d'autres voies que celles qu'on a ſuivies quand même elles paroîtroient moins naturelles ; parce qu'il arrive ſouvent qu'elles conduiſent à des égalités plus ſimples, & que d'ailleurs il eſt aſſez difficile d'abaiſſer des égalités composées. Voici deux autres manieres de réſoudre le Problême précédent qui pourront ſervir à faire comprendre cette remarque.

Ayant ſuppoſé le Problême réſolu, je mene EG perpendiculaire ſur AE qui rencontre le côté AB prolongé en G, & je prends pour inconnues les deux droites AF & BG que je nomme y & z. Cela fait, les triangles rectangles ſemblables ABF, AEG, donnent $AB\ (a)$. $AF\ (y)$ :: $AE\ (y+b)$. $AG\ (a+z)$. Et partant $yy+by = aa+az$. Or comme j'ai deux inconnues & que le Problême eſt déterminé, il faut encore chercher une autre égalité. Pour la trouver, je conſidere que $EG=AF$ (y) ; car menant EH perpendiculaire ſur AG, le triangle rectangle EHG eſt ſemblable au triangle rectangle ABF, & de plus égal, puiſque les côtés homologues AB, EH, ſont égaux entr'eux. J'aurai donc (à cauſe du triangle rectangle AEG) cette autre égalité $aa+2az+zz=yy+2by+bb+yy=2yy+2by+bb$, dans laquelle mettant à la place de $2yy+2by$ ſa valeur $2aa+2az$ trouvée par le moyen de la premiere égalité, il vient $aa+2az+zz=2aa+2az+bb$ qui ſe réduit à cette égalité très-ſimple $z=\sqrt{aa+bb}$, qui fournit d'abord la même conſtruction que ci-deſſus. FIG. 242.

AUTRE MANIERE.

La maniere ſuivante a cela de particulier qu'elle réuſſit également ſoit que la figure $ABCD$ ſoit un quarré, ou qu'elle ſoit un rhombe. Ayant mené par le point cherché F, que je regarde comme donné, la ligne FG qui faſſe avec AF l'angle AFG égal à l'angle donné ACE, & qui rencontre au point C la diagonale AC prolongée autant qu'il eſt néceſſaire ; on aura trois triangles ACE, AFG, FIG. 243.

GCF, qui feront femblables entr'eux. Car, 1°. l'angle en A étant commun aux deux triangles ACE, AFG, & les angles ACE, AFG, étant égaux par la fuppofition; il eft vifible que ces deux triangles feront femblables. 2°. Le triangle ADC étant ifofcelle, l'angle DCA ou ECG fera égal à l'angle DAC ou ACF, & ajoutant de part & d'autre le même angle FCE, l'angle FCG fera égal à l'angle ACE ou AFG; & partant puifque l'angle en G eft commun, les deux triangles AGF, FGC, feront femblables. Cela pofé, foient les inconnues $CE = x$, $AG = z$, & les données $DC = a$, $FE = b$, $AC = c$; on aura (à caufe des parallèles AD, CF,) cette proportion : $CE\,(x).\ FE\,(b) :: CD\,(a).\ AF = \frac{ab}{x}$. Or à caufe des triangles femblables ACE, AFG, GCF, on trouvera $AC\,(c).\ CE\,(x) :: AF\left(\frac{ab}{x}\right).\ FG = \frac{ab}{c}$. Et $AG\,(z).\ FG\left(\frac{ab}{c}\right) :: \frac{ab}{c}.\ CG\,(z-c)$. D'où l'on forme en multipliant les extrêmes & les moyens, l'égalité $zz - cz = \frac{aabb}{cc}$ qui fournit cette conftruction.

FIG. 243. Ayant mené du point A perpendiculairement fur AC la ligne $AH = \frac{ab}{c}$, on tirera par le point du milieu L de la diagonale AC la ligne HL, & on prendra fur cette diagonale prolongée du côté de C la partie LG égale à LH. On décrira enfuite du centre G & du rayon GF égal à AH, un arc de cercle qui coupera le côté BC au point cherché F. Cela eft évident; puifque par la conftruction $zz - cz = \frac{aabb}{cc}$, & que $GF = \frac{ab}{c}$.

EXEMPLE III.

FIG. 244. 431. TROUVER fur une ligne droite indéfinie DE donnée de pofition, deux points D, E; defquels ayant mené à deux points donnés O, C, hors de cette ligne, les droites DO, OE, DC, CE; l'angle DOE foit droit

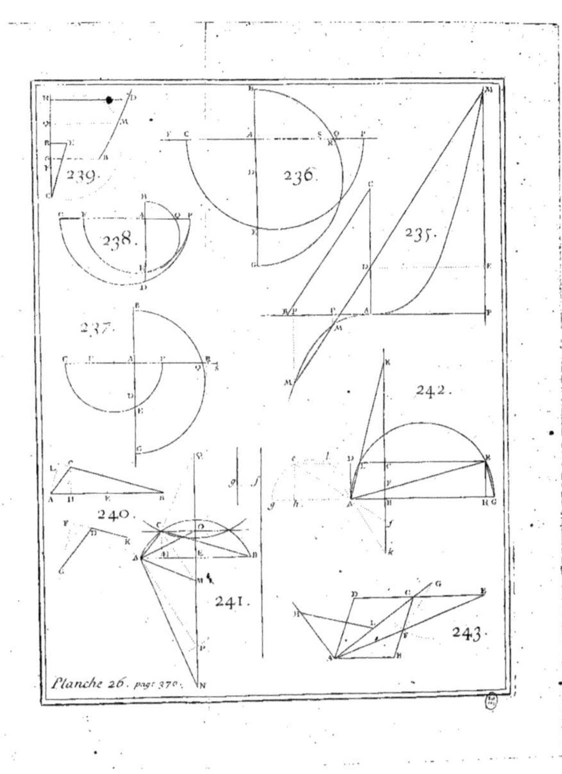

Planche 26. page 370.

& l'angle DCE égal à un angle donné TPS.

Suppoſons la choſe faite, je décris du diametre DE un demi-cercle qui paſſera par le point O, puiſque l'angle DOE eſt droit; & ſur la corde DE je décris un arc de cercle capable de l'angle donné, lequel paſſera par conſéquent par le point C. Du point H centre de cet arc, & des points donnés O, C, je mene ſur DE les perpendiculaires HK, OA, CB, & je nomme les données OA, a; CB, b; AB, c; les inconnues AK, x; KH, y. Cela poſé, il eſt clair par les Elémens de Géométrie, 1°. que le point K ſera le milieu de la ligne DE, & par conſéquent le centre du demi-cercle DOE. 2°. Que ſi par le ſommet P de l'angle donné TPS on mene une perpendiculaire PQ à l'un des côtés PT, l'angle QPS qu'elle fait avec l'autre côté PS, ſera égal à l'angle KEH. Or à cauſe du triangle rectangle KAO le quarré $\overline{KO}^2$ ou $\overline{KE}^2 = aa + xx$, & à cauſe du triangle rectangle HKE le quarré $\overline{HE}^2 = aa + xx + yy$: mais prolongeant HK juſqu'à ce qu'elle rencontre en R une parallèle CR à DE, on aura (à cauſe du triangle rectangle CRH) le quarré $\overline{CH}^2 = bb + 2by + yy + cc + 2cx + xx$. Donc puiſque les lignes HE, HC, ſont rayons du même cercle, on formera par la comparaiſon de leurs valeurs analytiques cette équation $aa + xx + yy = bb + 2by + yy + cc + 2cx + xx$, qui, en effaçant de part & d'autre $yy + xx$, & pour abréger, faiſant $\frac{aa - bb - cc}{2c} = d$, ſe réduit à celle-ci; $y = \frac{cd - cx}{b}$.

Si l'on conſidere le chemin qu'on a ſuivi pour arriver à l'équation précédente, on verra qu'elle renferme cette condition, ſçavoir que les cercles décrits des centres K, H, & des rayons KO, HC, ſe rencontrent ſur la ligne DE dans les mêmes points D, E; de ſorte qu'il ne reſte plus qu'à faire que l'angle KEH ſoit égal à l'angle QPS. Pour en venir à bout.

Ayant pris ſur la ligne PQ la partie PQ égale à CB, & tiré QS parallèle au côté PT, & terminée en S par l'autre côté PS; il eſt évident que le triangle rectangle EKH doit être ſemblable au triangle rectangle PQS, & qu'ainſi, en nommant la donnée QS, f, on aura cette proportion; $EK(\sqrt{aa+xx}).\ KH(y) :: PQ(b).\ QS(f)$; d'où l'on tire $y = \frac{f}{b}\sqrt{aa+xx} = \frac{cd-cx}{b}$. Quarrant chaque membre pour ôter les incommenſurables, & mettant par ordre l'égalité, on trouve $xx - \frac{2ccd}{cc-ff}x + \frac{ccdd-aaff}{cc-ff} = o$, dont l'une des racines fournira pour $AK(x)$ une valeur telle que décrivant un cercle du centre K & du rayon KO, il coupera la ligne DE aux deux points cherchés D, E.

On peut trouver les racines de cette égalité, ſelon les articles 380. ou 382. (Liv. précéd.) : mais quoique les méthodes qu'on y explique ſoient très-ſimples eu égard à leur généralité, il arrive néanmoins très-ſouvent qu'en conſidérant avec attention la nature d'une queſtion particuliere, on trouve des conſtructions plus faciles. Par exemple, on peut remarquer ici, 1°. que ſi par le point de milieu F de la ligne OC qui joint les deux points donnés, on mene la perpendiculaire FG qui rencontre en G la ligne DE donnée de poſition, on aura $AG=d$; car nommant AG, z; les triangles rectangles GAO, GBC, donneront $\overline{GO}^2 = zz + aa$ & $\overline{GC}^2 = zz + 2cz + cc + bb$, & comparant enſemble ces deux valeurs qui doivent être égales entr'elles, puiſque le point G eſt dans la perpendiculaire FG qui diviſe par le milieu la ligne OC, il vient $zz + aa = zz + 2cz + cc + bb$, d'où l'on tire $AG(z) = \frac{aa-bb-cc}{2c} = d$. 2°. Que l'égalité $f\sqrt{aa+xx} = cd - cx$ qui renferme les conditions du Problême, ſe réduit à cette proportion; $GK(d-x).\ KO(\sqrt{aa+xx}) :: QS(f).\ AB(c)$: de ſorte que ſi l'on
* Art. 350. décrit * le lieu de tous les points K tels qu'ayant mené aux deux points donnés G, O, les droites KG, KO, elles ſoient toujours entr'elles en la raiſon donnée de

QS à AB; ce lieu coupera la ligne DE au point cherché K. Ce qui donne la construction suivante qui est très-simple.

Par le point de milieu F de la ligne OC qui joint les deux points donnés ayant mené la perpendiculaire FG, qui rencontre en G la ligne DE donnée de position, on divisera la ligne OG au point M, ensorte que GM. MO :: QS. AB. Et on la prolongera du côté de G jusqu'au point N, ensorte que GN. NO :: QS. AB. Du diametre MN on décrira un cercle qui coupera la ligne DE en un point K, duquel point comme centre, & du rayon KO ayant décrit un cercle; ce cercle rencontrera la ligne DE aux deux points cherchés D, E.

Comme le cercle qui a pour diametre la ligne MN, coupe la droite DE non-seulement au point K, mais encore en un autre point L; il s'ensuit qu'on peut se servir du point L de même que l'on a fait du point K, pour trouver sur la ligne DE deux autres points qui satisferont également, & qu'ainsi cette question peut avoir deux différentes solutions.

Si l'angle DCE devoit être droit aussi-bien que l'angle DOE, il est clair que QS (f) deviendroit nulle, & qu'ainsi l'égalité $f\sqrt{aa+xx} = cd - cx$ se changeroit en celle-ci $cd - cx = o$, d'où l'on tire $x = d$; c'est-à-dire que le centre K tomberoit alors sur le point G. Et si le point B tomboit sur le point A, l'égalité $f\sqrt{aa+xx} = cd - cx$ se changeroit en celle ci $f\sqrt{aa+xx} = \frac{aa-bb}{2}$, en mettant pour cd sa valeur $\frac{aa-bb-cc}{2}$, & effaçant ensuite les termes où c (qui devient en ce cas nul) se rencontre; d'où l'on voit que dans ce cas, si du point O comme centre, & du rayon $OK = \frac{aa-bb}{2f}$ on décrit un arc de cercle, il coupera la ligne DE au point cherché K. Ceci s'accorde parfaitement avec les articles 66. 67. 68. du Livre second, & la construction générale peut servir à trouver tout d'un coup dans une Ellipse dont deux diametres conjugués ſont donnés, deux autres diametres conjugués qui faſſent entr'eux un angle donné ; ce qui dans l'art. 65. avoit été renvoyé ici.

EXEMPLE IV.

FIG. 245. 432. TROIS points A, B, C, étant donnés, en trouver un quatrieme M, duquel ayant mené à ces points les droites MA, MB, MC ; les différences de l'une d'elles aux deux autres ſoient données.

Cette queſtion eſt ſuſceptible de trois différens cas. Car ou les trois lignes MA, MB, MC, ſont toutes égales entr'elles ; ou il y en a ſeulement deux qui ſoient égales entr'elles ; ou enfin toutes les trois ſont inégales entr'elles.

Premier cas. Lorſque les trois lignes MA, MB, MC, ſont égales entr'elles ; ou ce qui eſt la même choſe lorſque les deux différences données ſont nulles ; il eſt clair que le point cherché M ſera le centre du cercle qui paſſe par les trois points donnés A, B, C.

FIG. 246. *Second cas.* Lorſque deux des trois lignes MA, MB, MC, comme MA, MB, doivent être égales entr'elles ; ou (ce qui eſt la même choſe) lorſqu'une des différences données eſt nulle.

Ayant tiré du point donné C, la perpendiculaire CO ſur la ligne AB qui joint les deux autres points donnés A, B ; du point M que l'on ſuppoſe être celui qu'on cherche, ayant mené les droites MP, MQ, parallèles à CO, OB ; il eſt clair que AP ſera égale à PB, puiſque AM doit être égale à MB. Nommant donc les données AP ou PB, a ; OP, b ; OC, c ; $AM-MC$, f ; & les inconnues AM, z ; PM, y ; les triangles rectangles APM, MQC, donneront ces deux égalités $zz = aa + yy$, & $zz - 2fz + ff = cc - 2cy + yy + bb$; d'où en retranchant par ordre chaque membre de la ſeconde de ceux de la premiere, il vient $2fz - ff = aa - cc + 2cy - bb$, qui ſe réduit à cette proportion $z . y + \frac{aa - bb - cc + ff}{2c} :: c . f$.

De-là on tire la conſtruction ſuivante.

Soit menée par le point de milieu P de la ligne AB, la perpendiculaire $PD = \frac{aa-bb-cc+ff}{2c}$. Soit divisée l'hypothénuse AD prolongée du côté qu'il sera nécessaire, aux points E, F; ensorte que $AE.ED :: c.f$, & $AF.FD :: c.f$. Du diametre EF soit décrit un cercle; il coupera la ligne PD au point cherché M.

Car ayant mené la droite MA, il est clair par la propriété du cercle EMF, * que AM (z). MD $\left(y + \frac{aa-bb-cc+ff}{2c}\right) :: c.f$; & par la propriété de la perpendiculaire PM, que $zz = aa + yy$. Or comme ces deux équations renferment les conditions du Problême, il s'ensuit, &c. * Art. 350.

Si par l'autre point N, où la ligne DP rencontre la circonférence, on mene les droites NA, NB, NC; les deux NA, NB, seront égales entr'elles, & la différence de chacune de ces deux droites à la troisieme NC sera égale à la donnée f; de sorte que le point N satisfait aussi, mais avec cette différence que NC est la plus grande des trois droites NA, NB, NC, au lieu que MC est la plus petite des trois MA, MB, MC.

On peut encore résoudre ce second cas sans aucun calcul. Je suppose comme auparavant que M soit le point cherché, & ayant tiré les droites MA, MB, MC, je décris du centre C, & du rayon $CD = MA - MC$, un cercle $DEKFH$. Du point D où la ligne MC rencontre ce cercle, je mene aux deux points donnés A, B, les droites DA, DB qui rencontre le cercle aux points E, F; par où je tire les rayons EC, CF, & la corde EF. Cela fait, puisque $MC + CD$ ou $MD = MA$, & que les lignes CD, CE, sont rayons d'un même cercle, les triangles DMA, DCE, seront isoscelles, & par conséquent semblables parce que l'angle en D est commun : c'est pourquoi les lignes CE, MA, seront paralleles. On prouvera de même que les lignes CF, MB, seront aussi paralleles ; ce qui donne $DA.DE :: DM.DC :: DB.DF$. Et de-là on voit que toute la difficulté FIG. 247.

ſe réduit à trouver ſur la circonférence du cercle $DEKFH$, le point D tel qu'ayant mené les droites DA, DB, qui rencontrent la circonférence aux points E, F; la corde EF ſoit parallèle à la ligne AB. Or cela ſe peut faire ainſi.

Ayant décrit du point C un cercle qui ait pour rayon une ligne $CD = AM - MC$, & tiré AC qui rencontre ce cercle aux points K, H; on prendra ſur AB la partie AG quatrieme proportionnelle à AB, AH, AK; & on menera du point G la tangente GE au cercle $EDHFK$. Ayant mené par le point touchant E la ligne AE qui rencontre le cercle au point D, on tirera DC, ſur laquelle on prendra le point M tel que DM. DC :: DA. DE. Je dis qu'il ſera celui qu'on cherche.

Car par la propriété du cercle $DEKFH$ le rectangle $HA \times AK = DA \times AE$; & par conſéquent BA. AD :: AE. AG: c'eſt pourquoi les triangles DAB, GAE, qui ont l'angle en A commun, & les côtés autour de cet angle réciproquement proportionnels, ſeront ſemblables. L'angle AEG ſera donc égal à l'angle ABD; mais cet angle AEG étant fait par la tangente EG & par la corde DE prolongée du côté de E, a pour meſure la moitié de l'arc DE. Il ſera donc égal (en tirant par le point F où la ligne DB rencontre la circonférence, la corde EF) à l'angle DFE; & par conſéquent les lignes FE, AB, ſeront parallèles entr'elles. Or par la conſtruction DC. DM :: DE. EA :: DF. FB. Les triangles DMA, DMB, ſeront donc iſoſcelles; puiſque les triangles DCE, DCF, qui leur ſont ſemblables ſont iſoſcelles. Les lignes AM, MB, ſeront donc égales chacune à DM, & par conſéquent entr'elles; & de plus AM ou DM ſurpaſſera MC de la grandeur donnée CD. Et c'eſt ce qui étoit propoſé.

FIG. 248. *Troiſieme cas.* Lorſque les trois lignes MA, MB, MC, ſont inégales entr'elles. Du point donné C, je mene la perpendiculaire CO ſur la ligne AB qui joint les deux autres points donnés; & du point M, que je ſuppoſe

suppose être celui qu'on demande, les perpendiculaires MP, MQ, sur les lignes AB, CO. Je nomme les données AO, a; OB, b; CO, c; $AM—MB, d$; $AM—MC, f$; & les inconnues OP, x; PM, y; AM, z: ce qui donne $AP = a + x$, $BP = b - x$, $CQ = c - y$, $BM = z - d$, $CM = z - f$. Par le moyen des triangles rectangles APM, BPM, CQM, je trouve les trois équations suivantes; la premiere, $zz = aa + 2ax + xx + yy$; la deuxieme, $zz - 2dz + dd = bb - 2bx + xx + yy$; la troisieme, $zz - 2fz + ff = cc - 2cy + yy + xx$; & retranchant par ordre les membres des deux dernieres de ceux de la premiere, je forme une quatrieme, & une cinquieme équation; sçavoir la quatrieme, $2dz - dd = aa - bb + 2ax + 2bx$, & la cinquieme, $2fz - ff = aa - cc + 2ax + 2cy$. Je mets dans la premiere équation à la place de yy le quarré de la valeur de y trouvée par le moyen de la cinquieme; & ensuite à la place de x sa valeur trouvée par le moyen de la quatrieme, & à la place de xx le quarré de cette valeur: ce qui donne enfin une égalité où il n'y a plus d'inconnues que la seule z qui ne monte qu'au quarré. C'est pourquoi on la pourra toujours résoudre en n'employant que des lignes droites & des cercles, comme l'on a enseigné dans les articles 380, ou 382 (Liv. précéd.). Or ayant la valeur de l'inconnue z, il est facile de trouver le point cherché M; car il sera dans l'intersection de deux arcs de cercle, dont l'un aura pour centre le point A, & pour rayon la ligne AM (z); & l'autre pour centre le point B, & pour rayon la ligne BM ($z - d$).

On voit assez qu'en achevant le calcul, on seroit arrivé à une égalité du deuxieme degré qui auroit renfermé dans ses termes des quantités très-composées; de sorte que pour les réunir sous des expressions simples, comme le demandent les articles 380, & 382, on auroit besoin d'un grand nombre d'opérations; ce qui rendroit la construction très-longue. C'est pourquoi on se servira de celle-ci par le moyen de laquelle on réduit ce cas au précédent.

FIG. 249. Les deux droites AB, AC, qui joignent les points donnés étant divisées par le milieu aux deux points D, F, & ayant mené du point M que je suppose être celui qu'on cherche, les perpendiculaires MP, MQ, sur ces deux lignes; on nommera les données AB, $2a$; BC, $2b$; $AM - MB$, $2c$; $AM - MC$, $2d$; & les inconnues DP, x; FQ, y. Cela posé, si l'on nomme $2t$ la somme inconnue des deux droites AM, BM; la plus grande AM sera $t+c$ & la moindre BM sera $t-c$. Or les triangles rectangles APM, BPM, donnent $\overline{PM}^2 = \overline{AM}^2 - \overline{AP}^2 = \overline{BM}^2 - \overline{BP}^2$ c'est-à-dire en termes analytiques $tt + 2ct + cc - aa - 2ax - xx = tt - 2ct + cc - aa + 2ax - xx$, d'où l'on tire $t = \frac{ax}{c}$; & par conséquent AM $(t+c) = \frac{ax}{c} + c$. On trouvera de même par le moyen des deux triangles rectangles AQM, CQM, que $AM = \frac{by}{d} + d$; ce qui, en comparant ensemble les deux valeurs de AM, donne cette équation $\frac{ax}{c} + c = \frac{by}{d} + d$, ou $\frac{ax}{c} = \frac{by}{d} + d - c = \frac{by}{d} + f$, en faisant pour abréger $d - c = f$. D'où il est clair que le point cherché M doit être tel qu'ayant mené les perpendiculaires MP, MQ, sur les deux droites AB, AC; on ait cette équation $\frac{ax}{c} = \frac{by}{d} + f$, ou ce qui revient au même cette proportion $x . y + \frac{df}{b} :: b . \frac{ad}{c}$. Or cela suffit pour trouver la construction suivante.

Ayant joint les points donnés par les deux droites AB, AC, & divisé ces droites par le milieu aux points D, F; on prendra sur AC du côté du point A la partie $FK = \frac{df}{b}$; & ayant tiré sur AB, AC, les perpendiculaires DO, KS, qui se rencontrent au point H, on menera dans l'angle OHS la droite HM qui soit le lieu des points M, tels qu'ayant tiré de chacun d'eux les perpendiculaires MO, MR, ſur les côtés HO, HS; la droite MO ſoit toujours à la droite MR, en la raiſon donnée de b à $\frac{ad}{c}$. Enſuite l'on tirera AE perpendiculaire ſur HM, & l'ayant prolongée en G enſorte que EG ſoit égale à AE, on trouvera par le ſecond cas le point M, tel qu'ayant mené les droites MA, MG, MC; les deux MA, MG, ſoient égales entr'elles, & la différence de MA à MC ſoit la donnée $2d$. Je dis qu'il ſatisfera à la queſtion.

Car par la propriété de la droite HM, on aura toujours MO ou $DP\,(x)$. MR ou $QK\left(y + \frac{df}{b}\right) :: b . \frac{df}{b}$; & par conſéquent le point M ſe doit trouver dans cette ligne. Il ſera donc également éloigné des points A, G; mais de plus la différence de AM à MC doit être la donnée $2d$. Donc, &c.

REMARQUE.

433. SI au lieu que dans cet exemple, les deux différences de l'une de ces trois droites MA, MB, MC, aux deux autres ſont données; on vouloit à préſent que ce fuſſent les deux ſommes de l'une de ces droites avec chacune des deux autres, ou bien la ſomme de l'une d'elles avec une autre & la différence de la même avec la troiſieme: la queſtion n'en deviendroit pas plus difficile, & on pourroit toujours la réſoudre par les mêmes méthodes. Ce que je n'expliquerai point en détail, afin de laiſſer quelque choſe à l'induſtrie des Lecteurs.

COROLLAIRE I.

434. DE-LA on voit comment on peut décrire un cercle qui touche trois cercles donnés.

Car ſoient les points A, B, C, les centres des cercles donnés, & le point M celui du cercle qu'on cherche, lequel touche les cercles donnés aux points D, E, F, du côté que l'on voit dans la figure. Soient les rayons FIG. 250.

des cercles donnés $AD = a$, $BE = b$, $CF = c$; & le rayon du cercle qu'on cherche MD ou ME ou $MF = z$. Cela posé, on aura $AM = z + a$, $MB = z + b$, $MC = z - c$; & partant $AM - MB = a - b$, $MB - MC = b + c$, $AM - MC = a + c$. D'où il est évident que la question se réduit à trouver un point M, duquel ayant mené aux trois points donnés A, B, C, les droites MA, MB, MC, leurs différences soient données.

COROLLAIRE II.

FIG. 251. 252. 435. DE-LA on tire encore la maniere de décrire une Section conique qui ait pour foyer un point donné F, qui passe par deux autres points donnés B, C, & qui touche une ligne droite DE donnée de position.

On doit distinguer ici deux différens cas, dont le premier est, lorsque les trois points donnés F, B, C, tombent du même côté de la droite indéfinie DE; & le second lorsqu'ils tombent de part & d'autre.

FIG. 251. *Premier cas.* Ayant mené FD perpendiculaire sur DE, & l'ayant prolongée en A ensorte que DA soit égale à DF; on tirera les droites FB, FC. On trouvera le point M tel que la différence de AM & BM soit egale à FB, & celle de AM & MC égale à FC. On

* *Déf.* 1. II. & 1. III. décrira ensuite * une Section conique qui ait pour ses deux foyers les points F, M, & pour l'axe qui passe par les foyers une ligne égale à AM. Je dis qu'elle sera celle qu'on cherche.

Car, 1°. le point E où la ligne AM rencontre la droite DE est à la Section, puisque FE étant égale à AE, on aura dans l'Ellipse la somme des droites FE, EM, & dans l'Hyperbole la différence égale à l'axe qui passe par les foyers; & par la même raison les points B, C, seront aussi dans la Section. 2°. Par la construction les angles FED, DEA, sont égaux entr'eux; &

* *Art.* 60 & 123. par conséquent la ligne ED est * tangente en E.

Il faut remarquer dans ce cas que lorsqu'on cherche

le foyer M du même côté du foyer donné F par rapport à la ligne DE, la Section qu'on trouve est une Ellipse; au lieu qu'elle sera une Hyperbole ou deux Hyperboles opposées, lorsqu'on le cherchera de l'autre côté.

Second cas. Il est évident que dans ce dernier cas il ne peut y avoir d'Ellipse qui satisfasse, mais seulement deux Hyperboles opposées. Pour les trouver; ayant mené comme dans le premier cas FD perpendiculaire sur DE, & l'ayant prolongée en A ensorte que DA soit égale à DF; on cherchera le point M tel que la somme de AM & BM soit égale à la donnée FB, & la différence de AM & MC soit égale à la donnée FC. On décrira enfin deux Hyperboles opposées qui ayent pour foyers les deux points F, M, & dont le premier axe soit égal à AM. Je dis qu'elles ont les conditions requises. FIG. 252.

Car, 1°. le point E, où la ligne AM rencontre la ligne DE, sera à l'une de ces deux Hyperboles, puisque FE étant égale à AE, la différence des droites FE, ME, sera égale à AM valeur du premier axe; & par la même raison les points B, C, seront à ces Hyperboles. 2°. La ligne DE sera * tangente en E, puisque par la construction les angles AED, DEF, sont égaux entr'eux.

* Art. 125.

Si le point C tomboit du même côté du point B par rapport à la ligne DE, la somme des deux droites AM & MC seroit égale à la donnée FC; au lieu que c'est la différence lorsque les points B, C, tombent de part & d'autre de la ligne DE, comme l'on a supposé dans cette figure.

Si l'on proposoit de décrire une Section conique qui eût pour foyer un point donné, pour tangentes deux lignes données de position, & qui passât par un autre point donné; on tronveroit par le moyen de ces deux lignes deux points comme l'on vient de faire le point A, desquels ayant mené deux droites qui aboutissent à l'autre foyer qu'on cherche, elles doivent être égales entr'elles, & leur différence ou leur somme avec celle qui part du point où doit passer la Section & qui aboutit au même foyer, sera toujours donnée : de sorte qu'on pourra toujours résoudre la question par le moyen de l'Exemple précédent, & de sa Remarque. Enfin s'il falloit décrire une Section qui touchât trois lignes données de position, & qui eût pour foyer un point donné ; on trouveroit par le moyen de ces trois lignes trois points comme l'on a fait le point A par le moyen de la ligne DE dans les deux cas précédens, & le centre du cercle qui passeroit par ces trois points, seroit l'autre foyer de la Section, laquelle auroit pour premier axe une ligne égale au rayon de ce cercle.

On doit observer dans tous ces différens cas, que si le point cherché M étoit infiniment éloigné du point F ; la Section deviendroit alors une Parabole dont les diametres seroient parallèles aux lignes, qui, continuées à l'infini, aboutiroient au point cherché.

EXEMPLE V.

FIG. 253. 436. UNE Parabole NCS étant donnée avec un de ses arcs MN ; trouver un autre arc RS qui soit à l'arc MN, en raison donnée de nombre à nombre.

Ayant prolongé l'axe de la Parabole du côté de son origine C jusques en A, ensorte que CA soit égal à la moitié de son parametre, & décrit une Hyperbole équilatere EAF qui ait pour centre le point C & pour la moitié de son premier axe la ligne CA ; on menera parallèlement à l'axe CA les droites MB, NE, RD, SF, qui rencontrent le second axe aux points H, L, K, O, & l'Hyperbole aux points B, E, D, F, desquels on tirera sur les Asymptotes les perpendiculaires BP, EQ, DG, FI. Cela fait, il est visible que le rectangle $AC \times MN$
* Art. 246. ou * le Trapése hyperbolique $HBEL$ est égal au Secteur hyperbolique CBE plus le triangle CLE moins le triangle CHB ; & de même que $AC \times RS = CDF + COF - CKD$. Or supposant que la raison donnée de l'arc

MN à l'arc RS soit comme m est à n, les lettres m & n expliquent des nombres entiers quelconques) on aura par la condition du Problême $AC \times MN$ ou $CBE + CLE - CHB$. $AC \times RS$ ou $CDF + COF - CKD :: m . n$, & par conséquent $nCBE + nCCLE - nCHB = mCDF + mCOF - mCKD$. Si donc l'on nomme les données CP, b; CQ, c; l'inconnue CG, x; & qu'on prenne $CI = x\sqrt[m]{\frac{c^n}{b^n}}$, il est clair * que le Secteur hyperbolique $CBE . CDF :: m . n$, & qu'ainsi $nCBE = mCDF$; d'où l'on voit que l'égalité précédente se change en celle-ci $nCLE - nCHB = mCOF - mCKD$ qui ne renferme plus d'espaces hyperboliques, mais seulement des triangles rectangles dont il s'agit maintenant de trouver les valeurs analytiques. * *Art.* 223.

Les droites CP, HB, forment en s'entrecoupant au point N deux triangles rectangles VHC, VPB, qui sont semblables ; puisque les angles en V étant opposés au sommet sont égaux ; ce qui donne $HV . CV :: VP . VB$, & en multipliant les extrêmes & les moyens $HV \times VB = CV \times VP$. De plus à cause de l'Hyperbole équilatere EAF, l'angle VCA ou CVH * est demi droit, & par conséquent le triangle rectangle CHV est isoscelle, aussi-bien que son semblable VPB, ce qui donne $VP = PB$, $CH = HV$, & $\overline{CV}^2 = \overline{CH}^2 + \overline{HV}^2 = 2\overline{HV}^2$. Donc le quadruple du triangle rectangle CHB, c'est-à-dire $2CH \times HB = 2HV \times \overline{HV + VB} = 2\overline{HV}^2 + 2HV \times VB = \overline{CV}^2 + 2CV \times VP = \overline{CV}^2 + 2CV \times VP + \overline{VP}^2 - \overline{VP}^2 = \overline{CP}^2 - \overline{PB}^2$, puisque $\overline{CV}^2 + 2CV \times VP + \overline{VP}^2$ est le quarré de $CV + VP$ ou de CP. Et par conséquent le triangle $CHB = \frac{1}{4}\overline{CP}^2 - \frac{1}{4}\overline{PB}^2$. On prouvera de même que le triangle $CLE = \frac{1}{4}\overline{CQ}^2 - \frac{1}{4}\overline{QE}^2$, que le triangle $CKD = \frac{1}{4}\overline{CG}^2 - \frac{1}{4}\overline{GD}^2$, & enfin que le triangle $COF = \frac{1}{4}\overline{CI}^2 - \frac{1}{4}\overline{IF}^2$. C'est pourquoi nommant aa la puissance de l'Hyperbole, * *Déf.* 16. III.

on aura le triangle $CHB = \frac{1}{4}bb - \frac{a^4}{4bb}$, le triangle $CLE = \frac{1}{4}cc - \frac{a^4}{4cc}$, le triangle $CKD = \frac{1}{4}xx - \frac{a^4}{4xx}$, le
* Art. 101. triangle $COF = \frac{xx}{4}\sqrt[m]{\frac{c^{2n}}{b^{2n}}} - \frac{a^4}{4xx}\sqrt[m]{\frac{b^{2n}}{c^{2n}}}$; puiſque * $PB = \frac{aa}{b}$, $QE = \frac{aa}{c}$, $IF = \frac{aa}{x}\sqrt[m]{\frac{b^n}{c^n}}$: & mettant ces valeurs à la place des triangles qu'elles expriment dans l'égalité $nCLE - nCHB = mCOF - mCKD$, on en formera celle-ci $\frac{1}{4}n \times cc - \frac{a^4}{cc} - bb + \frac{a^4}{bb} = \frac{1}{4}m \times xx\sqrt[m]{\frac{c^{2n}}{b^{2n}}} - \frac{a^4}{xx}\sqrt[m]{\frac{b^{2n}}{c^{2n}}} - xx + \frac{a^4}{4xx}$ qui ſe réduit, en opérant ſelon les regles ordinaires de l'Algébre, à cette égalité du deuxieme degré $x^4 - \frac{na^4 - nbbcc \times cc - bb \times \sqrt[m]{b^{2n}}}{mbbcc \times \sqrt[m]{c^{2n}} - \sqrt[m]{b^{2n}}}xx + a^4\sqrt[m]{\frac{b^{2n}}{c^{2n}}} = 0$, dont la réſolution doit fournir pour CG (x) une valeur telle qu'en prenant $CI = x\sqrt[m]{\frac{c^n}{b^n}}$, & tirant les perpendiculaires GD, IF, qui rencontrent l'Hyperbole équilatere aux points D, F; l'arc RS que les parallèles DR, FS à l'axe coupent ſur la Parabole, ſera à l'arc MN en la raiſon donnée de n à m.

Il eſt à propos de remarquer, 1°. que le ſecond terme de cette égalité eſt toujours négatif, parce que CQ (c) ſurpaſſe CP (b); & qu'ainſi ces deux racines ſeront toutes deux vraies ou toutes deux imaginaires, ſelon que la moitié de la grandeur connue au ſecond terme eſt plus grande ou moindre que $aa\sqrt[m]{\frac{b^n}{c^n}}$ racine quarrée du dernier terme : ce qui eſt une ſuite de la réſolution des égalités du ſecond degré. 2°. Que $\overline{CG}^2$ (xx) étant une des racines de cette égalité, $\overline{IF}^2$ en ſera l'autre. Car puiſque
* Art. 101. $CI = x\sqrt[m]{\frac{c^n}{b^n}}$, il s'enſuit * que $IF = \frac{aa}{x}\sqrt[m]{\frac{b^n}{c^n}}$. Or on ſçait que le dernier terme d'une égalité, eſt le produit de ſes racines. Si donc on diviſe le dernier terme $a^4\sqrt[m]{\frac{b^{2n}}{c^{2n}}}$ de l'égalité

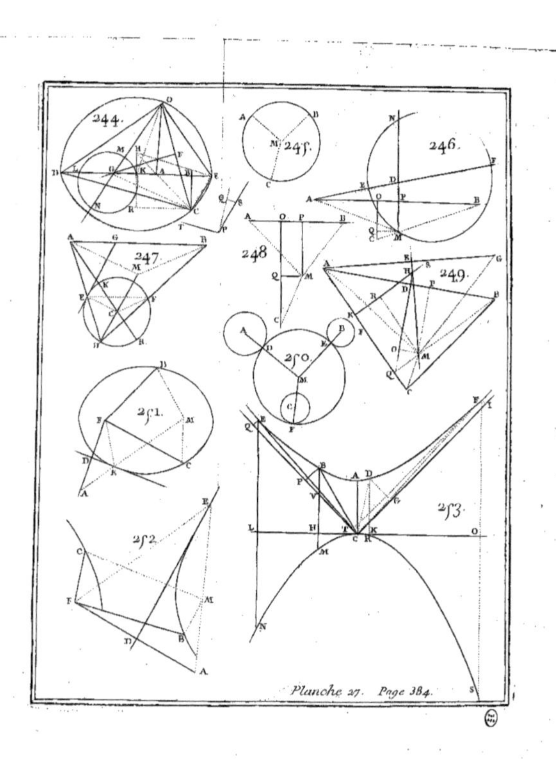

Planche 27. Page 384.

l'égalité précédente, par le quarré $\overline{CG}^2$ (xx) que l'on ſuppoſe être l'une de ſes deux racines ; l'autre ſera $\frac{a^4}{xx}\sqrt[m]{\frac{b^{2n}}{c^{2n}}}$ qui eſt le quarré de FI. D'où l'on voit que ſi l'on prend ſur les deux Aſymptotes les parties CG, CT, égales aux deux racines de l'égalité précédente ; & qu'ayant tiré les parallèles GD, TF, aux Aſymptotes, on mene par le point D, F, où elles rencontrent l'hyperbole équilatere EAF, les parallèles DR, FS, à l'axe : elles couperont ſur la Parabole l'arc cherché RS.

Si $m = n$, l'équation générale ſe changera en celle-ci $x^4 - \frac{bbcc - a^4}{cc}xx + \frac{a^4bb}{cc} = 0$, dont les deux racines fourniſſent $CG\,(x) = b = CP$, & $CT\,(x) = \frac{aa}{c} = QE$; d'où il ſuit qu'on trouve par leur moyen un arc RS, ſemblablement poſé de l'autre côté de l'axe, par rapport à l'arc MN. Or comme l'on ſçait d'ailleurs * que les deux arcs RS, MN, étant ſemblablement poſés de part & d'autre de l'axe ſont égaux entr'eux, cela ſert à confirmer les raiſonnemens que l'on vient de faire. De-là il eſt aiſé de conclure qu'un arc parabolique MN étant donné, on n'en peut trouver aucun autre RS qui ſoit plus proche ou plus éloigné de l'origine C de l'axe & qui lui ſoit égal ; ſans ſuppoſer la quadrature de quelque Secteur hyperbolique, ou (ce qui revient au même) la rectification de quelque arc parabolique. * Art. 86.

Si $m = 1$ & $n = 2$, on aura $x^4 - \frac{2a^4bb - 2ccb^4}{c^4 + bbcc}xx + \frac{a^4b^4}{c^4} = 0$; & ſi $m = 2$ & $n = 3$, ou, ce qui eſt la même choſe, ſi l'arc RS doit être à l'arc MN comme 3 eſt à 2, on trouvera $x^4 - \frac{\overline{3a^4 - 3bbcc} \times \overline{bcc - b^3}}{2c^5 - 2ccb^3}xx + \frac{a^4b^3}{c^3} = 0$; & la réſolution de ces égalités fournira celle du Problême. Il en eſt de même des autres valeurs de m & n.

M. *Bernoulli* célebre Profeſſeur des Mathématiques à Groningue, a réſolu le premier ce Problême d'une maniere différente de celle-ci. On peut voir ce qu'il en dit dans les Actes de Leipſic de l'année 1698. p. 261.

EXEMPLE VI.

FIG. 254. 437. UN angle BAC étant donné avec un point D au dedans de cet angle ; décrire un cercle qui passe par le point donné D, qui touche le côté AB en quelque point P, & qui coupe sur l'autre côté AC une partie OC égale à une ligne donnée $2a$.

Ayant supposé le Problême résolu, on menera du point donné D, la ligne DA qui passe par le sommet A de l'angle donné, la ligne DP qui passe par le point touchant P & rencontre en H le côté AC prolongé, la ligne DE parallèle à AC, & la perpendiculaire DB sur le côté AB : & ayant divisé la partie interceptée OC $(2a)$ par le milieu en Q, on nommera les inconnues AP, x; AQ, z; DH, t; & les données AE, m; AB, g; BD, b; DE, f; AD, n. Cela fait, on aura par la propriété du cercle, $\overline{AP}^2\,(xx) = CA \times AO$ ou $\overline{AQ}^2\,(zz) - \overline{QO}^2\,(aa)$, & partant $zz = xx + aa$. De plus les triangles semblables PED, PAH, donnent $AE\,(m).\,AP\,(x) :: DH\,(t).\,HP = \frac{tx}{m}$. Et $PE\,(m-x).\,ED\,(f) :: AP\,(x).\,AH = \frac{fx}{m-x}$. Donc $HQ = z + \frac{fx}{m-x}$ & $CH \times HO$ ou $\overline{HQ}^2 - \overline{QO}^2 = zz + \frac{2fxz}{m-x} + \frac{ffxx}{\overline{m-x}^2} - aa = xx + \frac{2fxz}{m-x} + \frac{ffxx}{\overline{m-x}^2}$ (en mettant pour zz sa valeur $xx + aa$) $= DH \times HP\,\left(\frac{ttx}{m}\right)$ par la propriété du cercle ; c'est-à-dire qu'en divisant par x, on aura cette égalité $x + \frac{zfz}{m-x} + \frac{ffx}{\overline{m-x}^2} = \frac{tt}{m}$. Or PD ou $DH - HP = \frac{mt - tx}{m}$; & (à cause du triangle rectangle DBP) son quarré $\frac{mmtt - 2mttx + ttxx}{mm} = xx - 2gx + gg + bb = xx - 2gx + nn$ en mettant pour $bb + gg$ sa valeur nn ; d'où l'on tire $\frac{tt}{m} = \frac{mxx - 2gmx + mnn}{\overline{m-x}^2} = x + \frac{2fz}{m-x} + \frac{ffx}{\overline{m-x}^2}$, & multipliant par $m - x$, &

transſpoſant le terme $\frac{ffx}{\overline{m-x}^2}$, il vient $mx - xx + 2fz = \frac{mxx - 2gmx - ffx + mnn}{m-x} = \frac{mxx - mmx - nnx + mnn}{m-x}$, puiſque à cauſe du triangle rectangle DEB on trouve $ff = bb + gg - 2gm + mm = nn - 2gm + mm$: c'eſt-à-dire, parce que la diviſion ſe fait au juſte, $mx - xx + 2fz = -mx + nn$ ou $2fz = xx - 2mx + nn$. Quarrant enfin chaque membre, & mettant pour zz ſa valeur $xx + aa$, on aura cette égalité

$$\begin{array}{lllll} x^4 - 4mx^3 + 4mmxx & - 4mnnx & + n^4 & = 0 \\ - 4ff & & - 4aaff & \\ + 2nn & & & \end{array}$$

qui eſt du quatrieme degré, & dont les racines que l'on trouvera par le moyen d'un cercle & d'une Parabole donnée ou de telle autre Section conique qu'on voudra, doivent fournir pour AP (x) des valeurs telles que menant PM perpendiculaire ſur AP, tirant PD, & faiſant l'angle PDM égal à l'angle DPM, le point M, où ſe rencontrent les côtés DM, PM du triangle iſoſcelle DPM, ſoit le centre du cercle cherché, qui aura pour rayon la droite MP ou MD. Ou bien ſi l'on prend ſur le côté AB la partie $AP = x$, & ſur l'autre côté AC la partie $AQ = \sqrt{xx + aa}$, & qu'on mene ſur les côtés les perpendiculaires PM, QM; le point M où elles ſe rencontrent, ſera le centre du cercle qu'on demande.

Comme rien n'eſt plus propre à donner de l'ouverture à l'eſprit, que de faire voir les différens chemins qu'on peut ſuivre pour arriver à la connoiſſance de la même vérité ; je vais donner une autre maniere de réſoudre cette queſtion, qui me paroît encore plus naturelle que la précédente.

Ayant ſuppoſé que le point M ſoit le centre du cercle cherché, on menera les perpendiculaires MP, MQ, ſur les côtés de l'angle donné BAC, & les paralleles MF, MG, à ces côtés ; & du point donné D, on tirera les paralleles DB, DE, DK, à MP, MF, AB. On nommera enſuite les données DB, b;

BE, c; DE, f; AB, g; AE, m; AD, n; & les inconnues AP, x; PM ou MD, y; & on aura PB ou $DK = g - x$, $MK = y - b$: ce qui donne (à cause du triangle rectangle MKD) l'équation $yy = gg - 2gx + xx + yy - 2by + bb$, d'où l'on tire $y = \frac{xx - 2gx + bb + gg}{2b} = \frac{xx - 2gx + nn}{2b}$ en mettant pour $bb + gg$ sa valeur nn. Or à cause des triangles semblables DBE, MPF, on a cette proportion $DB(b). BE(c) :: PM(y). PF = \frac{cy}{b}$, & partant AF ou $MG = \frac{bx - cy}{b}$; & à cause des triangles semblables DBE, MQG, $DE(f). DB(b) :: MG\left(\frac{bx - cy}{b}\right). MQ = \frac{bx - cy}{f}$; donc puisque par les conditions du Problême, il faut que QC moitié de la partie interceptée OC soit égale à la ligne donnée a, & que les droites MC & MP soient rayons d'un même cercle cherché; il vient $\overline{MC}^2 = \frac{bbxx - 2bcxy + ccyy}{ff} + aa = \overline{MP}^2 (yy)$, & multipliant par ff on aura $bbxx - 2bcxy + ccyy + aaff = ffyy = bbyy + ccyy$, en mettant pour ff sa valeur $bb + cc$, c'est-à-dire $ffxx + aaff = ccxx + 2bcxy + bbyy$, en effaçant de part & d'autre $ccyy$, & mettant pour $bbxx$ sa valeur $ffxx - ccxx$; ce qui donne par l'extraction de la racine quarrée, $f\sqrt{xx + aa} = cx + by = \frac{2cx - 2gx + xx + nn}{2}$ en mettant pour y sa valeur $\frac{xx - 2gx + nn}{2b}$, & enfin si l'on met pour $g - c$ sa valeur m, on trouvera la même égalité que ci-dessus $2f\sqrt{xx + aa} = xx - 2mx + nn$.

Voici encore une nouvelle maniere de résoudre cette question, qui donne d'abord une construction fort aisée; mais qui demande la description de deux Paraboles. 1°. Je cherche le lieu des points M, tels qu'ayant mené de chacun de ces points au point donné D une ligne droite MD, & sur la ligne AB donnée de position la perpendiculaire MP; ces deux lignes MD, MP, soient toujours égales entr'elles: & je vois sans aucun calcul que c'est *

* *Art.* 1.

la Parabole qui a pour foyer le point D, & pour directrice la ligne AB. 2°. Je cherche le lieu des points M, tels qu'ayant décrit de chacun de ces points un cercle qui passe par le point donné D; ce cercle coupe sur la ligne AL donnée de position, la partie OC égale à une ligne donnée $2a$. Je mene à cet effet du point donné D la perpendiculaire DL sur AL, & d'un des points cherchés M que je regarde comme donné, les perpendilaires MR, MQ, sur DL, AL: & ayant nommé les inconnues & indéterminées DR, x; RM, y; qui font entr'elles un angle droit DRM, & la connue DL, b; j'ai à cause du triangle rectangle MRD le quarré $\overline{MD}^2 = xx + yy$, & à cause du triangle rectangle MQC le quarré $\overline{MC}^2 = \overline{MQ}^2 (bb - 2bx + xx) + \overline{QC}^2 (aa)$. Or les lignes MD, MC, étant rayons du même cercle sont égales entr'elles, & par conséquent $xx + yy = bb - 2bx + xx + aa$, ou $yy = bb + aa - 2bx$. Si donc l'on construit la Parabole qui est le lieu de cette équation, il est visible qu'elle passera par le centre M du cercle qu'on demande : mais la Parabole qui a pour foyer le point D & pour directrice la ligne AB devant aussi passer par ce centre, il s'ensuit que le centre du cercle cherché se trouvera dans l'intersection de ces deux Paraboles.

EXEMPLE VII.

438. Un cercle qui a pour centre le point A & pour rayon la droite AM, étant donné, avec deux points E, F, sur le même plan; trouver sur la circonférence au dedans de l'angle EAF, le point M tel qu'ayant mené les droites AM, EM, FM; les deux angles AME, AMF, soient égaux entr'eux. FIG. 255.

Si les lignes AE, AF, étoient égales entr'elles, il est visible que la ligne qui diviseroit par le milieu l'angle EAF, couperoit la circonférence dans le point qu'on demande. C'est pourquoi on supposera que ces deux lignes sont inégales, & même pour éviter la confusion que c'eſt la ligne AE qui eſt moindre que la ligne AF. Or cela poſé, je réſouds ce Problême en deux différentes manieres.

PREMIERE MANIERE.

Ayant ſuppoſé que le point M ſoit celui qu'on cherche, on menera les droites MB, MD, qui faſſent ſur AF, AE, des angles MBA, MDA, égaux aux angles AMF, AME, & par conſéquent entr'eux ; & à cauſe des triangles ſemblables AFM, AMB, & AEM, AMD, on aura ces deux proportions $AF.\ AM :: AM.\ AB$. Et $AE.\ AM :: AM.\ AD$. Donc puiſque les lignes AF, AE, ſont données avec le rayon AM, les parties AB, AD, des droites AF, AE, le feront auſſi. Maintenant, ſi l'on mene les droites MP, MQ, parallèles à AE, AF ; les triangles BPM, DQM feront ſemblables, puiſque les angles APM, AQM, ſont égaux, comme auſſi les angles PBM, QDM, complémens à deux droits des angles égaux, MBA, MDA; & partant ſi l'on nommé les données AB, a; AD, b; & les inconnues AP ou QM, x; PM ou AQ, y; on aura $BP(x-a).\ PM(y) :: DQ(y-b).\ QM(x)$ :: ce qui donne (en multipliant les extrêmes & les moyens) cette équation $xx-ax=yy-by$, ou $yy-by-xx+ax=0$, dont
* *Art.* 336. le lieu eſt * une Hyperbole équilatere qui ſe conſtruit ainſi.

Soient priſes ſur les lignes AF, AE, les parties AB, AD, troiſiemes proportionnelles à AF, AM, & à AE, AM: ſoit tirée par le point C milieu de BD une ligne droite indéfinie CH parallèle à AB, ſur laquelle ſoit priſe la partie $CK=\sqrt{\frac{1}{4}bb-\frac{1}{4}aa}$ (la ligne AD (b) ſera plus grande que BA (a), puiſqu'on a ſuppoſé que AE eſt moindre que AF) : ſoit décrite une Hyperbole équilatere qui ait pour centre le point C, & pour la moitié d'un ſecond diametre la droite CK, dont les ordonnées HM ſoient parallèles à AD. Je dis qu'elle rencontrera la circonférence du cercle donné, au point cherché M.

Car menant CL parallèle à AD, il eſt clair que les

lignes CH, CL, diviferont par le milieu les droites AD, AB, aux points O, L; puifque le point C coupe en deux parties égales la ligne BD, & qu'ainfi CH ou $AP - AL = x - \frac{1}{2}a$, HM ou $PM - AO = y - \frac{1}{2}b$. Or par la propriété de l'Hyperbole équilatere, $\overline{HM}^2 = \overline{CH}^2 + \overline{CK}^2$, c'eft-à-dire en termes analytiques $yy - by + \frac{1}{4}bb = xx - ax + \frac{1}{4}aa + \frac{1}{4}bb - \frac{1}{4}aa$; d'où l'on tire l'équation $yy - by = xx - ax$, qui étant réduite en proportion, donne $BP\,(x-a).\ PM\,(y) :: DQ\,(y-b).\ QM\,(x)$. Donc puifque les angles BPM, DQM, font égaux, & que les côtés autour de ces angles font proportionnels; les triangles BPM, DQM, feront femblables, & par conféquent l'angle MBP fera égal à l'angle MDQ, & leurs complémens à deux droits ABM, ADM, feront égaux. Mais puifque $AB.\ AM :: AM.\ AF$, & $AD.\ AM :: AM.\ AE$, les triangles ABM, AMF, & ADM, AME, feront femblables. L'angle ABM fera donc égal à l'angle AMF, & l'angle ADM à l'angle AME; & par conféquent les angles AMF, AME, feront égaux entr'eux, puifqu'on vient de prouver que les angles ABM, ADM, le font.

On prouvera de même que l'Hyperbole oppofée à celle-ci coupera la circonférence au dedans de l'angle oppofé au fommet à l'angle EAF, en un point M tel qu'ayant mené les droites AM, ME, MF; les angles AME, AMF, feront égaux entr'eux : comme auffi que ces deux Hyperboles équilateres oppofées couperont la circonférence au dedans des angles qui font à côté de ces deux-ci, chacune en un point M tel qu'ayant mené les droites MA, ME, MF; l'angle AME fera égal au complément à deux droits de l'angle AMF.

Si l'on prend fur CL la partie CG égal à CK, il eft clair * que CG fera la moitié du premier diametre conjugué à CK, & qu'ainfi * l'une des Afymptotes de ces deux Hyperboles fera parallèle à KG. Or dans le triangle ifofcelle GCK, l'angle externe GCO ou fon égal BAD vaut les deux internes oppofés, c'eft-à-dire le dou-

* Déf. 16. III.
* Art. 114.

ble de l'angle CGK. Donc puiſque les lignes CG, AD, ſont parallèles, il s'enſuit que la ligne KG & par conſéquent l'une des Aſymptotes ſera parallèle à la ligne qui diviſe par le milieu l'angle DAB. De plus il eſt évident que la ligne AD eſt une double ordonnée au ſecond diametre CK, puiſque $\overline{OD}^2$ ou $\overline{OA}^2$ $(\frac{1}{4}bb) = \overline{CO}^2$ $(\frac{1}{4}aa) + \overline{CK}^2$ $(\frac{1}{4}bb - \frac{1}{4}aa)$; & qu'ainſi l'une des Hyperboles équilateres oppoſées paſſe par le point D, & l'autre par le point A. Ces deux remarques donnent lieu à une nouvelle conſtruction qui eſt plus ſimple que la précédente: la voici.

Fig. 256. Ayant pris ſur les lignes AF, AE, les parties AB, AD, troiſiemes proportionnelles à AF, AM, & à AE, AM; on menera par le point de milieu C de la ligne BD deux droites indéfinies CH, CK, l'une parallèle & l'autre perpendiculaire à la ligne AP, qui diviſe par le milieu l'angle donné EAF. On décrira enſuite entre ces deux lignes comme Aſymptotes, par les points D, A, deux Hyperboles oppoſées, qui couperont la circonférence du cercle donné en des points M tels qu'ayant mené les droites MA, ME, MF; les deux angles AME, AMF, feront égaux entr'eux lorſque le point d'interſection M tombe dans l'angle EAF ou dans ſon oppoſé au ſommet; & l'angle AME ſera égal au complément à deux droits de l'angle AMF lorſqu'il tombe dans l'un ou dans l'autre des angles à côté.

On n'eſt arrivé à cette derniere conſtruction qu'en ſuppoſant la premiere qui eſt fondée ſur le calcul, & en faiſant enſuite des remarques qui ſont aſſez recherchées. Il eſt cependant facile de la démontrer tout d'un coup, ſi l'on fait attention à une propriété de l'Hyperbole équilatere qui ſe trouve dans l'article 361. (Liv. VIII.) & qui d'ailleurs ſe peut aiſément prouver. Car ſi l'on mene du point M où l'Hyperbole équilatere DM rencontre la circonférence du cercle donné, aux deux extrêmités B, D, du premier diametre BD., les droites BM, DM,

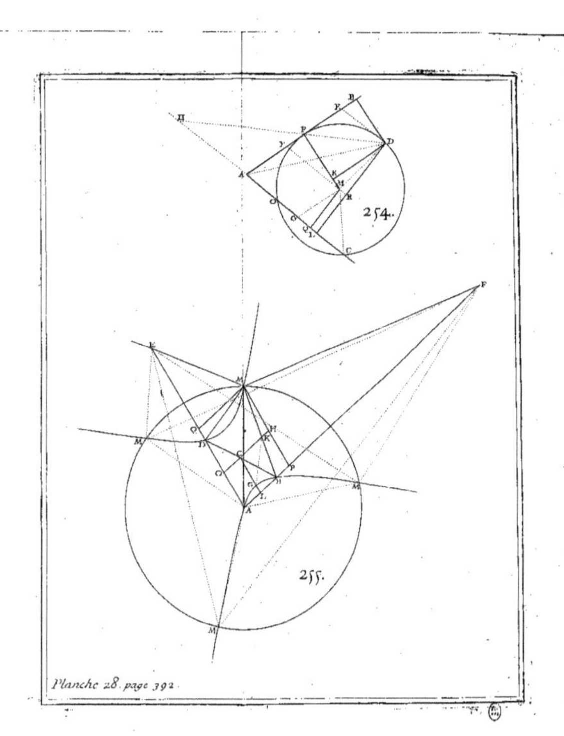

Planche 28. page 392.

BM, DM, qui rencontrent l'Aſymptote CH aux points O, L, & la ligne AP qui lui eſt parallèle aux points S, R; il eſt clair ſelon cet article, que MO eſt égal à ML, & qu'ainſi l'angle MOL ou MSR ou BSA eſt égal à l'angle MLO ou DRA. Mais par la conſtruction l'angle BAS eſt égal à l'angle DAR, puiſque la ligne AP diviſe par le milieu l'angle EAF. Partant les angles reſtans ABM, ADM, dans les deux triangles ABS, ADR, feront égaux entr'eux; d'où il ſuit que les angles AMF, AME, le ſont auſſi. Et c'eſt ce qui étoit propoſé.

On peut trouver facilement par le moyen de cette derniere conſtruction, une égalité très-ſimple qui ne renferme qu'une ſeule inconnue, & dont la conſtruction qui ſe pourra faire par telle Section conique qu'on voudra ſuivant les regles preſcrites dans le Livre précédent, fournira la réſolution du Problême. Soit menée à cet effet du point M la ligne MP parallèle à l'Aſymptote CK, & qui rencontre l'autre Aſymptote CH au point H; & ſoient nommées les données AM, a; AK, b; CK, c; & les inconnues AP, x; PM, y. Cela poſé, on aura par la propriété du cercle l'équation $xx + yy = aa$, & par la propriété des Hyperboles oppoſées* l'autre équation $CH \times HM$ $(xy - cx - by + bc) = CK \times KA$ (bc); ce qui donne $xy - cx - by = 0$, d'où l'on tire $y = \frac{cx}{x-b}$. Mettant le quarré de cette valeur à la place de yy dans la premiere équation $xx + yy = aa$, & opérant à l'ordinaire on formera cette égalité du quatrieme degré $x^4 - 2bx^3 + bbxx + 2aabx - aabb = b$.

$$\begin{array}{l} x^4 - 2bx^3 + bbxx + 2aabx - aabb = 0. \\ + cc \\ - aa \end{array}$$

Or ſi l'on mene du centre C des Hyperboles perpendiculairement à AC la ligne CG qui rencontre la circonférence au point G; les triangles rectangles ACG, AKC, donneront $\overline{CG}^2 = \overline{AG}^2 - \overline{AC}^2 = \overline{AM}^2 (aa) - \overline{AK}^2 (bb) - \overline{CK}^2 (cc)$. C'eſt pourquoi nommant la donnée CG, m;

*Art. 100.

on changera l'égalité précédente en celle-ci $x^4 - 2bx^3 - mmxx + 2aabx - aabb = 0$, dans laquelle les données sont le rayon AM (a), les lignes AK (b), CK (c), CG (m), & l'inconnue x exprime des valeurs de AP telles que menant les perpendiculaires PM, elles rencontreront la circonférence aux points cherchés.

Pour distinguer entre les deux points où chaque perpendiculaire PM coupe la circonférence du cercle, celui qui sert à la question présente; il faut observer de mener PM du côté où l'on a supposé que tomboit le point M par rapport à la ligne AP en faisant le calcul, lorsque sa valeur $\frac{cx}{x-b}$ qu'on a trouvée ci-dessus est positive, c'est-à-dire, lorsque x est en même tems vraie & plus grande que b, ou bien lorsqu'elle est fausse; & au contraire il la faut mener du côté opposé, lorsque sa valeur est négative, c'est-à-dire, lorsque x est en même tems vraie & moindre que b.

SECONDE MANIERE.

FIG. 257. Ayant mené par le point cherché M que l'on regarde comme donné la droite MD perpendiculaire au rayon AM, & par le point D où elle rencontre AF la droite GH parallèle à AM, laquelle rencontre en H la ligne MF, & en G la ligne EM prolongée qui coupe en C la droite AF; on aura à cause des triangles semblables FAM, FDH, cette proportion : $AM. DH :: AF. FD$. Et à cause des triangles semblables CAM, CDG, cette autre, $AM. DG :: AC. CD$. Or la ligne DG est égale à DH, puisque par la condition du Problême les angles AME, AMF, devant être égaux, les angles DMH, DMG, le seront aussi. Donc $AF. FD :: AC. CD$, & $AF + FD. AF :: AC + CD$ ou $AD. AC$. Cela posé, soient menées EB, MP, perpendiculaires sur AF, & MQ perpendiculaire sur EB: & soient nommées les données AM, a; AB, b; BE, c;

AF, d; & les inconnues AP, x; PM, y. les triangles rectangles semblables APM, AMD, donneront AP (x). $AM(a)$ :: $AM(a)$. $AD = \frac{aa}{x}$. Et partant $FD = d - \frac{aa}{x}$; & les triangles semblables EQM, MPC, donneront EQ ou $EB - MP$ $(c-y)$. QM ou $AP - AB$ $(x-b)$ :: $MP(y)$. $PC = \frac{xy-by}{c-y}$. Donc AC ou $AP + PC = \frac{cx-by}{c-y}$, & mettant dans la proportion précédente $AF + FD$. AF :: AD. AC à la place de ces lignes leurs valeurs analytiques, on formera (en multipliant les moyens & les extrêmes) cette équation $2cdxx - aacx - 2bdxy + aaby + aady = aadc$, qui se réduit en divisant par $2cd$, & en faisant (pour abréger $b+d=f$, à cette autre $xx - \frac{b}{c}yx - \frac{aa}{2d}x + \frac{aaf}{2cd}y - \frac{1}{2}aa = 0$, dont le lieu qui est une Hyperbole entre ses Asymptotes étant construit selon l'article 339. (Liv. VII.) coupera la circonférence du cercle au point cherché M.

Si l'on veut avoir une égalité qui ne renferme que l'inconnue x, on se servira de l'équation au cercle $xx + yy = aa$, dans laquelle mettant à la place de yy le quarré de y trouvée par le moyen de l'équation précédente, on arrivera à une égalité du quatrieme degré qui ne renfermera que l'inconnue x, & dont l'une des racines exprimera la valeur de la cherchée AP.

EXEMPLE VIII.

439. UN cercle qui a pour centre le point A étant donné avec deux autres points E, F; trouver sur la circonférence le point M tel qu'ayant mené les droites AM, MF, ME; le sinus droit de l'angle AMF soit au sinus droit de l'angle AME, en la raison donnée de m à n. FIG. 258.

Je résouds cette question en deux différentes manieres.

PREMIERE MANIERE.

Ayant pris ſur les droites données AF, AE, les parties AB, AD, troiſiemes proportionnelles à AF, AM, & à AE, AM; on menera du point cherché M que l'on regarde comme donné les droites MB, MD, les perpendiculaires MG, MH, ſur AF, AE, & les parallèles MP, MQ, à AE, AF. Ayant pris ſur BM la partie BK égale à DM, on tirera du point K les droites KO, KL, parallèles à MG, MP, & du point donné D la perpendiculaire DC ſur AF. Cela fait, les triangles ſemblables BMG, BKO, donnent $BM . BK$ ou $DM :: MG . KO$. Or par la condition du Problême $m . n :: KO . MH$; puiſque prenant DM pour rayon ou ſinus total, les droites KO, MH, ſeront les ſinus droits des angles MBF, MDE, ou de leurs complémens à deux droits MBA, MDA, égaux par la conſtruction aux angles AMF, AME. Donc en multipliant par ordre les antécédens & les conſéquens de ces deux proportions, on aura $m \times BM . n \times MD :: MG \times KO . KO \times MH :: MG . MH :: MP . MQ$. à cauſe des triangles ſemblables MPG, MQH. Cela poſé.

On nommera les données AD, a; AC, b; CD, c; AB, d; AM, x; & les inconnues AP ou MQ, x; PM ou AQ, y; & les triangles ſemblables ADC, PMG, QMH donneront $PG = \frac{by}{a}$, $MG = \frac{cy}{a}$, $QH = \frac{bx}{a}$, $HM = \frac{cx}{a}$, $AG = x + \frac{by}{a}$, GB ou $AB - AG = d - x - \frac{by}{a}$, DH ou $AQ + QH - AD = y + \frac{bx}{a} - a$: & à cauſe des triangles rectangles BGM, DHM, on aura $\overline{BM}^2$ ou $\overline{BG}^2 + \overline{GM}^2 = xx + \frac{2b}{a}xy + \frac{bbyy}{aa} - 2dx - \frac{2bd}{a}y + dd + \frac{ccyy}{aa} = xx + \frac{2b}{a}xy + yy - 2dx - \frac{2bd}{a}y + dd$ en mettant pour

$bb+cc$ sa valeur aa à cause du triangle rectangle ACD; & de même $\overline{DM}^2 = yy + \frac{2b}{a}xy + xx - 2ay - 2bx + aa$. Or par la propriété du cercle, le quarré $\overline{AM}^2$ $(rr) = \overline{AG}^2$ $\left(xx + \frac{2b}{a}xy + \frac{bbyy}{aa}\right) + \overline{GM}^2$ $\left(\frac{ccyy}{aa}\right)$ $= xx + \frac{2b}{a}xy + yy$ en mettant pour $bb+cc$ sa valeur aa. Si donc l'on substitue dans les valeurs de $\overline{BM}^2$ & de $\overline{DM}^2$ à la place de $yy + \frac{2b}{a}xy + xx$ cette valeur rr, & que pour abréger on fasse $rr+dd=ff$ & $rr+aa=gg$, on trouvera $BM=\sqrt{ff-2dx-\frac{2bd}{a}y}$, & $DM=\sqrt{gg-2ay-2bx}$. Substituant enfin ces valeurs à la place de BM & de DM dans la proportion $m\times BM.\ n\times DM :: MP\ (y).\ MQ\ (x)$ que l'on a trouvée ci-dessus; & multipliant les extrêmes & les moyens, on formera cette équation $mx\sqrt{ff-2dx-\frac{2bd}{a}y}$ $=ny\sqrt{gg-2ay-2bx}$ de laquelle quarrant chaque membre, & faisant évanouir l'inconnue y par le moyen de l'équation au cercle $xx+\frac{2b}{a}xy+yy=rr$, on arrivera à une égalité du sixieme degré qui ne renfermera plus que l'inconnue x, & qui étant résolue selon les regles du Livre précédent, donnera pour $AP\ (y)$ une valeur telle que menant PM parallele à AE, le point M où cette ligne rencontrera la circonférence, sera celui qu'on cherche.

Si l'on suppose que $m=n$, il est évident que les angles MBF, MDE, seront égaux; & qu'ainsi les angles ABM, ADM, ou AMF, AME, le seront aussi. D'où l'on voit que le Problême précédent n'est qu'un cas particulier de celui-ci.

SECONDE MANIERE.

Ayant joint les deux points donnés E, F, par une Fig. 259.

ligne droite, on tirera du centre donné A les droites AD, AP, l'une perpendiculaire & l'autre parallèle à cette ligne, & par le point cherché M que l'on regarde comme donné la parallèle PQ à AD, on menera aussi du même point M, le rayon AM qui rencontre EF en O, & les droites EM, FM, sur lesquelles on abaissera des points O, F, E, les perpendiculaires OG, OH, & FC, EB. Cela fait, les triangles semblables EOG, EFC, & FEB, FOH, donneront $EO.EF :: OG.FC$. Et $EF.FO :: EB.OH$, & partant $EO\times EF.EF\times FO$ ou $EO.FO :: OG\times BE.CF\times OH$, c'est-à-dire en raison composée de OG à OH, ou de m à n (puisqu'en prenant MO pour le rayon ou sinus total, les droites OG, OH, sont les sinus droits des angles EMO, FMQ, complémens à deux droits des angles AME, AMF); & de BE à CF ou de EM à MF à cause des triangles rectangles semblables BME, CMF. On aura donc $EO.FO :: m\times EM.n\times MF$. Cela posé.

On nommera les données AD ou PQ, a; ED, b; DF, c; AM, r; & les inconnues AP, x; PM, y; & on aura à cause des triangles semblables APM, ADO, cette proportion, $MP(y).AP(x) :: AD(a).DO = \frac{ax}{y}$. Et partant $EO = \frac{by+ax}{y}$, $FO = \frac{cy+ax}{y}$. Or les triangles rectangles EMQ, FMQ, donnent $\overline{EM}^2 = \overline{EQ}^2 (bb+2bx+xx) + \overline{MQ}^2 (aa+2ay+yy) = ff+2bx-2ay$ (en mettant pour $xx+yy$ sa valeur rr à cause du triangle rectangle APM, & faisant pour abréger $aa+bb+rr=ff$) & de même $\overline{FM}^2 = \overline{FQ}^2 (cc-2cx+xx) + \overline{MQ}^2 (aa-2ay+yy) = gg-2cx-2ay$ en mettant pour $xx+yy$ sa valeur rr, & faisant pour abréger $aa+cc+rr=gg$. Si dans la proportion précédente $EO.FQ :: m\times EM.n\times MF$, on met à la place de ces lignes les valeurs analytiques que l'on vient de trouver, & qu'on multiplie les extrêmes & les moyens,

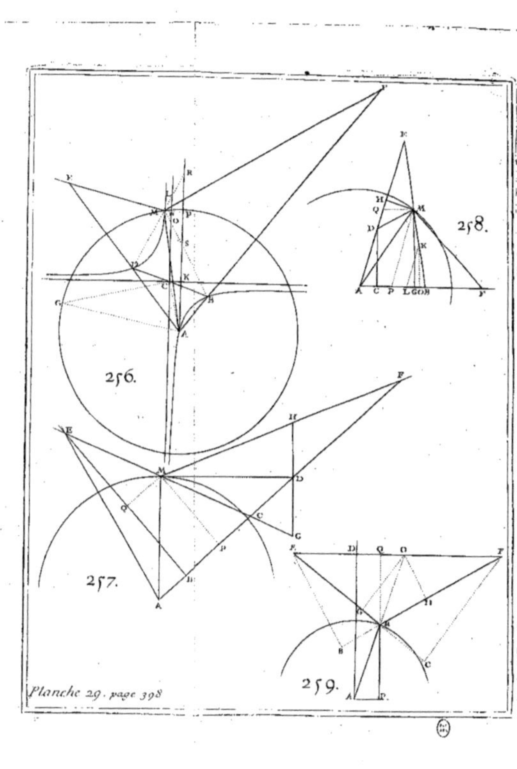

Planche 29. page 398

on formera cette équation $\overline{bny + anx} \sqrt{gg - 2cx - 2ay} = \overline{mcy - max} \sqrt{ff + 2bx - 2ay}$, de laquelle quarrant chaque membre & faisant évanouir l'inconnue y par le moyen de l'équation au cercle $xx + yy = rr$, on arrivera encore à une égalité du sixieme degré, dont la résolution fournira pour AP (x) une valeur telle que menant la perpendiculaire PM, elle ira couper la circonférence au point cherché M.

C'est à-peu-près de cette façon que M. Descartes résoud cette question dans la soixante-cinquieme de ses Lettres, Tom. 3. Elle lui avoit été proposée par M. de Roberval, d'une maniere qui paroît différente de celle-ci, mais qui dans le fond revient à la même chose.

TROISIEME MANIERE.

Soient décrits deux diametres AE, AF, deux cercles ART, AST, sur lesquels soient portées depuis le point A deux cordes quelconques AR, AS, qui soient toujours entr'elles en la raison donnée de m à n; & soient tirées les droites ER, FS, qui s'entrecoupent au point M. Je dis que la ligne courbe AM, qui est le lieu de tous les points M ainsi trouvés, coupera le cercle donné (dont le centre est en A) au point cherché M. FIG. 260.

Car tirant AM & le prenant pour rayon ou sinus total, il est clair que la corde AR est le sinus droit de l'angle AME, & la corde AS le sinus droit de l'angle AMF.

Il est à propos de remarqver, 1°. que cette construction a cela de particulier, qu'elle ne réussit pas seulement lorsqu'il s'agit de trouver le point M sur la circonférence d'un cercle dont le centre est en A, mais encore sur telle ligne courbe qu'on voudra. 2°. Qu'ayant trouvé deux points de ce lieu de la maniere que l'on vient d'enseigner, les plus proches que l'on pourra de la ligne courbe donnée, il suffit d'en tracer la portion qui joint ces deux points; ce qui rend la pratique de cette construction fort aisée. 3°. Que le lieu de tous les points M ainsi trouvés est du quatrieme degré, comme il est facile de voir par le calcul de la seconde maniere, en observant de ne point substituer dans les valeurs de EM & FM à la place de $xx + yy$ le quarré rr que l'on trouve par le lieu au cercle ce qui donnera pour l'équation de ce lieu $\overline{nby + nax} \sqrt{\overline{c - x}^2 + \overline{a - y}^2} = \overline{mcy - max} \sqrt{\overline{b + x}^2 + \overline{a - y}^2}$, dont les inconnues x & y montent au quatrieme degré, lorsqu'elle est délivrée d'incommensurables. 4°. Que ce n'est pas une faute légere en Géométrie, selon M. Descartes, d'employer une ligne courbe trop composée pour résoudre un Problême ; de sorte que selon lui, on doit préférer à cette derniere solution les deux précédentes, où les deux lieux qu'on a trouvés, & qui détermineroient par leur intersection avec la circonférence donnée, le point cherché, ne sont que du troisieme degré. Il me paroît néanmoins que la facilité d'une construction & sa simplicité peuvent récompenser en quelque sorte ce défaut, & c'est ce qu'on verra encore dans l'exemple qui suit.

EXEMPLE IX.

FIG. 261. 440. **DIVISER** un triangle scalene donné ABC en quatre parties égales, par deux lignes droites DE, FG, qui s'entrecoupent à angles droits au point H.

Si l'on fait attention sur la nature de ce Problême, on verra, 1°. que deux des extrémités D, F, des deux droites DE, FG, se trouvent nécessairement sur l'un des côtés AC du triangle donné ABC, & que leurs deux autres extrémités E, G, se trouvent chacune sur chacun des deux autres côtés BC, BA. 2°. Que les deux points cherchés D, F, doivent avoir deux conditions, dont la premiere est que les lignes DE, FG, qui divisent chacune le triangle ABC en deux parties égales, s'entrecoupent à angles droits en un point H;

H; & la ſeconde quelles forment avec les deux autres côtés du triangle donné, un quadrilatere $BGHE$ qui ſoit la quatrieme partie du triangle ABC. Cela poſé.

Soient menées ſur le côté AC les perpendiculaires GI, BK, EL, & ſoient nommées les données $AC, 2a$; BK, b; AK, c; KC, d; & les inconnues AF, x; CD, y. Puiſque le triangle AGF, ou $GI \times \frac{1}{2} AF$ doit être la moitié du triangle $ABC\,(ab)$, il s'enſuit que $GI = \frac{ab}{x}$; & par la même raiſon $EL = \frac{ab}{y}$. Or les triangles ſemblables CBK, CEL, & ABK, AGI, donnent $BK\,(b)$. $EL\left(\frac{ab}{y}\right) :: CK\,(d)$. $CL - \frac{ad}{y}$. Et $BK\,(b)$. $GI\left(\frac{ab}{x}\right) :: AK\,(c)$. $AI = \frac{ac}{x}$. Et partant DL ou $CD - CL = y - \frac{ad}{y}$, FI ou $AF - AI = x - \frac{ac}{x}$. Mais les triangles rectangles DEL, FGI, ſont ſemblables entr'eux; puiſque chacun d'eux eſt ſemblable au même triangle FDH, qui eſt rectangle en H ſelon la condition du Problême qui demande que les deux lignes DE, FG, s'entrecoupent à angles droits. On aura donc $EL\left(\frac{ab}{y}\right)$. $LD\left(\frac{yy-ad}{y}\right) :: FI\left(\frac{xx-ac}{x}\right)$. $IG\left(\frac{ab}{x}\right)$; ce qui donne, en multipliant les extrêmes & les moyens, cette équation $xxyy - acyy - adxx + aacd = aabb$, ou $\overline{xx - ac} \times \overline{yy - ad} = aabb$, qui renferme la premiere condition du Problême; de ſorte qu'il ne reſte plus qu'à accomplir la ſeconde; ſçavoir que le Trapéſe $BGHE$ ſoit le quart du triangle donné ABC.

Pour en venir à bout. Du point d'interſection H des deux droites DE, FG, ſoient menées aux trois angles du triangle ABC, les lignes HA, HC, HB; & on aura 1°. $FD\,(x+y-2a)$. $AF\,(x) :: FHD\,(\frac{1}{4}ab)$. $FHA = \frac{abx}{4x+4y-8a}$. Et partant le triangle AHG ou le triangle FGA moins le triangle $FHA = \frac{1}{2}ab - \frac{abx}{4x+4y-8a}$.

2°. $AI\left(\frac{ac}{x}\right) . IK\left(\frac{cx-ac}{x}\right) :: AG . GB :: AHG\left(\frac{abx+2aby-4aab}{4x+4y-8a}\right)$. $GHB = \frac{bxx-5abx+2bxy-2aby+4aab}{4x+4y-8a}$. On trouvera par un raiſonnement ſemblable que le triangle $HEB = \frac{byy-5aby+2bxy-2abx+4aab}{4x+4y-8a}$. Maintenant ſi l'on ajoute enſemble les triangles HGB, HEB, on formera le quadrilatere $HGBE$ qui doit être égal à la quantité $\frac{1}{4}ab$ quatrieme partie du triangle ABC: ce qui donne pour la ſeconde équation $xx+yy+4xy-8ax-8ay+10aa=0$.

Si l'on fait évanouir par le moyen de ces deux équations l'inconnue y, on arrivera à une égalité du huitieme degré qui renfermera toutes les conditions du Problême, & dans laquelle il n'y aura plus qu'une ſeule inconnue x; de ſorte que toute la difficulté eſt réduite à trouver les racines de cette égalité. Et c'eſt ce qu'on peut faire par le moyen de deux lieux du troiſieme degré, comme l'on a enſeigné dans les articles 417, & 418 (Liv. précéd.). Mais comme la conſtruction de ces lieux devient fort embarraſſée & d'une longueur inſupportable dans la pratique, à cauſe de la multitude des termes de leurs équations, il eſt beaucoup plus naturel de conſtruire ſéparément les lieux des deux équations que l'on vient de former, quoique l'un d'eux ſoit du quatrieme degré & par conſéquent plus compoſé, car l'autre n'étant que du ſecond récompenſe ce défaut, & d'ailleurs la facilité de la conſtruction doit déterminer en ſa faveur : voici comment elle ſe fait.

FIG. 262. Ayant mené deux lignes droites indéfinies AB, AC, qui font entr'elles un angle droit BAC; on prolongera BA en E, enſorte que $AE=\sqrt{ac}$, & CA en F, enſorte que $AF=\sqrt{ad}$. Ayant pris ſur AC une partie quelconque AP, on décrira du centre E de l'intervalle AP un arc de cercle qui coupe AC en G; & ayant pris AH, enſorte que le rectangle $HA \times AG$ ſoit égal au triangle donné BAC, on prendra ſur AB la partie

$AQ = FH$. On menera enſuite les droites PM, QM, parallèles à AB, AC, leſquelles s'entrecoupent en un point M; & ayant trouvé en la même ſorte une infinité d'autres points tels que M, on fera paſſer par tous ces points une ligne courbe KML. Cela fait, on prendra ſur la diagonale AD du quarré $ABDC$, qui a pour côté la ligne AC égal au côté AC du triangle donné ABC, les parties $AT = \frac{1}{2} AD$, & $DS = \frac{1}{6} AD$; & on décrira du premier axe TS qui ſoit à ſon parametre comme 1 eſt à 3, une Hyperbole OSR. Je dis à préſent que ſi l'on mene du point M où je ſuppoſe qu'elle rencontre la ligne courbe KML au dedans du quarré $ABDC$, la perpendiculaire MP ſur AC, & qu'on prenne ſur le côté AC du triangle ABC, les parties $AF = AP$, & $CD = PM$; les points F, D, ſeront tels qu'ayant mené (ce qui eſt facile) les deux droites FG, DE, qui diviſe chacune le triangle ABC en deux parties égales; elles s'entrecouperont à angles droits, & le partageront en quatre parties égales.

Car nommant AP, x; PM, y; on aura à cauſe des triangles EAG, FAH, rectangles en A, le quarré $\overline{AG}^2 = \overline{EG}^2 (xx) - \overline{AE}^2 (ac)$, & le quarré $\overline{AH}^2 = \overline{FH}^2 (yy) - \overline{AF}^2 (ad)$. Or puiſque par la conſtruction le rectangle $HA \times AG$ eſt égal au triangle donné $BAC (ab)$, il s'enſuit que $\overline{HA}^2 \times \overline{AG}^2 (\overline{yy - ad} \times \overline{xx - ac}) = aabb$. La ligne courbe KML ſera donc le lieu de cette équation qui eſt la premiere des deux que l'on vient de trouver; & par conſéquent ſa propriété ſera telle que ſi l'on mene d'un de ſes points quelconques M pris au dedans du quarré $ABDC$, une perpendiculaire MP ſur AC, & qu'on prenne ſur le côté AC du triangle donné ABC, les parties $AF = AP$, & $CD = PM$; les droites FG, DE qui diviſe chacune par le milieu le triangle ABC, s'entrecouperont à angles droits au point H.

De plus ſi d'un point quelconque M de l'Hyperbole OSR, on mene la perpendiculaire MV ſur ſon premier axe TS, & qu'on prolonge PM jufqu'à ce qu'elle rencontre la diagonale AD au point X; les triangles rectangles & ifofcelles APX, MVX, donneront $1 . \sqrt{2} :: AP$ ou $PX (x) . AX = x\sqrt{2}$, & $\sqrt{2} . 1 :: MX (x-y) . MV$ ou $VX = \frac{x-y}{\sqrt{2}}$; & partant AV ou $AX - XV = \frac{x+y}{\sqrt{2}}$. Or par la conftruction $AD = 2a\sqrt{2}$ puifque $AC = 2a$, & par conféquent TS ou $DT - DS = \frac{2}{3}a\sqrt{2}$. On aura donc TV ou $AV - AT = \frac{x+y-2a}{\sqrt{2}}$, & VS ou $TV - TS = \frac{3x+3y-10a}{3\sqrt{2}}$, & par la propriété de l'Hyperbole $TV \times VS \left(\frac{3xx+6xy+3yy-16ax-16ay+20aa}{6}\right) . \overline{MV}^2 \left(\frac{xx-2yx+yy}{2}\right) :: 1 . 3$, c'eft-à-dire, comme le premier axe TS eft à fon parametre : ce qui donne en multipliant les extrêmes & les moyens cette équation $xx+yy+4xyy - 8ax - 8ay + 10aa = 0$. L'Hyperbole OSR en fera donc le lieu, & jouira par conféquent de cette propriété; fçavoir que fi l'on mene d'un de fes points quelconques M pris au dedans du quarré $ABDC$, une perpendiculaire MP fur AC, & qu'on prenne fur le côté AC du triangle donné ABC, les parties $AF = AP$, & $CD = PM$; les droites FG, DE, qui divife chacune par le milieu le triangle ABC, le couperont en quatre parties égales.

Maintenant puifque le point M fe trouve en même tems fur la ligne courbe KML, & fur l'Hyperbole OSR; il s'enfuit que les points D, F, pris fur le côté AC du triangle donné, auront auffi en même tems les deux conditions requifes. Et c'eft ce qui étoit propofé.

S'il arrivoit que les deux courbes OSR, KML, ne fe rencontraffent point au dedans du quarré $ABDC$, ce feroit une marque infaillible qu'on auroit fait une fuppofition fauffe, fçavoir que les deux extrêmités D, F, fe rencontrent fur le côté AC. C'eft pourquoi il faudroit les ſuppoſer ſur l'un des deux autres côtés, & recommencer le calcul, en faiſant des raiſonnemens ſemblables aux précédens, pour avoir une conſtruction par rapport à ce nouveau côté. Mais ſi l'on fait les trois remarques ſuivantes, il ſera aiſé de prévoir lequel des trois côtés on doit prendre pour celui ſur lequel tombent les deux extrêmités D, F, afin d'avoir ſûrement une ſolution, & de n'être pas obligé de recommencer.

La premiere eſt que $\overline{CL}^2 = \frac{aabb}{4aa-ac} + ad$, & $\overline{BK}^2 = \frac{aabb}{4aa-ad} + ac$; ce qui ſe voit en mettant dans $yy = \frac{aabb}{xx-ac} + ad$ à la place de AP (x) ſa valeur AC ($2a$), & dans $xx = \frac{aabb}{yy-ad} + ac$ à la place de AQ (y) ſa valeur AB ($2a$). La ſeconde conſiſte en ce que $CR = \sqrt{2aa} = BO$; ce qui ſe trouve en mettant dans l'autre équation $xx + yy + 4xy - 8ax - 8ay + 10aa = 0$ dont le lieu eſt l'Hyperbole OSR, d'abord à la place de AP (x) ſa valeur AC ($2a$), & enſuite à la place de AQ (y) ſa valeur AB ($2a$). La troiſieme ſe tire de ce qu'en ſuppeſant AK (c) moindre que CK (d) comme on le fait ici, il s'enſuit que $\overline{BK}^2$ $\left(\frac{aabb}{4aa-ad} + ac\right)$ eſt moindre que $\overline{CL}^2$ $\left(\frac{aabb}{4aa-ac} + ad\right)$. Or cela poſé, ſi l'on veut que $\overline{BK}^2$ $\left(\frac{aabb}{4aa-ad} + ac\right)$ ſoit moindre que $\overline{BO}^2$ ($2aa$), on trouvera en mettant pour d ſa valeur $2a - c$ & opérant à l'ordinaire que $bb + cc$ doit être moindre que $4aa$, c'eſt-à-dire, que le côté AB du triangle donné ABC doit être moindre que le côté AC: & ſi l'on veut que le quarré $\overline{CL}^2$ $\left(\frac{aabb}{4aa-ac} + ad\right)$ ſoit plus grand que $\overline{CR}^2$ ($2aa$), on trouvera en mettant pour c ſa valeur $2a - d$ & opérant à l'ordinaire que le côté BC ($\sqrt{bb + dd}$) doit ſurpaſſer le côté AC ($2a$). Mais il eſt viſible que BK étant moindre que BO & CL plus grande que CR, les deux lignes courbes KML, OMR, ſe coupent néceſſairement au dedans du quarré $ABDC$. D'où il ſuit que ſi le triangle donné ABC a tous les angles aigus, & qu'on prenne pour le côté AC ſur lequel on ſuppoſe que les deux points F, D, ſe rencontrent, celui des trois dont la grandeur eſt moyenne entre les deux autres & pour le côté AB le plus petit, le Problême aura toujours néceſſairement une ſolution, puiſqu'alors (*fig.* 261.) le point K ſe trouvera entre les points A, C, & que AK eſt moindre que AC, comme l'on a ſuppoſé en faiſant le calcul ſur lequel tout ce raiſonnement eſt fondé. On trouvera en la même ſorte que ſi le triangle donné eſt rectangle ou obtus-angle, & qu'on prenne pour le côté AC ſur lequel doivent tomber les deux extrêmités D, F, le côté moyen, on aura toujours une ſolution; de ſorte que cette remarque eſt générale pour toutes ſortes de triangles.

On voit dans la figure 262. que l'Hyperbole OSR & la courbe KML ſe coupent non-ſeulement dans un point M, au dedans du quarré $ABDC$, comme le demande le Problême; mais encore en un autre point M au dehors de ce quarré. Or ſi l'on veut ſçavoir quelle peut être l'utilité de cet autre point, on trouvera qu'il donne une des réſolutions du Problême ſuivant, dont celui-ci n'eſt qu'un cas particulier.

FIG. 263. Trouver ſur le côté AC du triangle donné ABC, deux points F, D, tels qu'ayant mené les droites FG, DE, qui font avec les deux autres côtés AB, BC, les triangles FGA, DEC, égaux chacun à la moitié du triangle ABC: les lignes FG, DE, s'entrecoupent à angles droits au point H, & le quadrilatere $BGHE$ ſoit égal au quart du triangle ABC.

FIG. 263 & 262. Car lorſque le point d'interſection M tombe au dedans du quarré $ABDC$, il eſt clair que les lignes AP, PM ſeront chacune moindre que le côté AC, & qu'ainſi les points F, D, qu'elles déterminent tomberont tous deux entre les points A, C; ce qui réſoud le Problême énoncé comme l'on a fait au commencement. Mais lorsque le point M tombe au dehors du quarré, comme alors l'une des lignes AP, PM est moindre que son côté AC, & l'autre plus grande; il s'ensuit que l'un des points F, D, tombe sur le côté AC du triangle donné, & l'autre sur ce même côté prolongé; ce qui donne une autre solution du Problême énoncé comme l'on vient de faire en dernier lieu. FIG. 23 & 24.

EXEMPLE X.

441. UNE Section conique MAN étant donnée, avec un point S hors de son plan pour le sommet du cône dont elle est la Section; on demande la position du cercle MaN qui en est la base.

Je distingue cette question en deux différens cas, dont le premier est lorsque la Section donnée est une Parabole, & le second lorsque c'est une Ellipse ou une Hyperbole.

Premier cas. La question se réduit à trouver sur la Parabole, le point A tel qu'ayant mené de ce point le diametre AP avec la ligne AS; du point S la ligne SD parallèle à AP; & d'un point quelconque P du diametre AP, une ordonnée PM à ce diametre dans le plan de la Parabole, & une perpendiculaire aD à cette ordonnée dans le plan du triangle DSA, qui rencontre les côtés SA, SD, aux points a, D: le quarré de PM soit égal au rectangle $aP \times PD$. Car décrivant dans le plan aPM un cercle qui ait pour diametre aD, il est clair qu'il passera par le point M, puisque l'angle APM est droit, & que $\overline{PM}^2 = aP \times PD$, qui est la propriété essentielle du cercle; c'est pourquoi menant le diametre PA, & tirant de l'extrêmité D, du diametre Da du cercle une parallèle DS à PA, qui rencontre aA menée de son autre extrêmité a par l'origine A du diametre AP, en un point S, le cône qui a pour sommet ce point, & pour base le cercle MAN, formera * par sa rencontre avec le plan APM la Parabole même FIG. 264.

* Art. 269.

donnée MAN. Voici comment on peut trouver le point A.

Soit v le parametre inconnu du diametre AP, & l'on aura par la propriété de la Parabole, $\overline{PM}^2 = AP \times v$: mais pour satisfaire au Problême, il faut que $\overline{PM}^2 = aP \times PD$. Donc $aP \times PD = AP \times v$; ce qui donne cette proportion $AP . Pa :: PD . v$, qui se change en menant AQ parallèle à Da en cette autre $SO . AO ::$ PD ou $AO . v$, & partant $SO \times v = \overline{AO}^2$.

Maintenant pour trouver les valeurs analytiques de ces lignes, je mene du point donné S sur le plan de la Parabole la perpendiculaire SF, & du point F où elle rencontre ce plan, sur l'axe BG la perpendiculaire FG, qui rencontre le diametre AP en H. Je tire du point A l'ordonnée AK à l'axe, & la perpendiculaire AQ à la tangente AL, lesquelles rencontrent en E & Q la ligne FQ menée par le point F parallèlement à l'axe. J'éleve enfin du point Q une perpendiculaire QO sur le plan de la Parabole, qui rencontrera SD dans le même point O, où la ligne AO parallèle à aD la rencontre. Car la tangente AL étant parallèle à l'ordonnée PM qui est perpendiculaire sur aD, l'angle LAO sera droit aussi-bien que l'angle LAQ, & ainsi le plan QAO sera perpendiculaire sur AL, & sur le plan de la Parabole qui passe par cette ligne; c'est pourquoi la ligne QO perpendiculaire à ce plan se trouvera dans le plan QAO, & rencontrera par conséquent la ligne SD dans le même point O, où le plan QAO, c'est-à-dire, la ligne AO parallèle à aD la rencontre. Il est à remarquer que toutes ces lignes excepté les deux FS, QO, sont dans le plan de la Parabole. Cela posé.

Je nomme les données SF ou QO, a; FG, ou KE, b; GB, c; le parametre de l'axe, p; & les inconnues BK, x; KA ou GH, y; & j'ai à cause des triangles semblables AKT, AEQ, cette proportion $AK (y) . KT$ $(\frac{1}{2}p) :: AE (b+y) . EQ = \frac{bp}{2y} + \frac{1}{2}p$: ce qui donne à

cause

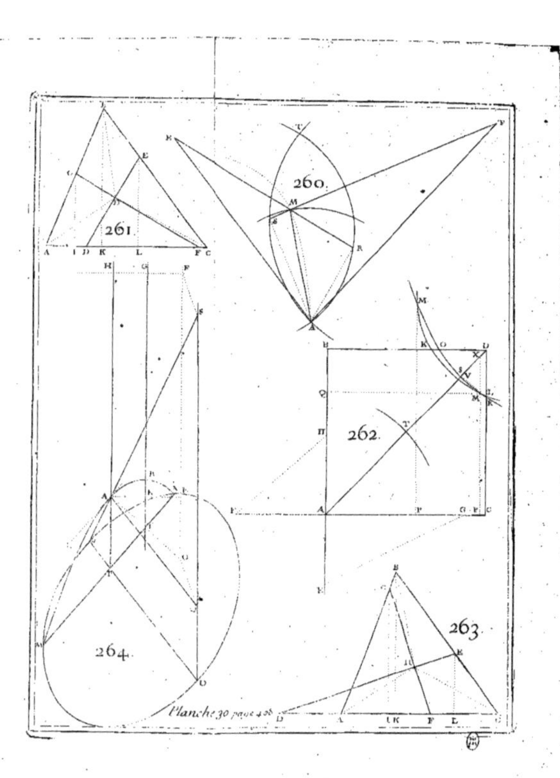

Planche 30 page 408

cauſe des triangles AEQ, AQO, rectangles en E & Q, le quarré $\overline{AO}^2$ ou $\overline{AE}^2 + \overline{EQ}^2 + \overline{QO}^2 = \frac{bbpp}{4yy} + \frac{bpp}{2y} + \frac{1}{4}pp + bb + 2by + yy + aa$. Or le parametre du diametre AP ſçavoir $v = {}^*p + 4x = p + \frac{4yy}{p}$, en met- *Art. 17.*
tant pour x ſa valeur $\frac{yy}{p}$; & SO ou FQ ou $GB + BK + EQ = c + x + \frac{bp}{2y} + \frac{1}{4}p = c + \frac{yy}{p} + \frac{bp}{2y} + \frac{1}{2}p$. Mettant donc ces valeurs analytiques à la place des lignes qu'elles expriment dans l'égalité $\overline{AO}^2 = SO \times v$, on trouvera $\frac{bbpp}{4yy} + \frac{bpp}{2y} + \frac{1}{4}pp + bb + 2by + yy + aa = cp + yy + \frac{bpp}{2y} + \frac{1}{2}pp + \frac{4cyy}{p} + \frac{4y^4}{pp} + 2by + 2yy$, c'eſt-à-dire en effaçant de part & d'autre les quantités qui ſe trouvent les mêmes, ſubſtituant pour yy la valeur px, & opérant enſuite à l'ordinaire;

$$\begin{array}{llll} x^3 & + cxx & + \frac{1}{4}cpx & - \frac{1}{16}bbp = 0 \\ & + \frac{1}{2}p & - \frac{1}{4}aa & \\ & & - \frac{1}{4}bb & \\ & & + \frac{1}{16}pp & \end{array}$$

dont la vraie racine que l'on peut trouver par le moyen * *Art. 387.*
de la Parabole même donnée, exprimera la valeur de l'inconnue BK, qui ſert à déterminer le point A tel qu'on le demande.

Second cas. Toute la difficulté conſiſte à trouver ſur FIG. 265.
l'Hyperbole donnée MAN, le point A tel qu'ayant mené le diametre AB avec les lignes SAa, BSb; & par un de ſes points quelconques P, du diametre AB une ordonnée PM dans le plan de l'Hyperbole, & une perpendiculaire ab à cette ordonnée dans le plan du triangle aSb: on ait le quarré $\overline{PM}^2$ égal au rectangle $aP \times Pb$. Cela ſe prouve de même que dans la Parabole, & voici ce qu'il faut faire pour trouver le point A.

Soit v le diametre conjugué au diametre AB, & ſoient menées dans le plan du triangle aSb, les lignes AO parallèle à ab, & OZ parallèle à AB qui rencontre

SA en Z; & l'on aura $AP \times PB$ à $\overline{PM}^2$ ou (à cauſe du cercle) à $aP \times Pb$, en raiſon compoſée de AP à Pa, ou ZO à OA, & de PB à Pb, ou de BA à AO; c'eſt-à-dire, comme $ZO \times AB$ eſt à $\overline{AO}^2$. Or par la propriété de l'Hyperbole, $AP \times PB. \overline{PM}^2 :: \overline{AB}^2. vv$; & partant $ZO \times AB. \overline{AO}^2 :: \overline{AB}^2. vv = \frac{AB \times \overline{AO}^2}{ZO}$. Ce qui donne $OZ. AB$, ou $OS. SB :: \overline{AO}^2. vv$.

Maintenant pour trouver les valeurs analytiques, tant de la raiſon de OS à SB, que des quarrés $\overline{AO}^2$ & vv; je mene du point donné S, la ligne SF perpendiculaire ſur le plan des Hyperboles; du point F où elle rencontre ce plan, la perpendiculaire FG à l'axe DK qui eſt donné de poſition & de grandeur, puiſque les Hyperboles ſont données; & du point cherché A, l'ordonnée AK à l'axe, & la perpendiculaire AT à la tangente AL, leſquelles rencontrent la ligne BF aux points E, Q. Je tire enfin BH parallèle à l'axe qui rencontre GF en X, TV parallèle à BF qui rencontre AE en V, & BD, QR, perpendiculaires ſur l'axe; & ayant élevé QO perpendiculaire ſur le plan de l'Hyperbole, on prouvera comme dans la Parabole qu'elle rencontrera la ligne BS au même point O, où la ligne AO parallèle à ab la rencontre. Il eſt à remarquer que toutes ces lignes, excepté les deux FS, QO, ſont dans le plan des Hyperboles. Cela poſé.

Soient nommées $SF = a$, $FG = b$, $CG = c$, le premier axe $= 2d$, le ſecond $= 2f$, les inconnues CK ou $CD = x$, AK ou BD ou GX ou $KH = y$; & l'on aura DK ou $BH = 2x$, DG ou $BX = c + x$, $GK = x - c$, $TK = \frac{ffx}{dd}$, & AT ou $\sqrt{\overline{TK}^2 + \overline{AK}^2} = \sqrt{yy + \frac{f^4xx}{d^4}}$ $= \frac{f}{dd}\sqrt{ddxx + ffxx - d^4}$ en mettant pour yy ſa valeur* $\frac{ffxx}{dd} - ff$. Or les triangles ſemblables BXF, BHE, TKV donnent BX $(c+x)$. XF $(b-y)$ :: BH $(2x)$.

* Art. 81.

$HE = \frac{2bx - 2xy}{c + x} :: TK \left(\frac{ffx}{dd}\right).\ KV = \frac{bffx - ffxy}{cdd + ddx}$; & partant AE ou $AK + KH + HE = \frac{2bx + 2cy}{x + c}$, & AV ou $AK - KV = \frac{cddy + ddxy + ffxy - bffx}{cdd + ddx}$: mais à cauſe des triangles ſemblables AVT, AEQ, & ATK, QTR, il vient $AV.\ AT :: AE.\ AQ = \frac{\overline{2bfx + 2cfy}\sqrt{ddxx + ffxx - d^4}}{ddxy + ffxy - bffx + cddy}$, & $AT.\ TK :: QT.\ TR :: AT + TQ$ ou $AQ.\ KT + TR$ ou $KR = \frac{2bffxx + 2cffxy}{ddxy + ffxy - bffx + cddy}$. Donc $\frac{GR \text{ ou } GK + KR}{DG} = \frac{ddxy + ffxy + bffx - cddy}{ddxy + ffxy - bffx + cddy}$, $\frac{DR \text{ ou } \overline{DK + KR} \times FS}{DG} = \frac{2addxy + 2affxy}{ddxy + ffxy - bffx + cddy} = QO$, puiſque $DG.\ DR :: BF.\ BQ :: FS.\ QO$; & à cauſe du triangle rectangle AQO, le quarré $\overline{AO}^2$ ou $\overline{AQ}^2 + \overline{QO}^2 = \frac{\overline{2bfx + 2cfy}^2 \times \overline{ddxx + ffxx - d^4} + \overline{2addxy + 2affxy}^2}{\overline{ddxy + ffxy - bffx + cddy}^2}$. De plus $SO.\ SB :: FQ.\ FB :: GR.\ GD$, & $vv =$ * $4xx + 4yy + 4ff - 4dd$ ou $4xx - 4dd + \frac{4ffxx}{dd}$. * *Art.* 125.

Si donc l'on met dans la proportion $SO.\ SB :: \overline{AO}^2.\ vv$, à la place tant de la raiſon de SO à SB ou GR à GD, que des quarrés $\overline{AO}^2$ & vv, les valeurs analytiques que l'on vient de trouver, on formera en multipliant les extrêmes & les moyens cette égalité $\overline{2bfx + 2cfy}^2 \times \overline{ddxx + ffxx - d^4} + \overline{2addxy + 2affxy}^2 = \overline{ddxy + ffxy + bffx - cddy} \times \overline{ddxy + ffxy - bffx + cddy} \times \overline{4xx + \frac{4ffxx}{dd} - 4dd}$, dans laquelle tous les termes où y ſe rencontrera au premier degré s'effaceront; & mettant à la place du quarré yy ſa valeur $\frac{ffxx}{dd} - ff$, on trouvera $bbd^4x^4 + 2bbddffx^4 + bbf^4x^4 - bbd^6xx - ccd^6xx - bbffd^4xx - ccffd^4xx + ccffd^6 + ccd^8 = \overline{ddxx + ffxx - d^4 - aadd - ccdd} \times \overline{ddx^4 + 2ffx^4 + \frac{f^4}{dd}x^4 - d^4xx - 2ddffxx - f^4xx}$ qui ſe change en faiſant pour abréger

$dd + ff = mm$, $bb + cc = nn$, $aa + dd + cc = rr$, en cette autre $\overline{bbm^4x^4 - mmnnd^4xx + ccmmd^6} = \overline{mmxx - ddrr} \times \overline{\frac{m^4}{dd}x^4 - m^4xx}$ qui se réduit enfin en faisant $xx = dz$ à cette égalité du troisieme degré

$$z^3 \left.\begin{matrix} -d \\ -\frac{drr}{mm} \\ -\frac{dbb}{mm} \end{matrix}\right\} zz \left.\begin{matrix} +\frac{ddrr}{mm} \\ +\frac{nnd^4}{m^4} \end{matrix}\right\} z - \frac{ccd^5}{m^4} = 0\,;$$

dont l'une des racines ; sçavoir celle qui est plus grande que d, est telle que prenant une moyenne proportionnelle entre cette racine & d moitié du premier axe ; cette moyenne proportionnelle exprime la valeur de CK qui sert à déterminer le point cherché A. On pourra se servir de l'Hyperbole même donnée pour trouver les racines de cette égalité, par le moyen des articles 396, & 399. du Livre précédent.

Lorsque $CG(c) = o$, c'est-à-dire, lorsque le point F tombe sur le second axe ; il est visible que cette égalité se change en une autre du second degré, puisque le dernier terme étant nul, elle se divise par z. Mais lorsque $FG(b) = o$, ce qui arrive lorsque le point F tombe sur le premier axe ; le terme $\frac{dbbzz}{mm}$ s'efface dans l'égalité précédente, & un qui est $bb + cc$ devient cc ; ce qui fait qu'elle se peut diviser par $z - d$, & qu'elle se réduit par conséquent à celle-ci $zz - \frac{drr}{mm}z + \frac{ccd^4}{m^4} = o$, qui n'est encore que du second degré. Enfin si l'on fait dans cette derniere égalité $c = o$; ce qui doit arriver lorsque le point F tombe sur le centre C, puisqu'alors les lignes b & c deviennent chacune nulles ; on aura $z = \frac{drr}{mm}$, & partant dz ou $xx = \frac{ddrr}{mm}$, & $x = \frac{dr}{m} = d\sqrt{\frac{aa + dd}{dd + ff}}$.

Il est inutile d'avertir que le Problême se résoud par

Page 413.

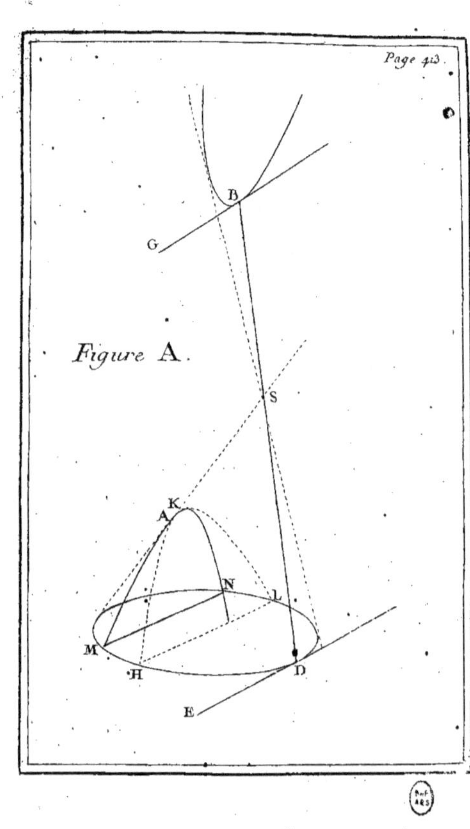

Figure A.

la même voie dans l'Ellipse, n'y ayant de changement que dans quelques signes. Mais on peut toujours rapporter, si l'on veut, ce second cas au premier, de la maniere qui suit.

Ayant mené par un point quelconque *B* de l'une des Hyperboles données, une tangente *BG*; & ayant fait passer par cette tangente, & par le sommet donné *S*, un plan *GBS*: soit mené par tout où l'on voudra, un autre plan *HKL* parallèle à celui-ci. Je dis qu'il formera dans la surface conique, décrite par une ligne droite indéfinie attachée en *S*, & mue autour de l'Hyperbole opposée *MAN*, une ligne courbe *HKL* qui sera une Parabole; de sorte que toute la difficulté est réduite au cas précédent. Car supposant que le cercle *DHMNL* soit la base du cône, qui a pour sommet le point *S*, & pour Section l'Hyperbole *MAN* avec son opposé; il est clair que le plan *GBS* touchant les deux surfaces coniques opposées qui ont pour base ce cercle, dans le côté *BSD*, formera dans le plan de la base, une ligne droite *DE* qui touchera cette base en un point *D*. Or comme cette ligne est la directrice par rapport à la Section *HKL*, il s'ensuit selon la définition dixieme du Livre VI. que cette Section sera une Parabole. FIG. A.

Ce Problême a été très-célebre du tems de M. Descartes, & l'on en a trouvé une solution parmi ses Manuscrits, qui est imprimée à la fin de la 75e Lettre du 3e tome. Si l'on veut se donner la peine de comparer sa solution avec la mienne, on verra que non-seulement elle est moins naturelle puisqu'elle ne va pas droit au but, mais encore qu'elle est beaucoup plus embarrassée. Aussi ne donne-t-il point l'analyse du cas où la Section est une Ellipse ou une Hyperbole; & il se contente d'assurer que l'égalité qui renferme les conditions du Problême, ne doit pas passer le quatrieme degré.

LEMME I.

Fig. 266. 267. 268. 442. Si *par l'extrémité* B *d'un diametre* AB, *l'on mene une corde quelconque* BD *qui termine l'arc* AD *moindre que la demie circonférence ; & qu'ayant pris par-tout où l'on voudra deux arcs contigus* EF, FG, *égaux chacun à l'arc* AD, *on tire les cordes* BE, BF, BG : *je dis que la corde du milieu* BF *est à la somme ou à la différence de ses deux voisines* BE, BG, *comme le rayon* CB *est à la corde* BD : *sçavoir à la somme lorsque l'origine commune* B *des cordes* BD, BE, BF, BG, *ne tombe sur pas un des deux arcs* EF, FG ; *& au contraire à la différence, lorsqu'il tombe sur l'un ou l'autre de ces deux arcs.*

Car soit du centre *F*, & du rayon *FB*, décrit un arc de cercle qui coupe la corde *BG* prolongée, s'il est nécessaire, au point *H*, pour avoir une triangle isoscelle *BFH*, qui sera semblable au triangle isoscelle *DCB*; puisque l'angle *FBH* a pour mesure la moitié de l'arc *FG* égal à l'arc *AD*, dont la moitié est aussi la mesure de l'angle *CBD*. On aura donc *FB* . *BH* :: *CB* . *BD*, de sorte qu'il ne reste qu'à démontrer que la ligne *BH* est la somme des deux cordes *BE*, *BG*, dans le premier cas, & leur différence dans le second. Pour le faire.

Fig. 266. Soient tirées les cordes *EF*, *FG*, & on aura deux triangles *BEF*, *FHG*, qui seront semblables & égaux. Car dans le premier cas l'angle *FHB* ou *FHG*, est égal à l'angle *FBH* qui vaut l'angle *FBE*, puisque les arcs *FG*, *FE*, sont égaux ; & de plus l'angle *BEF* est égal à l'angle *FGH*, puisqu'ils ont chacun pour mesure la moitié du même arc *BF*; & partant l'angle *GFH* est égal à l'angle *EFB*. Or les côtés *FE*, *FG*, & *FB*, *FH*, sont égaux entr'eux. Le côté *GH* sera donc égal au côté *BE*. Donc, &c.

Fig. 267. 268. On prouvera à-peu-près de même dans le second cas que les triangles *FHG*, *FBE*, sont semblables & égaux ; & qu'ainsi la ligne *BH* est la différence des deux cordes *BG*, *BE*.

LEMME II.

443. SOIT *une Table dont le premier rang parallèle renfermant le nombre* 2, *& le second la lettre* x; *le troisieme* xx—2 *soit le produit du second par* x, *moins le premier, le quatrieme* x^3 — 3x *soit le produit du troisieme par* x, *moins le second, le cinquieme* x^4—4xx+2 *soit le produit du quatrieme par* x *moins, le troisieme, & ainsi de suite à l'infini. Soit de plus un arc de cercle quelconque* AR *divisé en autant de parties égales qu'on voudra, aux points* D, E, F, G, &c. *Je dis que si le premier rang* 2 *de la Table exprime la valeur du diametre* BA, *& le second rang* x *celle de la premiere corde* BD; *le troisieme rang* xx—2 *exprimera la valeur de la seconde corde* BE, *le quatrieme rang* x^3—3x *celle de la troisieme corde* BF, *& ainsi de suite jusqu'à la derniere* BR : *en observant que ces cordes deviennent négatives, lorsqu'elles passent de l'autre côté du point* B. FIG. 269. 270.

Table pour la division des arcs de cercle en parties égales.

1er	2
2^e	$1x$
3^e	$1xx - 2$
4^e	$1x^3 - 3x$
5^e	$1x^4 - 4xx + 2$
6^e	$1x^5 - 5x^3 + 5x$
7^e	$1x^6 - 6x^4 + 9xx - 2$
8^e	$1x^7 - 7x^5 + 14x^3 - 7x$
9^e	$1x^8 - 8x^6 + 20x^4 - 16xx + 2$
10^e	$1x^9 - 9x^7 + 27x^5 - 30x^3 + 9x$
11^e	$1x^{10} - 10x^8 + 35x^6 - 50x^4 + 25xx - 2$
12^e	$1x^{11} - 11x^9 + 44x^7 - 77x^5 + 55x^3 - 11x$
13^e	$1x^{12} - 12x^{10} + 54x^8 - 112x^6 + 105x^4 - 36xx + 2$
14^e	$1x^{13} - 13x^{11} + 65x^9 - 156x^7 + 182x^5 - 91x^3 + 13x$

Car, 1°. lorsque l'arc *AR* est moindre que la demie circonférence *ADB*; si l'on multiplie une corde quelconque *BF* par *x*; & qu'on retranche de ce produit la corde *BE* qui la précede, on aura la corde *BG* qui la suit immédiatement, puisque selon le Lemme précé- FIG. 269.

dent $CB(1).\ BD(x)::BF.\ BE+BG = xBF$, & partant $BG = xBF - BE$. Donc, &c.

Fig. 270. 2°. Lorſque l'arc AR eſt plus grand que la demie circonférence ADB; il eſt viſible que l'origine commune B de toutes les cordes ſe trouvera néceſſairement ſur l'une des parties égales comme GH, dans leſquelles l'arc AR eſt diviſé. Or l'on prouvera comme dans le premier cas que le troiſieme rang de la Table exprime la valeur de BE, le quatrieme celle de BF, & ainſi de ſuite juſqu'à BG: mais il reſte à démontrer que le rang qui ſuit celui qui exprime la corde BG, n'exprimera point la valeur de $+BH$, mais celle de $-BH$; & de même que le rang qui ſuit ce dernier exprime la valeur de $-BI$, & ainſi de ſuite juſqu'à $-BR$.

Selon la formation de la Table, le rang qui ſuit celui qui exprime BG eſt $xBG - BF$. Or par le Lemme $CB(1).\ BD(x)::BG.\ BF - BH$, & partant $-BH = xBG - BF$; c'eſt-à-dire que $-BH$ vaut le rang parallèle de la Table qui ſuit immédiatement celui qui exprime la valeur de BG. Mais ſelon la formation de la même Table, le rang qui ſuit celui qui vaut $-BH$ eſt $-xBH - BG$ valeur de BI, puiſque ſelon le Lemme $xBH = BI - BG$: & de même le rang qui ſuit celui qui vaut $-BI$ eſt ſelon la formation de cette même Table $-xBI + BH$ valeur de la corde négative $-BL$, puiſque ſelon le Lemme $xBI = BL + BH$. Or il eſt viſible qu'il en eſt de même de toutes les cordes qui ſuivent BL juſqu'à BR; & c'eſt ce qui reſtoit à démontrer.

COROLLAIRE I.

Fig. 269. 270. 444. DE-LA il eſt évident que ſi l'arc AR eſt diviſé en cinq parties égales, le ſixieme rang de Table $x^5 - 5x^3 + 5x$ exprimera la valeur de la corde BR qui ſoutend l'arc BR différence de l'arc AR & de la demie circonférence ADB; que s'il étoit diviſé en ſept parties égales, le huitieme rang ſeroit la valeur de BR; &

& en général qu'il faut augmenter d'une unité le nombre des parties égales, afin d'avoir le rang de la Table qui vaut BR : en observant que le rayon $CB = 1$, que la premiere corde $BD = x$, & que la derniere corde BR est négative lorsque l'arc AR est plus grand que la demie circonférence.

COROLLAIRE II.

445. ON voit par la composition de cette Table, 1°. que le nombre 2 est le premier terme de chaque rang perpendiculaire. 2°. Que les coëficiens de tous les autres termes du premier rang perpendiculaire sont égaux à l'unité. 3°. Que le coëficient d'un terme quelconque de tel rang perpendiculaire qu'on voudra, est toujours égal au coëficient d'un pareil terme dans le rang perpendiculaire à gauche, plus au coëficient du terme qui est au-dessus de lui : c'est-à-dire, par exemple, que le coëficient 14 du quatrieme terme $14x^3$ du troisieme rang perpendiculaire, est égal au coëficient 5 du quatrieme terme $5x^3$ du deuxieme rang perpendiculaire qui est le rang à gauche, plus au coëficient 9 du terme $9xx$ qui est au-dessus du terme $14x^3$.

REMARQUE.

446. SI l'on continuoit à diviser la circonférence en parties égales aux arcs AD, DE, &c. au-delà du point R; il est clair que les rangs parallèles de la Table qui suivent celui qui exprime $-BR$ continueroient à exprimer par ordre toutes les cordes négatives qui suivroient BR, jusqu'à ce que repassant le point B elles redeviendroient encore négatives ; & ainsi de suite alternativement positives & négatives, autant de fois qu'elles passeroient le point B jusqu'à l'infini. FIG. 270.

EXEMPLE I.

447. COUPER un arc de cercle donné AR, en autant de parties égales AD, DE, EF, FG, &c. qu'on voudra.

FIG. 269. 270. Ayant mené le diametre AB & la corde BR, & nommé le rayon donné CA ou CB, I; la corde donnée BR, a; on formera une égalité dont le premier membre sera le rang parallèle de la Table qui surpasse d'une unité le nombre des parties égales, & le second sera $\mp a$; sçavoir $+a$ lorsque l'arc AR est moindre que la demie circonférence, & $-a$ lorsqu'il est plus grand. Or il est visible selon l'article 443. que la résolution de cette égalité doit fournir pour l'une de ses racines x, une valeur BD telle qu'ayant décrit du point B comme centre & de l'intervalle BD un arc de cercle, il coupera sur l'arc donné AR la premiere des parties égales cherchées AD.

Qu'il faille, par exemple, diviser l'arc donné AR en trois parties égales; on trouvera $x^3 - 3x = \mp a$, dont l'une des racines BD terminera la premiere des trois parties égales qu'on demande. S'il falloit diviser l'arc AR en cinq parties égales, on auroit $x^5 - 5x^3 + 5x = \mp a$; & de même, s'il falloit diviser en sept, il viendroit $x^7 - 7x^5 + 14x^3 - 7x = \mp a$: de sorte que toute la difficulté se réduit à trouver les racines de ces égalités. Or c'est ce qu'on a enseigné dans le Livre précédent. Donc, &c.

Il est à remarquer que ces égalités sont les plus simples qu'il est possible, lorsque le nombre des parties égales est un nombre premier. Mais lorsqu'il est composé de deux ou plusieurs nombres premiers, on divisera d'abord l'arc donné en autant de parties égales que l'un de ces nombres a d'unités, & ensuite la premiere de ces parties en autant de parties égales que l'un des membres restans a d'unités, & ainsi de suite jusqu'à ce qu'on ait épuisé tous les nombres premiers, dont le produit forme le nombre donné ; ce qui donnera enfin la premiere des parties égales qu'on cherche : si l'on veut, par exemple, diviser l'arc AR en trente parties égales, il faudra d'abord le diviser en cinq, ensuite la premiere de ces cinq parties en trois, & enfin la premiere de ces trois en deux, pour avoir la trentieme partie qu'on demande, & cela parce que $30 = 5 \times 3 \times 2$.

REMARQUE I.

448. DEUX points donnés A, R, sur la circonférence d'un cercle en déterminent non-seulement deux arcs, dont l'un AR est moindre que la demie circonférence, & l'autre ABR plus grand; mais encore une infinité de portions, dont les unes sont la circonférence entiere plus l'arc AR, deux fois la circonférence plus l'arc AR, trois fois la circonférence plus l'arc AR &c. & les autres sont la circonférence entiere plus l'arc ABR, deux fois la circonférence plus l'arc ABR, trois fois la circonférence plus l'arc ABR, &c; dont la raison est que la circonférence d'un cercle rentrant en elle-même, on peut considérer cette ligne courbe comme faisant une infinité de révolutions autour d'elle-même. Si donc l'on nomme l'arc AR, d; la circonférence entiere c; l'arc ABR sera $c-d$ & l'on aura ces deux suites, FIG. 270. 271. 272. &c.

1°. $d,\ c+d\ \ 2c+d,\ 3c+d,\ 4c+d,\ 5c+d,\ 6c+d,\ 7c+d,\ 8c+d,$ &c.

2°. $c-d,\ 2c-d,\ 3c-d,\ 4c-d,\ 5c-d,\ 6c-d;\ 7c-d,\ 8c-d,$ &c.

qui expriment par ordre toutes les portions de circonférences terminées par les deux points A, R. Cela posé.

Si l'arc AD est une aliquote quelconque de l'arc AR moindre que la demie circonférence; & qu'ayant inscrit dans le cercle un poligone $DEFGH$, &c. d'un pareil nombre de côtés à commencer par le point D, on tire de l'extrêmité B du diametre AB aux angles du poligone les cordes BD, BF, BG, BH, &c;

je dis qu'elles terminent des aliquotes pareilles de tous les termes de ces deux suites, dont l'origine fixe est toujours au point A.

FIG. 271. Car soit pour fixer les idées l'arc $AD = \frac{1}{5}d$; il est clair que l'arc $ADE = \frac{c+d}{5}$, l'arc $ADEF = \frac{2c+d}{5}$, l'arc $ADEFG = \frac{3c+d}{5}$ l'arc $ADEFGH \frac{4c+d}{5}$ qui sont les cinquiemes parties ou les aliquotes pareilles des cinq premiers termes de la premiere suite. Or si l'on divise tel autre de ses termes qu'on voudra par 5, il est visible que le quotient renferme au juste un certain nombre de fois la circonférence entiere plus une des cinq fractions précédentes. Donc puisque la corde qui termine un arc, dont l'origine est en A, est la même que celle qui termine cet arc plus la circonférence répétée autant de fois qu'on veut, il s'ensuit que les cordes BD, BE, BF, BG, BH, terminent les cinquiemes parties de tous les termes de la premiere suite. On prouvera de la même maniere que les arcs AH, AHG, $AHGF$, $AHGFE$, $AHGFED$, sont les cinquiemes parties des cinq premiers termes de la seconde suite, & qu'ainsi les cordes BH, BG, BF, BE, BD, terminent les cinquiemes parties de tous les termes de la seconde suite. Mais il est visible que cette démonstration se peut appliquer à telle autre aliquote qu'on voudra de l'arc AR. Donc, &c.

FIG. 273. 274. De-là il suit que si l'on réunit les deux suites précédentes en une seule $d, c \mp d, 2c \mp d, 3c \mp d$, &c; les deux cordes voisines de part & d'autre de la plus grande ou premiere BD qui termine l'aliquote AD de l'arc AR moindre que la demie circonférence, termineront des aliquotes pareilles du second terme $c \mp d$ de la suite; que les deux cordes voisines de celles-ci termineront des aliquotes pareilles du troisieme terme $2c \mp d$ de la suite; & ainsi à l'infini de deux en deux jusqu'aux dernieres lorsque l'aliquote est impaire, & jusqu'à la derniere lorsqu'elle est paire. Ainsi lorsque l'arc $AD = \frac{1}{5}AR$; les cordes BE, BH, terminent les deux arcs ADE, AH, cinquiemes parties du second terme $c \mp d$ de la suite, c'est-à-dire de la circonférence plus l'arc AR, & de la circonférence moins cet arc; les deux cordes BF, BG, voisines de celles-ci termineront deux arcs $ADEF$, AHG, qui sont les cinquiemes parties du troisieme terme $2c \mp d$ de la suite : & de même lorsque l'arc $AD = \frac{1}{6} AR$; les deux cordes BE, BK, voisines de part & d'autre de la premiere ou plus grande BD terminent les deux arcs ADE, AK, qui sont les sixiemes parties du second terme $c \mp d$; les deux cordes BF, BH, voisines de ces deux-ci terminent les deux arcs $ADEF$, AKH, sixiemes parties du troisieme terme $2c \mp d$; & enfin la derniere corde BG termine les deux arcs $ADEFG$, $AKHG$, sixiemes parties du quatrieme terme $3c \mp d$.

On entend dans les remarques suivantes par *cordes impaires*, celles qui étant prises de part & d'autre de la premiere ou plus grande BD, se trouvent dans des lieux impairs à commencer par cette plus grande; & par *cordes paires*, celles qui étant prises de part & d'autre de la même BD, se trouvent dans des lieux pairs. Ainsi lorsque l'arc $AD = \frac{1}{5} AR$; les cordes BD, BF, BG, sont des cordes impaires, & les cordes BE, BH, des cordes paires : & de même lorsque l'arc $AD = \frac{1}{6} AR$; les cordes BD, BF, BH, sont des cordes impaires, & les côtés BE, BK, BG, sont des cordes paires.

REMARQUE II.

449. SI l'arc AD est une aliquote quelconque de l'arc AR moindre que la demie circonférence ARB; & qu'ayant inscrit dans le cercle à commencer par le point D, un poligone $DEFGH$, &c. d'un pareil nombre de côtés, on tire de l'extrêmité B du diametre AB aux angles du poligone les cordes BD, BE, BF, BG, BH, &c: je dis que les cordes impaires lorsque l'arc AD est une aliquote impaire de l'arc AR, & leurs quar- FIG. 273. 274.

rés lorſqu'il en eſt une aliquote paire, expriment les racines vraies de l'égalité qu'on trouve en égalant à la grandeur poſitive $+a$, le rang parallèle de la Table dont l'expoſant ſurpaſſe d'une unité le nombre des côtés du poligone; & que les cordes paires dans le premier cas, & leurs quarrés dans le ſecond, expriment les racines vraies de l'autre égalité qu'on trouve en égalant à la grandeur négative $-a$, le même rang parallèle de la Table.

Fig. 171. 273. Soit, par exemple, l'arc $AD = \frac{1}{5} AR$; je dis que les cordes impaires BD, BF, BG, ſont les racines vraies de l'égalité $x^5 - 5x^3 + 5x = a$, & que les cordes paires

Fig. 172. 274. BE, BH, ſont les racines vraies de l'autre égalité $x^5 - 5x^3 + 5x = -a$. Si l'arc $AD = \frac{1}{6} AR$; les quarrés des cordes impaires BD, BF, BH, ſeront les racines vraies de l'égalité $x^6 - 6x^4 + 9xx - 2 = a$, & les quarrés des cordes paires BE, BK, BG, ſeront les racines vraies de l'autre égalité $x^6 - 6x^4 + 9xx - 2 = -a$.

Car ſi l'on propoſe de diviſer la circonférence entiere répétée un certain nombre de fois plus ou moins l'arc AR, en parties égales dont la premiere ſoit moindre que la demie circonférence, il eſt clair ſelon l'article 444. qu'on formera la même Table que pour la diviſion de l'arc AR: en obſervant que les cordes doivent changer néceſſairement une fois de ſigne (avant que d'arriver à la derniere BR) lorſque la circonférence n'eſt répétée qu'une fois, parce que l'origine commune B de toutes ſe trouve ſur l'une des parties égales; que les cordes doivent changer deux fois de ſignes, lorſque la circonférence eſt répétée deux fois, parce que l'origine B ſe trouve néceſſairement ſur deux des parties égales; qu'elles doivent changer trois fois, lorſque la circonférence eſt répétée trois fois, parce que l'origine B ſe trouve ſur trois parties égales, & ainſi de ſuite. La corde BR ſera donc poſitive lorſqu'il s'agit de diviſer en parties égales l'arc AR & la circonférence répétée un nombre pair de fois plus ou moins l'arc AR; & négative lorſque la circonférence eſt répétée un nombre impair de fois : c'eſt-à-dire que dans le premier cas on doit égaler le rang parallèle de la Table à la grandeur poſitive $+a$. Et par conſéquent les cordes impaires ou leurs quarrés ſeront les racines vraies de l'autre égalité dont l'un des membres eſt $-a$. *Ce qu'il falloit, &c.*

REMARQUE III.

450. LES mêmes choſes étant poſées, ſi l'arc AD eſt un aliquote impaire de l'arc AR; il eſt clair par l'inſpection de la Table, que tous les termes pairs, c'eſt-à-dire, le deuxieme, quatrieme, ſixieme, &c, excepté le dernier terme a, manquent toujours dans les deux égalités qu'on trouve ſelon la remarque précédente. Or l'on ſçait en Algébre, qu'en changeant de ſignes les termes pairs d'une égalité, on ne fait qu'en changer les racines vraies en fauſſes & les fauſſes en vraies. D'où il ſuit que les cordes paires qui ſont des racines vraies de l'égalité dont l'un des membres eſt $-a$, deviendront des racines fauſſes de l'autre égalité dont l'un des membres eſt $+a$. Par exemple ſi l'arc $AD = \frac{1}{5} AR$; les cordes impaires BD, BF, BG, ſeront les racines vraies de l'égalité $x^5 - 5x^3 + 5x = a$, & les cordes paires BE, BH, en ſeront les racines fauſſes. FIG. 271. 273.

On peut tirer de ces deux dernieres Remarques pluſieurs Théorêmes la plûpart entiérement nouveaux, touchant l'inſcription des poligones réguliers ; ſi l'on fait attention que la grandeur connue du ſecond terme d'une égalité renferme la ſomme de ſes racines, que celle du troiſieme terme renferme la ſomme des plans alternatifs de ſes racines, que celle du quatrieme terme renferme la ſomme des ſolides alternatifs, &c, & enfin que le dernier terme eſt égal au produit de toutes les racines les unes par les autres. J'en mettrai ici quatre des principaux, après avoir fait la remarque ſuivante qui peut être de quelque utilité.

REMARQUE IV.

FIG. 271. 273. 451. LES mêmes choſes étant poſées que dans la Remarque précédente, où l'on veut que l'aquilote AD de l'arc AR ſoit impaire ; je dis qu'entre les cordes renfermées dans la demie circonférence ARB qui contient l'arc AR, la dernière ou plus petite BF ſoutend un arc BF qui eſt à l'arc BR, en même raiſon que l'arc AD à l'arc AR.

Car ſoit l'arc AD la cinquieme partie de l'arc AR, & par conſéquent l'arc DE la cinquieme partie de la circonférence ; il eſt clair que la demie circonférence ARB contiendra deux fois & demie l'arc DE, c'eſt-à-dire, deux fois l'arc DE ou bien l'arc DEF plus la cinquieme partie de la demie circonférence. Donc l'arc AD plus l'arc BF vaut la cinquieme partie de la demie circonférence ARB. Donc puiſque AD eſt la cinquieme partie de l'arc AR, il s'enſuit que BF ſera auſſi la cinquieme partie de l'arc BR complément à deux droits de l'arc AR. Mais ce que l'on vient de démontrer ſubſiſte avec la même force, ſoit que l'arc AD ſoit la cinquieme partie de l'arc AR, ou bien une autre aliquote quelconque impaire. On a donc eu raiſon de dire en général, &c.

De-là on voit que ſi l'on nomme b la corde BR d'un arc quelconque BR moindre que la demie circonférence, dont le rayon eſt 1 ; & que l'on forme une égalité dont l'un des membres ſoit b, & l'autre le rang parallèle de la Table qui ſurpaſſe d'une unité le nombre des parties égales dans leſquelles l'arc BR doit être diviſé : cette égalité aura pour l'une de ſes racines la corde BF de la premiere de ſes parties, & par conſéquent pour une autre de ſes racines, la corde BG de la premiere d'un pareil nombre de parties égales de l'arc BAR complément à quatre droits de l'arc BR.

THEOR. I.

THEORESME I.

452. *Si l'on inscrit au dedans d'un cercle un poligone régulier quelconque* DEFGH, &c. *d'un nombre impaire de côtés ; & qu'on tire d'un point quelconque* B *de la circonférence à tous les angles du poligone des cordes* BD, BE, BF, BG, BH, &c : *je dis*, FIG. 271.

1°. *Que la somme des cordes impaires* BD, BF, BG, &c, *à commencer par la plus grande* BD *sera toujours égale à la somme des cordes paires* BE, BH, &c ; *c'est-à-dire que la plus petite corde* BF — BE + BD — BH + DG, &c = o.

Car menant le diametre BA, & prenant l'arc AR qui contient l'arc AD autant de fois que le poligone a de côtés, il est clair comme l'on vient de voir que si l'on nomme la corde BR, a ; & le rayon CA ou CB, 1 ; les cordes impaires BD, BF, BG, &c, seront les racines vraies, & les cordes paires BE, BH, &c, les racines fausses de l'égalité qui a pour l'un de ses membres $+a$. Or puisque le second terme, qui selon qu'on démontre en Algébre contient la somme des racines, manque toujours dans cette égalité ; il s'ensuit, &c.

2°. *Que si l'on mene le diametre* BA, *& qu'ayant pris l'arc* AR *qui contient l'arc* AD *autant de fois que le poligone a de côtés, on tire la corde* BR : *le produit* BD × BE × BF × BG × BH, &c. *de toutes les cordes* BD, BE, BF, BG, BH, &c. *les unes par les autres, sera toujours égal au produit de la corde* BR *par une puissance du rayon* CA *qui ait pour exposant le nombre des cordes* — 1.

Car ce dernier produit vaut le membre a ; puisque $BR = a$, & qu'on prend dans la Table pour l'unité le rayon CA. Or comme le terme a est toujours le dernier terme de l'égalité qui a pour ses racines toutes les cordes BD, BE, BF, BG, BH, &c, & que le dernier terme d'une égalité contient toujours selon ce qu'on démontre en Algébre le produit de toutes ses racines ; il s'ensuit, &c.

THEORESME II.

FIG. 273. 453. *Si l'on divise une demie circonférence* AEB *en un nombre quelconque impair de parties égales, dont les deux premieres soient l'arc* AE, *les quatre premieres l'arc* AEF, *& ainsi de suite de deux en deux jusqu'à la derniere; & qu'on tire les cordes* BE, BF, &c: *je dis,*

1°. *Que la premiere de ces cordes* BE, *moins la seconde* BF, *plus la troisieme, moins la quatrieme, &c, jusqu'à la derniere inclusivement; est toujours égale au rayon.*

2°. *Que le produit* BE×BF, &c. *de toutes les cordes les unes par les autres, est égale à une puissance convenable du rayon. Ainsi dans cet exemple où le nombre des divisions est 5, & où il n'y a par conséquent que deux cordes* BE, BF; *on aura* 1°. BE—BF=CA. 2°. BE×BF=$\overline{CA}^2$.

Car inscrivant dans le cercle entier le poligone régulier *EFGH* dont le nombre des côtés soit égal au nombre des divisions à commencer par le point *A*; & tirant de l'autre extrêmité *B* du diametre *AB* à tous les angles de ce poligone des cordes *BD*, *BE*, *BH*, *BF*, *BG*, &c; il est clair, 1°, que la plus grande de ces cordes *BD* est égale au diametre *BA*, & qu'ainsi l'arc *AD* étant nul ou zéro, l'arc *AR* le sera aussi; d'où l'on voit que la corde *BR* sera aussi égale au diametre *BA*. 2°. Que les cordes *BE*, *BH*, *BF*, *BG*, &c, étant prises deux à deux sont égales entr'elles. Or cela posé, si l'on applique le Théorême précédent à ce cas particulier on en verra naître celui-ci. Donc, &c.

THEORESME III.

FIG. 272. 454. *Si l'on inscrit au dedans d'un cercle un poligone régulier quelconque* DEFGHK, &c, *dont le nombre des côtés soit pair; & que d'un point quelconque* B *de la circonférence, on tire à tous les angles de ce poligone des cordes* BD, BE, BF, BG, BH, BK, &c: *je dis,*

1°. *Que la somme tant des quarrés des cordes impaires*

BD, BF, BH, *que des cordes paires* BE, BG, BK, *est égale au quarré du rayon* CB *pris autant de fois que le poligone a de côtés.*

Car menant le diametre *BA*, & prenant l'arc *AR* qui contienne l'arc *AD* autant de fois que le poligone a de côtés; il est clair * qu'en nommant la corde *BR*, *a*; & le rayon *CA* ou *CB*, 1; les quarrés des cordes impaires *BD*, *BF*, *BH*, &c, seront les racines vraies de l'égalité dont l'un des membres est $+a$; & que les quarrés des cordes paires *BE*, *BK*, *BG*, &c, seront les racines vraies de l'autre égalité dont l'un des membres est $-a$. Or le coëficient du second terme de chacune de ces deux égalités qui contient la somme de leurs racines, est toujours égal au quarré du rayon pris autant de fois que le poligone a de côtés, comme l'on voit dans la Table. Donc, &c. * *Art.* 449.

2°. *Que si l'on mene le diametre* BA; & *qu'ayant pris l'arc* AR *qui contienne autant de fois l'arc* AD *que le poligone a de côtés, on tire la corde* BR: *le produit* $\overline{BD}^2 \times \overline{BF}^2 \times \overline{BH}^2$, &c. *des quarrés des cordes impaires, est égal au produit de* BA $\mp$ BR *par une puissance convenable du rayon, sçavoir* BA + BR *lorsque le nombre des côtés du poligone est simplement pair, &* BA — BR *lorsqu'il est pairement pair, c'est-à-dire, divisible par* 4; & *le produit* $\overline{BE}^2 \times \overline{BG}^2 \times \overline{BK}^2$, &c. *des cordes paires, est égal au produit de* BA $\pm$ BR *par la même puissance du rayon, sçavoir* BA — BR *dans le premier cas &* BA + BR *dans le second.*

Car nommant *BR*, *a*; & le rayon *CA*, 1; il est clair que les quarrés des cordes impaires *BD*, *BF*, *BH*, &c, sont les racines d'une égalité qui a toujours pour dernier terme $2 \mp a$ c'est-à-dire $BA \mp BR$; & de plus que les quarrés des cordes paires *BE*, *BG*, *BK*, &c, sont les racines de l'autre égalité qui a toujours pour dernier terme $2 \pm a$ c'est-à-dire $BA \pm BR$. Or comme le dernier terme d'une égalité contient toujours le produit de toutes ses racines, il s'ensuit, &c.

COROLLAIRE.

455. DE-LA il eſt évident, 1°. que la ſomme des quarrés de toutes les cordes tant paires qu'impaires, eſt égal au quarré du rayon multiplié par le double du nombre des côtés du poligone, c'eſt-à-dire ici que $\overline{BF}^2 + \overline{BE}^2 + \overline{BD}^2 + \overline{BK}^2 + \overline{BH}^2 + \overline{BG}^2 = 12\,\overline{CA}^2$. 2°. Que la différence des quarrés des cordes impaires avec les quarrés des cordes paires, eſt toujours égale à zéro, c'eſt-à-dire, que $\overline{BF}^2 - \overline{BE}^2 + \overline{BD}^2 - \overline{BK}^2 + \overline{BH}^2 - \overline{BG}^2 = o$. 3°. Que le produit des quarrés des cordes impaires plus celui des quarrés des cordes paires, eſt égal au quadruple d'une puiſſance pareille du rayon; c'eſt-à-dire, que $\overline{BF}^2 \times \overline{BD}^2 \times \overline{BH}^2 + \overline{BE}^2 \times \overline{BK}^2 \times \overline{BG}^2 = 4\,CA^6$. 4°. Que la différence de ces deux produits, eſt égale au double de la corde BR multipliée par une puiſſance convenable du rayon; en obſervant que le produit du quarré des cordes impaires, ſurpaſſe celui des quarrés des cordes paires, lorſque le nombre des côtés du poligone eſt ſimplement pair, & au contraire qu'il eſt moindre, lorſqu'il eſt pairement pair: c'eſt-à-dire ici, que $\overline{BF}^2 \times \overline{BD}^2 \times \overline{BH}^2 - \overline{BE}^2 \times \overline{BK}^2 \times \overline{BG}^2 = 2\,BR \times CA^5$. 5°. Que le produit des quarrés de toutes les cordes tant paires qu'impaires les uns par les autres ſera toujours égal au produit de $\overline{BA}^2 - \overline{BR}^2 = BA+BR \times BA-BR = \overline{AR}^2$ à cauſe de l'angle droit ARB, par une puiſſance convenable du rayon: c'eſt-à-dire, en extrayant de part & d'autre les racines quarrées, que le produit de toutes les cordes eſt égal au produit de la corde AR par une puiſſance du rayon moindre d'une unité que le nombre des cordes; par exemple ici, $BF \times BE \times BD \times BK \times BH \times BG = AR \times CA^5$.

THEORESME IV.

FIG. 275. 456. SI *l'on diviſe une demie circonférence* ADB *en un nombre quelconque pair de parties égales, dont la premiere soit l'arc* AD, *les trois premieres l'arc* ADE, *les cinq premieres l'arc* ADEF, *& ainsi de suite de deux en deux jusqu'à la derniere; & qu'on tire les cordes* BD, BE, BF, &c: *je dis*,

1°. *Que la somme des quarrés de ces cordes est égale au quarré du rayon pris autant de fois qu'il y a de divisions. C'est-à-dire ici, où le nombre des divisions est* 6, *que* $\overline{BD}^2 + \overline{BE}^2 + \overline{BF}^2 = 6\,\overline{CA}^2$.

2°. *Que le produit des quarrés de ces cordes les uns par les autres, vaut le double de la puissance convenable du rayon. Ainsi* $\overline{BD}^2 \times \overline{BE}^2 \times \overline{BF}^2 = 2CA^6$, *& par conséquent* $BD \times BE \times BF = CA^3 \times \sqrt{2}$.

Car inscrivant dans le cercle entier un poligone régulier *DEFGHK*, dont le nombre des côtés soit égal au nombre des divisions, à commencer par la premiere *D*; & tirant de l'extrêmité *B* du diametre *AB*, à tous les angles de ce poligone, des cordes *BD*, *BK*, *BE*, *BH*, *BF*, *BG*: il est clair que les cordes *BD*, *BK*, *BE*, *BH*, *BF*, *BG*, &c, étant prises deux à deux sont égales entr'elles; & partant que si l'on applique les articles premier & troisieme du Corollaire précédent à ce cas particulier, on en verra naître ce Théorême.

EXEMPLE XII.

457. INSCRIRE dans un cercle donné, un poligone régulier quelconque, dont le nombre des côtés soit donné.

On peut regarder ce Problême, comme n'étant qu'un cas particulier de l'exemple précédent. Car si l'on suppose que la corde *BR* devienne nulle ou zéro, il s'ensuit que l'arc *AR* qu'elle termine deviendra la demie circonférence. Or si l'on propose de diviser la circonférence entiere en un nombre quelconque de parties égales; il est évident qu'en divisant la demie circonférence dans ce même nombre, & prenant la seconde corde au FIG. 275.

lieu de la premiere, elle terminera la premiere des parties demandées. Par exemple, si l'on divise la demie circonférence ADB en sept parties égales $AD, DE, EF, FG, GH, HI, IB$; la seconde corde BE terminera l'arc AE qui est la septieme partie de la circonférence entiere. D'où l'on voit qu'en égalant à zéro le rang parallèle de la Table qui surpasse d'une unité le nombre des côtés du poligone, on formera une égalité dont la plus grande des racines x exprimera la valeur de la corde BD qui termine l'arc AD moitié de l'arc cherché AE. Mais * $CB\,(1).\ BD\,(x) :: BD\,(x).\ BE + BA$, & par conséquent si l'on nomme la seconde corde BE, z; on aura $xx = z + 2$. Si donc l'on fait évanouir par le moyen de cette égalité l'inconnue x dans la précédente, on en formera une nouvelle dont la plus grande racine z exprimera la corde BE qui termine l'arc cherché AE. Ainsi dans notre exemple, en égalant à zéro le huitieme rang parallèle & divisant par x, je trouve cette égalité $x^6 - 7x^4 + 14xx - 7 = 0$, dans laquelle mettant à la place de xx sa valeur $z + 2$, à la place de x^4 le quarré de cette valeur, &c. je la change en cette autre $z^3 - zz - 2z + 1 = 0$, dont la plus grande des racines z exprime la valeur de la corde BE qui termine l'arc AE septieme partie de la circonférence entiere.

Fig. 276.

* Art. 442.

Voici maintenant une maniere générale de trouver immédiatement toutes ces égalités lorsque le nombre des côtés du poligone est impair qui est le seul cas nécessaire; puisque s'il étoit pair, on le réduiroit toujours en le divisant par 2, autant de fois qu'il seroit possible, en un nombre impair dans lequel ayant partagé la circonférence, on auroit par la bissection d'une des parties égales, réitérée autant qu'il seroit nécessaire, l'arc qu'on demande.

Soit construite une Table dans laquelle le premier rang parallèle étant 1, & le second $z - 1$; le troisieme $zz - z - 1$ soit égal au produit du second par z, moins le premier; le quatrieme $z^3 - zz - 2z + 1$ soit égal au produit du troisieme par z, moins le second ; & ainsi à l'infini. Soit formée une égalité dont l'un des membres étant zéro, l'autre soit le rang parallèle de la Table, qui ait pour exposant la plus grande moitié du nombre des côtés du poligone. Je dis que la plus grande des racines z de cette égalité, terminera un arc qui aura pour corde, le côté cherché du poligone.

Table pour l'inscription des poligones réguliers dans le cercle.

1er	1
2e	$z - 1$
3e	$zz - z - 1$
4e	$z^3 - zz - 2z + 1$
5e	$z^4 - z^3 - 3zz + 2z + 1$
6e	$z^5 - z^4 - 4z^3 + 3zz + 3z - 1$
7e	$z^6 - z^5 - 5z^4 + 4z^3 + 6zz - 3z - 1$
8e	$z^7 - z^6 - 6z^5 + 5z^4 + 10z^3 - 6zz - 4z + 1$
9e	$z^8 - z^7 - 7z^6 + 6z^5 + 15z^4 - 10z^3 - 10zz + 4z + 1$
10e	$z^9 - z^8 - 8z^7 + 7z^6 + 21z^5 - 15z^4 - 20z^3 + 10zz + 5z - 1$

Qu'il faille, par exemple, inscrire dans un cercle un heptagone. Je prends le quatrieme rang parallèle de la Table, parce que 4 est la plus grande moitié de 7, & l'égalant à zéro j'ai $z^3 - zz - 2z + 1 = 0$, dont la plus grande racine z exprimera la valeur de la corde BE, qui termine l'arc AE septieme partie de la circonférence entiere. Pour le prouver.

Soit un arc de cercle AR moindre que la demie cir- FIG. 275.
conférence, divisé en un nombre quelconque impair, de parties égales aux points D, E, F, G, &c : & soient menées de l'extrêmité B du diametre BA, les cordes BD, BE, BF, BG, &c, jusqu'à la derniere BR. Ayant pris l'arc AS égal à l'arc AD, soit tirée la corde BS, & soient nommées la premiere corde BD ou BS, x ; & la seconde BE, z. Cela posé, on aura selon le Lemme $CB\ (1).\ BE\ (z) :: BD\ (x).\ BF + BS$. Et par conséquent $BF = xz - x$. De même $CB\ (1).\ BE\ (z) :: BF.\ BD + BH$. Et par conséquent $BH = zBF - BD$; de

même encore $CB\,(1).\,BE\,(z) :: BH.\,BF+BR$, & partant $BR = zBH - BF$: c'eſt-à-dire, que la cinquieme corde BH eſt égale au produit de la troiſieme BF par z, moins la premiere BD; que la ſeptieme BR eſt égal au produit de la cinquieme BH par z, moins la troiſieme BF; & ainſi à l'infini de toutes les cordes impaires. D'où l'on voit que ſi l'on conſtruit une Table dont le premier rang étant x, & le ſecond $xz - x$; le troiſieme $xzz - xz - x$ ſoit égal au produit du ſecond par z, moins le premier; le quatrieme $xz^3 - xzz - 2xz + 1$ ſoit égal au produit du troiſieme par z moins le ſecond; & ainſi à l'infini: les rangs de cette Table exprimeront par ordre toutes les cordes impaires BD, BF, BH, BR, de l'arc AR. Or les rangs de cette Table n'étant autres que ceux de la précédente multipliés chacun par x, il s'enſuit qu'en ſuppoſant que la derniere corde BR devienne
FIG. 276. nulle ou zéro (ce qui arrive lorſque l'arc AR devient la demie circonférence,) & faiſant ce qu'on vient de preſcrire, on aura une égalité dont l'inconnue z exprimera la ſeconde corde BE qui termine l'arc AE qui eſt contenu autant de fois dans la circonférence entiere, que l'arc AD qui en eſt la moitié, l'eſt dans la demie circonférence.

Il faut remarquer, 1°. que les égalités qu'on trouve de cette maniere ſont les plus ſimples qu'il eſt poſſible, lorſque le nombre des côtés du poligone eſt un nombre premier: mais que lorſqu'il eſt compoſé de deux ou de pluſieurs nombres premiers, il faudra diviſer d'abord la circonférence entiere en autant de parties égales que le plus grand de ces nombres a d'unités, & enſuite une de ces parties en autant de parties égales que l'un des nombres reſtans a d'unités, & continuer juſqu'à ce que tous les nombres premiers qui compoſent le nombre donné des côtés du poligone ſoient épuiſés. 2°. Qu'entre les cordes qui partent du point B, & qui ſont renfermées dans la demie circonférence AEB; les impaires à commencer par la plus grande BE ſont les racines vraies,

vraies, & les paires les fausses des égalités qu'on trouve par cette méthode : ainsi les cordes BE, BI, sont les deux racines vraies de l'égalité $z^3 - zz - 2z + 1 = o$, & la corde BG en est la fausse. 3°. Qu'entre les racines de ces sortes d'égalités, la plus petite est la corde d'un arc qui est la moitié de celui qu'on cherche : c'est-à-dire dans cette exemple, que la plus petite racine BI de l'égalité $z^3 - zz - 2z + 1 = o$, est la corde d'un arc BI qui qui est la quatorzieme partie de la circonférence.

REMARQUE.

458. Il est visible dans cette derniere Table, que tous les termes du premier & du second rang perpendiculaire ont chacun pour coëficient l'unité ; que ceux du troisieme & du quatrieme rang ont pour coëficiens les nombres naturels 1, 2, 3, 4, &c qui se forment par l'addition continuelle des unités ; que ceux du cinquieme & du sixieme rang ont pour coëficiens les nombres triangulaires 1, 3, 6, 10, &c qui se forment par l'addition continuelle des nombres naturels ; que ceux du septieme & du huitieme rang ont pour coëficiens les nombres piramidaux 1, 4, 10, &c, qui se forment par l'addition continuelle des triangulaires ; & ainsi à l'infini de deux en deux des nombres d'un ordre supérieur qui se forment par l'addition continuelle de ceux du dernier ordre.

LEMME I.

459. S'il *y a sur un demi cercle* AEB *deux arcs égaux* AD, EF, *dont l'un* AD *ait son commencement en l'une des extrémités* A *du diametre* AB, *& l'autre* EF *soit pris par tout où l'on voudra ; & qu'on tire les cordes* BD, BE, BF, & AD, AE, AF : *je dis*, 1°. *que* $AB \times BF = BD \times BE - AD \times AE$. 2°. *Que* $AB \times AF = BD \times AE + AD \times BE$. FIG. 277.

Car les trois triangles rectangles ADG (le point G est ici le point d'intersection des cordes BD, AF), AEB,

BFG font femblables entr'eux ; puifque l'angle AGD ou BGF ayant pour mefure la moitié des deux arcs BF, AD, eft égal à l'angle BAE qui a auffi pour mefure la moitié des deux arcs BF, FE, ou AD. Si donc l'on nomme le diametre AB, 1 ; les cordes BD, x ; AD, y ; BE, v ; AE, z ; on aura, 1°. $BE(v) . EA(z) :: AD(y) . DG = \frac{yz}{v}$, & partant BG ou $BD - DG = x - \frac{yz}{v}$. 2°. $AB(1) . BE(v) :: BG\left(x - \frac{yz}{v}\right) . BF = vx - yz$, c'eft-à-dire (puifque $AB = 1$) que $AB \times BF = BD \times BE - AD \times AE$. Ce qu'il falloit démontrer en premier lieu.

Maintenant $BE(v) . BA(1) :: AD(y) . AG = \frac{y}{v}$. Et $AB(1) . AE(z) :: BG\left(x - \frac{yz}{v}\right) . GF = xz - \frac{zzy}{v}$; & partant $AG + GF$ ou $AF = xz - \frac{zzy}{v} + \frac{y}{v} = xz + vy$, puifqu'à caufe du triangle rectangle AEB on trouve $1 - zz = vv$; c'eft-à-dire que AF ou $AB \times AF = BD \times AE + AD \times BE$. Et c'eft ce qui reftoit à démontrer.

LEMME II.

460. **Soit** *formée une Table, dont le premier rang parallèle étant compofé de deux parties* x & y, *tous les autres le foient auffi felon cette regle ; la premiere partie de tel rang parallèle qu'on voudra, vaut la premiere partie du rang parallèle qui le précede immédiatement, multipliée par* x, *moins la feconde partie du même rang multipliée par* y : & *la feconde partie vaut la même premiere partie multipliée par* y, *plus la même feconde multipliée par* x. *Soit de plus un arc de cercle quelconque* AR *moindre que la demie circonférence divifé en autant de parties égales qu'on voudra, aux points* D, E, F, G, &c. *Je dis que fi le diametre* AB = 1, & *les deux premieres cordes* BD = x, AD = y ; *toutes les autres cordes* BE, BF, BG, &c, *feront exprimées par les premieres parties du deuxieme, troifieme, quatrieme, &c. rang parallèle, & les autres* Fig. 278.

cordes correſpondantes AE, AF, AG, &c, *par les ſecondes parties des mêmes rangs. Ainſi* BG *étant la quatrieme corde, vaut la premiere partie* $x^4 - 6yyxx + y^4$ *du quatrieme rang parallèle, & ſa correſpondante* AG *vaut la ſeconde partie* $4yx^3 - 4y^3x$ *du même rang.*

1^{es}	x	y
2^e	$xx - yy$	$2yx$
3^e	$x^3 - 3yyx$	$3yxx - y^3$
4^e	$x^4 - 6yyxx + y^4$	$4yx^3 - 4y^3x$
5^e	$x^5 - 10yyx^3 + 5y^4x$	$5yx^4 - 10y^3xx + y^5$
6^e	$x^6 - 15yyx^4 + 15y^4xx - y^6$	$6yx^5 - 20y^3x^3 + 6y^5x$
7^e	$x^7 - 21yyx^5 + 35y^4x^3 - 7y^6x$	$7yx^7 - 35y^3x^4 + 21y^5xx - x^7$

Car il eſt clair ſelon le Lemme précédent que le produit d'une corde quelconque BF par la premiere corde $BD\ (x)$, moins le produit de la corde correſpondante AF, par l'autre premiere corde $AD\ (y)$ exprime la valeur de la corde BG qui ſuit immédiatement BF; & auſſi que la corde AG vaut $BF \times AD\ (y) + AF \times BD\ (x)$. Donc, &c.

COROLLAIRE.

461. SI l'on ajoute enſemble les deux parties de chaque rang parallèle de la Table précédente, en mettant par ordre tous les termes qui les compoſent ſelon les différens degrés des puiſſances de x; on formera cette nouvelle Table qui contiendra par ordre les termes de toutes les puiſſances du binome $x + y$: en obſervant que le premier & le ſecond terme doivent être pris affirmativement, le troiſieme & le quatrieme négativement, & ainſi alternativement de deux en deux juſqu'au dernier. Ainſi le troiſieme rang parallèle contiendra $x^3 + 3yxx - 3yyx - y^3$; c'eſt-à-dire le cube du binome $x + y$, dont on prend les deux premiers termes affirmativement, & les deux derniers négativement: de même le cinquieme rang parallèle contiendra $x^5 + 5yx^4 - 10yyx^3 - 10y^3xx + 5y^4x + y^5$, qui eſt la cinquieme

puiſſance du binome $x + y$, dont le premier & le ſecond terme ſont pris affirmativement, le troiſieme & le quatrieme négativement, le cinquieme & le ſixieme affirmativement; & il en eſt ainſi de tous les autres rangs à l'infini.

1[e] $x + y$
2[e] $xx + 2yx - yy$
3[e] $x^3 + 3yxx - 3yyx - y^3$
4[e] $x^4 + 4yx^3 - 6yyxx - 4y^3x + y^4$
5[e] $x^5 + 6yx^4 - 10yyx^3 - 10y^3x + 5y^4x + y^5$
6[e] $x^6 + 6yx^5 - 15yyx^4 - 20y^3x^3 + 15y^4xx + 6y^5x - y^6$
7[e] $x^7 + 7yx^6 - 21yyx^5 - 35y^3x^4 + 35y^4x^3 + 21y^5xx - 7y^6x - y^7$

Car ſi l'on fait attention à la maniere dont la Table précédente eſt formée, on verra que tous les termes de chacun de ſes rangs parallèles ſont formés par ceux du rang parallèle qui le précede, multipliés par x & par y, & joints par des ſignes + & —, en telle ſorte que les termes des deux parties qui compoſent chaque rang, étant mis par ordre, ſelon les différens degrés de l'inconnue x, il y a de ſuite deux ſignes +, & après deux ſignes —; & ainſi alternativement juſqu'au dernier.

REMARQUE.

462. IL eſt viſible dans cette derniere Table, que tous les termes du premier rang perpendiculaire, ont chacun pour coëficiens les nombres naturels 1, 2, 3, 4, &c, qui ſe forment par l'addition continuelle des unités; que ceux du troiſieme rang ont pour coëficiens les nombres triangulaires 1, 3, 6, 10, &c, qui ſe forment par l'addition continuelle des nombres naturels; que ceux du quatrieme rang ont pour coëficiens les nombres piramidaux 1, 4, 10, 20, &c, qui ſe forment par l'addition continuelle des triangulaires; & ainſi à l'infini de rang en rang en avançant vers la droite, les nombres d'un

ordre supérieur, se forment par l'addition continuelle de ceux de l'ordre immédiatement précédent.

EXEMPLE XII.

463. Un arc de cercle AR étant donné ; le diviser en autant de parties égales qu'on voudra, aux points D, E, F, G, &c; par une méthode différente de celle de l'exemple dixieme. FIG. 278.

Ayant nommé le diametre AB, 1 ; les cordes données BR, a; AR, b; qui terminent l'arc donné AR; & les cordes inconnues BD, x; AD, y; qui terminent l'arc cherché AD; on élevera le binome $x+y$ à une puissance dont l'exposant soit égal au nombre des divisions. On formera deux égalités, dont la premiere aura pour l'un de ses membres la donnée a, & pour l'autre tous les termes impairs de la puissance de $x+y$, joints par des signes + & — alternatifs ; & la seconde aura pour l'un de ses membres la donnée b, & pour l'autre tous les autres termes de la même puissance du binome $x+y$, joints encore ensemble par des signes alternatifs + & —. On fera évanouir l'une ou l'autre des inconnues x ou y, par le moyen de l'égalité $xx=1-yy$ ou $yy=1-xx$, qui se tire du triangle ADB rectangle en D : ce qui donnera enfin une derniere égalité où il n'y aura qu'une seule inconnue x ou y, dont la résolution fournira la valeur de cette inconnue BD ou AD qui termine l'arc cherché AD.

Qu'il faille, par exemple diviser l'arc cherché AR en sept parties égales, aux points D, E, F, G, H, I. Je prends la septieme puissance $x^7+7yx^6+21yyx^5+35y^3x^4+35y^4x^3+21y^5xx+7y^6x+y^7$ du binome $x+y$, de laquelle je forme les deux égalités $a=x^7-21yyx^5+35y^4x^3-7y^6x$, & $b=7yx^6-35y^3x^4+21y^5xx-y^7$. Et faisant évanouir dans la premiere de ces deux égalités l'inconnue y, ou dans la seconde l'inconnue x, par le moyen de l'égalité $yy=1-xx$ ou $xx=1-yy$, je forme l'une de ces deux nouvelles égalités $a = 64x^7 - 112x^5 + 56x^3 - 7x$ ou $b = 7y - 56y^3 + 112y^5 - 63y^7$, qui ne renferme plus qu'une seule inconnue, & dont la résolution qui se fera selon les regles du Livre précédent, fournira pour l'une de ses racines x ou y, une valeur BD ou AD qui servira à déterminer la premiere des parties égales demandées. Tout cela est une suite des deux articles précédens.

Il est à remarquer que si l'arc AR étoit plus grand que la demie circonférence, celle des deux égalités précédentes qui a pour l'un de ses membres $+ b$ sert également sans y rien changer, mais dans l'autre il faut changer le membre $+ a$ en $- a$; dont la raison est que la corde BR (a) passant de l'autre côté du point B devient négative de positive qu'elle étoit, au lieu que la corde AR ne repassant point de l'autre côté du point A demeure toujours positive.

LEMME I.

464. QUE *dans un quarré quelconque de cellules on remplisse de la lettre* a, *toutes les cellules du premier rang parallèle; de la lettre* b, *toutes les cellules du premier rang perpendiculaire, excepté la premiere; & ensuite toutes les autres cellules par le moyen de cette regle; c'est à sçavoir qu'une cellule doit toujours être égale à celle qui est au-dessus plus à celle qui est à gauche : de cette sorte on aura le quarré de cellules qu'on voit ici. Or cela posé;*

	1.	2.	3.	4.	5.	6.	7.
1.	a	a	a	a	a	a	a
2.	b	$a + b$	$2a + b$	$3a + b$	$4a + b$	$5a + b$	$6a + b$
3.	b	$a + 2b$	$3a + 3b$	$6a + 4b$	$10a + 5b$	$15a + 6b$	$21a + 7b$
4.	b	$a + 3b$	$4a + 6b$	$10a + 10b$	$20a + 15b$	$35a + 21b$	$56a + 28b$
5.	b	$a + 4b$	$5a + 10b$	$15a + 20b$	$35a + 35b$	$70a + 56b$	$126a + 84b$
6.	b	$a + 5b$	$6a + 15b$	$21a + 35b$	$56a + 70b$	$126a + 126b$	$252a + 210b$
7.	b	$a + 6b$	$7a + 21b$	$28a + 56b$	$84a + 126b$	$210a + 252b$	$462a + 462b$

Je dis qu'une cellule quelconque est égale à la cellule qui est à gauche plus à toutes celles qui sont au-dessus : c'est-à-dire, par exemple, que la quatrieme cellule 4a + 6b *du troisieme rang perpendiculaire, est égale à la cellule* a + 3b *qui est à gauche, & qui par conséquent est la quatrieme du second rang perpendiculaire, plus à toutes les autres* a + 2b, a + b, a, *qui sont au-dessus d'elle dans ce second rang.*

Car supposant que a, c, d, e, expriment les quatre premieres cellules du second rang perpendiculaire, & a, f, g, h, les quatre premieres du troisieme rang, on aura par la formation du quarré de cellules $h = e + g$, $g = d + f$, $f + c + a$, & partant $h = e + d + c + a$; ce qu'il falloit prouver. Or il est visible que cette démonstration se peut appliquer à tel nombre de cellules qu'on voudra de deux rangs perpendiculaires voisins. Donc, &c.

COROLLAIRE.

465. PUISQUE toutes les cellules excepté celles du premier rang parallele & celle du premier rang perpendiculaire, sont composées de deux termes dans le premier desquels se trouve la lettre a, & dans le second la lettre b; il s'ensuit, 1°. que le terme où se trouve la lettre a, est égal au terme où se trouve la même lettre a dans la cellule à gauche, plus à tous les termes où elle se rencontre dans les cellules qui sont au-dessus de celle-ci. 2°. Que le terme où se trouve la lettre b, est égal au terme où se trouve la même lettre b dans la cellule à gauche, plus à tous ceux où elle se trouve dans les cellules qui sont au-dessus. Ainsi le terme $15a$ de la cinquieme cellule du quatrieme rang perpendiculaire, est égal au terme $5a$ de la cellule à gauche, plus aux termes $4a$, $3a$, $2a$, $1a$, qui se trouvent dans les cellules qui sont au-dessus de celle-ci; & de même $20b$ est égal au terme $10b$ de la cellule à gauche, plus aux termes $6b$, $3b$, $1b$, de toutes les cellules qui sont au-dessus.

LEMME II.

466. *Si l'on multiplie le terme où se trouve la lettre* a *dans une cellule quelconque, par la somme des exposans de son rang parallèle & de son rang perpendiculaire moins* 2, *& qu'on divise le produit par l'exposant de son rang perpendiculaire moins* 1; *je dis que le quotient sera égal à ce terme plus à tous ceux qui sont au-dessus de lui : c'est-à-dire, par exemple, que si l'on multiplie le terme* 15*a de la cinquieme cellule du quatrieme rang perpendiculaire par* $5+4-2=7$, *& qu'on divise le produit par* $4-1=3$; *le quotient* 35 *a sera égal au terme* 15 *a plus à tous les autres* 10 *a*, 6 *a*, 3 *a*, 1 *a*, *qui sont au-dessus de lui.*

Cela est visible dans toutes les cellules du deuxieme rang perpendiculaire, puisqu'elles contiennent toutes le même terme 1*a*. Or je vais démontrer que supposé que cette propriété se rencontre dans un rang perpendiculaire quelconque, elle se trouve nécessairement dans celui qui est à droit; d'où il suivra que puisqu'elle se trouve dans le deuxieme rang perpendiculaire, elle sera aussi dans le troisieme, que puisqu'elle se rencontre dans le troisieme, elle sera aussi dans le quatrieme, & ainsi de suite à l'infini. Pour le prouver.

Soient a, e, c, d, e, f, &c, autant de termes qu'on voudra de ceux où se trouve la lettre a, dans un rang perpendiculaire quelconque à commencer par le premier; a, g, h, k, l, &c un pareil nombre de termes du rang qui est à droit à commencer aussi par le premier. Soit de plus m égale à la somme des exposans moins 2 des rangs perpendiculaire & parallèle de la cellule où se trouve le terme f; & r égale à l'exposant moins 1 du rang perpendiculaire de cette cellule. Par la supposition $\frac{m}{r} f = f + e + d + c + a =$ * l, $\frac{m-1}{r} e = e + d + c + a = k$, $\frac{m-2}{r} d = d + c + a = h$, $\frac{m-3}{r} c = c + a = g$, $\frac{m-4}{r} a = a$. Donc $l + k + h + g + a = \frac{m}{r} f$ +

* *Art.* 464.

$+ \frac{m-1}{r} e + \frac{m-2}{r} d + \frac{m-3}{r} c + \frac{m-4}{r} a = \frac{m}{r} \times f + e + d + c + a, - \frac{1}{r} \times 1 e + 2d + 3c + 4a = \frac{m}{r} l, - \frac{1}{r} \times k + h + g + a$ en mettant pour $f + e + d + c + a$ sa valeur l, & pour $1e + 2d + 3c + 4a$ sa valeur $k + h + g + a$: transposant d'une part l & de l'autre $- \frac{1}{r} \times k + h + g + a$, on aura $\frac{r+1}{r} \times k + h + g + a = \frac{m-r}{r} l$: multipliant de part & d'autre par r, divisant par $r+1$, & ajoutant de part & d'autre l, il vient enfin $\frac{m+1}{r+1} l = l + k + h + g + a$. Mais comme le rang perpendiculaire de la cellule où se trouve l, surpasse d'une unité celui de la cellule où se trouve f, & que leur rang parallèle demeure le même ; il est évident que la propriété marquée pour chaque terme où se trouve la lettre a dans un rang perpendiculaire quelconque, convient aussi au terme l du rang perpendiculaire qui est à droit. De plus puisque cette démonstration subsiste également tel que puisse être le nombre de termes des deux rangs perpendiculaires voisins, il s'ensuit que ce que l'on vient de montrer par rapport au terme l, sera vrai aussi à l'égard de tout autre de son rang perpendiculaire.

Si l'on suppose à présent que n exprime en général l'exposant d'un rang parallèle quelconque autre que le premier, on verra que la premiere cellule de ce rang ne renferme aucun terme où la lettre a se rencontre ; que la seconde renferme toujours $1a$; que si l'on multiplie $1a$ par $\frac{n+2-2}{2-1} = \frac{n}{1}$, on aura $\frac{n}{1} a$ pour le terme où se trouve la lettre a dans la troisieme cellule ; & de même que si l'on multiplie $\frac{n}{1} a$ par $\frac{n+3-2}{3-1} = \frac{n+1}{2}$, on aura $\frac{n}{1} a \times \frac{n+1}{2}$ pour le terme où se trouve a dans la quatrieme cellule : de sorte que cette suite $0, 1a, \frac{n}{1} a, \frac{n}{1} \times \frac{n+1}{2} a, \frac{n}{1} \times \frac{n+1}{2} \times \frac{n+1}{3} a, \frac{n}{1} \times \frac{n+1}{2} \times \frac{n+2}{3} \times \frac{n+3}{4} a$, &c, exprimera par ordre tous les termes où se trouve la lettre a, dans les cellules du rang parallèle dont n est l'exposant. Ainsi si $n=5$, la suite 0, $1a$, $5a$, $15a$, $35a$, &c, exprimera par ordre tous les termes où se trouve la lettre a dans les cellules du cinquieme rang parallèle.

LEMME III.

467. SI *l'on multiplie le terme où se trouve la lettre* b *dans une cellule quelconque, par la somme des exposans de son rang parallèle & de son rang perpendiculaire moins* 2, *& qu'on divise le produit par l'exposant de son rang perpendiculaire; je dis que le quotient sera égal à ce terme plus à tous ceux qui sont au dessus de lui : c'est-à-dire, par exemple, que si l'on multiplie le terme* 10b *de la cinquieme cellule du troisieme rang perpendiculaire par* $5+3-2=6$, *& qu'on divise le produit par* 3, *on aura* 20b *pour la somme du terme* 10b, *& de tous les autres* 6b, 3b, 1b, *qui sont au-dessus de lui*.

Il est visible que cette propriété se rencontre dans le premier rang perpendiculaire où toutes les cellules renferment la même valeur $1b$, excepté la premiere dans laquelle la lettre b ne se rencontre point. Or de cela seul l'on prouvera comme l'on vient de faire dans le Lemme précédent à l'égard des termes qui sont multiples de, a, qu'elle se doit rencontrer dans le second rang perpendiculaire, dans le troisieme, dans le quatrieme, & ainsi dans tous les autres à l'infini. D'où l'on conclura que si n désigne l'exposant d'un rang parallèle quelconque autre que le premier; la suite $1b$, $\frac{n-1}{1}b$, $\frac{n-1}{1}\times\frac{n}{2}b$, $\frac{n-1}{1}\times\frac{n}{2}\times\frac{n+1}{3}b$, $\frac{n-1}{1}\times\frac{n}{2}\times\frac{n+1}{3}\times\frac{n+2}{4}b$, &c, exprimera par ordre tous les termes où se trouve la lettre b dans les cellules du rang parallèle dont n est l'exposant. Ainsi si $n=5$, la suite $1b$, $4b$, $10b$, $20b$, $35b$ &c, exprimera par ordre tous les termes où se trouve b dans le cinquieme rang parallèle.

COROLLAIRE.

468. Il suit de ces deux derniers Lemmes, que si l'on ajoute par ordre tous les termes de cette suite à ceux de la précédente, on en formera une, $1b$, $1a$, $+\frac{n-1}{1}b$, $\frac{n}{1}a+\frac{n-1}{1}\times\frac{n}{2}b$, $\frac{n}{1}\times\frac{n+1}{2}a+\frac{n-1}{1}\times\frac{n}{2}\times\frac{n+1}{3}b$, $\frac{n}{1}\times\frac{n-1}{2}\times\frac{n+2}{3}a\times\frac{n-1}{1}\times\frac{n}{2}\times\frac{n+1}{3}\times\frac{n+2}{4}b$, &c; où en abrégeant l'expression, b, $a+\frac{n-1}{1}b$, $a+\frac{n-1}{2}b\times\frac{n}{1}a+\frac{n-1}{3}b\times\frac{n}{1}\times\frac{n+1}{2}$, $a+\frac{n-1}{4}b\times\frac{n}{1}\times\frac{n+1}{2}\times\frac{n+2}{3}$ &c. qui exprimera par ordre toutes les cellules du rang parallèle de la Table dont n est l'exposant.

D'où l'on voit que par le moyen de cette suite, on peut trouver tout d'un coup telle cellule qu'on voudra, les exposans de son rang parallèle & perpendiculaire étant donnés; puisque prenant dans la suite générale le terme qui répond à l'exposant du rang perpendiculaire, c'est-à-dire, le quatrieme terme, si le rang perpendiculaire est le quatrieme, le cinquieme, s'il est le cinquieme &c, & mettant dans ce terme à la place de n l'exposant du rang parallèle, on aura la cellule que l'on cherche. Que l'on demande, par exemple, la cinquieme cellule du quatrieme rang perpendiculaire; ayant mis dans le quatrieme terme $a+\frac{n-1}{3}b\times\frac{n}{1}\times\frac{n+1}{2}$, à la place de n l'exposant 5 du rang parallèle de la cellule, on trouvera $a+\frac{4}{3}b\times 15$, c'est-à-dire, $15a+20b$ pour cette cellule; & il en est ainsi de toutes les autres.

LEMME IV.

469. Si *l'on fait* $a=2$ & $b=1$ *dans le quarré de cellules de l'article* 464, *on le changera en celui-ci; duquel je dis que le premier rang parallèle contient de suite les premiers termes de tous les rangs perpendiculaires de la Table de l'article* 443; *le second rang parallèle, les*

seconds termes ; le troisieme rang, les troisiemes termes, & ainsi de suite à l'infini.

	1.	2.	3.	4.	5.	6.	7.
1.	2	2	2	2	2	2	2
2.	1	3	5	7	9	11	13
3.	1	4	9	16	25	36	49
4.	1	5	14	30	55	91	140
5.	1	6	20	50	105	196	336
6.	1	7	27	77	182	378	714
7.	1	8	35	112	294	672	1386

Cela est une suite naturelle de l'article 445, & de la formation du quarré de cellules de l'article 464. expliquée dans ce même article & dans le suivant 465.

COROLLAIRE.

470. Si l'on fait $b = 1$ & $a = 2$ dans la suite générale de l'article 468. b, $a + \frac{n-1}{1} b$, $a + \frac{n-1}{2} b \times \frac{n}{1}$, $a + \frac{n-1}{3} b \times \frac{n}{1} \times \frac{n+1}{2}$, $a + \frac{n-1}{4} b \times \frac{n}{1} \times \frac{n+1}{2} \times \frac{n+2}{3}$ &c ; on la changera en cette autre 1, $\frac{n+1}{1}$, $\frac{n+3}{2} \times \frac{n}{1}$, $\frac{n+5}{3} \times \frac{n}{1} \times \frac{n+1}{2}$, $\frac{n+7}{4} \times \frac{n}{1} \times \frac{n+1}{2} \times \frac{n+2}{3}$ &c, par le moyen de laquelle on trouvera tout d'un coup le coëficient de tel terme qu'on voudra de la Table de l'article 443, son rang perpendiculaire & le quantieme qu'il y occupe étant donnés. Voici la regle.

On prendra dans cette suite le terme qui répond au rang perpendiculaire donné, c'est-à-dire le troisieme, si c'est le troisieme rang, le quatrieme, si c'est le quatrieme, &c ; & ayant mis dans ce terme à la place de n le nombre qui expose le quantieme du terme dans son rang perpendiculaire, c'est-à-dire 4 s'il est le quatrieme, 5, s'il est le cinquieme &c, on aura le coëficient qu'on cherche. Si l'on demande, par exemple, le coëficient du quatrieme terme $14x^3$ du troisieme rang perpendiculaire; on mettra dans le troisieme terme $\frac{n+3}{2} \times \frac{n}{1}$ à la place de n le nombre 4, & l'on aura 14 pour le coëficient cherché.

Car l'exposant du rang perpendiculaire du coëficient pris dans la Table de l'article 443, est le même que l'exposant du rang perpendiculaire du quarré de cellules de l'article précédent; & le quantieme que ce coëficient occupe dans son rang perpendiculaire, est l'exposant du rang parallele du quarré de cellules. D'où l'on voit que cette regle n'est qu'une application de celle de l'article 468, à ce cas particulier où $a=2$ & $b=1$.

LEMME V.

471. Si *l'on met* 1 *à la place de* b, *dans le quarré de cellules de l'article* 464; *on le changera en celui-ci, dont je dis que les rangs perpendiculaires contiennent par ordre tous les nombres qu'on appelle* Figurés: *sçavoir le premier rang les nombres du premier ordre qui sont les unités, le second rang les nombres naturels ou du second ordre qui se forment par l'addition continuelle des unités; le troisieme rang les nombres triangulaires ou du troisieme ordre qui se forment par l'addition continuelle des naturels, le quatrieme les nombres piramidaux ou du quatrieme ordre qui se forment par l'addition continuelle des triangulaires, & ainsi à l'infini.*

	1.	2.	3.	4.	5.	6.	7.
1.	1	1	1	1	1	1	1
2.	1	2	3	4	5	6	7
3.	1	3	6	10	15	21	28
4.	1	4	10	20	35	56	84
5.	1	5	15	35	70	126	210
6.	1	6	21	56	126	252	462
7.	1	7	28	84	110	462	924

Car selon le même article 464, chaque cellule est

égale à celle qui eſt à gauche, plus à toutes les autres qui ſont au-deſſus.

M. Paſchal a fait un Traité qui a pour Titre Triangle Arithmétique, dans lequel il conſidere les propriétés de ces nombres, & fait voir qu'ils ſont d'un très-grand uſage dans pluſieurs queſtions d'Arithmétique.

COROLLAIRE.

472. Si l'on fait $a=1$ & $b=1$ dans la ſuite générale de l'article 468. b, $a+\frac{n-1}{1}b$, $a+\frac{n-1}{2}b\times\frac{n}{1}$, $a+\frac{n-1}{3}b\times\frac{n}{1}\times\frac{n+1}{2}$, $a+\frac{n-1}{4}b\times\frac{n}{1}\times\frac{n+1}{2}\times\frac{n+3}{3}$ &c; on changera en cette autre 1, n, $\frac{n}{1}\times\frac{n+1}{2}$, $\frac{n}{1}\times\frac{n+1}{2}\times\frac{n+2}{3}$, $\frac{n}{1}\times\frac{n+1}{2}\times\frac{n+2}{3}\times\frac{n+3}{4}$ &c, qui ſervira à trouver tout d'un coup tel nombre figuré qu'on voudra, ſon ordre étant donné avec le quantieme qu'il y occupe. Voici comment.

On prendra dans cette derniere ſuite le terme qui répond à l'ordre donné, c'eſt-à-dire le troiſieme, ſi c'eſt le troiſieme ordre, le quatrieme, ſi c'eſt le quatrieme ordre &c; & ayant mis à la place de n le nombre qui expoſe le quantieme nombre du figuré, c'eſt-à-dire 4, s'il doit être le quatrieme, 5, s'il doit être le cinquieme &c, on aura ce nombre. Qu'il faille, par exemple, trouver le cinquieme nombre du quatrieme ordre; je mets dans le quatrieme terme $\frac{n}{1}\times\frac{n+1}{2}\times\frac{n+2}{3}$ de la ſuite à la place de n le nombre 5, & j'ai 35 pour le nombre cherché.

Ceci n'eſt autre choſe que l'application de la regle de l'article 468. à ce cas particulier.

PROBLEME I.

473. Soit *propoſé de trouver une ſuite générale, qui exprime par ordre tous les termes d'un rang parallèle quelconque, de la Table de la diviſion des arcs de l'article* 443.

Comme le troisieme terme d'un rang perpendiculaire quelconque de cette Table, répond toujours au premier du rang qui est à droit ; il s'ensuit que si $m+1$ exprime en général l'exposant du rang parallèle, il faudra trouver dans le premier rang perpendiculaire, le coëficient du terme dont le quantieme est $m+1$; dans le deuxieme, le coëficient du terme dont le quantieme est $m+1-2$ ou $m-1$; dans le troisieme, le coëficient du terme dont le quantieme est $m-1-2$ ou $m-3$, & ainsi de suite en diminuant toujours de 2 le quantieme du terme, à mesure que le rang perpendiculaire avance vers la droite. Il faudra donc selon la regle de l'article 470. mettre dans le second terme $\frac{n+1}{1}$ à la place de n le nombre $m-1$; dans le troisieme terme $\frac{n+3}{2}\times\frac{n}{1}$ à la place de n le nombre $m-3$; dans le quatrieme terme $\frac{n+5}{3}\times\frac{n+1}{2}$ à la place de n le nombre $m-5$; dans le cinquieme $\frac{n+7}{4}\times\frac{n}{1}\times\frac{n+1}{2}\times\frac{n+2}{3}$ à la place de n le nombre $m-7$; &c : ce qui donnera pour la suite des coëficiens 1, m, $\frac{m}{2}\times\frac{m-3}{1}$, $\frac{m}{3}\times\frac{m-5}{1}\times\frac{m-4}{2}$, $\frac{m}{4}\times\frac{m-7}{1}\times\frac{m-6}{2}\times\frac{m-5}{3}$, &c. Or comme les signes des termes d'un rang parallèle quelconque de la Table sont toujours alternatifs ; & que le premier terme est toujours l'inconnue x élevée à une puissance dont l'exposant est moindre d'une unité que celui du rang parallèle ; & que tous les autres termes renferment des puissances de x dont les exposans diminuent continuellement de 2, en observant que $x^0=1$: il s'ensuit qu'on aura $x^m-mx^{m-2}+\frac{m}{2}\times\frac{m-3}{1}x^{m-4}-\frac{m}{3}\times\frac{m-5}{1}\times\frac{m-4}{2}x^{m-6}+\frac{m}{4}\times\frac{m-7}{1}\times\frac{m-6}{2}\times\frac{m-5}{3}x^{m-8}$ &c, pour l'expression générale du rang parallèle de la Table, dont l'exposant est $m+1$. Ce qui étoit proposé.

Lorsqu'on a les premiers termes de ces sortes de suites, il est facile d'observer la loi qui y regne par tout,

& qui ſert à les continuer autant que l'on veut. Si l'on ſuppoſe, par exemple, dans celle-ci, que r exprime le quantieme du terme dont on veut avoir le coëficient ; il ſera exprimé par la fraction générale $\frac{m \times m - r \times m - r - 1 \times m - r - 2 \,\&c}{r - 1 \times r - 2 \times r - 3 \times r - 4 \,\&c}$, en obſervant que le numérateur & le dénominateur doivent avoir chacun autant de termes, que le nombre $r - 1$ contient d'unités. Ainſi ſi $r = 5$, on aura pour le coëficient du cinquieme terme, la fraction $\frac{m \times m - 5 \times m - 6 \times m - 7}{4 \times 3 \times 2 \times 1}$: ſi $r = 4$, on aura $\frac{m \times m - 4 \times m - 5}{3 \times 2 \times 1}$.

Il faut remarquer que le nombre des termes de cette ſuite eſt toujours déterminé, de ſorte qu'il eſt égal à la plus grande moitié de l'expoſant du rang parallèle qu'elle exprime, lorſque cet expoſant eſt impair, & à ſa moitié au juſte lorſqu'il eſt pair. Ainſi elle n'a que trois termes, lorſqu'elle exprime le cinquieme ou le ſixieme rang parallèle, elle n'en a que quatre, lorſqu'elle exprime le ſeptieme ou le huitieme rang parallèle, &c.

PROBLEME II.

474. *Soit propoſé de trouver une ſuite générale, qui exprime par ordre tous les termes de tel rang parallèle qu'on voudra, de la Table de l'inſcription des poligones réguliers de l'article* 457.

Comme le ſecond terme de chaque rang perpendiculaire répond au premier de celui qui eſt à droit, il ſ'enſuit * que ſi $m + 1$ eſt l'expoſant d'un rang parallèle quelconque de cette Table, les coëficiens des quatre premiers termes de ce rang ſeront $1, 1, m - 1, m - 2$; le coëficient du cinquieme terme ſera le nombre triangulaire dont le quantieme eſt $m - 3$, c'eſt-à-dire * $\frac{m-3}{1} \times \frac{m-2}{2}$; celui du ſixieme rang ſera le nombre triangulaire dont le quantieme eſt $m - 4$, c'eſt-à-dire $\frac{m-4}{1} \times \frac{m-3}{2}$; celui du ſeptieme terme ſera le nombre piramidal

* *Art.* 458.

* *Art.* 472.

midal dont le quantieme est $m-5$, c'est-à-dire $\frac{m-5}{1} \times \frac{m-4}{2} \times \frac{m-3}{3}$; celui du huitieme terme sera le nombre piramidal dont le quantieme est $m-6$, c'est-à-dire $\frac{m-6}{1} \times \frac{m-5}{2} \times \frac{m-4}{3}$; celui du neuvieme terme sera le nombre du cinquieme ordre dont le quantieme est $m-7$, c'est-à-dire $\frac{m-7}{1} \times \frac{m-6}{2} \times \frac{m-5}{3} \times \frac{m-4}{4}$; & ainsi à l'infini. Si donc l'on joint à ces coëficiens les puissances de z qu'ils affectent, en faisant précéder le second & le troisieme terme du signe —, le quatrieme & le cinquieme du signe +, le sixieme & le septieme du signe —, & ainsi alternativement de deux en deux, on aura cette suite générale $z^m - z^{m-1} - \overline{m-1}\, z^{m-2} + \overline{m-2}\, z^{m-3} + \frac{m-3}{1} \times \frac{m-2}{2} z^{m-4} - \frac{m-4}{1} \times \frac{m-3}{2} z^{m-5} - \frac{m-5}{1} \times \frac{m-4}{2} \times \frac{m-3}{3} z^{m-6} + \frac{m-6}{1} \times \frac{m-5}{2} \times \frac{m-4}{3} z^{m-7} + \frac{m-7}{1} \times \frac{m-6}{2} \times \frac{m-5}{3} \times \frac{m-4}{4} z^{m-8}$ &c, qui exprime par ordre tous les termes du rang parallèle de la Table de l'article 457 dont l'exposant est $m+1$: où l'on doit observer de ne prendre qu'autant de termes que le nombre $m+1$ contient d'unités.

PROBLEME III.

475. **T**ROUVER *une suite générale, qui exprime par ordre, les coëficiens de tous les termes, de tel rang parallèle qu'on voudra, de la Table de l'article* 460; *ou (ce qui est la même chose) d'une puissance quelconque du binome* x + y.

Soit en général m l'exposant d'un rang parallèle quelconque de cette Table, il est clair que les coëficiens des deux premiers termes de ce rang seront toujours * 1, m; & comme le second terme de chaque rang perpendiculaire à commencer par le second, répond au premier terme du rang qui est à droit, il s'ensuit que le coëficient du troisieme terme du rang parallèle sera *

* Art. 462.

* Art. 462.

le nombre triangulaire dont le quantieme est $m-1$, c'est-à-dire * $\frac{m-1}{1} \times \frac{m}{2}$; que celui du quatrieme terme sera le nombre piramidal dont le quantieme est $m-2$, c'est-à-dire $\frac{m-2}{1} \times \frac{m-1}{2} \times \frac{m}{3}$; que celui du cinquieme terme sera le nombre du cinquieme ordre dont le quantieme est $m-3$, c'est-à-dire $\frac{m-3}{1} \times \frac{m-2}{2} \times \frac{m-1}{3} \times \frac{m}{4}$; & ainsi à l'infini. On aura donc pour la suite générale qu'on demande 1, m, $\frac{m}{1} \times \frac{m-1}{2}$, $\frac{m}{1} \times \frac{m-1}{2} \times \frac{m-2}{3}$, $\frac{m}{1} \times \frac{m-1}{2} \times \frac{m-2}{3} \times \frac{m-3}{4}$ &c.

* Art. 472.

COROLLAIRE.

476. DE-LA il suit que $x \mp y^n = x^m \mp \frac{m}{1} y x^{m-1} + \frac{m \times m-1}{1 \times 2} yy x^{m-2} \mp \frac{m \times m-1 \times m-2}{1 \times 2 \times 3} y^3 x^{m-3} \ldots + \frac{m \times m-1 \times m-2 \times m-3}{1 \times 2 \times 3 \times 4} y^4 x^{m-4} \mp \frac{m \times m-1 \times m-2 \times m-3 \times m-4}{1 \times 2 \times 3 \times 4 \times 5} y^5 x^{m-5}$ &c.

PROBLEME IV.

477. TROUVER *une équation générale qui serve à diviser un arc de cercle donné* AR, *en autant de parties égales qu'on voudra.*

PREMIERE MANIERE.

FIG. 279. Soit en général m le nombre des parties égales, l'arc AD la premiere de ces parties; soit tiré le diametre AB, & les cordes BD, BR; & soit le rayon CA ou $CB=1$, la corde donnée $BR=a$, la corde cherchée $BD=x$. On aura * $\mp a = x^m - m x^{m-2} + \frac{m \times m-3}{2 \times 1} x^{m-4} - \frac{m \times m-5 \times m-4}{3 \times 1 \times 2} x^{m-6} + \frac{m \times m-7 \times m-6 \times m-5}{4 \times 1 \times 2 \times 3} x^{m-8}$ &c, (sçavoir $+a$ lorsque l'arc donné AR est moindre que la demie circonférence, & $-a$ lorsqu'il est plus grand)

* Art. 444. 473.

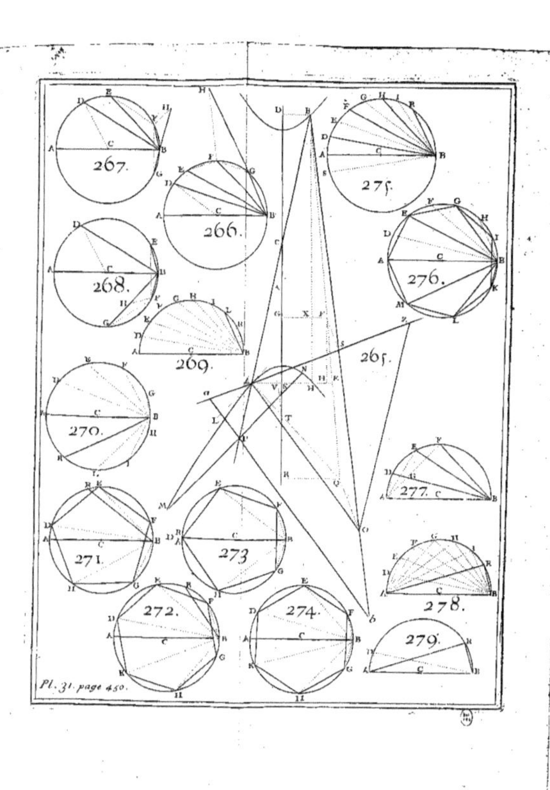

Pl. 31. page 450.

pour l'équation générale qu'on demande ; de laquelle il ne faut prendre qu'autant de termes, que la moitié du nombre m lorsqu'il est pair, ou sa plus grande moitié lorsqu'il est impair contient d'unités ; parce que le terme qui suivroit seroit nul ou zéro.

Si $m=5$, il vient $\mp a = x^5 - 5x^3 + 5x$; si $m=7$, on trouve $\mp a = x^7 - 7x^5 + 14x^3 - 7x$.

SECONDE MANIERE.

Soit tiré le diametre AB, & les cordes BR, AR, BD, AD, qui terminent l'arc donné AR, & l'arc cherché AD. Soit m le nombre des parties égales, le diametre $AB=1$, les cordes données $BR=a$, $AR=b$; & les cordes inconnues $BD=x$, $AD=y$. On aura * ces deux égalités générales $\mp a = x^m$ * Art. 463. 475.

$$- \frac{m \times m-1}{1 \times 2} yy x^{m-2} + \frac{m \times m-1 \times m-2 \times m-3}{1 \times 2 \times 3 \times 4} y^4 x^{m-4} \&c,$$

$$b = \frac{m}{1} y x^{m-1} - \frac{m \times m-1 \times m-2}{1 \times 2 \times 3} y^3 x^{m-3} + \ldots$$

$$\frac{m \times m-1 \times m-2 \times m-3 \times m-4}{1 \times 2 \times 3 \times 4 \times 5} y^5 x^{m-5} \&c,$$ dans lesquelles mettant à la place de m, le nombre de parties égales dans lesquelles l'arc AR doit être divisé, il en vient deux autres particulieres, dont la résolution fournit la valeur cherchée de la corde BD (x) ou AD (y), après avoir fait évanouir l'inconnue y ou x, par le moyen de l'équation $yy=1-xx$ ou $xx=1-yy$.

Soit par exemple $m=y$. On aura $\mp a = x^7 - 21yyx^5 + 35y^4x^3 - 7y^6x$, & $b=7yx^6 - 35y^3x^4 + 12y^5xx - y^7$, & l'on achevera le reste comme dans l'article 462.

PROBLEME V.

478. TROUVER *une équation générale, qui serve à inscrire dans un cercle donné, un poligone régulier quelconque* ADEFGHK &c. FIG. 288.

Soit tiré le diametre AB, & la corde BD qui terminent le premier côté du poligone ; soit le rayon donne CA ou $CB = 1$, la corde inconnue $BD = z$, & en général m la plus petite moitié du nombre des côtés du poligone, que je suppose être impair. On

* Art. 457. 474. aura* $o = z^m - z^{m-1} - \overline{m-1}\, z^{m-2} + \overline{m-2}\, z^{m-3} + \frac{m-3}{1} \times \frac{m-2}{2}\, z^{m-4} - \frac{m-4}{1} \times \frac{m-3}{2}\, z^{m-5} - \frac{m-5}{1} \times \frac{m-4}{2} \times \frac{m-3}{3}\, z^{m-6} + \frac{m-6}{1} \times \frac{m-5}{2} \times \frac{m-4}{3}\, z^{m-7} + \frac{m-7}{1} \times \frac{m-6}{2} \times \frac{m-5}{3} \times \frac{m-4}{4}\, z^{m-8}$ &c, pour l'équation générale qu'on demande ; de laquelle il ne faut prendre qu'autant de termes que le nombre $m+1$ contient d'unités, parce que celui qui suivroit seroit nul ou zéro.

Soit par exemple 7 le nombre des côtés du poligone à inscrire, on aura $m = 3$; & partant $o = z^3 - zz - 2z + 1$, dont la plus grande racine z exprimera la corde BD, qui termine l'arc AD, qui a pour corde le premier côté AD du poligone. De même si le nombre des côtés est 11, on aura $m = 5$; & par conséquent l'équation générale devient $o = z^5 - z^4 - 4z^3 + 3zz + 3z - 1$, dont la plus grande des racines est $z = BD$.

PROBLEME VI.

Fig. 281. 282. 479. **Diviser** *un angle donné en un nombre quelconque impair de parties égales, par le moyen d'un instrument.*

1°. Soit proposé de diviser l'angle donné ECF en trois parties égales. Il faut avoir un rhombe $ABCD$, dont les quatre côtés soient mobiles autour de ses quatre angles, & duquel les deux côtés AB, AD, soient indéfiniment prolongés vers X & Z ; attacher l'angle C du rhombe, dans le sommet C de l'angle donné ECF ; marquer sur les côtés CE, CF, les points E, F, ensorte que CE & CF soient égales chacune au côté CB ou CD ou DA ou AB du rhombe. Cela fait, il faut ouvrir ou resserrer les côtés AX, AZ, de l'angle BAD, ensorte qu'ils passent par les points E, F ; &

l'angle *BAD* sera la troisieme partie de l'angle *ECF*.

Car les triangles *ABC*, *BCE*, étant isoscelles, l'angle externe *CBE* ou son égal *CEB*, qui vaut les deux internes opposés *BAC*, *BCA*, sera double de l'angle *BAC*; & dans le triangle *ECA*, l'angle externe *ECY*, qui vaut l'angle *CEA* plus l'angle *BAC*, sera triple de l'angle *BAC*. On démontrera de même que l'angle *FCY* est triple de l'angle *DAC*. D'où il suit que l'angle donné *ECF* est triple de l'angle *BAD*. *Ce qu'il falloit*, &c.

2°. Soit proposé de diviser l'angle donné *HGK*, en cinq parties égales. On attachera dans l'angle *C* du rhombe *ABCD* de l'instrument précédent, un autre rhombe *CEGF*, dont les côtés seront égaux à ceux du premier & mobiles aussi autour de leurs angles. On fichera l'angle *G* de ce dernier rhombe, dans le sommet *G* de l'angle donné *HGK*; & ayant pris sur les côtés de cet angle les parties *GH*, *GK*, égales chacune au côté *GE* de l'un des rhombes, on ouvrira ou fermera l'angle *XAZ* mobile autour du point *A*, ensorte que ses côtés *AX*, *AZ*, touchent les angles *E*, *F*, & passent en même tems par les points marqués *H*, *K*. Je dis que l'angle *XAZ* ou *BAD* sera la cinquieme partie cherchée de l'angle donnée *HGK*. FIG. 283. 284.

Car ayant mené dans le rhombe *ABCD* la diagonale *AC*, prolongée indéfiniment vers *Y*; elle passera par le point *G*, puisque les angles *ECY*, *FCY*, étant triples des angles égaux, *BAC*, *DAC*, seront aussi égaux entr'eux. Or dans le triangle *EGA*, l'angle externe *HEG*, qui vaut les deux internes opposés *BAC*, *EGA*, ou *ECY* (à cause du triangle isoscelle *CEG*) sera quadruple de l'angle *BAC*. Et partant dans le triangle *AHG*, l'angle externe *HGY*, qui vaut les deux internes opposés *BAC*, *GHA* ou *GEH* (à cause du triangle isoscelle *EGH*) sera le quintuple de l'angle *BAC*. On prouvera de même que l'angle *KGY* sera quintuple de l'angle *DAC*; d'où il est évident que l'angle entier HGK fera quintuple de l'angle entier BAD ou XAZ.

S'il falloit divifer un angle donné en fept parties égales, il n'y aura qu'à joindre aux deux rhombes précédens, un troifieme rhombe égal & conftruit de la même maniere ; & ainfi de fuite de deux en deux. Car la pratique & la démonftration fe fera toujours de la même maniere.

EXEMPLE.

480. TROUVER entre deux lignes données a & b, autant de moyennes proportionnelles qu'on voudra.

Soit l'inconnue x la premiere des moyennes proportionnelles qu'il eft queftion de trouver ; & l'on aura la progreffion géométrique continue $a, x, \frac{xx}{a}, \frac{x^3}{aa}, \frac{x^4}{a^3}, \frac{x^5}{a^4}$ &c, de laquelle on prendra le terme dont le quantieme furpaffe de 2 le nombre donné des moyennes proportionnelles, & l'égalant à la donnée b on formera une égalité, dont la réfolution fournira la valeur de l'inconnue x qui eft la premiere des moyennes proportionnelles que l'on cherche.

Qu'il faille, par exemple, trouver deux moyennes proportionnelles. On prendra dans la progreffion géométrique le quatrieme terme $\frac{x^3}{aa}$, qui étant égale à la ligne b, donne $x^3 = aab$; & de même fi l'on demande quatre moyennes proportionnelles, l'on aura $x^5 = a^4 b$. D'où il eft facile de voir que fi n marque en général le nombre des moyennes proportionnelles qu'il faut trouver entre les données a & b, on aura $x^{n+1} = a^n b$ pour l'égalité générale qu'il faut réfoudre. Or cela pofé.

Soit 1°. $x^{17} = a^{16} b$ qui fert à trouver feize moyennes proportionnelles. Je multiplie les deux membres de cette égalité par x^3, afin d'avoir $x^{20} = a^{16} bx^3$, dont la plus haute dimenfion 20 eft le produit des deux nombres 4 & 5 qui fe fuivent immédiatement. Je prends l'équation $x^5 = a^4 y$; ce qui donne en élevant chaque membre à la puissance quatrieme $x^{20} = a^{16} y^4 = a^{16} b x^3$, d'où je tire une autre équation $y^4 = b x^3$, dont le lieu étant construit séparément, donnera par son intersection avec celui de la supposée $x^7 = a^4 y$, la valeur de l'inconnue x. Ou bien je prends l'équation $x^4 = a^3 y$, dont j'éleve chaque membre à la quatrieme puissance ; & les multipliant ensuite par x, j'ai $x^{17} = a^{12} y^4 x = a^{16} b$, d'où je tire $y^4 x = a^4 b$, dont le lieu étant construit séparément avec celui de l'équation $x^4 = a^3 y$, donnera par son intersection la valeur cherchée de l'inconnue x.

Soit 2°. $x^{31} = a^{30} b$ qui sert à trouver trente moyennes proportionnelles. Je multiplie de part & d'autre par x^5, afin d'avoir $x^{36} = a^{30} b x^5$, dont la plus haute dimension 36 est le quarré de 6 : c'est pourquoi faisant $x^6 = a^5 y$, & prenant de part & d'autre la sixieme puissance, j'ai $x^{36} = a^{30} y^6 = a^{30} b^5$, d'où je tire $x^6 = b y^5$, dont le lieu étant construit séparément avec celui de l'équation que j'ai prise d'abord $x^6 = a^5 y$, donnera par son intersection la valeur de l'inconnue x. Ou bien ayant pris comme ci-dessus l'équation $x^6 = a^5 y$, je l'éleve à la cinquieme puissance, & la multipliant ensuite par x, j'ai $x^{31} = a^{25} y^5 x = a^{30} b$, ce qui donne $y^5 x = a^5 b$. D'où l'on voit que le lieu de l'équation $x^6 = a^5 y$, étant construit séparément avec le lieu de l'autre équation $y^5 x = a^5 b$, donnera la résolution de l'égalité proposée $x^{31} = a^{30} b$; de sorte que l'on peut choisir entre les deux lieux $y^6 = b x^5$, ou $y^5 x = a^5 b$, celui qu'on jugera le plus simple. Il en est ainsi de tous les autres exemples qu'on peut se former à plaisir.

Il est à remarquer que si la dimension de l'inconnue x n'étoit pas un nombre premier, l'égalité proposée se pourroit toujours abaisser. Si l'on avoit, par exemple, $x^9 = a^8 b$, qui sert à trouver huit moyennes proportionnelles, on trouveroit en extrayant de part & d'autre la racine cubique $x^3 = \sqrt[3]{a^8 b}$. Or afin que le nombre $a^8 b$ soit un cube, il n'y a qu'à trouver une ligne z dont le cube $z^3 = aab$, ou ce qui eſt la même choſe de trouver entre a & b deux moyennes proportionnelles ; car mettant à la place de aab ſa valeur z^3, on aura $x^9 = a^6 z^3$ ou $x^3 = a^2 z$, de ſorte qu'en réſolvant ces deux égalités $z^3 = aab$, & enſuite $x^3 = aaz$ qui ne ſont que du troiſieme degré, on trouvera la valeur de l'inconnue x, qui eſt la premiere des huit moyennes proportionnelles entre les extrêmes a & b. De même ſi l'on avoit $x^{14} = a^{13} b$ qui ſert à trouver treize moyennes proportionnelles, il viendroit en extrayant de part & d'autre la racine quarrée $x^7 = \sqrt{a^{13} b}$. Or afin que $\sqrt{a^{13} b}$ ſoit un quarré, il faut trouver une ligne z dont le quarré $zz = ab$; car ſubſtituant à la place de ab, le quarré zz dans l'égalité propoſée, on aura $x^{14} = a^{12} zz$ ou $x^7 = a^6 z$; c'eſt pourquoi il n'y aura qu'à réſoudre d'abord l'égalité du ſecond degré $zz = ab$, & enſuite celle du ſeptieme $x^7 = a^6 z$.

On doit encore remarquer que ces ſortes d'égalités qui ſervent à trouver des moyennes proportionnelles, & dont la dimenſion de l'inconnue eſt un nombre premier, n'ont qu'une racine réelle & toutes les autres imaginaires ; dont la raiſon eſt qu'il ne peut y avoir qu'une ſeule ligne qui ſoit la premiere des moyennes proportionnelles cherchées.

REMARQUE.

FIG. 285. 481. ON peut réſoudre le Problême précédent par le moyen d'un inſtrument géométrique dont la conſtruction eſt telle. Soient deux lignes indéfinies XY, YZ, mobiles autour du point Y, enſorte qu'elles ſe puiſſent ouvrir & fermer. Soit attachée à un point quelconque fixe B du côté YX, une perpendiculaire indéfinie BC ſur ce côté, laquelle chaſſe devant elle (pendant que l'angle XYZ s'ouvre) par le point C où elle rencontre l'autre côté YZ, la perpendiculaire indéfinie CD ſur ce dernier côté ; qui chaſſe de même par

par le point D où elle rencontre le côté YX, la perpendiculaire indéfinie DE; qui chasse encore de même par le point E où elle rencontre le côté YZ, la perpendiculaire indéfinie EF; qui chassera par le point F où elle rencontre le côté YX, la perpendiculaire FG; qui chasse encore par le point G où elle rencontre le côté YZ, la perpendiculaire GH; & ainsi de suite à l'infini, en augmentant autant que l'on voudra le nombre des perpendiculaires sur les côtés YX & YZ. Cela fait, soit proposé, par exemple, de trouver quatre moyennes proportionnelles entre les deux lignes droites données a & b. Ayant pris sur le côté YZ la partie YG quatrieme proportionnelle aux trois lignes a, b, YB, on ouvrira le côté XY de l'instrument, jusqu'à ce que la cinquieme perpendiculaire FG (parce qu'il est question de trouver quatre moyennes proportionnelles) passe par le point G; & alors les lignes YC, YD, YE, YF, seront les quatre moyennes proportionnelles entre les extrêmes YB, YG; & partant la quatrieme proportionnelle aux trois lignes YB, YC, a sera la premiere des quatre moyennes proportionnelles demandées.

Car les triangles rectangles YBC, YCD, YDE, YEF, YFG, étant tous semblables; leurs côtés YB, YC, YD, YE, YF, YG, seront en progression géométrique continue. Donc, &c.

Il est clair que pendant que l'angle XYZ s'ouvre de plus en plus, le point B décrit un arc de cercle AB; & que les intersections continuelles D, F, H, des perpendiculaires CD, EF, GH, sur le côté YZ, avec l'autre côté YX, décrivent des lignes courbes AD, AF, AH, qui servent à trouver autant de moyennes proportionnelles qu'on voudra. Car si l'on décrit, par exemple, du diametre YE un demi cercle, il coupera la courbe AD en un point D, tel que YD est la seconde des deux moyennes proportionnelles, entre les trêmes YB ou YA & YE; & de même si l'on décrit un demi cercle du diametre YG, il coupera la ligne courbe AF en un point F, tel que YF est la derniere des quatre moyennes proportionnelles entre YA & YG &c. Sur quoi il est à propos de remarquer que la ligne courbe AD est du quatrieme degré ; la ligne courbe AF du huitieme ; la courbe AH du seizieme &c ; ce que je prouve ainsi.

Soient 1°. les inconnues & indéterminées $YC = x$, $CD = y$, $YD = z$, & la connue YA ou $YB = a$, on aura à cause des triangles rectangles semblables YCD, YBC, cette équation $YB\ (a) = \frac{xx}{z}$, & à cause du triangle rectangle YCD cette autre $yy + xx = zz$, dans laquelle mettant à la place de z sa valeur $\frac{xx}{a}$ trouvée par le moyen de la premiere équation, il vient $aayy = x^4 - aaxx$; ce qui fait voir que la courbe AD est un lieu du quatrieme degré. Soient 2°. les inconnues & indéterminées $YE = x$, $EF = y$, $YF = z$, & la connue YA ou $YB = a$; on aura à cause des triangles rectangles semblables YFE, YED, YDC, YCB, cette équation $YB\ (a) = \frac{x^4}{z^3}$, & à cause du triangle rectangle YEF cette autre $yy + xx = zz$, dans laquelle faisant évanouir l'inconnue z par le moyen de la premiere équation, & ôtant les incommensurables, on trouve $aay^6 + 3aaxxy^4 + 3aax^4yy + aax^6 = x^8$; d'où l'on voit que la courbe AF est un lieu du huitieme degré. On prouvera de même que la courbe AH est un lieu du seizieme degré &c.

Maintenant puisque selon l'exemple on peut trouver deux moyennes proportionnelles, en n'employant que deux lignes du second degré ; quatre moyennes proportionnelles, en se servant d'un lieu du second degré, & d'un autre du troisieme ; au lieu qu'ici il faut dans le premier cas un lieu du quatrieme, qui

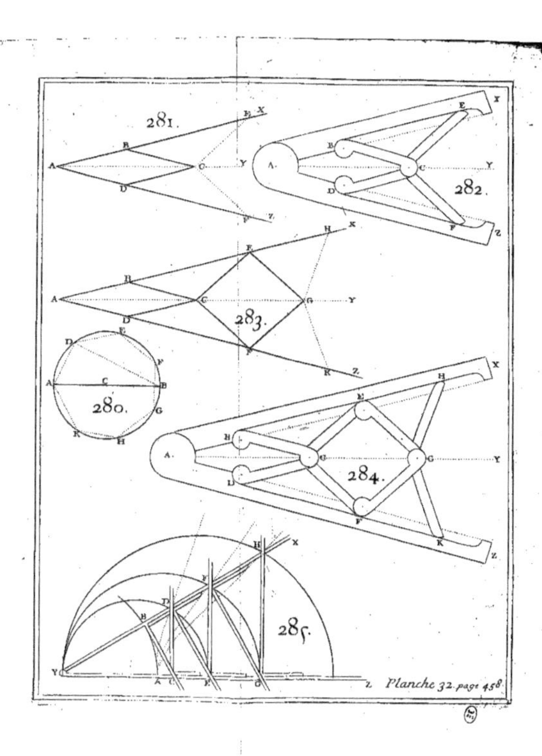
281.
282.
283.
280.
284.
285.
Planche 32. page 458.

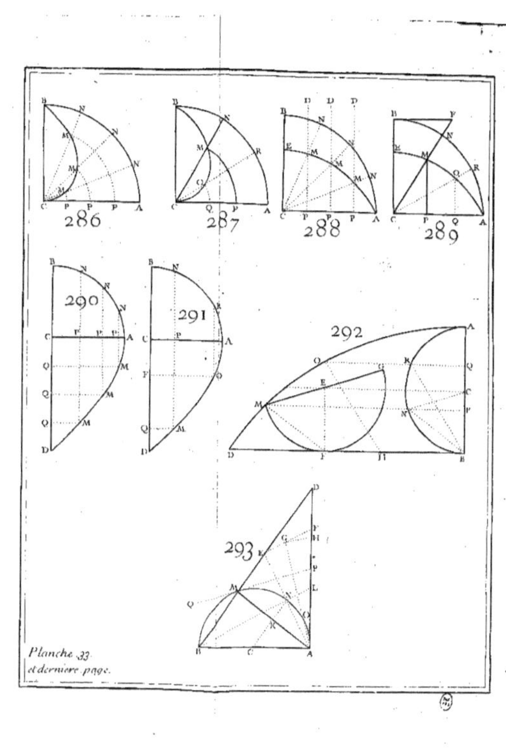

Planche 33.
et derniere page.

eſt la ligne *AD*, & un lieu du ſecond qui eſt le cercle *YDE* ; & dans le ſecond un lieu du huitieme, ſçavoir ; la ligne courbe *AF*, & un lieu du ſecond, ſçavoir le cercle *YFG* : il s'enſuit que ces lignes courbes *AD*, *AF*, *AH*, ſont beaucoup trop compoſées pour réſoudre ce Problême. Cependant la facilité de la conſtruction, & de la démonſtration, récompenſe en quelque ſorte ce défaut.

FIN.

APPROBATION.

J'AI lu par ordre de Monseigneur le Garde des Sceaux, *le Traité analytique des Sections Coniques, de M. le Marquis de l'Hôpital.* C'est un ouvrage si généralement estimé, que l'on ne peut qu'applaudir au zele de ceux qui vont en donner une nouvelle édition. A Paris, le 22 Janvier 1776. MARIE.

PRIVILEGE DU ROI.

LOUIS, PAR LA GRACE DE DIEU, ROI DE FRANCE ET DE NAVARRE: A nos amés & feaux Conseillers, les Gens tenans nos Cours de Parlement, Maîtres des Requêtes ordinaires de notre Hôtel, Grand-Conseil, Prévôt de Paris, Baillis, Sénéchaux, leurs Lieutenans Civils & autres nos Justiciers qu'il appartiendra: SALUT. Notre amé le sieur MOUTARD, Libraire, nous a fait exposer qu'il désireroit faire imprimer & donner au Public, un Ouvrage qui a pour titre: *Traité analytique dee Sections Coniques, par M. le Marquis de l'Hôpital;* s'il nous plaisoit lui accorder nos Lettres de Privilége pour ce nécessaires. A CES CAUSES, voulant favorablement traiter l'Exposant, Nous lui avons permis & permettons par ces Présentes, de faire imprimer ledit Ouvrage autant de fois que bon lui semblera, & de le vendre, faire vendre & débiter par tout notre Royaume pendant le tems de six années consécutives, à compter du jour de la date des Présentes. Faisons défenses à tous Imprimeurs, Libraires, & autres personnes de quelque qualité & condition qu'elles soient, d'en introduire d'impression étrangere dans aucun lieu de notre obéissance: comme aussi d'imprimer ou faire imprimer, vendre, faire vendre, débiter, ni contrefaire ledit ouvrage, ni d'en faire aucuns Extraits, sous quelque prétexte que ce puisse être, sans la permission expresse & par écrit dudit Exposant, ou de ceux qui auront droit de lui, à peine de confiscation des Exemplaires contrefaits, de trois mille livres d'amende contre chacun des contrevenans, dont un tiers à Nous, un tiers à l'Hôtel-Dieu de Paris, & l'autre tiers audit Exposant, ou à celui qui aura droit de lui, & de tous dépens, dommages & intérêts. A la charge que ces Présentes seront enregistrées tout au long sur le Registre de la Communauté des Imprimeurs & Libraires de Paris, dans trois mois de la date d'icelle; que l'impression dudit Ouvrage sera faite dans notre Royaume, & non ailleurs, en bon papier & beaux caractères; conformément aux Reglemens de la Librairie, & notamment à celui du dix Avril 1725; à peine de déchéance du présent Privilége. Qu'avant de l'exposer en vente, le Manuscrit qui aura servi de copie à l'impression dudit Ouvrage, sera remis dans le même état où l'Approbation y aura été donnée, ès-mains de notre très-cher & féal Chevalier Garde des Sceaux de France, le Sieur HUE DE MIROMESNIL; qu'il en sera ensuite remis deux Exemplaires dans notre Bibliothéque publique; un dans celle de notre Château du Louvre, un dans celle de notre trer-cher & féal Chevalier, Chancelier de France le Sieur de MAUPEOU, & un dans celle dudit Sieur HUE DE MIROMESNIL; le tout à peine de nullité des Présentes. Du contenu desquelles vous mandons & enjoignons de faire jouir ledit Exposant ou ses ayans causes, pleinement & paisiblement, sans souffrir qu'il leur soit fait aucun trouble ou empêchement. Voulons qu'à la Copie des Présentes, qui sera imprimée tout au long, au commencement ou à la fin dudit Ouvrage, soit tenue pour duement signifiée, & qu'aux copies collationnées par l'un de nos amés & féaux Conseillers, Secrétaires, foi soit ajoutée comme à l'Original. Commandons au premier notre Huissier ou Sergent, sur ce requis, de faire pour l'exécution d'icelles tous actes requis & nécessaires, sans demander autre permission, & nonobstant clameur de Haro, Charte Normande, & Lettres à ce contraires: CAR tel est notre plaisir. DONNÉ à Paris, le quatorziéme jour du mois de Février, l'an de grace mil sept cent soixante-seize, & de notre Regne le deuxieme.

Par le Roi en son Conseil. *Signé*, LEBEGUE.

Regîtré sur le Regître XX de la Chambre Royale & Syndicale des Libraires & Imprimeurs de Paris, N°. 3069, fol. 99. conformément au Réglement de 1723. A Paris, ce 23 Février 1776.

LAMBERT, *Adjoint.*

TABLE.

FIN.

LIVRES DE SCIENCES

Qui se trouvent chez le même Libraire.

Joan. Keill Introductiones ac veram Physicam & Astronomicam. *Mediolani*, 1742. in-4. fig. 15 l.
S'Gravesande Physices Elementa Mathematica, 2 vol. in-4. 30 l.
Neutonii Opuscula Mathemat. 3 vol. in-4. 36 l.

Physique de Muschenbrock, revue par M. Sigaud de la Fond, 3 vol. in-4. fig. 36 l.
Œuvres de M. de Maupertuis, 4 vol. in-8. 20 l.
Astronomie Nautique, par le même, in-8. 4 l.
Analyse démontrée du P. Raynault, 2 vol. in-4. fig. 18 l.
La Science du calcul, du même, in-4. 12 l.

www.ingramcontent.com/pod-product-compliance
Lightning Source LLC
Chambersburg PA
CBHW031347210326
41599CB00019B/2680

* 9 7 8 2 0 1 9 5 7 8 8 9 3 *